GRUNDKURS ASTRONOMIE

Reinhardt Lermer

Bayerischer Schulbuch-Verlag · München

Gedruckt auf chlorfrei gebleichtem Papier

1993
4. Auflage
© Bayerischer Schulbuch-Verlag, München
Sachzeichnungen: Eugen Mayer
Satz: Tutte Druckerei GmbH, Salzweg-Passau
Druck: Wagner GmbH, Nördlingen
Umschlagfoto: Treugesell-Verlag Dr. Vehrenberg KG, Düsseldorf

ISBN 3-7627-3608-1

Vorwort

Pulsare und Quasare, Neutronensterne und Schwarze Löcher – astronomische Begriffe, die heute nicht nur dem naturwissenschaftlich Interessierten geläufig sind –, können als Marksteine eines Aufschwungs angesehen werden, wie ihn kaum ein anderer Wissenschaftszweig in den letzten Jahrzehnten verzeichnen konnte. Neben der Raumfahrt, die uns detailreiche Fotografien und Meßwerte von unseren Nachbarn im All, den Planeten, beschert, sind die Verfeinerung optischer Beobachtungsmethoden und die Einbeziehung bisher nicht untersuchter Bereiche der elektromagnetischen Strahlung in die Beobachtung (Radio-, Infrarot-, UV-, Röntgen-, Gammaastronomie) maßgebend für die ungeheure Fülle neuer Erkenntnisse, zu denen die Astronomie im Anschluß an die Entdeckung außergewöhnlicher Phänomene gelangte.

Der gewachsenen Bedeutung der Astronomie wird inzwischen auch an den Schulen durch verstärkten Einbau in die Lehrpläne Rechnung getragen. So existiert jetzt in einigen Bundesländern die Möglichkeit, in der Oberstufe des Gymnasiums einen Grundkurs Astronomie zu wählen. Aufbauend auf den Erfahrungen mit Astronomie-Grundkursen in der Kollegstufe (K 13) des Gymnasiums ist das vorliegende Lehr- und Übungsbuch entstanden. Es richtet sich daher in erster Linie an die Schüler eines solchen Kurses, ist aber auch als Grundlage für andere Astronomiekurse und -arbeitsgemeinschaften an Schulen oder Volkshochschulen verwendbar und dürfte sich außerdem gut zum Selbststudium eignen.

Vorausgesetzt werden Kenntnisse in Physik, wie sie in der Mittel- und Oberstufe der Gymnasien vermittelt werden. Den Erfordernissen der Astronomie entsprechend sind an geeigneten Stellen des Buches physikalische Wiederholungen eingestreut, oder werden bisher unbekannte physikalische Gesetze vorgestellt.

Zwar sind die astronomischen Phänomene auch ohne mathematische Herleitungen und Formeln beschreibbar, doch ist mit Hilfe der Mathematik eine prägnantere Beschreibung und ein besseres Verstehen möglich; so meint auch der große zeitgenössische Physiker Richard Feynman[1]: *„Erst demjenigen wird sich die ganze Schönheit der Gesetzmäßigkeiten des Kosmos erschließen, der die Sprache der Mathematik beherrscht."* Ausreichend sind dafür in der Regel mathematische Mittelstufenkenntnisse.

Wo der Inhalt des Buches über die im curricularen Lehrplan für den Grundkurs Astronomie in der Kollegstufe geforderten Lerninhalte hinausgeht, ist dies deutlich gekennzeichnet durch Kleindruck oder – soweit es sich um einen ganzen Abschnitt handelt – durch das Zeichen * nach der zugehörigen Kapitelüberschrift. Dem Lehrer, der erstmals einen Astronomie-Grundkurs leitet, wird empfohlen, zunächst auf alle Zusätze zu verzichten, um nicht in Zeitnot zu geraten.

Diese Abschnitte sowie die im Anhang aufgeführten Teilgebiete sollen ein intensiveres Kennenlernen ausgewählter Gebiete der Astronomie möglich

---
[1] Richard Feynman (1918–1988), bekannter amerikanischer Physiker, Nobelpreis 1965

machen. Darüber hinaus eignen sich die im Anhang besprochenen Themen besonders als Begleitlektüre für das Colloquium der Abiturprüfung; es treten nämlich wegen des nicht immer angemessenen mathematisch-physikalischen Schwierigkeitsgrads und ebenso wegen unzureichender pädagogischer Aufbereitung Probleme bei der Auswahl geeigneter Literaturstellen auf.

Das ebenfalls nicht im Lehrplan vorgesehene Kapitel A.1. über Teleskope stellt fast ein Muß dar. Es empfiehlt sich keine zusammenhängende, sondern eine punktuelle Behandlung im Unterricht, etwa wenn nach einem Beobachtungsabend entsprechende Fragen auftauchen.

Der Leser soll über ein Nachvollziehen des historischen Erkenntniswegs zu einem tieferen Verständnis der Astronomie geführt werden. Genauso wie Herrscher und politische Persönlichkeiten den Ablauf der Geschichte wesentlich bestimmten, prägen herausragende Astronomen ihre Wissenschaft entscheidend mit. Aus diesem Grund erscheint es angebracht, diese maßgebenden Wissenschaftler und ihre Denkweise in geeigneter Form vorzustellen.

An dieser Stelle sei allen, die zum Gelingen des Buches beigetragen haben, Dank gesagt. Hier sind einmal die Schüler zu nennen, durch die ich frühzeitig – im Unterricht – auf Schwierigkeiten aufmerksam wurde, was in mehreren Fällen zu methodischen Änderungen geführt hat. Wichtig waren für mich auch die Anregungen, mit denen ich von Fortbildungsveranstaltungen des Staatsinstituts für Schulpädagogik aus Dillingen zurückkam. Außerdem danke ich meinem Freund und Kollegen Franz Vilser, der mich durch sorgfältiges Korrekturlesen unterstützt hat.

Niemand hat die Höhen und Tiefen des Schreibers so unmittelbar miterlebt wie meine Frau, die das gesamte Manuskript ins Reine geschrieben und bei den vielen Änderungen und zeitlichen Verzögerungen so viel Geduld und Verständnis aufgebracht hat. Ihr habe ich am meisten zu danken.

Binabiburg, im Januar 1989   Reinhardt Lermer

Inhaltsverzeichnis

1. Einführung

1.1. Die Objekte der Astronomie und ihre Verteilung im Raum 9
1.2. Geschichte der Astronomie 16

2. Die scheinbare Bewegung der Gestirne

2.1. Die Himmelskugel 29
2.2. Nachweis der Erdrotation 29
2.3. Einfluß des Beobachtungsorts. Die Höhe .. 30
2.4. Astronomische Koordinatensysteme 33
2.4.1. Das Horizontsystem (Höhe h, Azimut A) ... 33
2.4.2. Das feste Äquatorsystem (Stundenwinkel t, Deklination δ) 34
2.4.3. Das bewegliche Äquatorsystem (Deklination δ, Rektaszension α) 35
2.5. Die Kulmination der Gestirne 36
2.6. Die scheinbare Bewegung der Sonne 38
2.7. Die Präzession der Erdachse und des Frühlingspunktes 45

3. Unser Planetensystem

3.1. Die Bahnen der Planeten 51
3.1.1. Das ptolemäische Weltbild und die kopernikanische Wende* 51
3.1.2. Die Keplerschen Gesetze und Newtons Gravitationsgesetz 55
3.1.3. Die Bestimmung der Astronomischen Einheit 61
3.1.4. Zur Bahnlage der Planeten 62
3.1.5. Die Bestimmung der charakteristischen Größen der Sonne und ihrer Planeten 64
Messung der Umlaufdauer eines Planeten . 64
Die Bestimmung der Masse von Körpern unseres Sonnensystems 65
3.1.6. Raumfahrt, energetische Betrachtung von Planeten- und Satellitenbahnen 65
3.1.7. Computersimulation der Bewegung eines Planeten oder Satelliten 68
3.1.8. Ellipsenbahnen 71
3.1.9. Interplanetare Bahnen* 72
3.2. Die einzelnen Körper des Planetensystems . 73
3.2.1. Die Atmosphäre des blauen Planeten. Die Maxwellsche Geschwindigkeitsverteilung .. 73
3.2.2. Der Mond 75
Die Mondbahn 75
Mondphasen, Finsternisse 76
Die Gezeiten 78
Die Mondoberfläche 81
3.2.3. Die anderen Planeten 83
Merkur 84
Venus 85
Mars 86
Jupiter 87
Saturn 89
Uranus 90
Neptun 90
Pluto 91
3.2.4. Kleinkörper des Sonnensystems 92
Planetoiden 92
Kometen 93
Meteorite 96
Die interplanetare Materie 97

4. Die Sonne

4.1. Die Elektromagnetische Strahlung 101
4.1.1. Der Strahlungs- und Absorptionsmechanismus 102
4.1.2. Zur Spektroskopie. Die Fraunhoferschen Linien 106
4.2. Die Strahlungsgesetze 108
Die Bestimmung der Oberflächentemperatur von Sonne und Planeten 110
4.3. Der Zustand der Materie im Sonneninneren 113
4.4. Energieerzeugung im Sonneninneren 115
4.5. Energietransport im Sonneninneren 119
4.6. Die einzelnen Schichten der Sonne. Der Sonnenwind 120
4.7. Die Rotation der Sonne 123
4.8. Das Kontinuum der Sonnenstrahlung 124
4.9. Aktivitätserscheinungen der Sonne 125

5. Die Fixsterne

5.1. Sterne und Sternbilder. Probleme der Lagebestimmung eines Fixsternes 133
5.2. Trigonometrische Entfernungsbestimmung . 135
5.3. Die Bewegungen der Fixsterne. Der Dopplereffekt 138

5.4.	Die Helligkeit von Sternen	142	6.2.3.	Quasare	190
5.4.1.	Scheinbare Helligkeit	143	6.3.	Urknall und kosmische Zeitskala	192
5.4.2.	Absolute Helligkeit	145			
5.5.	Spektralklassen	147			
5.6.	Das Hertzsprung-Russel-Diagramm (HRD)	151		**Anhang**	
5.7.	Die Leuchtkraftklassen.* Spektroskopische Parallaxen	153	A.1.	Das Teleskop	197
			A.1.1.	Historischer Überblick	197
5.8.	Sternhaufen	155	A.1.2.	Die Abbildung durch ein Linsenfernrohr	197
5.9.	Sternmassen und -radien. Doppelsterne	157	A.1.3.	Das Spiegelteleskop	201
5.10.	Die empirische Masse-Leuchtkraft-Beziehung	160	A.1.4.	Das Öffnungsverhältnis. Der Großteleskopbau	202
5.11.	Das Lebensalter der Sterne	161	A.1.5.	Die Radioastronomie	204
5.12.	Die Entwicklung der Fixsterne	163	A.1.6.	Für die Beobachtung wichtige physiologische Besonderheiten des Auges	205
5.12.1.	Überblick über die verschiedenen Möglichkeiten der Energiegewinnung bei Fixsternen	163			
			A.2.	Die astronomische Zeitrechnung	207
5.12.2.	Verlauf der zeitlichen Entwicklung von Fixsternen	165	A.3.	Die Entstehung der Sonne und des Sonnensystems	211
5.13.	Endstadien der Sternentwicklung	168	A.4.	Swing-by	215
			A.5.	Die Sternstromparallaxe	217
6.	**Ausblick auf größere Strukturen im Weltall**		A.6.	Sternentwicklung in engen Doppelsternsystemen	219
6.1.	Die Struktur unserer Galaxis	175	A.7.	Die Sternpopulationen	220
6.1.1.	Das Kugelsternhaufensystem	175	A.8.	Typen von Galaxien	222
6.1.2.	Die interstellare Materie	176	A.9.	Weitere Methoden der Entfernungsbestimmung	224
6.1.3.	Die Bestimmung der Masse der Galaxis	181			
	Der Aufbau der Galaxis	181	A.10.	Galaxienhaufen	225
	Die Spiralstruktur*	183			
6.2.	Extragalaktische Objekte	185	Tabellen		226
6.2.1.	Historischer Überblick über den Nachweis extragalaktischer Objekte. Die Cepheidenparallaxe	185	Literaturverzeichnis		234
			Stichwortverzeichnis		236
6.2.2.	Das Hubble-Gesetz	188			

1. Einführung

Der Mensch durchbricht die begrenzte Welt des ptolemäischen Weltbilds und schaut neue Wunder. Der Holzschnitt auf der vorigen Seite wurde von Camille Flammarion im Jahr 1888 mit so großem Einfühlungsvermögen gefertigt, daß er bis in die jüngste Vergangenheit für ein Original des 16. oder 17. Jahrhunderts gehalten wurde.
Die Aussage dieses Bildes ist für alle Zeiten gültig. Besonders in unserem Jahrhundert wurden bedeutende neue und völlig überraschende astronomische Erkenntnisse gewonnen – z.B. die Entdeckung der Expansion des Universums oder der Pulsare und Quasare –, in deren Folge die Astronomen weit über die bisherigen Grenzen hinaus sehen konnten.

Zwei Dinge erfüllen das Gemüt mit immer neuer und zunehmender Bewunderung und Ehrfurcht, je öfter und anhaltender sich das Nachdenken damit beschäftigt: der bestirnte Himmel über mir und das moralische Gesetz in mir.

Immanuel Kant, Kritik der praktischen Vernunft

1.1. Die Objekte der Astronomie und ihre Verteilung im Raum

Die Astronomie gilt als älteste aller Wissenschaften. Als Triebfeder für die frühe Beschäftigung mit den Gestirnen muß die Faszination angesehen werden, die der Sternenhimmel auf den Betrachter ausübt. Beim Blick durch ein Fernrohr schlägt dieser stille Zauber nicht etwa in Ernüchterung oder Enttäuschung um, sondern wird sogar noch vertieft. Der *„bestirnte Himmel"* läßt im Teleskop eine phantastische Fülle von Formen erkennen und stellt die Wissenschaftler vor immer neue Rätsel.

Auch wenn in den letzten drei Jahrzehnten mehr astronomische Erkenntnisse erzielt wurden als in den Tausenden von Jahren vorher, bleiben brennende Fragen offen, ergeben sich laufend neue Fragestellungen, müssen bisherige Ansichten revidiert werden. Immer mehr erweist es sich, daß unser Verstand kaum ausreicht, zu begreifen, „was die Welt im Innersten zusammenhält". Hier ist kein Platz für wissenschaftlichen Hochmut, und die Frage nach einem Schöpfer erscheint auch aus der Sicht des mit der Astronomie Vertrauten gerechtfertigt.

Wer regelmäßig den Sternenhimmel beobachtet, kann leicht erkennen, daß fast alle Sterne unveränderliche, feste Positionen zueinander einnehmen, während einige wenige – darunter die allerhellsten – ihre Lage gegenüber den übrigen Sternen stetig verändern. Obwohl dieser grundsätzliche kinematische Unterschied zwischen *Fixsternen* und *Wandelsternen* sicher schon den ältesten Astronomen auffiel, konnte erst Anfang des 17. Jahrhunderts nachgewiesen werden, daß es sich bei den Wandelsternen oder *Planeten*[1] um nicht selbstleuchtende Objekte handelt, die sich ebenso wie die Erde um die Sonne bewegen und zum Teil selbst von Monden umrundet werden. Der Nachweis, daß es sich bei den Fixsternen um sonnenähnliche Objekte handelt, konnte erst im 20. Jahrhundert geführt werden!

Die Fixsterne sind nun keineswegs ganz gleichmäßig im Raum verteilt, und die unterschiedlich dicht stehenden und in Helligkeit und Farbe verschiedenen Sterne werden vom Auge des Beobachters zu größeren und kleineren Gruppen geordnet. Es ist nur etwas Phantasie und Sinn für Formen nötig, um in den einzelnen Gruppierungen Gegenstände, Tiere, Götter oder Sagengestalten – die

---

[1] griechisch πλανήτης – umherschweifend

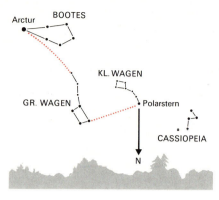

1.1 Zur Auffindung der Nordrichtung

Sternbilder – zu erkennen. In den bei uns gebräuchlichen Sternbildern sind Gestalten der griechischen Mythologie vorherrschend. Die Einteilung in Sternbilder schafft erst die Möglichkeit einer Orientierung am Nachthimmel.

Allerdings sind nicht alle Sternbilder so markant und gut auffindbar wie der *Große Wagen* (Abb. 1.1). Denkt man sich die hintere Wagenachse etwa fünfmal verlängert, so trifft man auf den *Polarstern* und hat auf diese Weise die Richtung nach Norden ermittelt. Der Große Wagen ist nur der hintere Teil des Sternbilds *Großer Bär*, wobei Wagendeichsel und Bärenschweif identisch sind. Der helle Fixstern *Arctur*[2] im Sternbild *Bootes* wird als Bärentreiber angesehen.

Die ebenso wie der Große Wagen ganzjährig sichtbare *Cassiopeia*, die der Deichsel des Großen Wagens bezüglich des Polarsterns gegenüberliegt, eignet sich ebenfalls gut als Orientierungshilfe, ist doch das „Himmels-W" unverkennbar und leicht auffindbar. Innerhalb eines Sternbilds kennzeichnet man die Sterne im allgemeinen ihrer Helligkeit nach mit kleinen griechischen

---

[2] griechisch ἀρκτοῦρος – Bärentreiber

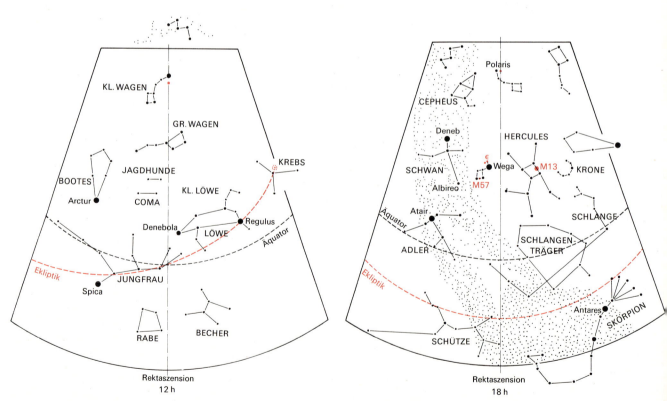

1.2 Der Fixsternhimmel im Frühjahr um die dominierenden Sternbilder Löwe (Leo) und Jungfrau (Virgo). Die auffälligsten Sterne sind Arctur, Regulus und Spica.

1.3 Der Fixsternhimmel im Sommer. Das von den hellen Sternen Wega, Deneb und Atair gebildete Sommerdreieck kann gut zur Orientierung am Himmel dienen.

Buchstaben. Arctur, der hellste Stern im Sternbild Bootes, wird deshalb auch als α Boo (Alpha Bootis) bezeichnet, β Boo ist der zweithellste Stern im Bootes.

Während im Norden keine Sterne aufzufinden sind, die nicht auch sonst in jeder wolkenfreien Nacht gesehen werden können, sind im Süden zu allen Jahreszeiten andere Sternbilder sichtbar[3]. Im *Frühjahr* dominiert in der ersten Nachthälfte das riesige Sternbild *Löwe* am Südhimmel (Abb. 1.2). Sein Hauptstern *Regulus*[4] ist in Verlängerung der vorderen Achse des Großen Wagens zu finden. Westlich vom Schwanz des Löwen (*Denebola*) und deutlich horizontnaher fällt im Sternbild *Jungfrau* die helle *Spica* auf. Arctur im Bootes, Spica und Regulus – das *Frühlingsdreieck* – sind leicht als die hellsten Fixsterne am Frühlingshimmel erkennbar.

Im *Sommer* leuchten bei Einbruch der Dunkelheit zuallererst die Sterne des *Sommerdreiecks*, nämlich *Wega*, *Deneb* und *Atair*, auf, die den Sternbildern *Leier*, *Schwan* und *Adler* zuzurechnen sind (Abb. 1.3). Deneb und Wega stehen

---

[3] Die Gründe hierfür werden in Kapitel 2 ausführlich erläutert.
[4] lat. *regulus* – kleiner König

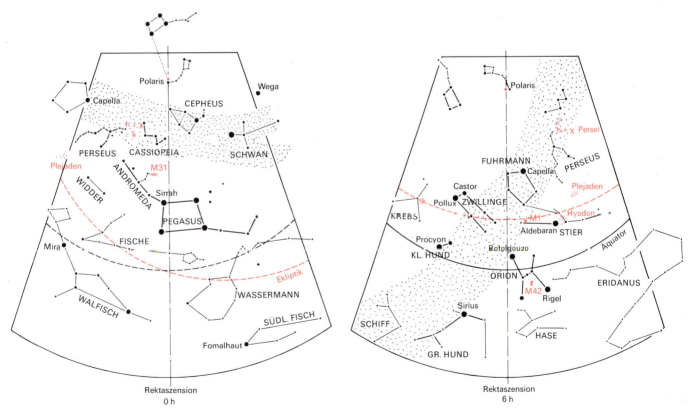

1.4 Der Fixsternhimmel im Herbst mit den markanten Sternbildern Pegasus, Andromeda, Perseus und Cassiopeia.

1.5 Der Fixsternhimmel im Winter mit seinen hellen Sternen, von denen Sirius, Procyon, Pollux, Capella, Aldebaran und Rigel das Wintersechseck bilden.

fast senkrecht über dem Beobachter. Das auffälligste Sommersternbild, der seine Schwingen ausbreitende *Schwan*, liegt mitten in der *Milchstraße*, deren prächtiges Leuchten in einer klaren Sommernacht jeden Beobachter in ihren Bann zieht. Ein Blick durch ein kleines Fernrohr läßt Tausende von schwach leuchtenden Sternen erkennen und die Größe des Kosmos sowie die geringe Bedeutung der Erde unter den Himmelskörpern gewahr werden. Dies umso mehr, wenn man bedenkt, wie unvorstellbar groß der Abstand der Erde – auch sie gehört ja der Milchstraße an – vom Zentrum der Milchstraße ist: Das Licht, das uns vom Mond schon nach 1,3 Sekunden und von der Sonne in etwa 8 Minuten erreicht, braucht vom nächstgelegenen Fixstern (α Centauri) immerhin schon über 4 Jahre bis zu uns; vom Zentrum der Milchstraße aber ist es 30 000 Jahre unterwegs, bis es die Erde erreicht. Das entspricht einer Entfernung von 284 000 000 000 000 000 km!!

Es ist kein Zufall, daß das Sternbild *Hercules* in unmittelbarer Nähe der Milchstraße liegt, ist doch der antike Held (griechisch: Herakles) der Sage nach entscheidend an deren Entstehung beteiligt. Als Zeus wieder einmal ein außereheliches Kind gezeugt hat[5], legt es der Göttervater seiner schlafenden Gattin Hera an die Brust. Da das Knäblein gar zu ungestüm saugt, erwacht Hera und stößt es von sich, wobei Milch in hohem Bogen über das Himmelsgewölbe spritzt: die Milchstraße ist entstanden.

Am südlichen Horizont sind im Sommer noch die Sternbilder *Schütze* und *Skorpion* erkennbar, die beide mit einem Teil in der Milchstraße liegen. Die Gestalt des Skorpions mit dem rotleuchtenden *Antares*[6] ist ebenso einprägsam wie etwa die Sternbilder Großer Wagen, Löwe und Schwan, auch wenn sein charakteristischer Stachel von Mitteleuropa aus nicht mehr sichtbar ist.

Am *Herbsthimmel* (Abb. 1.4) sind keine überaus hellen Sterne erkennbar. Das leicht auffindbare große *Herbstviereck* wird als Rumpf des geflügelten Pferdes *Pegasus* angesehen, das den Dichtern zu ihren Gedankenflügen verhilft. Der hellste Stern dieses trapezförmigen Vierecks, *Sirrah*, wird aber schon dem Sternbild *Andromeda* zugerechnet, dessen Hauptsterne ziemlich genau auf einer Geraden liegen. Hier erweist sich eine gute Kenntnis der griechischen Mythologie zum Auffinden verschiedener Sternbilder als recht nützlich, liegen doch die der Andromeda-Sage zuzurechnenden Sternbilder dicht beieinander: Nachdem *Cassiopeia*, die Gemahlin König Cepheus' von Äthiopien, die Nereiden[7] beleidigt hat und Poseidon daraufhin den *Cetus*[8], ein fürchterliches Meeresungeheuer, schickt, das Menschen und Schiffe vernichtet und die Küsten Äthiopiens verwüstet, bringt *Cepheus* vom Orakel in Delphi in Erfahrung, daß nur der Opfertod seiner Tochter Andromeda das Land retten könne. Cepheus gibt schließlich dem Drängen des Volkes nach und läßt Andromeda an einen Felsen am Meer ketten. Als der Cetus naht, erscheint auch der Held *Perseus* und besiegt das Untier in einem schrecklichen Kampf.

---

[5] mit Alkemene, der Tochter des Königs von Mykene

[6] *Antares* = Gegenares, spielt auf die beim Planeten Mars (griech. Ares) rötliche Färbung an.

[7] Meernymphen, Töchter des Nereus

[8] meist etwas irreführend als „Walfisch" übersetzt

Das schwach leuchtende Sternbild *Fische* ist unterhalb von Andromeda und Pegasus, also horizontnäher als diese, zu finden. Als Aphrodite auf der Flucht vor dem Monster Typhon keinen Ausweg mehr weiß und sich mit ihrem Sohn Eros in den Euphrat stürzt, wird sie von zwei Fischen mit einem Seil aus den Fluten gerettet. Die V-Form des Sternbilds ermöglichte den Bezug zu dieser Episode aus der griechischen Mythologie: es stellt das Seil dar, an dessen Ende die Fische ziehen. Östlicher Nachbar der Fische ist das kleine Sternbild *Widder* mit dem hellen *Hamal*, südlich der Fische ist noch der große, aber wenig auffällige Walfisch (Cetus) zu finden.

Ein eindrucksvoller Wechsel vollzieht sich am Nachthimmel, wenn die relativ lichtschwachen Herbststernbilder von den sehr hellen und einprägsamen Sternbildern des *Winterhimmels* abgelöst werden (Abb. 1.5). Das beherrschende Wintersternbild, der von seinen Hunden begleitete Jäger *Orion*, kann gut zur Orientierung am Himmel herangezogen werden. So sind in Verlängerung der hellsten Orionsterne *Rigel* (rechter Fuß des Jägers) und *Betelgeuze* (linke Schulter) die Zwillinge *Castor* und *Pollux*[9] zu finden, außerdem zeigen die drei Gürtelsterne auf *Sirius* im *Großen Hund*, den hellsten Fixstern überhaupt. Auch der *Kleine Hund* – zwischen Großem Hund und den Zwillingen gelegen – besitzt mit *Procyon* einen äußerst hellen Stern.

Zu den wichtigsten Wintersternbildern zählt noch der nordwestlich vom Orion aufzufindende *Stier*, dessen Hauptstern *Aldebaran* durch seine rote Farbe (das rote Auge des Stiers) unverkennbar ist. Über dem Orion liegt im Sternbild *Fuhrmann* mit *Capella* ein weiterer sehr heller Stern. Capella steht fast senkrecht über dem Beobachter.

Wenn auch die einzelnen Mitglieder eines Sternbilds keinesfalls eine räumlich zusammengehörende Gruppe bilden müssen, so gibt es doch eine ganze Reihe von eng benachbarten Himmelsobjekten. Bei vielen Fixsternen tritt – anders als bei unserer Sonne – eine gravitative Kopplung zwischen zwei oder mehreren Sternen auf; diese *Mehrfachsternsysteme* (hauptsächlich *Doppelsterne*) bewegen sich um ihren gemeinsamen Schwerpunkt und machen mehr als 50% aller Fixsterne aus.

Der in einem Winkelabstand von 1,5° zur Wega stehende Stern Epsilon Lyrae kann schon im einfachsten Feldstecher als Doppelstern erkannt werden. Beide Teile sind in einem kleinen Fernrohr unschwer wieder als Doppelsterne auflösbar. Bei Epsilon Lyrae handelt es sich also um ein Vierfachsystem. Besonders prächtig erscheinen Doppelsterne, die einen ausgeprägten Farbkontrast zeigen. Wie zwei Edelsteine – ein Goldtopas und ein blauer Saphir – strahlen die beiden Komponenten von *Albireo*, dem Kopf des Schwans, der ziemlich genau im Schwerpunkt des Sommerdreiecks gelegen ist.

Neben isolierten Einzel- und Mehrfachsternen mit unterschiedlichen Abständen voneinander treten auch mehr oder weniger kompakte Sternhaufen auf. Man unterscheidet zwischen *offenen Sternhaufen* und *Kugelsternhaufen*. Das Paradeobjekt der offenen Sternhaufen – die *Plejaden*, auch als *Siebengestirn* bezeichnet (Abb. 1.6) – ist im Sternbild Stier zu finden. Bereits mit bloßem

1.6 Die Plejaden, ein prächtiger offener Sternhaufen

---

[9] griech. Polydeukes

1.7 Der Kugelsternhaufen M 13 im Sternbild Hercules

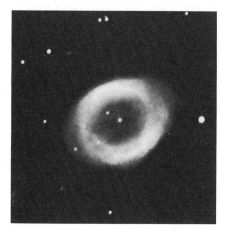

1.8 Der Ringnebel M 57 im Sternbild Leier (Lyra)

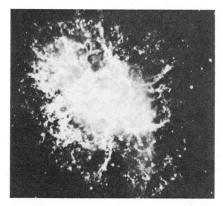

1.9 Der *Crab*-Nebel M 1 im Sternbild Stier (Taurus)

Auge kann man 7 bis 9 Einzelsterne unterscheiden, die bläulich-weiß strahlen und die Aufmerksamkeit des Beobachters stark auf sich ziehen; insgesamt enthält der Haufen mindestens 250 Sterne. Einen herrlichen Eindruck gewinnt man beim Blick durch einen Feldstecher, der den Haufen in eine Vielzahl von Sternen auflösen kann und ihn auch noch vollständig erfaßt. In der griechischen Mythologie sind die Plejaden die sieben Töchter von Pleione und Atlas, dem Träger des Himmelsgewölbes. Den neun hellsten Sternen des Haufens sind die Namen der Atlastöchter und ihrer Eltern zugewiesen. Das hellste Haufenmitglied – Alcyone – ist ein Vierfachsternsystem.

Die Sterne der *Hyaden*[10], eines weiteren sehr bekannten offenen Sternhaufens, gruppieren sich um den rot leuchtenden Hauptstern im Stier, *Aldebaran*[11]. Da es sich um den nächstgelegenen Haufen handelt, nehmen die Hyaden auch einen größeren Bereich an der Sphäre ein als alle anderen Sternhaufen und erscheinen ziemlich verstreut.

Die *Kugelsternhaufen* bestehen normalerweise aus Zehntausenden oder auch Millionen von Sternen, die sich ziemlich exakt kugelsymmetrisch um einen sehr kompakten zentralen Kern anordnen. Trotz ihrer Größe sind sie keine typischen Feldstecherobjekte und zeigen erst in einem leistungsfähigen Fernrohr ihre volle Schönheit, da sie allesamt deutlich weiter entfernt sind als die bekanntesten offenen Haufen. Durch ein Amateurfernrohr betrachtet, läßt M 13 im Herkules noch am besten Einzelheiten eines Kugelsternhaufens erkennen (Abb. 1.7).

Sehr interessante Objekte auch für kleinere Fernrohre findet man unter den verschiedenen kosmischen Nebeln. Ein sehr typischer *planetarischer Nebel*[12] ist der *Ringnebel in der Leier* (Abb. 1.8), dessen regelmäßiges kugelsymmetrisches Aussehen auf eine expandierende Gaswolke hindeutet, die von einem im Nebelzentrum stehenden Stern ausgeht. Die sehr zerrissene Form des bekannten *Crab-Nebels*[13] im Stier (Abb. 1.9) läßt ebenfalls deutlich ein Zentrum erkennen, von dem die Gasströme offensichtlich ausgehen. Der Crab-Nebel ist der Überrest der im Jahre 1054 in China aufgezeichneten *Supernova-Explosion* und kann nur in stärkeren Fernrohren deutlicher gesehen werden.
Schon mit freiem Auge fällt unter den Gürtelsternen des Orion ein größerer Nebelfleck auf. *Diffuse Nebel* wie dieser *Große Orion-Nebel* (Abb. 1.10) sind ausgedehnte, helle Objekte aus interstellarem Gas, die kaum ein ausgeprägtes Zentrum zeigen. Sie gruppieren sich um sehr helle Sterne, von denen sie erleuchtet werden, wobei sie deren Licht zurückwerfen (*Reflexionsnebel*) oder deren ankommende Energie zum Selbstleuchten verwenden (*Emissionsnebel*). Wie der Orionnebel haben viele dieser Gebilde sowohl Reflexions- als auch Emissionsnebelcharakter.

Sterne, Sternhaufen und interstellare Materie sind gravitativ gebunden in *Milchstraßensystemen* (Galaxien). Zwischen den einzelnen Galaxien existieren normalerweise keine Sterne; höchstens Ausreißer aus einer Galaxie sind dort anzutreffen.

---

[10] *Hyaden* = Regengestirn. Der Name deutet vermutlich darauf hin, daß ihre Sichtbarkeit ehemals mit der Regenzeit (in Vorderasien) zusammenfiel.
[11] Aldebaran gehört den Hyaden allerdings nicht an; er ist nur etwa halb so weit von uns entfernt.
[12] Der Name ist nur historisch zu verstehen und darauf zurückzuführen, daß diese Gebilde in schwachen Fernrohren als planetenähnliche Scheibchen erscheinen.
[13] engl. *crab* – Krabbe, also „Krabbennebel" oder „Krebsnebel"

1.10 Der Große Orion-Nebel

1.11 Der Andromeda-Nebel M 31 mit den Begleitgalaxien M 32 und NGC 205

1.12 Galaxienhaufen im Sternbild Coma Berenices

Ein Beobachter auf der Nordhalbkugel der Erde kann mit freiem Auge nur eine einzige fremde Galaxie erkennen, den bekannten *Andromedanebel* (Abb. 1.11). Alle ohne Fernrohr sichtbaren Sterne, Sternhaufen und Nebel gehören zu unserer eigenen Milchstraße, der *Galaxis*, die die Form einer Diskusscheibe mit kompaktem Zentrum und Spiralarmen besitzt. Wenn wir in einer klaren Sommernacht in Richtung größerer Sterndichte – in die Scheibe hinein – beobachten, so ist das „Band der Milchstraße", das durch die Sternbilder Cassiopeia, Cepheus, Schwan, Adler, Schütze und Skorpion verläuft, gut sichtbar. Wesentlich weniger Sterne sind zu erkennen bei Beobachtung aus der Scheibe heraus.

Mit einem starken Fernrohr findet man äußerst viele fremde Milchstraßensysteme, größere und kleinere. Diese Galaxien bilden wiederum gravitativ gebundene Haufen von unterschiedlicher Größe. Während unsere Milchstraße zu einem Haufen von ca. 20 Galaxien gehört, der sog. *Lokalen Gruppe*, gibt es auch Haufen von tausend und mehr Galaxien (Abb. 1.12). Die Gesamtzahl der Galaxien im Kosmos ist größer als die Anzahl der Sterne unserer Milchstraße, die mehr als 200 Milliarden Sterne enthält!

Noch zu Beginn unseres Jahrhunderts waren die Entfernungen der fremden Galaxien unbekannt, und es wurde sehr engagiert diskutiert, ob sich diese Objekte innerhalb oder außerhalb unserer Galaxis befinden. Heute weiß man ziemlich sicher, daß das Licht vom Andromedanebel bis zur Erde 2,2 Millionen Jahre unterwegs ist, von anderen Galaxien Hunderte von Millionen Jahren. Von bestimmten Objekten, den Quasaren, fangen die Astronomen Licht auf, das dort vor mehr als 10 Milliarden Jahren abgestrahlt wurde.

Vor 10 Milliarden Jahren! Gerade weil „eine Milliarde" so leicht über die Lippen geht, uns so vertraut zu sein scheint, sollte man sich die Größe dieser Zahl einmal verdeutlichen. Wie lange würde es dauern, von 1 bis 1 000 000 000 zu zählen? Einen Tag? Eine Woche? Selbst wenn man jeden (!) Tag acht Stunden lang – die übliche Arbeitszeit – zählen würde und dabei jede Sekunde um eine Zahl vorankommen würde, wäre man fast 100 Jahre[14] damit beschäftigt!

Wie weit muß dann aber ein Quasar entfernt sein, wenn das Licht von ihm bis zu uns mehr als 10 Milliarden Jahre unterwegs ist, wobei es bekanntlich in jeder Sekunde 300 000 km zurücklegt! Bei dieser Distanz von 100 000 000 000 000 000 000 000 Kilometern versagt unser Vorstellungsvermögen total. Unsere physikalisch-geometrische Erfahrung beruht auf Beobachtungen und Messungen im Entfernungsbereich von Millimetern bis Kilometern, und diese Erfahrung spiegelt sich in den aufgefundenen physikalischen Gesetzmäßigkeiten ebenso wie im „gesunden Menschenverstand" wider. Es darf somit nicht überraschen, daß unser Verstand für ein Denken in kosmischen Entfernungen nicht sonderlich geeignet ist.

Tatsächlich zeigt die Natur vom Üblichen abweichende Gesetzmäßigkeiten im Bereich großer Räume; hier treten Phänomene auf, die unserer Erfahrung fremd sind. Daß der Satz des Pythagoras in Räumen kosmischer Größenordnung nicht mehr gelten sollte, ist jedenfalls ebenso schwer faßlich wie die Erscheinung,

---

[14] $100 \cdot 365{,}25 \cdot 8 \cdot 60 \cdot 60 \text{ s} = 1\,051\,920\,000 \text{ s}$

daß ein physikalischer Vorgang, der sich in der Nähe einer großen Masse abspielt, dem Beobachter zeitlich gedehnt erscheint.

Ein Vordringen des Menschen in die „Tiefen des Alls" kann bei realistischer Betrachtung auch in Zukunft nur ein Science-fiction-Thema darstellen!

Aufgabe

1.1. Setzen Sie die Entfernung zu Mond, Sonne, α Centauri, zum Milchstraßenzentrum, dem Andromedanebel und zu einem Quasar so in Relation zueinander, daß in diesem Maßstab der Entfernung zur Sonne 1 mm entspricht!

1.2. Geschichte der Astronomie

Über die Art früher astronomischer Tätigkeit des Menschen und ihre Beweggründe können kaum mehr als Vermutungen angestellt werden. Sicher erkennt bereits der vor mehreren zehntausend Jahren lebende Jäger und Sammler, für den nur eine genaue Naturbeobachtung das Überleben sichert, daß sich das Geschehen am Himmel in sehr regelmäßiger Weise wiederholt. Daß er dies als beruhigenden Vorgang empfindet, erscheint naheliegend. Erst als etwas sehr Ungewöhnliches eintritt – das Erscheinen eines hellen Kometen oder gar eine totale Sonnenfinsternis – und die Regelmäßigkeit gestört ist, fühlt er sich unbehaglich, ja bedroht, aber wohl auch dazu veranlaßt, den Vorgängen am Himmel in Zukunft mehr Aufmerksamkeit zu schenken. Im Laufe der Zeit nimmt der Gedanke immer mehr Gestalt an, daß Sonne, Mond und Sterne höhere Wesen oder zumindest Gesandte von Gottheiten sein müssen, die unbeirrbar am Firmament ihrer Wege gehen und den Menschen Weisungen erteilen. Der Wille der Götter ist an speziellen Konstellationen oder spektakulären Ereignissen am Himmel erkennbar – Motivation genug, sich mehr astronomisches Wissen anzueignen.

Von den bekannten alten Hochkulturen stammen auch die ältesten schriftlichen astronomischen Zeugnisse. Das allmählich gewachsene Bedürfnis nach einer genaueren, unveränderbaren Aufzeichnung von Geschehnissen und Erkenntnissen führt etwa gleichzeitig in Ägypten, Mesopotamien, China und Mittelamerika zur Erfindung einer zunächst noch sehr einfachen Bilderschrift. Von der bereits recht hoch entwickelten Kunst der Sternbeobachtung zeugt die in ältesten Schriftdokumenten feststellbare Aufzeichnung eines *Kalenders*. Das Wohl einer seßhaft gewordenen, Ackerbau und Viehzucht betreibenden Gesellschaft hängt ganz entscheidend ab vom Einbringen einer guten Ernte. Hierfür gilt es zuallererst, von den Göttern Hinweise für den richtigen Zeitpunkt der Aussaat zu erhalten. Und was liegt näher, als diese Hinweise am Sternenhimmel zu suchen?

Besonders deutlich sind diese Zusammenhänge in *Ägypten* erkennbar. Der altägyptische Staat ist auf Gedeih und Verderb mit der jährlich wiederkehrenden Nilüberschwemmung verbunden, die die weite Flußlandschaft mit einer dicken Schicht fruchtbaren Schlamms

1.13 Babylonischer Grenzstein (Kudurru) mit astronomischen Motiven

1.14 Der Pharao Amenophis IV. regierte von 1364 bis 1347 v. Chr. Unter seiner Herrschaft wurde die Sonne – Aton – zur einzigen Gottheit erklärt und er nahm den Namen *Echnaton* (*Der dem Aton Wohlgefällige*) an.

1.15 Das Brettspiel *Go* ist mehrere tausend Jahre alt und stammt aus China. Dort diente es ursprünglich taoistischen Priestern als eine Art astrologischer Rechenmaschine. Die Schnittpunkte der Linien auf dem Spielbrett wurden als Sterne angesehen. Noch heute nennt man in Japan den Punkt in der Mitte des Bretts *Tengen*, d. h. *Mitte des Himmels*.

überzieht und zurückzuführen ist auf jedes Jahr zum fast gleichen Zeitpunkt einsetzende starke Regenfälle im Gebiet des oberen Nils. Es gilt, den Zeitpunkt der Nilflut vorhersagen zu können, um die nötigen Vorbereitungen (Ziehen von Gräben usw.) zu treffen. Wegen des hohen Stands der Sonne zu dieser Jahreszeit (Ende Juli/Anfang August) ist die Festlegung des genauen Zeitpunkts durch die Beobachtung des Sonnenlaufs nur mit unzureichender Genauigkeit möglich. Doch erkennt man, daß der sehr helle Fixstern Sothis (= Sirius) ca. zwei Wochen[15], bevor der Nil über seine Ufer tritt, zum erstenmal im Jahr am Morgenhimmel gesehen werden kann[16]. Dies gilt für ganz Ägypten, denn wenn auch im oberägyptischen Theben die Nilschwemme fünf Tage früher einsetzt als am unteren Nil, so erscheint Sirius dort entsprechend früher am Morgenhimmel. Wenn Sirius am Morgenhimmel sichtbar ist, haucht die Göttin Isis (Sothis) ihrem toten Gatten, dem den Nil verkörpernden Fruchtbarkeitsgott Osiris, neues Leben ein.

Die Ägypter, die sonst vorwiegend die Sonne verehren, setzen, der Bedeutung der Nilflut entsprechend, neben ihr Sonnenjahr von 365 Tagen das Sothis-Jahr. Das Kalenderjahr beginnt stets mit dem ersten Erscheinen des Sirius am Morgenhimmel. Spätestens im 3. Jahrtausend vor unserer Zeitrechnung wird erkannt, daß sich das Wiedererscheinen des Sirius alle vier Jahre um einen Tag verschiebt. Wenn der erstmalige Morgenaufgang des Sirius einmal mit der Sommersonnenwende und der Nilflut zusammenfällt, wie es um 3000 v.Chr. der Fall war, so geschieht dies erst wieder 1461 Sonnenjahre oder 1460 Sothisjahre später. Auf diese Weise wird die Länge eines Jahres mit 365,25 Tagen sehr genau festgestellt.

Dennoch erreicht die Astronomie in Ägypten nicht die Tiefe und Wissensfülle wie bei den *Babyloniern*[17]. Eine der bedeutendsten Leistungen der babylonischen Astronomie ist die ins 3. Jahrtausend v.Chr. fallende Auffindung der als *Saros-Zyklus* bezeichneten Wiederkehrperiode der Finsternisse von 18 Jahren und 11,3 Tagen. Die richtige Vorhersage einer Mondfinsternis oder gar einer totalen Sonnenfinsternis steigert natürlich das Ansehen der Astronomie betreibenden Führungsschicht, der Priester. Und warum sollten diese Priester mit Hilfe der Sterne nicht auch Voraussagen über Dinge des täglichen Lebens treffen können? Mit dem Aufkommen der Sterndeutung, der *Astrologie*, steigt die Macht der Priesterschaft erheblich. Die Astronomie ist nun sehr eng verflochten mit Religion und Astrologie. Zur altbabylonischen Kalenderrechnung wird vor allem der Lauf des Mondes herangezogen, insbesondere die Zeitspanne von $29\frac{1}{2}$ Tagen von Neumond zu Neumond. Man teilt das Jahr in 12 Monate zu je 30 Tagen ein und fügt nach Bedarf, zur Anpassung an das Sonnenjahr (Lunisolarjahr), einen Schaltmonat ein. Auch die Einteilung des Tages in 24 Stunden geht auf die Babylonier zurück.

Weit weniger als von den Babyloniern und Ägyptern ist uns vom *chinesischen* und *indischen Kulturkreis* bekannt. Die Astronomie dürfte dort einen kaum geringeren Kenntnisstand erreicht haben. Außergewöhnliche Ereignisse am Himmel (Finsternisse, Auftauchen von Kometen, Novae etc.) werden in China bereits seit dem 3. Jahrtausend v.Chr. sehr exakt in Chroniken festgehalten. Der sehr detaillierte Bericht der Shu-King-Schrift über das Schicksal der kaiserlichen Hofastronomen Hi und Ho zeigt zum einen, daß die Voraussage von Finsternissen schon sehr früh eine Selbstverständlichkeit in China ist, zum anderen, daß auch Beamte im Dienst nicht frei von menschlichen Schwächen sind. Die beiden Astronomen Kaiser Tschung-Kanghs vergessen nach

---

[15] Das sind jedenfalls die Verhältnisse um 3000 v.Chr.
[16] Wie in Mitteleuropa ist Sirius auch in Ägypten nicht das ganze Jahr über sichtbar.
[17] Die Bezeichnung „Babylonier" wird heute als Sammelbegriff für alle in historischer Zeit im Zweistromland (Mesopotamien) des Euphrat und Tigris ansässigen Kulturvölker verwendet: Sumerer, Akkader, Assyrer, Chaldäer, ...

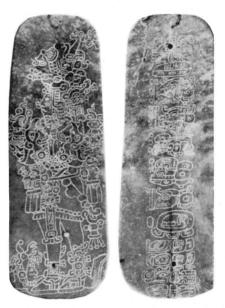

1.16 Die Kalenderrechnung der Maya war von außergewöhnlicher Genauigkeit. Die hier abgebildete Jadeplatte zeigt auf der Vorderseite eine Gottheit, die den Planeten Venus verkörpert. Auf der Rückseite finden sich Aufzeichnungen, die eine Datumsangabe enthalten.

übermäßigem Weingenuß, die Sonnenfinsternis vom 22.10.2137 v.Chr. anzukündigen. Da bei diesem Ereignis nach altchinesischem Glauben die Sonne von einem Drachen verschlungen wird, ist aber eine rechtzeitige Ankündigung von höchster Bedeutung für das gesamte Land, damit geeignete Maßnahmen zur Vertreibung des Drachen ergriffen werden können (lautes Trommeln u.ä.). Nur dem geistesgegenwärtigen Handeln angesehener Männer wird es zugeschrieben, daß der Drache wieder von der Sonne abläßt. Hi und Ho aber werden für ihre Pflichtvergessenheit grausam bestraft: der Kaiser läßt sie enthaupten.

Es deutet einiges darauf hin, daß die Astronomie der ältesten Kulturen in Mittelamerika (Mexiko, Guatemala) eine ähnlich hohe Stufe erreicht hat wie in der Alten Welt. Die Maya-Astronomen beobachten von hohen Pyramiden aus den Lauf der Gestirne und interessieren sich vor allem für spezielle Planetenkonstellationen. Hauptbeweggrund für die genaue Beobachtung der Sterne ist die Ermittlung des günstigsten Zeitpunktes von Menschenopfern an die zürnenden Götter. Sowohl die Wiederkehrperiode der Finsternisse als auch die synodischen Umlaufzeiten der Planeten sind den Mayapriestern bekannt.

Ähnlich dem der angesprochenen Kulturkreise ist zunächst auch das *Weltbild der Griechen* (Abb. 1.17): Die Erde stellt eine auf dem Wasser schwimmende Scheibe dar mit dem Olymp im Zentrum und endet am Okeanos, dem Weltmeer; darüber wölbt sich die Sphäre des Himmels. Erst vom Ende des 6. Jahrhunderts v.Chr. an setzt sich in Griechenland die Erkenntnis durch, daß die Erde Kugelgestalt haben müsse. Darauf deuten manche Beobachtungen der Seefahrer hin, z.B. die Abhängigkeit der Höhe eines Gestirns von der geographischen Breite des Beobachtungsorts oder die Tatsache, daß bei der Begegnung zweier Schiffe auf See zuerst die Mastspitze des anderen Schiffs gesehen wird. Auch der bei einer Mondfinsternis auf der Mondoberfläche sichtbare kreisförmige Erdschatten wird als Hinweis auf die Kugelgestalt der Erde erkannt.

Die griechischen Astronomen begnügen sich nicht wie die Astronomen der Vorantike damit, die Bewegungen der Gestirne zu beobachten und als gegeben hinzunehmen, sondern versuchen eine Erklärung der Vorgänge am Himmel zu finden. Sie trachten danach, den Kosmos[18] als Ganzes zu verstehen, wobei sie kühn über die Beobachtungstatsachen hinaus spekulieren. Im antiken Griechenland gelangt die Astronomie zu ihrer ersten großen Blüte, wenngleich einige der damaligen kosmischen Vorstellungen dem heutigen Betrachter geradezu absurd erscheinen müssen.

Thales von Milet (624-546 v.Chr.), der Vater der griechischen Mathematik und der ionischen Naturlehre, sieht das Wasser als Grundstoff an, aus dem sich alles andere entwickelt. Während Thales noch von der Scheibengestalt der Erde ausgeht, sehen bereits *Pythagoras von Samos* (580-497 v.Chr.) und seine Schüler die Erde als Kugel. Sonne, Mond, die verschiedenen Planeten und die Fixsterne sind an sogenannten *Sphären*[19] befestigt und bewegen sich auf Kreisbahnen um die ruhende Erde. In den Mittelpunkt ihrer Philosophie (ein pythagoreischer Begriff) stellen die Pythagoreer die Zahl.

1.17 Das Weltbild der Griechen, das bis ins 6. Jahrhundert v.Chr. gültig war.

---

[18] griech. κόσμος – Ordnung, Schmuck

[19] Die Idee von Sphären geht auf den ionischen Philosophen Anaximandros zurück. Anaximenes sieht die Sterne an einer durchsichtigen, kristallinen Sphäre befestigt, die sich um die Erde dreht „wie ein Hut um den Kopf".

Die Entdeckung des Pythagoras, daß die Länge einer Saite die Tonhöhe bestimmt und dabei die konsonierenden Tonintervalle einfachen Längenverhältnissen entsprechen (Oktave 2:1, Quint 3:2, Quart 4:3), scheint nur die Auffassung zu bestätigen, daß die Zahl – etwas Geistiges – alles Wirkliche beherrscht. Diese Erkenntnis einer engen Verbindung von Musik und Zahl wird von Pythagoras mystifiziert und zu einem allgemeinen kosmischen Prinzip erhoben (*„Alles ist Zahl"*, *„Philosophie ist die erhabenste Musik"*). Die Bewegungen der Gestirne sind nach Pythagoras den Schwingungen einer Saite vergleichbar, wobei die schneller kreisenden Gestirne höhere Töne erzeugen. Da es sich um „harmonische Tonintervalle" handeln muß und die „Tonhöhe" vom Abstand zur zentralen Erde abhängt, müssen die Abstände der einzelnen Sphären in harmonischen Verhältnissen zueinander (2:1, 3:1, ...) stehen. Pythagoras allein aber wird die Fähigkeit zugeschrieben, diese „Sphärenmusik" vernehmen zu können.

Die Pythagoreer bilden eine Gemeinschaft strenger Vegetarier, in der die Frauen gleichberechtigt sind und alle materiellen Besitztümer geteilt werden. Erst Schritt für Schritt wird das einzelne Mitglied in die geheimen Erkenntnisse der Bruderschaft – die theoria – eingeführt. Die Pythagoreer haben ihren Sitz in Kroton (Süditalien) und verstehen sich als Geheimbund, der seine Erkenntnisse nicht der Öffentlichkeit zugänglich macht[20] und auch keine schriftlichen Aufzeichnungen anfertigt.

Ohnehin ist in Griechenland kaum jemals eine alles dominierende Philosophierichtung anzutreffen, meistens rivalisieren mehrere Lehrmeinungen, die laufend ergänzt oder abgeändert werden.

In direkten Gegensatz zu den Pythagoreern stellt sich *Platon* (427- 347 v.Chr.), der neben wenigen, meist doppeldeutigen oder widersprüchlichen astronomischen Beiträgen auch eine konkrete Forderung von großer Tragweite aufstellt: Alle Himmelskörper müssen sich mit gleichbleibenden Geschwindigkeiten auf idealen Kreisbahnen bewegen. *Aristoteles* (383-322 v.Chr.) greift Platons Gedankenwurf auf und konkretisiert ihn: Während auf der Erde jede Bewegung einen Anfang und ein Ende habe[21], sei am Himmel die ewige Kreisbewegung als natürliche Bewegung anzusehen. Allerdings stehen dem zwei Anomalien im Wege, die nicht ohne weiteres mit der Theorie in Einklang zu bringen sind. Zum einen bewegen sich Sonne und Planeten nicht mit gleichbleibender Geschwindigkeit durch den Tierkreis, zum anderen beobachtet man bei den Planeten, die normalerweise ihre Lage gegenüber den Fixsternen entgegengesetzt zu deren täglicher Bewegung an der Sphäre verändern, rückläufige Bewegungen in S- oder Schleifenform.

Aristoteles versucht auch mit großer Energie, ein realitätsbezogenes Modell vom Kosmos zu finden. Eine zündende, alles erhellende Idee hierzu kann er leider nicht vorweisen. Er variiert die von verschiedenen Vorgängern stammende Schalentheorie und beschreibt die Bewegung der Gestirne so, daß diese – an verschiedene Kugelschalen (*Sphären*) geheftet – auf Kreisbahnen um die ruhende Erde laufen. Im Gegensatz zu seinen Vorgängern[22]

---

[20] Erst mehr als 100 Jahre nach dem Tod des Pythagoras veröffentlichen seine Schüler die Lehre.

[21] Aristoteles kennt den Begriff Reibung nicht, so daß ihm auch der Trägheitssatz nicht geläufig ist.

[22] Es ist sehr wahrscheinlich, daß *Eudoxos* (400 – 340) und Kalippos, deren Sphärentheorien Aristoteles weiterführt, die Sphären nur als geometrische Hilfsvorstellung betrachten, die nichts mit der tatsächlichen Bewegung der Gestirne zu tun hat. Beide zeigen sich als gute Schüler Platons, der alle Versuche, die Bewegungen der Planeten zu erklären, als widersinnig bezeichnet, da die Gestirne nur Teil der sichtbaren Welt seien, es aber auf das jenseits des Sichtbaren existierende Wirkliche ankomme.

sieht er diese Sphären nicht nur als geometrische Hilfsgebilde zur Veranschaulichung der Bewegung, sondern als reale, kristalline Gebilde. Ganz anders als Platon, der der Welt in ihrer Gesamtheit eine göttlich Seele (lat. *anima mundi*) zuschreibt, geht Aristoteles davon aus, daß die äußerste Sphäre vom „Ersten Beweger" von außen (!) angetrieben wird und sich diese Bewegung nach innen zu von Sphäre zu Sphäre überträgt. Alle Materie unterhalb der innersten Sphäre, der Mondsphäre, ist aus den vier Elementen Wasser, Erde, Luft und Feuer aufgebaut und einer dauernden Umwandlung unterworfen, während die Körper oberhalb der lunaren Sphäre aus dem vollkommen fünften Element, dem Äther, bestehen und Kreisbahnen beschreiben.

Anders als Platon und seine Schule versuchen die Pythagoreer stets, mit ihren Weltmodellen nicht nur eine mathematische Veranschaulichung zu erreichen, sondern die Wirklichkeit zu beschreiben: *Philolaos von Kroton* (2. Hälfte des 5. Jahrhunderts v.Chr.) erscheint eine Bewegung aller Gestirne um die Erde kaum vorstellbar. Zur Erklärung der täglichen Bewegung der Gestirne postuliert er eine Bewegung der Erde (!) um das „Zentralfeuer" (nicht mit der Sonne gleichzusetzen!) mit einer Periode von 24 Stunden, und zwar so, daß die Erde dem Zentralfeuer stets dieselbe Seite zuwendet. Zum Schutz der Erde läuft synchron mit ihr weiter innen die „Gegenerde" um; Griechenland liegt auf der dem Zentralfeuer abgewandten Seite (Abb. 1.18). Alle anderen Gestirne einschließlich der Sonne drehen sich außerhalb der Erde um das Zentralfeuer. Das Licht des Außenfeuers dringt durch Löcher im Himmelsgewölbe (Fixsterne!) in den Bereich der Planeten. Diese Theorie verliert im Laufe der Zeit ihre Anziehungskraft, weil es den griechischen Seefahrern trotz weiter Reisen nie gelingt, irgendeinen Hinweis auf das Zentralfeuer oder die Gegenerde zu erhalten.

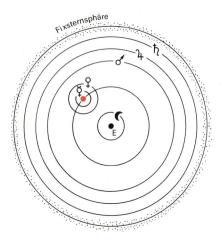

1.18 Die Zentralfeuertheorie des Philolaos von Kroton. E = Erde, A = Gegenerde (antichthon)

Eine äußerst bemerkenswerte Theorie entwirft der Pythagoreer *Herakleides von Pontos* (388-315 v.Chr.), der als erster die tägliche Bewegung der Gestirne durch die *Drehung der Erde um ihre Achse* erklärt (Abb. 1.19). Herakleides geht mit seinem Modell auf die damals stark diskutierten Besonderheiten der Planetenbahnen ein, und zwar nicht nur auf die zeitweilige Rückläufigkeit der Planeten, sondern insbesondere auf die periodischen Helligkeitsveränderungen bei Merkur und Venus sowie deren geringe Sonnenabstände. Er erkennt, daß sich Merkur und Venus um die Sonne bewegen, läßt aber weiterhin alle anderen Gestirne um die Erde kreisen.

Den letzten Schritt vollzieht *Aristarch von Samos* (315-240 v.Chr.). Er zeichnet sich aus durch Genauigkeit bei seinen Messungen, Logik und Einfallsreichtum und ist als großer Wissenschaftler auch weit über seine Zeit hinaus anerkannt. Aristarch erkennt die Mängel der bisherigen Vorstellungen vom Kosmos und deren unnatürlich anmutende Konstruktionen und geht konsequent den richtigen Weg: *er setzt die Sonne ins Zentrum*, die Erde bewegt sich ebenso wie die anderen(!) Planeten um die Sonne. Die Fixsterne sind in sehr großer Entfernung von der Sonne zu denken; ihre Bewegung wird durch die Drehung der Erde um die eigene Achse vorgetäuscht. Der Mond leuchtet nicht selbst; er kreist um die Erde und zeigt seine Phasen aufgrund der Beleuchtung durch die Sonne.

Aristarch stirbt um das Jahr 240 v.Chr., ohne namhafte Verfechter seiner Lehre zu hinterlassen.

In der Folgezeit ist bis ins 17. Jahrhundert n.Chr. hinein die von Platon und Aristoteles geprägte Hauptrichtung der griechischen Philosophie maßgebend, wobei das Dogma von der ruhenden Erde und den gleichmäßigen Kreisbewegungen der Himmelskörper

1.19 Die kosmologischen Vorstellungen des Herakleides von Pontos

jeglichen Fortschritt in der Astronomie hemmt. In der Geschichte der Wissenschaften ist kein weiteres Beispiel für ein derart langes und stures Festhalten am Falschen bekannt. Dabei kann die Entscheidung für Platon und Aristoteles sicher nicht auf eine besondere Originalität ihrer Theorien zurückgeführt werden, eher schon ist sie dadurch erklärbar[23], daß diese Philosophie den Bedürfnissen der damaligen Gesellschaft gut entspricht und sogar – je nach Auswahl und Mischung geeigneter Teile der platonischen und aristotelischen Philosophie – stark verändert werden kann.

In der Nachfolge Platons und Aristoteles' sind auch *Hipparch von Nicaea* (190–125 v.Chr.) und *Claudius Ptolemäus* (87–170 n.Chr.) zu sehen. Hipparch, der das Größenklassensystem[24] für Sterne einführt und die Mondentfernung mit 59 Erdradien bestimmt (exakter Faktor: 60,3), erklärt die beobachteten Schleifenbahnen der äußeren Planeten durch ein System von zwei Kreisen, wobei der Planet sich auf dem kleineren Kreis (Epizykel) bewegt, dessen Mittelpunkt auf dem größeren (Deferent) abrollt (Abb. 1.20)[25]. Hipparchs Messungen zeigen die unterschiedliche Länge von Sommer- und Winterhalbjahr, was sich nicht mit einer genau im Zentrum der Sonnenbahn ruhenden Erde vereinbaren läßt. Er sieht sich gezwungen, die Erde exzentrisch zur Sonnenbahn liegend annehmen zu müssen.

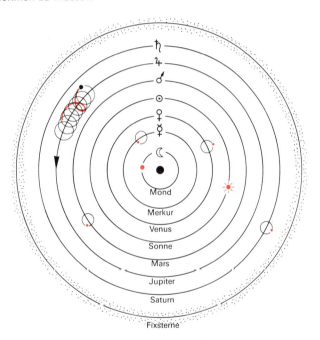

1.20 Vereinfachte Darstellung des ptolemäischen Weltbildes. Der Ablauf der Epizykelbewegung ist beim Planeten Jupiter angedeutet.

Als Claudius Ptolemäus 105 n.Chr. das gesamte astronomische Wissen seiner Zeit inclusive eines Katalogs mit 1002 Sternen in einem Buch („*Die große Syntax*") zusammenfaßt, das später über die Araber das Abendland erreicht und unter dem arabischen Namen *Almagest* bis ins 17. Jahrhundert hinein als Standardwerk gilt, stützt er sich im wesentlichen auf Hipparchs Vorstellungen

---

[23] Nach *Die Nachtwandler* von Arthur Koestler

[24] Ein Klassifizierungsschema, bei dem die Sterne ihrer Helligkeit nach in 6 Größenklassen eingeteilt werden.

[25] Der Gedanke zur Epizykeltheorie stammt von dem großen Mathematiker Apollonius von Perge (ca. 200 v.Chr.).

1.21 Nikolaus von Kues (1401–1464)

1.22 Nikolaus Kopernikus (1473–1543)

und Messungen und verfeinert (kompliziert) lediglich die Epizykeltheorie. Dieses *ptolemäische Weltbild* stellt das astronomische Vermächtnis der Antike dar. Die Römer als die Erben der griechischen Geisteswelt kümmern sich weit mehr um weltliche Probleme denn um die Weiterführung der Naturwissenschaften. Nach dem Untergang Roms erreicht das wissenschaftliche Niveau im christlichen Abendland einen absoluten Tiefstand; den Klerikern geht es um andere Werte. So wird selbst das Wissen um die Kugelgestalt der Erde wieder verdrängt, Erde und Himmel werden in der Form eines Zelts oder des Heiligen Tabernakels gesehen, Wasser umgibt das ganze Firmament. Mit dem Niedergang der Wissenschaften geht ein Aufstieg von Pseudowissenschaften, wie Astrologie und Alchemie, einher. Das gesellschaftliche Leben ist geprägt von religiösem Übereifer, der schließlich in Teufelsaustreibungen und Hexenverbrennungen gipfelt.

Während also das Mittelalter in Europa eine für die Wissenschaft dunkle Epoche darstellt, führen die *Araber* die Astronomie der griechischen Antike fort. Noch heute weisen die vielen arabischen Sternnamen (Rigel, Betelgeuze, Aldebaran, Atair, Deneb, ...) auf den arabischen Beitrag zu dieser Wissenschaft hin. Die fehlende eigene Kulturtradition erfordert geradezu die von den Arabern geübte Toleranz gegenüber fremden Geistesströmungen. Kalif *al-Mamum*[26] gründet im 9. Jahrhundert in Bagdad eine Akademie, die sich zunächst vor allem mit Übersetzungen fremder Werke beschäftigt. Insbesondere werden die bedeutendsten Texte der Antike ins Arabische übertragen und kommentiert. Das starke Interesse der Araber für die Astronomie ist schon aufgrund bestimmter Gebote des Koran verständlich, die eine Verbesserung der bisherigen Kalenderrechnung erfordern. Dies gelingt den Arabern, weil sie nach Übernahme des indischen Zahlensystems hervorragende Mathematiker hervorbringen und gerade in der Trigonometrie große Fortschritte erzielen. Die arabischen Astronomen sind angesehene Forscher, denen gut ausgestattete Sternwarten zur Verfügung stehen. So kann der Perser *as-Sufi* im 10. Jahrhundert den im Almagest aufgeführten Sternen genaue Helligkeitsangaben hinzufügen.

Im Laufe der Zeit kommt starke Kritik an der ptolemäischen Epizykeltheorie auf, die von *Ibn al-Haytham* (Alhazen) im 11. Jahrhundert in Kairo und von *Ibn-Ruschd* (Averroës) im 12. Jahrhundert im maurischen Spanien als unnatürlich und deshalb falsch bezeichnet wird[27]. Die von den Arabern entwickelten Weltbilder belassen jedoch die Erde im Zentrum; es gelingt somit nicht, die Planetenbewegung richtig zu beschreiben.

In Europa wird um das Jahr 1000 die Kugelgestalt der Erde wieder allgemein anerkannt. Als ab dem 12. Jahrhundert die großen Werke der griechischen Antike über die Araber nach Europa gelangen, kommt allmählich etwas Bewegung in die dort erstarrte Wissenschaft Astronomie.
Nikolaus von Kues (bei Trier), genannt *Cusanus* (1401-1464), ist ein überragender Gelehrter, der höchstes Ansehen genießt und als Kardinal auch große

---

[26] Der Sohn des aus „1001 Nacht" bekannten Kalifen Harun al-Raschid.
[27] Averroës (1126 – 1198): „*Die ptolemäische Astronomie ist nichts wert, wenn sie das Vorhandene beschreiben soll, sie ist aber sehr zweckdienlich, wenn es gilt, das nicht Vorhandene zu berechnen.*"

Einflußmöglichkeiten besitzt. Cusanus strebt mit großer Energie und Verstandesschärfe zu einer Kenntnis der kosmischen Realität zu gelangen. Schon früh erkennt er die aristotelische Physik und das ptolemäische Weltbild als falsch, kämpft mit allem Mut dagegen an und setzt sein eigenes kühnes Bild vom Kosmos dagegen, bei dem alle Himmelskörper in Bewegung sind. Allerdings setzt Cusanus nicht ausdrücklich die Sonne ins Zentrum. Anders als Aristoteles denkt Cusanus sich die Sterne aus derselben Materie aufgebaut wie die Erde und stellt sie sich auch von Lebewesen bewohnt vor.

Sein Zeitgenosse *Regiomontanus* (1436-1476), mit bürgerlichem Namen *Johannes Müller* aus Königsberg in Franken, ist ein Universalgenie wie Cusanus und zudem ein Mann der Praxis, der astronomische Meßgeräte selbst konstruiert und baut. Seine astronomischen Beobachtungen entlarven das geozentrische Weltbild als falsch, doch auch Regiomontanus geht nicht so weit, seine Autorität für ein Weltbild mit der Sonne im Zentrum in die Waagschale zu werfen.

Die längst überfällige astronomische Revolution wird schließlich von *Nikolaus Kopernikus* (1473-1543) eingeleitet, der in seinem Todesjahr in seinem Hauptwerk *De revolutionibus orbium coelestium*[28] das heliozentrische Weltbild propagiert. Maßgeblich an dem nun folgenden Aufschwung der Astronomie beteiligt sind *Tycho Brahe* (1546-1601), *Johannes Kepler* (1571-1630), *Galileo Galilei* (1564-1642) und *Isaac Newton* (1643-1727).

Der Däne *Tycho Brahe*, Betreiber der bedeutendsten Sternwarte seiner Zeit auf der Insel Hven und später Hofastronom Kaiser Rudolfs in Prag, führt mittels geeigneter großer Instrumente vorher nie erreichte Präzisionsmessungen durch. Als er 1601 stirbt, liegen alle diese Messungen seinem Nachfolger Johannes Kepler, einem hervorragenden Mathematiker, vor. Kepler wertet insbesondere die Messungen am Planeten Mars aus und kommt so auf der Grundlage des heliozentrischen Weltbilds zu den berühmten drei Keplerschen Gesetzen der Planetenbewegung.

Bis dahin handelt es sich bei den astronomischen Messungen stets um Positionsmessungen mit dem freien Auge, mit Hilfe von Visiereinrichtungen. Als um das Jahr 1608 die *Erfindung des Fernrohrs* von Holland aus eine schnelle Verbreitung findet, folgen Zeiten mit immer neuen astronomischen Entdeckungen. Von großer Bedeutung ist hierbei, daß der große italienische Naturwissenschaftler *Galileo Galilei* bald in den Besitz eines Fernrohrs gelangt, bereits 1610 wichtige Entdeckungen damit macht (Jupitermonde, Mondkrater, Sonnenflecken, Venusphasen), daraufhin vom heliozentrischen Weltbild überzeugt ist und mit seiner Autorität viel zur Anerkennung dieses Weltbilds beiträgt. *Isaac Newton* ist es vorbehalten, durch Auffinden des *Gravitationsgesetzes* den theoretischen Unterbau zu erstellen und damit den Schlußpunkt unter dieses Kapitel der Astronomie zu setzen.

In der Folgezeit widmet man sich vor allem der Beobachtung am Fernrohr, verfeinert und vergrößert allmählich die Teleskope und erzielt damit weitere wichtige Beobachtungsergebnisse. Die erste Bestimmung der Entfernung eines

1.23 Johannes Kepler (1571–1630)

1.24 Isaac Newton (1643–1727)

[28] Über die Bewegungen der Himmelsschalen

1.25 Aus den Beobachtungsaufzeichnungen Galileo Galileis. Es ist die Konstellation von Jupiter und seinen Monden an aufeinanderfolgenden Beobachtungsabenden festgehalten.

Fixsterns durch *Friedrich Wilhelm Bessel* im Jahre 1838 in Königsberg muß auch heute noch als eine der bedeutendsten experimentellen Leistungen der Astronomie angesehen werden. Jahrhundertelang hatte man dies vergeblich versucht!

Erst als *Joseph Fraunhofer* (1787-1826) im Jahre 1814 das Sonnenlicht durch ein Glasprisma in seine Farbanteile zerlegt, die darin befindlichen schwarzen Linien (Fraunhofersche Linien) genau untersucht und damit die *Spektroskopie* begründet, gewinnt die Astronomie ein neues, sehr bedeutendes Betätigungsfeld. Fraunhofer schafft mit der Erfindung des optischen Gitters eine weitere Möglichkeit der Lichtzerlegung. Als *Gustav R. Kirchhoff* und *Robert W. Bunsen* 1859 die Deutung der Spektrallinien gelingt, mit der damit verbundenen Möglichkeit, jede Linie einem bestimmten chemischen Element zuzuordnen, ist die grundlegende Bedeutung der Spektroskopie für die Astronomie erkennbar.

Gegen Ende des 19. Jahrhunderts hat sich die *Fotografie* so weit entwickelt, daß man sie in der Astronomie einsetzen kann. Als dann *Max Planck* im Jahr 1900 das *Strahlungsgesetz* findet, sind auch die Grundlagen für eine Auswertung von Helligkeitsmessungen (*Fotometrie*) geschaffen. Ohne Fotografie, Fotometrie und Spektroskopie ist die moderne Astronomie nicht denkbar!

Im Jahr 1917 beginnt mit der Inbetriebnahme des ersten Riesenteleskops, des 2,5-m-Spiegelteleskops auf dem Mount Wilson in Kalifornien, eine neue Beobachtungsära, die mit der Aufstellung des 5-m-Spiegels des Hale-Teleskops auf dem Mount Palomar im Jahre 1952 ihren bisherigen Höhepunkt erreicht.

Immer mehr versucht man heute, andere Spektralbereiche in die Beobachtung einzubeziehen. Während bereits seit etwa 1950 *Radioteleskope* gebaut werden, wird nun dem *Infrarot-, Röntgen-* und *Gammabereich* ebenso große Aufmerksamkeit entgegengebracht. Mit Hilfe der *Radioastronomie* gelang in den sechziger Jahren sowohl die Entdeckung der *Pulsare*, jener kosmischen Leuchtfeuer, deren Strahlung uns mit sehr regelmäßiger, kurzer Periode erreicht, als auch der *Quasare*, dieser Energiemonster vom Rande des beobachtbaren Universums, die unsere Sicht des Alls so sehr verändert haben.

Auch die *Weltraumfahrt* liefert für die Astronomie, zumindest im planetaren Bereich, wertvollste Erkenntnisse. Heute ist klar, daß die ehemals mit großem finanziellen Aufwand betriebene bemannte Raumfahrt zwar den wichtigen Popularitätsschub erbrachte, die weit kostengünstigere unbemannte Raumfahrt aber viel mehr in der Lage ist, die Wissenschaft voranzubringen. Die beiden zur Erforschung des Mars ausgesandten Viking-Sonden oder die Sonden Voyager I und II, deren phantastische Fotos von Jupiter, Saturn, Uranus und ihren Monden nicht nur die Astronomen begeisterten, belegen dies eindrucksvoll.

Die Bedeutung der theoretischen Physik innerhalb der Astronomie nimmt immer mehr zu. Als *Edwin Hubble* mit dem Mt.-Wilson-Teleskop in den 20er Jahren dieses Jahrhunderts fremde Galaxien beobachtet und dabei Wesentliches über die Verteilung und Bewegung der Materie im Raum erfährt, ist dies der entscheidende Schub für die *Kosmologie*, die sich mit dem Aufbau und der zeitlichen Veränderung des Kosmos beschäftigt. Von zentraler Bedeutung für

dieses Teilgebiet ist die 1915 von *Albert Einstein* (1879-1955) veröffentlichte *Allgemeine Relativitätstheorie*, die es gestattet, verschiedene, sehr ungewöhnliche Erscheinungen von Materie, Raum und Zeit vorherzusagen.

Mit großem Einsatz versuchen die Astrophysiker zu einem besseren Verständnis der Entwicklung der verschiedenen Himmelsobjekte – Fixsterne, Sternhaufen, Galaxien – zu gelangen. Zwar sind hier schon große Erfolge erzielt worden, doch es bleiben noch viele Fragen offen. Wie sehr sich die Arbeitsweise der Astronomie in der zweiten Hälfte dieses Jahrhunderts verändert hat, wird hier besonders deutlich: Wenn auch die physikalischen Gesetzmäßigkeiten bekannt sind, die für den Zustand und die Entwicklung der Sternmaterie maßgebend sind, so sind doch die Vorgänge im Sterninnern so komplex und unüberschaubar, daß eine Berechnung „von Hand" absolut unmöglich ist. Nur der Einsatz modernster Großrechenanlagen ermöglicht es, die Abläufe im Sterninneren zu simulieren und ein wirklichkeitsnahes Bild der zeitlichen Entwicklung von Fixsternen zu erhalten.

Gegenwärtig befindet sich die Astronomie in einem noch nie dagewesenen Hoch.

1.26 Edwin Hubble (1889–1960) am Beobachtungsplatz des 5-m-Spiegelteleskops auf dem Mount Palomar. Er gilt als Begründer der modernen extragalaktischen Astronomie.

Aufgaben

1.2. Um 270 v.Chr. führt Aristarch von Samos die erste Vermessung des Himmels in der Geschichte der Astronomie durch. Er ermittelt auf trigonometrischem Wege das Verhältnis der Entfernungen von Sonne und Mond. Aristarch visiert hierzu am Taghimmel Sonne und Halbmond an und bestimmt den Winkel $\varphi = 87°$ zwischen den beiden Himmelskörpern.
a Warum führt Aristarch seine Messungen bei Halbmond aus? Skizze!
b Wievielmal weiter als der Mond ist nach Aristarchs Messung die Sonne von der Erde entfernt?
c Nach unserer heutigen Kenntnis ist die Sonne ca. 390mal weiter entfernt als der Mond. Offensichtlich war Aristarchs Winkelmessung zu ungenau. Wie groß ist der Winkelabstand zwischen Sonne und Halbmond tatsächlich?

1.3. Eratosthenes, um 220 v.Chr. Vorsteher der berühmten, mit 700 000 Buchrollen ausgestatteten Bibliothek von Alexandria, hat sich als Wissenschaftler durch die erstmalige, geniale Bestimmung des Erdradius unvergänglichen Ruhm erworben. Dem auf dem Gebiet der Geometrie versierten Bibliothekar ist klar, daß bei bekannter Entfernung zweier Punkte auf der Erdoberfläche die Kenntnis des Winkels, unter dem die beiden Punkte vom Erdmittelpunkt aus erscheinen, zur Berechnung des Erdhalbmessers genügt. Eratosthenes kann hierzu verschiedenen Buchrollen geeignete Daten entnehmen:
Während er die Entfernung der fast auf demselben Längenkreis liegenden Orte Alexandria und Syene (das heutige Assuan) mit 5000 Stadien (1 Stadion = 180 m) sehr gut abschätzt – vermutlich stützt er sich auf einfache Karten Ägyptens[29] oder auf Berichte über entsprechende Marschleistungen –, schenkt er auch einem ungewöhnlichen Bericht Beachtung, daß nämlich zur Zeit der Sommersonnenwende (21.Juni) die Sonne mittags in Syene senkrecht in einen tiefen Brunnenschacht scheine. Zum selben Zeitpunkt steht die Sonne in Alexandria nicht ganz senkrecht über dem Beobachter; es fehlen hierzu 7,5°, wie man leicht an der Schattenlänge eines senkrecht aufgestellten Stabs – eines *Gnomons* (s. Kapitel 2.2.) – erkennen kann.
Berechnen Sie aus den obigen Angaben nach Anfertigung einer geeigneten Skizze den Erdradius nach Eratosthenes!

---

[29] ev. von Steuereintreibern angefertigt

2. Die scheinbare Bewegung der Gestirne

*Wenn ich's recht bedenken will
und es ernst gewahre,
steht vielleicht das alles still
und ich selber fahre.*
J.W. v. Goethe

Der scheinbaren Bewegung der Gestirne – die durch die Langzeitaufnahme auf der Vorderseite eindrucksvoll demonstriert wird – wurde zu allen Zeiten große Aufmerksamkeit gewidmet. Während für die Astronomen der Antike die Beobachtung der Auf- und Untergänge im Vordergrund stand, wandte sich das Interesse im Laufe der Zeit immer mehr den besser beobachtbaren Höchstständen der Gestirne zu. So zeigt die Abbildung auf dieser Seite den dänischen Astronomen Ole Rømer (in einem Kupferstich seines Schülers Pedar Horrebow aus dem Jahr 1689) an seiner Machina Domestica in seinem Haus in Kopenhagen bei der Bestimmung des Meridiandurchgangs (Höchststands) eines Sterns. Die in der Fernrohrmitte angebrachte Laterne beleuchtet das Fadenkreuz, zum Ablesen der Deklination auf der bogenförmigen Skala dient ein Mikroskop. Eine recht genaue Ermittlung des Zeitpunkts des Meridiandurchgangs ist durch das Ablesen einer Pendeluhr gesichert. Der Spalt im Dach des gegenüberliegenden Hauses beweist, daß Astronomen vor nichts zurückschrecken, wenn es der Erweiterung ihrer Beobachtungsmöglichkeiten dient.

2.1. Die Himmelskugel

Die einzelnen Fixsterne, Nebel etc. befinden sich in unterschiedlichen Entfernungen von der Erde. Zur Beschreibung der scheinbaren Bewegung der Gestirne oder zur Angabe der Richtung zu einem bestimmten Stern ist es aber vorteilhaft, wenn man sich alle Gestirne in derselben Entfernung vom Beobachter auf einer Kugeloberfläche vorstellt, sich also die Betrachtungsweise eines naiven Beobachters zu eigen macht.

Man kann sich die Sterne vom Beobachter aus auf diese *Himmelskugel* oder *Sphäre* projiziert denken (Abb. 2.1), als Projektionszentrum kann aber auch der Erdmittelpunkt gewählt werden. Die Richtungen Erdmittelpunkt – Stern und Beobachter – Stern unterscheiden sich wegen der großen Entfernungen der Fixsterne und des relativ geringen Erdradius nicht meßbar. Bei nahen Objekten (Mond, Erdsatelliten) muß allerdings zwischen den Begriffen *topozentrisch* (vom Beobachter aus) und *geozentrisch* (vom Erdmittelpunkt aus) unterschieden werden. Der Radius der gedachten Himmelskugel ist nicht festgelegt und kann zwar beliebig groß, jedoch nicht zu klein angenommen werden, damit als Mittelpunkt gleichermaßen Beobachtungsort und Erdmittelpunkt gelten können.

Jener Punkt der Sphäre, der senkrecht über dem Beobachter liegt, wird als *Zenit* bezeichnet; diesem an der Sphäre gegenüberliegend ist der *Nadir*. Die im Beobachtungsort an die Erde gelegte Tangentialebene (= Horizontebene) schneidet aus der Sphäre die *Horizontlinie* aus. Der Horizont ist also rein mathematisch festgelegt und stimmt deshalb nicht ganz mit dem durch Landschaftselemente bestimmten Gesichtskreis des Beobachters überein.

Der Großkreis an der Sphäre, der sich als Schnitt der Erdäquatorebene mit der Sphäre ergibt, heißt *Himmelsäquator*, die Schnittpunkte der Erdachse mit der Sphäre sind der *Himmelsnordpol* und der *Himmelssüdpol*. Alle über dem Himmelsäquator gelegenen Sterne werden dem *nördlichen Sternenhimmel*, die darunterliegenden dem *südlichen Sternenhimmel* zugerechnet.

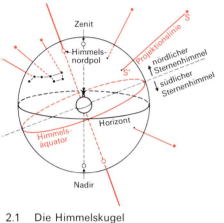

2.1 Die Himmelskugel

2.2. Nachweis der Erdrotation

Wenn man einen Fotoapparat auf einem Stativ befestigt und in Richtung Polarstern ausrichtet, so erhält man bei längerer Belichtungszeit ein Foto, wie es Abb. 2.2 zeigt. Die Bahnen der einzelnen Sterne sind als Teile von konzentrischen Kreisen erkennbar. Dabei wird klar, daß der Polarstern nicht genau im Zentrum dieser Kreise steht, also nur ungefähr den Himmelspol markiert.

Daß diese Bewegung der Sterne nur vorgetäuscht ist durch die Drehung der Erde um ihre Achse, war schon die Überzeugung der antiken Astronomen Herakleides von Pontos und Aristarch von Samos (s. Kapitel 1.2.). Bekanntlich konnte sich diese Anschauung erst allgemein durchsetzen, nachdem Kopernikus sie 1542 propagierte und sie nach Keplers Entdeckung der Planetengesetze und der Auffindung des Gravitationsgesetzes durch Newton auf feste Füße gestellt war.

2.2 Scheinbare Sternbahnen in der Nähe des Himmelspols

2.3 Foucaults Experiment im Pantheon von Paris (1851)

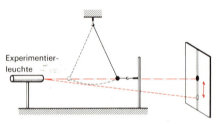

2.4 Nachgestelltes Foucault-Experiment

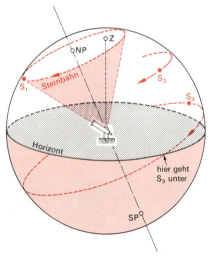

2.5 Scheinbare Bewegung der Sterne an der Sphäre bei scheinbar raumfestem Beobachter

Ein überzeugender *physikalischer Beweis* für die Drehung der Erde um ihre Achse konnte aber erst gefunden werden, als im Jahre 1851 *Jean Bernard Léon Foucault* (1819–1868) seinen berühmten *Pendelversuch* in Paris durchführte (Abb. 2.3): Ein Fadenpendel schwingt auf der Erde – scheinbar entgegen allen physikalischen Gesetzen – nicht in einer konstanten Schwingungsebene, sondern ändert diese stetig. Am Nord- oder Südpol beträgt diese Änderung 1° in vier Minuten (360° in 24 Stunden), am Äquator tritt sie nicht auf. Dies kann nur dadurch erklärt werden, daß sich die Erde unter der räumlich konstanten Schwingungsebene wegdreht.

Dieser historische Nachweis der Erdrotation kann auch in einem einfachen Laborversuch demonstriert werden (Abb. 2.4). Dazu wird ein Fadenpendel in Normallage mit einer geeigneten Experimentierlampe an die Wand projiziert und dort eine Marke angebracht. Wenn man nun die Pendelkugel aus ihrer Ruhelage auslenkt und so mit einem Haltefaden an einer Stativstange befestigt, daß das Projektionsbild genau über der Marke liegt und dann den Haltefaden abbrennt, kann man sicher sein, daß die Projektionsrichtung in die Schwingungsebene des Pendels fällt. Recht schnell ist aber eine räumliche Veränderung der Schwingungsebene feststellbar, nämlich eine Drehung um etwa 1° in 5 bis 6 Minuten[1]. Zur Drehrichtung ist festzustellen: Wenn man vom Weltraum aus auf den Nordpol der Erde schaut, dreht sich die Erde im Gegenuhrzeigersinn. Infolgedessen muß die scheinbare Bewegung der Gestirne in entgegengesetzter Richtung ablaufen, so daß die Sterne für den Erdbeobachter in östlicher Richtung aufgehen und in westlicher Richtung untergehen.

Neben der objektiv richtigen Beschreibung, daß sich die Erde um ihre Achse und ebenso wie die anderen Planeten um die Sonne dreht, wird man im folgenden auf jene subjektive Anschauung nicht verzichten können, die sich einem Beobachter auf der Erdoberfläche „aufdrängt": die Erde steht fest und die Gestirne bewegen sich auf Kreisbahnen mit der Erdachse als Symmetrieachse (s. Abb. 2.5).

Aufgabe

2.1 a Wie groß war bei der Himmelsfotographie von S. 27 die Belichtungszeit?
b Auf dem Foto von S. 27 hinterläßt der Polarstern die hellste Sternspur. Inwiefern kann man daraus noch nicht den Schluß ziehen, daß der Polarstern der hellste aller abgebildeten Sterne ist?

2.3. Einfluß des Beobachtungsorts. Die Höhe

Eine geeignete Meßgröße für die Lage eines Sterns ist dessen *Höhe*, d.h. der Winkel zwischen Stern und Horizont. Höhe h und *Zenitdistanz* z (der Winkel zwischen Stern und Zenit) ergänzen sich zu 90°.

Vor der Erfindung des Fernrohrs diente eine Reihe einfacher Visiergeräte zur Messung der Gestirnshöhe. Eines der ältesten astronomischen Geräte über-

---

[1] exakt gilt: $\Delta\varphi/\Delta t = 360°/(24 \cdot 60\text{min}) \cdot \sin\varphi$, wobei φ = geographische Breite am Ort des Experiments

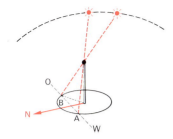

2.6 Der Gnomon

haupt stellt der *Gnomon*² (Abb. 2.6) dar, ein auf waagerechtem Boden senkrecht aufgestellter schattenwerfender Stab, bei dem man aus der Schattenlänge die Sonnenhöhe bestimmen kann. Wenn man um den Stab einen Kreis schlägt, so daß das Schattenende des Gnomons vor und nach dem Höchststand der Sonne auf die Kreislinie fällt, so legen diese beiden Kreislinienpunkte A und B die Ost-West- Richtung fest. Zieht man vom Mittelpunkt der Strecke [AB] zum Stab eine gerade Linie, so markiert diese sog. *Mittagslinie* die Nord-Süd-Richtung, in der die Sonne ihren höchsten Bahnpunkt (mittags) erreicht.

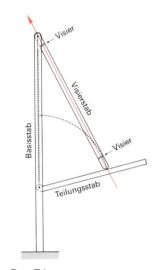

2.7 Das Triquetrum

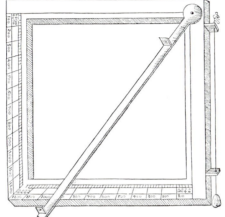

2.8 Georg Peuerbachs *Quadratum geometricum*

2.9 Johann Hevels Holz-Quadrant von 1648 (1,7 m Radius)

Ebenfalls zu den ältesten astronomischen Geräten zu zählen ist das *Triquetrum*³ (parallaktisches Lineal, Abb. 2.7), bei dem am oberen Ende des senkrecht aufzubauenden Basisstabs der Visierstab drehbar angebracht ist. An einem dritten Stab, dem Teilungsstab, wird dann der Höhenwinkel abgelesen. Das Triquetrum liefert eine Genauigkeit von bestenfalls 5'.
Weitere zur Höhenmessung geeignete Geräte sind das auf die Araber zurückgehende und von *Georg Peuerbach* um 1450 als selbständiges astronomisches Instrument eingeführte *Quadratum geometricum* (Abb. 2.8) und der *Quadrant* (Abb. 2.9), der schon aus der Antike bekannte Viertelkreis.

Wie die Sternbahnen vom jeweiligen Beobachtungsort aus erscheinen, soll zunächst für Beobachter auf dem Nordpol und dem Äquator der Erde untersucht werden.
Für einen Beobachter am Nordpol fallen Zenit und Himmelsnordpol zusammen, ebenso Himmelsäquator und Horizont (s. Abb. 2.10). Die Sternbahnen verlaufen in gleichbleibenden Höhen, so daß es weder auf- noch untergehende Sterne gibt. Am Nordpol ist nur der nördliche Sternenhimmel sichtbar.

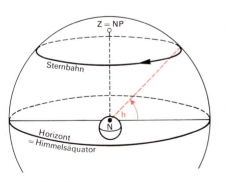

2.10 Der Nordpol als Beobachtungsort

---

² griech. γνώμων – Meß-, Maßstab. Der Gnomon ist um 440 v.Chr. von Meton in Athen verwendet worden, ist aber sicher noch älter.
³ Dreistab, im Almagest als *organon parallacticon* bezeichnet

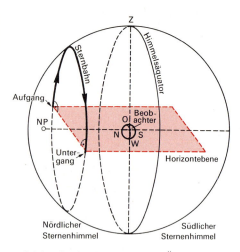

2.11 Beobachtungsort am Äquator

Für einen Beobachter am Äquator steht der Himmelsäquator senkrecht zum Horizont und verläuft durch den Zenit. Die Gestirne gehen „im Osten" senkrecht (!) über den Horizont herauf, tauchen „im Westen" senkrecht unter den Horizont (s. Abb. 2.11). Dies gilt natürlich auch für die Sonne, was die kurze Dämmerungszeit in den Tropen erklärt. Ein Beobachter am Äquator kann im Laufe eines Jahres den gesamten Sternenhimmel übersehen.

Wie man sich an Abb. 2.1 klarmachen kann, ist für einen Beobachter auf der Nordhalbkugel (geographische Breite φ) neben dem gesamten nördlichen Sternenhimmel auch ein Teil des südlichen Sternenhimmels sichtbar. Zenit und Horizont wandern an der Sphäre. Elementargeometrische Überlegungen an Abb. 2.12 ergeben für die Höhe h_p des Himmelsnordpols und die maximale Höhe $h_Ä$, die der Himmelsäquator über dem Horizont erreicht:

$$\text{Polhöhe } h_p = \varphi, \qquad \text{Äquatorhöhe } h_Ä = 90° - \varphi.$$

Dieser Zusammenhang von Polhöhe und geographischer Breite des Beobachtungsorts war bereits in der klassischen Antike bekannt und wurde in der Seefahrt zur Positionsbestimmung verwendet.

Wenn man φ durch |φ| ersetzt, gelten beide Formeln auch für einen Beobachter auf der Südhalbkugel (negative geographische Breite).

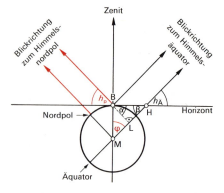

2.12 Polhöhe und Äquatorhöhe

Aufgaben

2.2. Zwei Sterne besitzen einen Winkelabstand von 10°18' und liegen an der Sphäre direkt übereinander. Vom oberen Stern wird eine Höhe von 26°8' gemessen. Wie groß ist der Winkelabstand des zweiten Sterns vom Zenit?

2.3. Ein Gnomon von 1 m Länge wirft einen Schatten von 2,5 m Länge. In welcher Höhe steht die Sonne?

2.4. In Rom mißt man eine Zenitdistanz des Himmelsnordpols von 48,5°, in Kairo 60°. Berechnen Sie die geographische Breite beider Orte!

2.5. Der Stoiker *Poseidonios* hat im 1. Jahrhundert v.Chr. den Erdradius bestimmt. Von Poseidonios wurde der helle Fixstern Canopus bei seiner Kulmination in Alexandria und auf Rhodos anvisiert, wobei sich die Zenitdistanz des Sterns bei beiden Messungen um Δα = 7,5° unterschied. Für die Entfernung Alexandria – Rhodos wurden 600 km angenommen, Alexandria und Rhodos haben fast dieselbe geographische Länge.
Fertigen Sie eine geeignete Skizze an (Erdkugel mit Alexandria und Rhodos, Visierrichtung, etc.) und zeigen Sie, daß Poseidonios einen zu geringen Erdradius ermittelt hat (Entfernung Alexandria – Rhodos falsch geschätzt)!
Der falsche Wert des Poseidonios für den Erdradius – und nicht etwa die ältere, aber bessere Messung des Eratosthenes – wurde von Claudius Ptolemäus in den *Almagest* übernommen und bis ins 17. Jahrhundert für richtig gehalten. Wegen des vermeintlich kurzen Seewegs nach Indien startete *Chr. Columbus* seine berühmte Entdeckungsfahrt, die ihn 1492 nach Amerika führte.

Experimentelle Anregung

Fertigen Sie nach den Abbildungen auf S. 31 einfache Holzmodelle von historischen Höhenmeßgeräten an und führen Sie damit Höhenmessungen an Gestirnen aus!

2.4. Astronomische Koordinatensysteme

Zur Angabe der Lage eines Sterns an der Sphäre sind geeignete Ortskoordinaten nötig. Es liegt nahe, dabei ebenso zu verfahren wie bei der Angabe eines Orts auf der Oberfläche der Erdkugel: Jeder Punkt P auf der Erdoberfläche ist eindeutig festgelegt durch seine geographische Länge und Breite, mathematisch gesagt: durch seine Polarkoordinaten (s. Abb. 2.13), den *Azimutalwinkel* λ (geographische Länge) und den *Polarwinkel* φ (geographische Breite).
Die durch Nord- und Südpol verlaufenden Großkreise werden *Meridiane* (Längenkreise) genannt. Der Meridian, auf dem ein bestimmter Punkt P liegt, heißt *Ortsmeridian* von P.
Da die Himmelskugel keinen festgelegten Radius besitzt, kommen als Koordinaten nur Winkel in Frage. Diese Winkel sind im folgenden oft durch die von ihnen aus der Sphäre geschnittenen Bögen gekennzeichnet, da ohnehin keine Verwechslungsgefahr besteht.

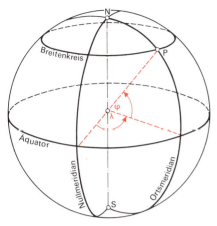

2.13 Festlegung eines Punktes P auf der Erdoberfläche durch seine geographische Breite φ und geographische Länge λ

2.4.1. Das Horizontsystem (Höhe *h*, Azimut *A*)

Dem Beobachter am besten angepaßt ist ein astronomisches Koordinatensystem, das Horizontebene und Zenit zur Grundlage seiner Koordinatenzählung nimmt (Abb. 2.14).
Der Winkel, unter dem ein Gestirn gegen die Horizontebene erscheint, wird als *Höhe* bezeichnet und von 0° bis +90° (Zenit) oder −90° (Nadir) gezählt. Entlang eines *Horizontalkreises*, dessen Ebene parallel zur Horizontebene steht, ist die Höhe konstant. Allerdings fällt für einen Beobachter an einem Ort mit geographischer Breite φ ≠ ±90° kein Horizontalkreis mit einer Sternbahn zusammen (Bahnebene steht senkrecht zur Polachse)!
Die Großkreise, die vom Zenit zum Nadir verlaufen und die Horizontalkreise senkrecht schneiden, werden als *Vertikalkreise* bezeichnet. Horizontal- und Vertikalkreis legen einen Sternort eindeutig fest. Derjenige Vertikalkreis, der sich als Projektion des Ortsmeridians des Beobachters auf die Sphäre ergibt, heißt *Himmelsmeridian* und verläuft durch Zenit, Nadir und die Himmelspole. Der Himmelsmeridian schneidet den Horizont im *Nordpunkt* N und im *Südpunkt* S. Der auf der Horizontebene gemessene Winkel zwischen Nordpunkt und Vertikalkreis des Sterns stellt die zweite Koordinate dar, den *Azimut*. Der Drehsinn dieses Winkels ist von Norden über Osten nach Süden festgelegt.

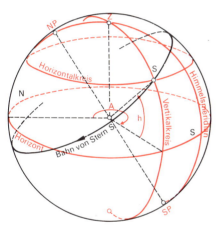

2.14 Das Horizontsystem

Da alle Sternbahnen parallel zum Himmelsäquator verlaufen, erreicht ein Stern auf seiner (scheinbaren) Bahn an der Sphäre seine größte und kleinste Höhe (*obere* und *untere Kulmination*) jeweils dann, wenn er den Himmelsmeridian durchläuft.
Beide Koordinaten des Horizontsystems sind leicht meßbar und eignen sich auch bestens zum Auffinden des Sterns. Als sehr nachteilig erweist es sich allerdings, daß die Koordinaten vom Beobachtungsort abhängig sind und sich außerdem mit der Bewegung des Sterns stetig ändern.
Letzteres ist auch das Problem bei einer *azimutalen Montierung* (Montierung = Halterung, Abb. 2.15) eines nicht am Pol aufgestellten Fernrohrs, mit dessen Achsen a_1 und a_2 Azimut und Höhe einstellbar sind. Wenn die Achse a_2

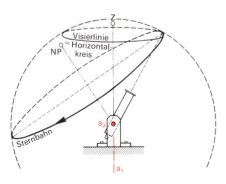

2.15 Die azimutale Montierung

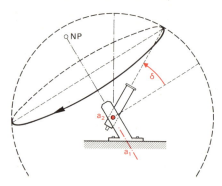

2.16 Die parallaktische Montierung

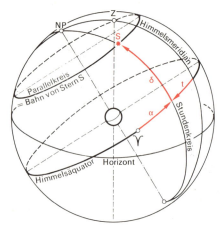

2.17 Die Koordination des festen und des beweglichen Äquatorsystems

festgeklemmt ist, durchläuft die Visierlinie des Fernrohrs bei Drehung um a_1 einen Horizontalkreis (konstante Höhe). Will man das Fernrohr einem Stern nachführen, so muß ständig um beide Achsen gedreht werden!

Neigt man aber das Teleskop so, daß die Achse a_1 exakt in Richtung Himmelspol zeigt (s. Abb. 2.16), so bewegt sich bei dieser *parallaktischen Montierung* die Visierlinie des Fernrohrs schon dann entlang einer Sternbahn an der Sphäre, wenn Achse a_2 festgeklemmt ist und nur um Achse a_1 gedreht wird!

2.4.2. Das feste Äquatorsystem (Stundenwinkel t, Deklination δ)

Eine der parallaktischen Montierung und der täglichen Bewegung der Gestirne angepaßte Koordinatendarstellung verwendet das *feste Äquatorsystem*, bei dem an die Stelle der Horizontebene die Äquatorebene als Bezugsebene rückt. Jeder Stern bleibt nämlich bei seiner täglichen Bewegung auf einem Kreis, dessen Ebene senkrecht zur Polachse und damit parallel zur Äquatorebene liegt, einem sog. *Parallelkreis*. Sein Winkelabstand vom Äquator – die *Deklination* δ des Sterns – bleibt also konstant (Abb. 2.16).

Bei der parallaktischen Montierung vereinfacht sich die Nachführung des Instruments dadurch, daß man die Deklination an Achse a_2 (Deklinationsachse) fest einstellt und nur um Achse a_1 (Stundenachse) gleichmäßig dreht. Die Koordinate, die man an a_1 einstellt, wird *Stundenwinkel t* genannt (Abb. 2.17). Der durch den Stern und die Himmelspole verlaufende Großkreis heißt *Stundenkreis* und schneidet die Parallelkreise senkrecht. Wie bereits erwähnt, fällt die höchste Stellung eines Sterns mit seiner Lage auf dem Himmelsmeridian zusammen. Hier beginnt die Zählung des Stundenwinkels, wozu nicht das übliche Gradmaß verwendet wird, sondern das Stundenmaß von 0h bis 24h (24h ≙ 360°).

Der Stundenwinkel ist also der in der Äquatorebene gemessene Winkel zwischen Himmelsmeridian und momentanem Stundenkreis des Sterns; wegen seines speziellen Maßes gibt der Stundenwinkel die Zeit nach der oberen Kulmination (Höchststellung) des Sterns an.

Das feste Äquatorsystem, benannt nach dem fest mit dem Beobachtungsort gekoppelten Nullpunkt der Zählung des Stundenwinkels, eignet sich zur Auffindung eines Objekts am Nachthimmel, insbesondere bei der Nachführung eines parallaktisch montierten Fernrohrs. Allerdings muß man die Variable t problemlos für jeden Ort und jede Zeit angeben können.

Der Himmelsäquator schneidet den Horizont genau im Osten und im Westen; man sollte sich seine Lage an der Sphäre grob einprägen. Zur Orientierung am Frühjahrssternenhimmel ist es wichtig zu wissen, daß er durch das Sternbild Jungfrau verläuft (Spica ist aber schon 10° tiefer). Im Sommer orientiert man sich am südlichen Teil des Adlers und am schwachleuchtenden Sternbild Schlangenträger, im Herbst ist der Himmelsäquator etwas unterhalb der Fische oder bei Mira im Walfisch zu denken. Die deutlichsten Marken für den Himmelsäquator findet man schließlich mit Procyon und dem Gürtel des Orion im Winter vor.

Experimentelle Anregung

Eine auf einem Stativ befestigte Kamera wird in die Gegend des Himmelsäquators gerichtet. Auf dem bei einer längeren Belichtungszeit aufgenommenen Foto kann an den Sternspuren die Lage des Himmelsäquators deutlich erkannt werden: die (scheinbaren) Bahnen von Sternen auf dem Himmelsäquator erscheinen ungekrümmt, wogegen die Sterne des Nördlichen Sternenhimmels nach oben, die des Südlichen Sternenhimmels nach unten gekrümmt erscheinen!

2.4.3. Das bewegliche Äquatorsystem (Deklination δ, Rektaszension α)

Zum Katalogisieren von Sternen ist außer der Deklination eine zweite, konstant bleibende Koordinate vonnöten. Hierzu wird als Bezugsmarke ein Punkt auf dem Äquator ausgewählt, der sogenannte *Frühlingspunkt* (ϒ). Auf seine Lage wird später noch genau eingegegangen.
Der auf dem Himmelsäquator gemessene, konstant bleibende Winkelabstand des Stundenkreises eines Gestirns vom Frühlingspunkt wird *Rektaszension* α genannt und wie der Stundenwinkel von 0h bis 24h angegeben (s. Abb.2.17).

Eines der wichtigsten astronomischen Meßgeräte der Antike, die *Armillarsphäre*[4] (Abb. 2.18), gestattet es, die äquatorialen Koordinaten Rektaszension und Deklination eines Sterns direkt zu bestimmen[5]. Das Instrument, das aus mehreren mit Skalen versehenen Ringen zusammengesetzt ist, muß zunächst so aufgestellt werden, daß der Meridianring und der senkrecht zu diesem stehende Äquatorring parallel zum Himmelsmeridian bzw. Himmelsäquator ausgerichtet sind. Ein dritter Ring – der Deklinationsring – ist um die Polachse drehbar und mit verschiebbaren Visieren bestückt, mit deren Hilfe man einen Stern anvisiert. Der Abstand des eingestellten Visiers vom Äquatorkreis entspricht der Deklination des Sterns, die Rektaszension kann auf dem Äquatorring als Abstand des drehbaren Deklinationsrings vom Frühlingspunkt abgelesen werden.

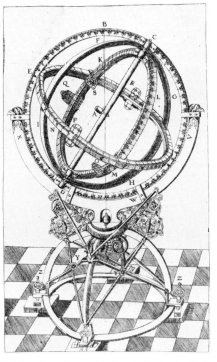

2.18 Armillarsphäre (nach Tycho Brahe)

Aufgaben

2.6. Ein Stern X wird mit einem Quadranten anvisiert. Von dem genau im Westen stehenden Stern wird eine Zenitdistanz von 63° gemessen. Geben Sie die Koordinaten des Sterns im Horizontsystem an!

2.7. Der helle Fixstern Regulus hatte vor 3h 20m seinen höchsten Stand erreicht, die obere Kulmination des Frühlingspunktes ereignete sich vor 13h 30,7min. Welche Rektaszension besitzt Regulus?

2.8. Ein Stern steht für einen Beobachter auf der Nordhalbkugel genau im Westen, sein Stundenwinkel ist 6.00 Stunden. Was können Sie hieraus folgern für die Lage des Sterns an der Sphäre und für die gesamte Bahn des Sterns?

2.9. Der Stern δ Ceti befindet sich auf dem Himmelsäquator.
a Welche maximale Höhe erreicht dieser Stern in Oslo ($\varphi = 59{,}5°$), München ($\varphi = 48{,}1°$), Athen ($\varphi = 42°$) und in Melbourne ($\varphi = -37{,}5°$)?
b Welche Höhe erreicht der Stern in den genannten Städten bei den Stundenwinkeln 0h, 6h, 12h, 18h?

---

[4] In einfacher Form bereits bei Babyloniern und Chinesen anzutreffen, wird das Gerät von Hipparch und Ptolemäus entscheidend verbessert. In Griechenland ist es als *meteoroskopeion* bekannt, Ptolemäus nennt es *asterolabon organon*. Erst aus dem Mittelalter, wo es vorwiegend als Demonstrationsgerät verwendet wird, stammt die Bezeichnung *sphaera armillaris* (lat. *armilla* – Ring), also Ringkugel.

[5] Vielfach – so auch bei Ptolemäus – wird keine äquatoriale, sondern eine ekliptikale Konstruktion verwendet, die die Bestimmung ekliptikaler Sternkoordination gestattet.

2.5. Die Kulmination[6] der Gestirne

Als *oberen Kulminationspunkt* bezeichnet man in der Astronomie den höchsten Punkt der Bahn eines Gestirns. Dieser Punkt liegt ebenso wie der tiefste Bahnpunkt (*unterer Kulminationspunkt*) auf dem Himmelsmeridian. Die Zeit, die seit der oberen Kulmination des Sterns verflossen ist, gibt der Stundenwinkel t an.

Von Abb. 2.19 läßt sich mühelos ablesen:

$$\text{obere Kulminationshöhe } h_o = \delta + h_{\ddot{A}},$$
$$\text{untere Kulminationshöhe } h_u = \delta - h_{\ddot{A}}.$$

Verwendet man noch den bereits bekannten Zusammenhang zwischen Äquatorhöhe $h_{\ddot{A}}$ und geographischer Breite φ des Beobachtungsorts, so gelangt man zu der sehr wichtigen Abhängigkeit der Kulminationshöhe vom Beobachtungsort[7]:

$$h_o = \delta + (90° - \varphi), \quad h_u = \delta - (90° - \varphi).$$

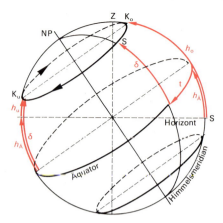

2.19 Kulmination
K_o oberer Kulminationspunkt
K_u unterer Kulminationspunkt
t Stundenwinkel
δ Deklination
$h_{\ddot{A}}$ Äquatorhöhe

δ ist die Deklination des Sterns, φ die geographische Breite des Beobachtungsorts.
Ein Stern ist *stets sichtbar* (*zirkumpolar*), wenn sich seine untere Kulmination über dem Horizont ereignet, wenn also $h_u > 0°$. Für *Zirkumpolarsterne* gilt somit: $\delta > 90° - \varphi$.
An einem Beobachtungsort auf der Nordhalbkugel mit geographischer Breite $\varphi = 50°$ sind also nur Sterne mit einer Deklination $\delta > 40°$ zirkumpolar (Abb. 2.20). Dazu gehören die bekannten hellen Sternbilder Großer Wagen, Kleiner Wagen, Cepheus, Cassiopeia, ebenso die lichtschwächeren Sternbilder Drache, Giraffe und Eidechse sowie Teile anderer Sternbilder, wie des Perseus, der Andromeda, des Schwans, der Leier, des Hercules.
Ein Stern ist *nie sichtbar*, wenn seine obere Kulmination unter dem Horizont stattfindet, wenn also $h_o < 0°$. Dann muß aber $\delta + 90° < \varphi$ oder $\delta < \varphi - 90°$ sein. Sterne mit einer Deklination $\delta < -40°$ sind somit an einem Ort mit geographischer Breite $\varphi = 50°$ nicht sichtbar.
Ein auf dem Himmelsäquator stehender Stern geht exakt im Osten auf, kulminiert im Süden und geht exakt im Westen unter. Für ein Gestirn mit $\delta > 0°$ (und $h_u < 0°$) rücken Auf- und Untergangspunkt auf dem Horizont weiter nach Norden (s. Abb. 2.20).

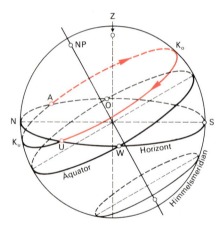

2.20 Auf- und Untergang
N, S, O, W: Himmelsrichtungen
A Aufgangspunkt, U Untergangspunkt

Zwei auf demselben Längenkreis liegende Orte der Erdoberfläche besitzen auch denselben Himmelsmeridian. Deshalb kulminiert für sie ein bestimmter Stern exakt zum selben Zeitpunkt. Einem geographischen Längenunterschied zweier Beobachtungsorte von 1° entspricht eine Verschiebung des Kulminationszeitpunkts eines bestimmten Sterns von

---
[6] Höchststellung, von lat. *culmen* – Gipfel
[7] Diese Kulminationsformeln gelten problemlos für Beobachter auf der Nordhalbkugel.

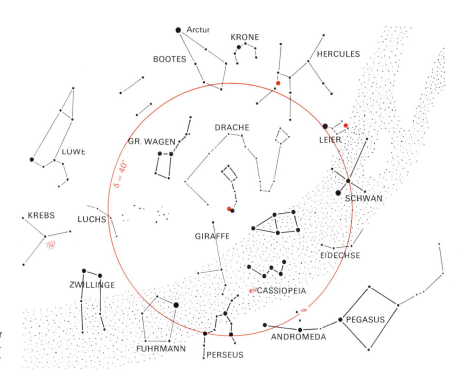

2.21 Zirkumpolarsterne und -sternbilder für einen Beobachtungsort mit geographischer Breite φ = 50° ▶

$$\Delta t = \frac{1}{360} \cdot 1\,\text{Tag} = \frac{24 \cdot 60\,\text{min}}{360} = 4\,\text{min},$$

allgemein gilt (geographischer Längenunterschied Δλ):

$$\Delta t = \Delta\lambda \cdot \frac{4\,\text{min}}{\text{grad}}$$

Um dieselbe Zeitspanne wie die Kulmination sind natürlich an zwei Orten unterschiedlicher geographischer Länge auch Auf- und Untergang der Gestirne verschoben. Für den weiter östlich gelegenen Ort treten Aufgang, Kulmination und Untergang eines bestimmten Gestirns um Δt früher ein.

München besitzt eine geographische Länge von etwa 11,5°. Für den Kulminationszeitpunkt eines Sterns ist im Vergleich mit einem Beobachter auf dem 15. Längengrad östlich von Greenwich die folgende Korrektur nötig:

$$\Delta t = \Delta\lambda \cdot \frac{4\,\text{min}}{\text{grad}} = (15 - 11{,}5) \cdot 4\,\text{min} = 14\,\text{min}$$

Auf- und Untergang oder Kulmination eines Sterns treten in München um 14 Minuten später ein (da westlicher gelegen) als am 15. Längengrad! (Der Einfluß der geographischen Breite auf Auf- und Untergang ist hier und im folgenden nicht berücksichtigt)

Während also die geographische Breite die Kulminations*höhe* festlegt, wird der Kulminations*zeitpunkt* durch die geographische Länge bestimmt.

Aufgaben

2.10. Welche Bedingung müssen Sterne erfüllen, die genau durch den Zenit des Beobachters (geographische Breite φ) laufen?

2.11. Ein Stern X geht genau im Osten auf, während die Sterne Y und Z im Nordosten bzw. Südosten aufgehen.
a Wo gehen die Sterne unter?
b Was können Sie über die Lage der Sterne X, Y, Z an der Himmelssphäre aussagen?

2.12. Für welche Orte auf der Erdoberfläche ist der Stern δ Velae (α = 8h 43min, δ = −54°31′) niemals sichtbar?

2.13. Für welche Orte auf der Erdoberfläche ist
a der Stern Algol (α = 3h 5min, δ = 40°46′) zirkumpolar?
b das gesamte Sternbild Perseus sichtbar? Perseus erstreckt sich von δ = 59° bis δ = 32°.
c das Sternbild Perseus ganzjährig sichtbar?

2.14. Von einem Fixstern wird die obere und untere Kulminationshöhe gewonnen: 60° bzw. 16°.
Leiten Sie zuerst eine allgemeine Beziehung her, mit deren Hilfe man aus der oberen und unteren Kulminationshöhe eines Sterns die geographische Breite des Beobachtungsorts sowie die Deklination des Sterns bestimmen kann und berechnen Sie anschließend die geographische Breite des Beobachtungsorts!

2.15. Der Stern X ist am Ort Y gerade noch zirkumpolar und erreicht dort eine maximale Höhe von 56°. Berechnen Sie die Deklination von X und die geographische Breite von Y!

Experimentelle Anregung

Ein Fotoapparat wird durch eine geeignete, stabile Anordnung so genau wie möglich auf den Zenit ausgerichtet (Prüfung z.B. mit einer Wasserwaage). Eine länger belichtete Aufnahme (Zenit in Bildmitte!) von leicht identifizierbaren Sternen wird so ausgewertet, daß die Deklination des durch den Zenit verlaufenden Sterns einem Sternkatalog entnommen wird und damit die geographische Breite φ des Beobachtungsorts bestimmt ist (φ = $δ_z$, siehe Aufgabe 2.10.).

Wer nun[8] – z.B. während einer Reise nach Italien – an einem Ort auf (etwa) demselben Meridian dasselbe fotografische Verfahren durchführt, kann aus der ermittelten Differenz der geographischen Breite von Heimat- und Urlaubsort sowie der Entfernung der beiden Orte den Erdradius berechnen. Man könnte dies als moderne Variante der Eratosthenes- oder Poseidonios-Methode (s. Aufgaben 1.3. und 2.5.) bezeichnen.

2.6. Die scheinbare Bewegung der Sonne

Wer die tägliche Bahn der Sonne im Laufe eines Jahres betrachtet, wird unschwer feststellen können, daß die Sonne im Sommer wesentlich höher über den Horizont steigt als im Winter. Ohne Zweifel nimmt sie aber an der scheinbaren täglichen Bewegung der Himmelssphäre teil, so daß für ihre obere Kulminationshöhe gelten muß: $h_o = δ + (90° − φ)$. Da für jeden Beobachtungsort die geographische Breite φ eine Konstante darstellt, kommt als Ursache für die im Laufe des Jahres auftretende stetige Änderung der oberen Kulminationshöhe der Sonne nur eine Änderung der Deklination δ der Sonne in Frage!
Für diese Veränderung der Deklination ist der Jahreslauf der Erde um die Sonne verantwortlich, wobei die Erdachse ihre räumliche Orientierung nicht verändert. Stünde die Erdachse senkrecht auf der Erdbahnebene, so würde die Sonne stets am Himmelsäquator (δ = 0° = const.) zu finden sein. Da die Erdachse aber 66,5°

---
[8] Vorschlag von W. Schlosser, siehe [2].

2.22 Die scheinbare Bewegung der Sonne durch den Tierkreis während eines Jahres ▶

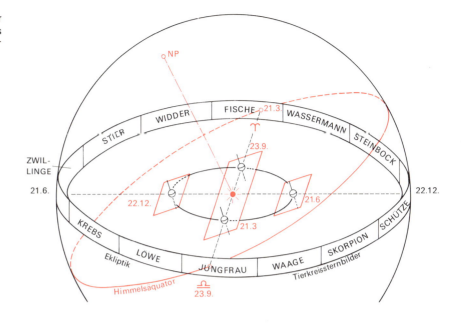

gegen die Erdbahnebene geneigt ist, erscheint die Sonne im Laufe eines Jahres sowohl über als auch unter dem Himmelsäquator (s. Abb. 2.22):
Am 21. März (Frühlingsanfang) liegt die Sonne genau in der Äquatorebene der Erde und besitzt damit die Deklination $\delta = 0°$. Wie Abb. 2.22 zeigt, kommt sie bei Fortschreiten der Erde auf ihrer Bahn über die Äquatorebene zu liegen und ihre Deklination steigt bis zu einem maximalen Wert von $+23,5°$ an, der am 21. Juni (Sommeranfang) erreicht ist. Dann verringert sich die Deklination wieder, die Sonne taucht am 23.9. ($\delta = 0°$) unter den Himmelsäquator, erreicht am 22.12. (Winteranfang) den minimalen Deklinationswert von $-23,5°$, worauf sie sich wieder dem Himmelsäquator nähert.

Wenn man von der Erde aus die Lage der Sonne gegen den Fixsternhintergrund betrachtet, stellt man fest, daß sich die Sonne am 21.3. im Sternbild Fische befindet, am 21.6. in den Zwillingen, usw. Allerdings ist eine diesbezügliche direkte Beobachtung nicht möglich, so daß man mitternachts unter der Sonnenkulminationshöhe dieses Tages gegen Süden beobachtet und 12 Stunden zurückrechnet.

Im Laufe eines Jahres beschreibt die Sonne einen Großkreis an der Sphäre, der gegen die Äquatorebene um 23,5° geneigt ist (s. Abb. 2.22). Diese sog. *Ekliptik*[9] verläuft durch 12 verschiedene Sternbilder, die nach ihren Hauptvertretern *Tierkreissternbilder* genannt werden: Widder, Fische, Wassermann, Steinbock, Schütze, Skorpion, Waage, Jungfrau, Löwe, Krebs, Zwillinge und Stier. Die Bezeichnungen der einzelnen Sternbilder des *Zodiakus* oder *Tierkreises* haben die Griechen bereits von den Babyloniern übernommen. Dabei ist es in einigen Fällen recht gut möglich, den Stand der Sonne in einem Sternbild in

2.23 Der Tierkreis von Dendera (Oberägypten) aus dem 2. Jahrhundert v. Chr. mit Sternbildern um den Himmelsnordpol zeigt eine Mischung von überlieferten alten babylonischen Sternbilddarstellungen wie Ziegenfisch (Steinbock) und Centaur (Schütze) mit typisch ägyptischen, wie der Nilpferdgöttin. Besonders auffällig sind die Tierkreissternbilder.

---

[9] Ekliptik = Linie der Finsternisse (griech. ἔκλειψις = das Verschwinden), bezieht sich auf die Tatsache, daß Sonnen- und Mondfinsternisse nur in dieser Himmelsgegend auftreten.

Bezug zu setzen zu jahreszeitlichen Abläufen auf der Erde. So steht die Sonne zum Zeitpunkt der Aussaat[10] im Sternbild Stier, der als Fruchtbarkeitssymbol gilt, markieren die Sternbilder Fische, Wassermann und Steinbock (= Ziegenfisch in Mesopotamien) – alle drei haben direkt mit dem Wasser zu tun – die Lage der Sonne zur Regenzeit, und schließlich steht die Sonne zur Erntezeit im Sternbild Jungfrau, das in alten Darstellungen durch eine Frau mit einer Ähre oder eine Ähre allein dargestellt wird. In Mesopotamien ist auch schon sehr früh ein „Tierkreis" für den Lauf des Mondes durch die Sternbilder bekannt. Dies erscheint angesichts der gleichzeitigen Beobachtbarkeit von Mond und Sternbild besonders sinnvoll. Da die Mondbahn nur ca. 5° gegen die Ekliptik geneigt ist, verlaufen Mond und Sonne fast durch dieselben Sternbilder.

Die Bahnen fast aller Planeten besitzen nur geringe Neigungen gegen die Erdbahnebene, so daß die Planeten stets nahe der Ekliptik aufgefunden werden können. Deshalb beschränkt man sich bei der Angabe von Planetenörtern sehr oft auf die Rektaszension.

Die Sonne steht also nur am 21.3. (Frühlingsanfang) und am 23.9. (Herbstanfang) auf dem Himmelsäquator, d.h. hier schneidet die Ekliptik den Äquator. Diese Schnittpunkte heißen *Frühlingspunkt* (Υ) und *Herbstpunkt* ($\simeq$). Der Frühlingspunkt Υ, dem als Nullpunkt der Zählung der Rektaszension eines Sterns große Bedeutung zukommt, liegt im Sternbild Fische.

Wie ein Blick auf Abb. 2.20 zeigt, geht die Sonne am 21.3. und 23.9. ($\delta = 0°$) exakt im Osten auf und im Westen unter; jeweils die Hälfte der Bahn liegt über und unter dem Horizont. Das bedeutet aber, daß Tag und Nacht gleich lang sind (*Tagundnachtgleiche = Äquinoktium*).

Während des Sommerhalbjahres vom 21.3. bis 23.9. liegt die Sonne über dem Himmelsäquator ($\delta > 0°$). Auf der Nordhalbkugel verschieben sich Auf- und Untergangspunkt weiter nach Norden, die Tageslänge übersteigt die Länge der Nacht. Entsprechendes gilt für das Winterhalbjahr (23.9. bis 21.3.). Hier ist der Tag kürzer als die Nacht. Sonnenauf- und -untergang geschehen nicht genau im Osten bzw. Westen, sondern weiter südlich.

Die Sonne erreicht wegen $h_o = \delta + (90° - \varphi)$ am 21.6. ($\delta = \delta_{max} = 23,5°$) ihre größte Höhe, dann sinkt die Mittagshöhe wieder, bis sie am 22.12. den geringsten Wert erreicht (*Sonnenwende = Solstitium* am 21.6. und 22.12.).

Beobachtet man den Sternenhimmel täglich zur selben Uhrzeit, so findet man aufgrund der Bewegung der Erde um die Sonne eine langsame Veränderung des Nachthimmels (siehe wieder Abb. 2.22). Pro Monat (1/12 Jahr) rücken die Sterne um 30° ($= \frac{1}{12} \cdot 360°$) nach Westen vor. Für den Großen Wagen ist dies in Abb. 2.24 a–d dargestellt. Es ist leicht verständlich, daß die Römer in den sieben hellen Wagensternen Dreschochsen – die Septentriones – sahen, die sich gleichmäßig um den Polarstern als Göpel bewegen. Arctur im Bootes wurde als Ochsentreiber angesehen.

Diese allmähliche jahreszeitliche Veränderung kann – ebenso wie alle anderen Bewegungen des Sternenhimmels – in einem *Planetarium* anschaulich gemacht werden. Der Besuch eines großen Projektionsplanetariums wird dem Lernenden sehr empfohlen und kann zum Erlebnis werden.

---

[10] um Christi Geburt in Vorderasien

2.24 Die Lage des Sternbildes Großer Wagen an der Sphäre. Die Zeitangaben gelten für einen Ort auf dem 10.–15. Längengrad östlich von Greenwich.

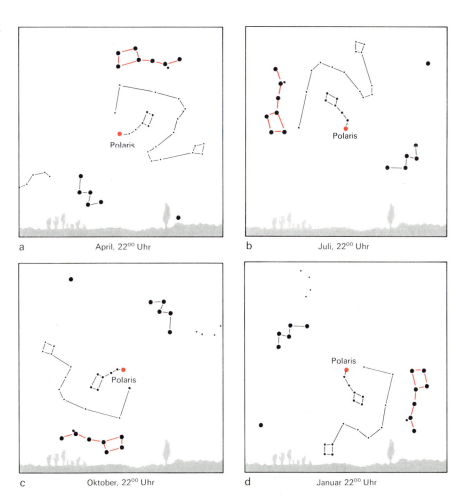

a April, 22⁰⁰ Uhr
b Juli, 22⁰⁰ Uhr
c Oktober, 22⁰⁰ Uhr
d Januar 22⁰⁰ Uhr

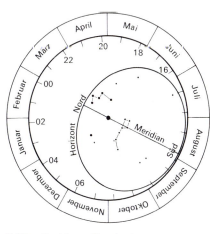

2.25 Drehbare Sternkarte

Auch bei einer *drehbaren Sternkarte* (Abb. 2.25) wird der angesprochenen Veränderung des Nachthimmels Rechnung getragen. Dem transparenten Deckblatt ist die Horizontlinie und der Himmelsmeridian sowie am Rand die Tageszeit aufgedruckt. Durch das Deckblatt ist der Sternenhimmel auf der Grundscheibe sichtbar, auf deren Rand die Kalendertage und die Rektaszensionsskala angetragen sind. Das Deckblatt ist um den Himmelsnordpol drehbar, ebenso auch ein Zeiger mit Deklinationseinteilung.

Diese Sternkarte ist für Beobachtungsorte einer bestimmten geographischen Länge und Breite (z.B. $\lambda = 15°$ östlicher Länge, $\varphi = 50°$) so geeicht, daß man bei Einstellung von Monat, Tag und Uhrzeit den zu diesem Zeitpunkt sichtbaren Himmelsausschnitt sowie die gerade auf- und untergehenden oder kulminierenden Sterne, die dann auf dem Horizont bzw. dem Himmelsmeridian liegen müssen, erkennen kann. Wenn man die äquatorialen Koordinaten sowie Aufgangs- und Kulminationszeitpunkt von Sirius am 5. November ermitteln möchte, so legt man zunächst den drehbaren Zeiger über Sirius. Auf diesem Zeiger kann man direkt die Deklination ablesen: $\delta \approx -17°$. An der äußeren Skala der Grundscheibe markiert die Lage des Zeigers die Rektaszension:

2.26 Die Bahn der Sonne an der Sphäre

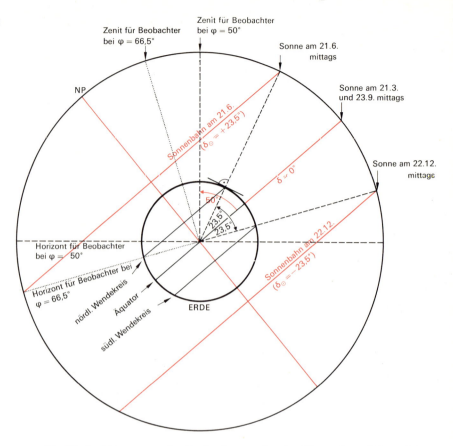

α ≈ 6h 43min. Wenn nun der Osthorizont oder der Himmelsmeridian (Süden) über Sirius gelegt wird, ist unter dem Datum 5. November auf dem Deckblatt die Aufgangszeit (23.20 Uhr) bzw. der Zeitpunkt der oberen Kulmination (3.55 Uhr) abzulesen.

Auf der Grundscheibe ist auch die Ekliptik eingezeichnet, so daß man mit Hilfe des drehbaren Zeigers die Lage der Sonne an der Sphäre für jeden beliebigen Tag fixieren kann und genauso wie für die Sterne Auf- und Untergangszeitpunkt bestimmen kann. Zur Ermittlung der Auf- und Untergangszeit der Sonne am 5. September schiebt man den Zeiger über dieses Datum; am Schnittpunkt der Zeigerlinie mit der Ekliptik ist die Sonne an diesem Tag an der Sphäre gelegen. Das Deckblatt ist nun so zu drehen, daß der Ost- oder Westhorizont über die Sonne verläuft, und man kann dem Datum (5. September) gegenüber die Auf- bzw. Untergangszeit der Sonne ablesen: 5.25 Uhr bzw. 18.25 Uhr.

Nun soll noch etwas genauer untersucht werden, wie die Mittagshöhe der Sonne von der geographischen Breite des Beobachtungsorts abhängt. In Abb. 2.26 sind die scheinbaren Sonnenbahnen für den 21.6., den 21.3. und 23.9. sowie den 22.12. eingezeichnet. Im Laufe eines Tages bleibt die Deklination nahezu konstant. Genau genommen ändert sich δ aber stetig, so daß der Jahreslauf der Sonne als Schraubenbahn an der Sphäre ($-23{,}5° \leqq \delta \leqq +23{,}5°$) richtig wiedergegeben werden kann.

Für einen Beobachter am nördlichen Wendekreis steht die Sonne genau einmal im Jahr im Zenit (s. Abb. 2.26): am 21.6. mittags. Nur am 22.12. mittags erreicht sie am südlichen Wendekreis ($\varphi = -23{,}5°$) den Zenit. Für einen Beobachter zwischen den Wendekreisen nimmt die Sonne die Höhe 90° genau zweimal im Jahr an; am Äquator passiert dies genau am 21.3. und 23.9. mittags. Jenseits der Wendekreise kann die Sonne natürlich nie im Zenit gesehen werden.

Abb. 2.26 zeigt auch, daß für Orte über dem Polarkreis ($|\varphi| \geq 66{,}5°$) zu bestimmten Jahreszeiten die tägliche Sonnenbahn stets über dem Horizont liegt. Dieses Phänomen ist unter dem Namen *Mitternachtssonne* bekannt und tritt in der nördlichen Polarregion ($\varphi > 66{,}5°$) um den 21.6. herum auf. Zur Zeit der anderen Sonnenwende (22.12.) ist die Sonne im nördl. Polargebiet ganztägig unter dem Horizont (Polarnacht).

Die Erdbahnellipse wird so durchlaufen, daß die Erde am 5. Juli am weitesten von der Sonne entfernt ist. Daß am 2. Januar, wenn sie am nächsten zur Sonne steht, auf der Nordhalbkugel tiefster Winter herrscht, liegt daran, daß die Sonnenstrahlen zu dieser Jahreszeit sehr flach auf die Nordhälfte der Erde auftreffen (s. Abb. 2.27) und die Helligkeitsphase des Tages von relativ kurzer Dauer ist. Die wenig exzentrische Bahnellipse hat also für die Jahreszeiten auf der Erde fast keine Bedeutung.

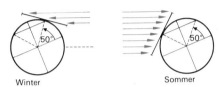

2.27 Die Sonneneinstrahlung auf der Nordhalbkugel im Sommer und im Winter

---

Im folgenden sind jene Aufgaben, die mit Hilfe einer drehbaren Sternkarte zu lösen sind, mit dem Zeichen ° gekennzeichnet. Zum Gebrauch einer drehbaren Sternkarte soll auch die zugehörige Bedienungsanleitung genauestens studiert werden. Natürlich kann es sich bei einer drehbaren Sternkarte um kein Präzisionsinstrument handeln, mit der Karte können aber gute Näherungswerte für Sternkoordinaten u.ä. gewonnen werden.

Aufgaben

Für die folgenden Aufgaben können die geographischen Koordinaten der angegebenen Orte der Tabelle 3 (siehe Anhang) entnommen werden.

2.17. Erläutern Sie, warum die Sonne im Laufe eines Jahres ihre Deklination verändert.

2.18. Erklären Sie die Tatsache, daß der Vollmond im Winter eine größere Höhe am Nachthimmel erreicht als im Sommer!

2.19. Warum sind von den Tierkreis-Sternbildern im Laufe des Jahres Löwe, Krebs, Zwillinge, Stier und Widder bei uns besser beobachtbar als Schütze und Skorpion?

2.20. Geben Sie die Gründe für das Auftreten von Jahreszeiten auf der Erde an!

2.21. Welche Mittagshöhe erreicht die Sonne am 21.3., 21.6., 23.9. und 22.12. in
a München, **b** Kairo, **c** Singapur?

2.22. Welche Neigung besitzt die Ekliptikebene gegen die Äquatorebene?

2.23. Inwiefern ist die Deklination der Sonne von Einfluß auf die Dämmerungsdauer?

2.24. Erklären Sie, warum und wie die Dauer der Dämmerung von der geographischen Breite des Beobachtungsorts abhängt!

2.25. Geben Sie für die Sonne die äquatorialen Koordinaten für den 21.3., 21.6., 23.9. und 22.12. an!

2.26. Bestimmen Sie jene Beobachtungsorte auf der Erdoberfläche, für die
a der Stern Aldebaran (4h 33min, +16°25′) zirkumpolar ist,
b der Stern Canopus (6h 22,8min, −52°40′) sichtbar ist,
c die Sonne am 21. Juni ganztägig sichtbar ist,
d es keine Zirkumpolarsterne gibt,
e auf dem Himmelsäquator liegende Sterne den Horizont unter einem Winkel von 50° schneiden,
f die Sonne genau einmal im Jahr im Zenit steht. An welchem Tag ist das?

2.27. Zeigen Sie, daß der Stern Alpha Centauri (14h 36min, −60°38′) in Delhi sichtbar ist! Welche Jahreszeit ist für eine Beobachtung des Sterns am besten geeignet?

2.28. a Kann man den Stern Antares (16h 26min, −26°19′) im November in Chicago sehen?
b Kann man den Stern Alpha im Kreuz des Südens (12h 24min, −62°49′) im März in Tokio sehen?

2.29. Welche maximale Höhe erreicht die Sonne in Oslo, München, Rom, Kairo, Singapur und Kapstadt?

°**2.30.** Lesen Sie aus Ihrer drehbaren Sternkarte die äquatorialen Koordinaten von Capella und Procyon ab!

°**2.31.** Bestimmen Sie mit Hilfe einer drehbaren Sternkarte für den 1. Oktober den Kulminationszeitpunkt von Sirrah sowie den Zeitpunkt des Aufgangs von Sirius (jeweils am 15. Längengrad).

°**2.32.** Die folgenden Fragen gelten für Würzburg als Beobachtungsort.
a An welchem Tag kulminiert Deneb um 20 Uhr MEZ?
b An welchem Tag geht Arctur um 20 Uhr MEZ auf?
c Wann (MEZ) kulminiert am 20.1. der Stern Regulus?

°**2.33.** Bestimmen Sie die Zeitpunkte für Auf- und Untergang sowie Kulmination des hellsten Fixsterns am 1. Dezember
a am 15. Längengrad, **b** in Freiburg i.Br.!

°**2.34.** Bestimmen Sie den Zeitpunkt des Sonnenauf- und -untergangs am 15.10.
a für einen Ort auf dem 15. Längengrad östlich von Greenwich,
b für einen Ort auf dem 30. Längengrad östlich von Greenwich,
c für Regensburg.

Schon vor Sonnenaufgang und kurz nach Sonnenuntergang ist es bekanntlich nicht vollständig dunkel; es dämmert. Die *astronomische Dämmerung* umfaßt dabei den gesamten Zeitraum zwischen dem Überschreiten der Horizontlinie durch die Sonne und dem Eintritt der völligen Dunkelheit, was dem Stand der Sonne 18° unter dem Horizont entspricht. Die *bürgerliche Dämmerung* beschreibt jenen Zeitraum der Dämmerung, in dem die Sonne bis zu 6° unter dem Horizont erreicht, und währenddessen man noch Tageslicht erfordernde Arbeiten ausführen kann. Die hellsten Fixsterne sind – gute Beobachtungsbedingungen vorausgesetzt – vom Ende der bürgerlichen Abenddämmerung bis zum Beginn der bürgerlichen Morgendämmerung sichtbar!

Zusätzlich zur mathematischen Horizontlinie sind auf der drehbaren Sternkarte die Linien für die bürgerlichen und die astronomischen Dämmerungsgrenzen eingezeichnet. Der Zeitpunkt für Beginn und Ende der bürgerlichen oder der astronomischen Dämmerung ist dann mit Hilfe dieser Grenzlinien in gleicher Weise wie der Auf- und Untergangszeitpunkt der Sonne zu ermitteln.

Aufgaben

°**2.35.** Wann tritt am 30. Oktober am 15. Längengrad ($\varphi = 50°$)
a der Beginn der bürgerlichen Morgendämmerung auf?
b das Ende der astronomischen Abenddämmerung auf?

°**2.36.** Ermitteln Sie die Sichtbarkeitsdauer von Aldebaran in der Nacht vom 10. auf den 11. November in Bamberg.

Experimentelle Anregungen

1. Der jahreszeitlich wechselnde Himmelsanblick kann festgehalten werden, wenn man in Abständen von mehreren Tagen den Nachthimmel fotografiert (einige Minuten Belichtungszeit, Nachführung nicht nötig). Die Fotofolge zeigt den Effekt besonders gut, wenn alle Fotos vom gleichen Standpunkt aus aufgenommen werden und den Horizont erkennen lassen.

2. Die Bestimmung der Lage der Sonne an der Sphäre kann nicht direkt erfolgen. Hierzu wird zunächst mit Hilfe eines Fernrohrs oder einer einfachen Visiervorrichtung die Sonne während ihrer oberen Kulmination (≈ 12 Uhr) angepeilt und die Visiervorrichtung anschließend arretiert. Wenn man nun nachts in dieser Richtung den Stern X im Visier hat, so wird die Uhrzeit t festgehalten und von dem Stern werden anschließend Rektaszension α_X und Deklination δ_X nachgeschlagen. Die Sonne muß an diesem Tag dieselbe Deklination ($\delta_{Sonne} = \delta_X$) aufweisen, ihre Rektaszension errechnet sich (angenähert) nach $\alpha_{Sonne} = \alpha_X + 12\,h - t$. [11]

---

[11] $t = 24\,h \Rightarrow \alpha_{Sonne} = \alpha_X - 12\,h$
t beliebig $\rightarrow \alpha_{Sonne} = \alpha_X - 12\,h + (24\,h - t) = \alpha_X + 12\,h - t$

2.7. Die Präzession der Erdachse und des Frühlingspunkts

Den Frühlingspunkt findet man stets mit dem Zeichen ♈ des Sternbilds Widder abgekürzt, obwohl er sich im Sternbild Fische befindet. Dieser Unterschied zwischen Tierkreissternbild und Tierkreiszeichen soll nun aufgeklärt werden. Tatsächlich war vor Christi Geburt die Sonne am 21.3. (Frühlingsanfang) im Sternbild Widder zu finden. Diese Bewegung des Frühlingspunkts an der Sphäre kann auf die sog. *Präzession* der Erdachse zurückgeführt werden. Die Erde muß hierbei als Kreisel betrachtet werden.

Mit einem Kreiselmodell (s. Abb. 2.28), bei dem die Drehachse in Achsenlängsrichtung so verstellt werden kann, daß ihre Spitze (= Auflagepunkt des Kreisels) über, unter oder genau auf den Kreiselschwerpunkt zu liegen kommt, lassen sich einfache und eindrucksvolle Versuche zum physikalischen Phänomen der Kreiselpräzession durchführen:

– Zunächst stellt man fest, daß bei vertikal stehender Achse nur eine „ganz normale" Rotation um diese räumlich festbleibende Achse in Gang gesetzt werden kann – unabhängig von der Lage des Auflagepunkts.

– Wenn Auflagepunkt und Kreiselschwerpunkt zusammenfallen, behält die Kreiselachse – mit oder ohne Rotation – auch dann ihre Lage im Raum bei, wenn sie geneigt wird (s. Abb. 2.29a).

2.28 Kreiselmodell

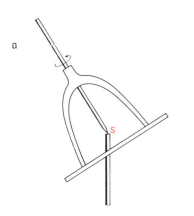
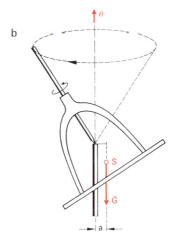
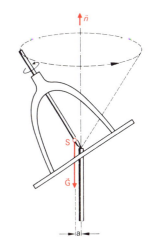

2.29 Rotierender Kreisel unter dem Einfluß verschiedener Drehmomente

– Wird der Kreisel über dem Schwerpunkt unterstützt (s. Abb 2.29b) und die Achse geneigt, so versucht der Kreisel wegen des nun wirksamen Drehmoments $D = G \cdot a$ (G Gewicht, a Kraftarm), sich bis zur senkrechten Lage der Achse aufzurichten. Versetzt man ihn in eine Drehbewegung, so kann man beobachten, daß sich die Kreiselachse nicht etwa aufstellt, sondern im Raum auf einem Kegelmantel bewegt! Dieser sog. Präzessionskegel wird hier entgegengesetzt zur Kreiselrotation durchlaufen. Physikalisch betrachtet führt das wirksame Drehmoment $\vec{D}$ zu einer zeitlichen Änderung $\Delta \vec{L} = \vec{D} \cdot \Delta t$ des Drehimpulses $\vec{L}$.
– Ist der Kreisel unter dem Schwerpunkt unterstützt, so daß er also im Ruhezustand umkippen würde, dann wandert seine Achse bei Rotation des Kreisels auf einem Kegelmantel im Drehsinn der Kreiselrotation (s. Abb. 2.29c). Ebenso verhalten sich die üblichen Kinderspielkreisel.

Da das auftretende Drehmoment offensichtlich als Ursache für die Präzession anzusehen ist, können die obigen Erkenntnisse folgendermaßen zusammengefaßt werden:

Wirkt auf einen Kreisel ein Drehmoment, das seine Achse bis zur Richtung $\vec{n}$ aufzurichten (oder von $\vec{n}$ wegzukippen) sucht, so beschreibt die Drehachse um diese Richtung $\vec{n}$ einen Kegelmantel, der in entgegengesetzter (bzw. derselben) Richtung der Kreiselrotation durchlaufen wird.

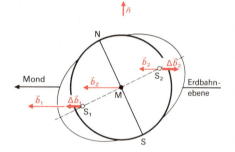

2.30 Die Gravitationsbeschleunigungen auf den Erdkörper

Wenn wir nun wieder die Erde und ihre Rotation betrachten, dann muß berücksichtigt werden, daß es sich hier um keine ideale Kugel handelt; die durch die Erdrotation auftretenden Zentrifugalkräfte haben zu einer Ausbauchung am Äquator (Abplattung an den Polen) geführt. Dieser Äquatorwulst von ca. 20 km Dicke ist es, der die Präzessionsbewegung der Erdachse ermöglicht. Bei der Gravitationseinwirkung auf die Erde kommt es vor allem auf Sonne und Mond an; die Anziehungskräfte der Planeten können vernachlässigt werden. Als weitere Vereinfachung denken wir uns Mondbahn- und Eklipikebene zusammenfallend, auch wenn die Mondbahn um 5°9' gegen die Ekliptik geneigt ist. Den Erdkörper denken wir uns zerlegt (s. Abb. 2.30) in einen exakt kugelförmigen Teil und zwei Hälften des Äquatorwulstes, von denen die eine dem Gravitationspartner zugewandt (mit Schwerpunkt S_1), die andere (mit Schwerpunkt S_2) von ihm abgewandt ist.

Die Gravitation zwischen Mond[12] und Erde sorgt bei den drei beschriebenen Teilkörpern wegen deren verschiedenen Abständen r vom Gravitationspartner für unterschiedliche Beschleunigungen b (s. Abb. 2.30):

$$F_{grav} = G \cdot \frac{m_M \cdot m_{Teilk}}{r^2} \quad \text{oder} \quad b = G \cdot \frac{m_M}{r^2}$$

$$\Rightarrow b_1 > b_z > b_2$$

Dagegen führt die Bewegung der Erde um den Schwerpunkt des Erde-Mond-Systems zu gleich großen Zentrifugalbeschleunigungen der drei Teilkörper. In einem erdfesten System S' mit $b_z' = 0$ betrachtet, sind in S_1 und S_2 die exzentrisch wirkenden Beschleunigungen $\Delta \vec{b}_1 = \vec{b}_1 - \vec{b}_z$ bzw. $\Delta \vec{b}_2 = \vec{b}_2 - \vec{b}_z$

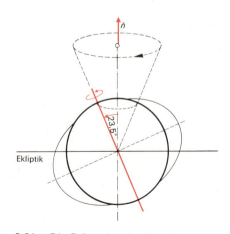

2.31 Die Präzession der Erdachse

---

[12] Vereinfachend wird hier nur der Mond als Gravitationspartner betrachtet.

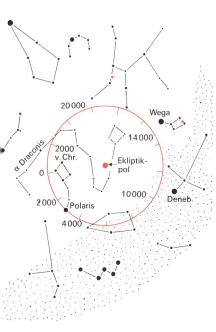

2.32 Die Wanderung des Himmelsnordpols in einem Platonischen Jahr

wirksam, die in entgegengesetzte Richtungen zeigen. Offensichtlich wirken die resultierenden Drehmomente D_1 und D_2 auf ein Verdrehen der Erdachse bis zur Ekliptiknormalen $\vec{n}$ hin, weshalb sich die Achse des Erdkreisels gemäß den Ergebnissen obiger Versuche entgegengesetzt zur Rotation auf einem Kegelmantel um $\vec{n}$ bewegt (Abb. 2.31).

Dieser Präzessionskegel wird in 25 700 Jahren, einem *Platonischen Jahr*, einmal durchlaufen. Mit der Erdachse verändert sich sowohl die Lage der Himmelspole als auch die des Erd- und Himmelsäquators. Abb. 2.32 zeigt den Weg des Himmelsnordpols an der Sphäre im Verlaufe eines Platonischen Jahres. Man kann erkennen, daß in ca. 2000 Jahren der Stern γ Cephei, in knapp 12 000 Jahren α Lyrae (Wega) Polarstern sein wird.

Bei der Cheops-Pyramide ist der ins Freie führende Gang so geneigt, daß man aus ihm heraus – vermutlich auch am Tag – den Polarstern erkennen kann; allerdings war dies zur Zeit des Baus der Pyramide (ca. 2500 v.Chr.) der Stern α Draconis!

Die stetige Verdrehung des Himmelsäquators zieht eine Veränderung der Deklination (des Winkelabstands eines Sterns vom Äquator) nach sich (Abb. 2.33). Auch der Frühlingspunkt als Schnittpunkt von Ekliptik und Himmelsäquator kann somit nicht fest bleiben! Diese schon von Hipparch ca. 130 v.Chr. beim Vergleich eigener mit überlieferten älteren Messungen festgestellte Präzession des Frühlingspunkts führt zur Rektaszensionsveränderung. Die Angabe *Äquinoktium 2000* zu einem Sternkatalog trägt dieser Koordinatenveränderung Rechnung und bedeutet, daß die tabellierten Sternkoordinaten exakt für den Tag der Frühlings-Tagundnachtgleiche im Jahre 2000 gelten.

Pro Jahr verschiebt sich der Frühlingspunkt um 50″, in ca. 2140 Jahren um 30°, d.h. um genau ein Tierkreissternbild. Während sich der Frühlingspunkt gegenwärtig im Sternbild Fische befindet und immer mehr in Richtung Wassermann abwandert, fand man ihn 6500 – 4300 v.Chr. in den Zwillingen, 4300 – 2100 v.Chr. im Stier, 2100 v.Chr. – 100 n.Chr. im Widder vor. Es ist sehr wahrscheinlich, daß das Geheimsymbol der frühen Christenheit, der Fisch, in Anspielung auf den Übergang des Frühlingspunkts in das Sternbild Fische, den Beginn einer neuen Ära, gewählt wurde.

Die Festlegung der Tierkreiszeichen folgt der Bewegung des Frühlingspunkts. Während sich der Frühlingspunkt gegen die Tierkreissternbilder verschiebt, ist die Lage der Tierkreiszeichen mit dem Frühlingspunkt gekoppelt: Am Frühlingspunkt beginnt das Tierkreiszeichen Widder, exakt 30° weiter an der Sphäre kommt man zum Zeichen Fische, usw.

An den Tierkreiszeichen ist das vom Menschen so gern geübte Festhalten am Alten, Vertrauten erkennbar. Auch in Ägypten hielt man noch um Christi Geburt an der Zwillingsära fest, als der Frühlingspunkt schon längst zwei Sternbilder weiter – im Widder – stand! Die Astrologie, deren Voraussagen irdischer Ereignisse auf der Deutung zufälliger Sternkonstellationen basieren, unterlegt ihren Deutungen die Einteilung des Himmels nach den Tierkreiszeichen: Wer um den 20.3. geboren wurde, ist aus astrologischer Sicht ein „Widder", auch wenn die Sonne zu dieser Jahreszeit längst im Sternbild Fische steht. Hier würde allerdings eine Umstellung auf die Tierkreissternbilder auch nicht zu

2.33 Die Änderung von Rektaszension und Deklination durch die Präzession des Frühlingspunktes

besseren Vorhersagen führen. Johannes Kepler, selbst einer der größten Horoskopersteller, spricht dieser Scheinwissenschaft das Urteil (1599):

„Ich aber, der ich die Allgemeinheit der astrologischen Prophezeiungen aus der Erfahrung wie aus der Wissenschaft kennengelernt habe, der ich mir das tausendfältige Ineinandergreifen von Materie, Umständen und Anlässen, das man nicht vorauswissen kann, klar vor Augen halte, werde durch astrologische Anzeichen nicht mehr bestimmt, als durch das, was Physiognomie, Temperament und Krankheitskrisen ansagen. Ich halte mich daher gefeit gegen den Aberglauben."

Aufgaben

2.37. **a** Erläutern Sie das Zustandekommen des Drehmoments, das die Erdachse bis zu einer Richtung senkrecht zur Erdbahnebene aufzurichten sucht. Eine grobe Erklärung genügt!
b Warum kommt es nicht zu dieser Achsenaufrichtung?

2.38. Erklären Sie den Unterschied zwischen den Begriffen „Tierkreissternbild" und „Tierkreiszeichen"!

Wiederholungsaufgaben zu Kapitel 2

2.39. Kann ein 20 Meter hoher, senkrecht aufgestellter Maibaum in Landshut einen Schatten von 9 Meter Länge werfen?

2.40. **a** Unter welchem Winkel zum Horizont erscheint der Himmelsnordpol in Algier?
b Welche größte Höhe erreicht der Frühlingspunkt in Algier?

2.41. Geben Sie die Horizontsystems-Koordinaten für die Lage der Sonne an der Sphäre am 23.9. mittags in Algier an!

2.42. Hein und Jan befinden sich an Silvester an Bord ihres Schiffs im Hafen von Shanghai. Beide beobachten den Sternenhimmel und messen die obere Kulminationshöhe von Sirius (α = 6h 43min, δ = –16°39'). Hein erhält einen Wert von 48,75°, Jan mißt 42,25°.
a Welcher der beiden Matrosen ist besoffen?
b Berechnen Sie die untere Kulminationshöhe von Sirius!
3 Stunden und 23 Minuten nach Sirius kulminiert, 18°46' vom Zenit entfernt, der helle Fixstern Regulus.
c Welche Rektaszension und welche Deklination besitzt Regulus?

2.43. Am 16. Oktober stellt ein Astronom in Regensburg eine Mittagshöhe der Sonne von 32°19' fest. 12 Stunden und 33 Minuten danach kulminiert in der darauffolgenden Nacht der helle Fixstern Hamal (α Ari) im Widder, nämlich 2h 5min später als der Frühlingspunkt.
Berechnen Sie nach diesen Angaben Rektaszension und Deklination der Sonne für den 16. Oktober!

3. Unser Planetensystem

Von Bildern der Art, wie sie die Voyager-Sonden zur Erde funken – die Abbildung auf der Seite 49 zeigt eine Voyager-I-Aufnahme von Jupiter und seinen Monden – kann Tycho Brahe, der bedeutendste beobachtende Astronom vor Erfindung des Fernrohrs, nur geträumt haben. Daß die extreme Genauigkeit von Tychos Messungen auf die enorme Größe seiner Visiergeräte zurückzuführen ist, zeigt sich u. a. an seinem Hauptinstrument, dem aus Messing gegossenem Mauerquadranten (siehe Abbildung auf dieser Seite). Bei diesem Instrument wird der Stern mit einem der beiden Augenvisiere durch einen in der Maueröffnung angebrachten vergoldeten Zylinder angepeilt. Wegen der Nord-Süd-Ausrichtung der gesamten Anordnung können auf diese Weise Kulminationshöhe und -zeitpunkt des Sterns ermittelt werden.

Die Abbildung zeigt außerdem, daß im Erdgeschoß der Sternwarte alchimistische Experimente, auf der Galerie astronomische Beobachtungen mit Quadrant, Sextant und Armillarsphäre ausgeführt wurden.

Ein Heiliger war Lactantius[1], der die Rundung der Erde leugnete. Ein Heiliger war auch Augustinus[2], der die Rundung zugab, aber die Existenz von Antipoden leugnete. Geheiligt ist das Heilige Offizium unserer Zeit, das die Kleinheit der Erde zugibt, aber deren Bewegung leugnet. Doch geheiligter als sie alle ist für mich die Wahrheit, wenn ich, mit allem Respekt vor den Lehrern der Kirche, aus der Philosophie beweise, daß die Erde rund, ringsum von Antipoden bewohnt, von völlig unbedeutender Kleinheit und eine rasche Wanderin inmitten der Sterne ist.

Johannes Kepler, Astronomia Nova

3.1. Die Bahnen der Planeten

3.1.1. Das ptolemäische Weltbild und die kopernikanische Wende*

Die Astronomen der Antike gehen ausnahmslos davon aus, daß sich alle Himmelskörper auf idealen Kreisbahnen bewegen. Die beobachteten Schleifenbahnen der Planeten werfen folglich große interpretatorische Probleme auf. Diesbezüglich stellt die Erklärung der Planetenbahnen durch *Claudius Ptolemäus* im *Almagest* (105 n.Chr.) mit Hilfe von überlagerten Kreisbewegungen die aus historischer Sicht bedeutendste Lehrmeinung dar, gilt sie doch bis ins 17. Jahrhundert hinein als die richtige Beschreibung der Planetenbewegungen. Im Zentrum des *ptolemäischen Weltbilds* (Abb. 3.1) steht die Erde, um die sich von innen nach außen Mond, Merkur, Venus, Sonne, Mars, Jupiter, Saturn und die Fixsterne bewegen.

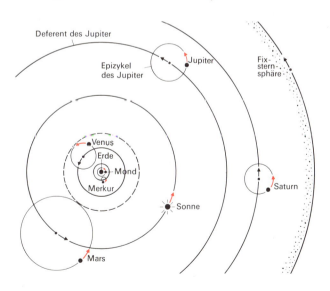

3.1 Das ptolemäische Weltbild
Die Mittelpunkte der Deferenten liegen außerhalb der Erde, wobei keine zwei zusammenfallen. Da kein leerer Raum auftreten soll, grenzen die Planetenepizykel direkt aneinander. Die Epizykelebenen sind gegen die Ekliptikebene geneigt, so daß die verschiedenen Erscheinungsformen der Planetenschleifen erklärt werden können. Jeder Epizykel bewegt sich auf einem Hohlgang innerhalb der Sphärenmaterie.

[1] Lactantius (250–317), wortgewaltiger lateinischer Schriftsteller und Verteidiger des Christentums
[2] Augustinus (354–430), Bischof von Hippo, Kirchenvater

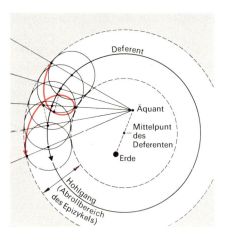

3.2 Die Rückläufigkeit eines Planeten um die Zeit der Oppositionstellung wird von Ptolemäus dadurch erklärt, daß die Richtungen Planet-Epizykelmittelpunkt und Sonne-Sonnenbahnmittelpunkt stets parallel zueinander stehen müssen.

Wenn der Allmächtige mich bei der Erschaffung der Welt hinzugezogen hätte, würde ich ihm zu etwas Einfacherem geraten haben.

Alfons X. von Kastilien, als er in das ptolemäische System eingeführt wurde.

Ptolemäus' Grundgedanke ist der, daß zunächst ein Trägerkreis (*Deferent*) um die Erde gelegt wird, der Planet selbst aber auf einem zweiten, kleinen Kreis (*Epizykel*) umläuft[3], dessen Mittelpunkt sich auf dem Deferenten bewegt. Damit nach diesem Prinzip die wirklichen Planetenbewegungen hinreichend genau beschrieben werden können, muß Ptolemäus den Mittelpunkt des jeweiligen Deferenten außerhalb der Erde positionieren[4] und außerdem den Epizykel durch den Planeten so durchlaufen lassen, daß er sich bezüglich eines weiteren Hilfspunkts, des sogenannten *Äquanten*[5], mit konstanter Winkelgeschwindigkeit bewegt. Abb. 3.2 zeigt zum einen, daß man den Äquanten eines Planeten als Spiegelpunkt der Erde bezüglich des Deferentenmittelpunkts erhält, zum anderen auch das Zustandekommen einer Planetenschleife nach der Ptolemäischen Theorie. Der Epizykel rollt in einem Kreisring („*Hohlgang*") ab, dessen Ebene gegen die Ekliptikebene geneigt ist.

Das ptolemäische Weltbild ist aber nicht nur als Modell zur Angabe und Vorhersage der Planetenpositionen geeignet, Ptolemäus bettet sein Modell noch in ein kosmologisches Gesamtkonzept ein. Er greift auf die Sphären des Aristoteles zurück und beschreibt sie als reale, kristalline Kugelschalen, an denen die einzelnen Planeten befestigt sind, wobei jede Sphäre von der nächsten, weiter außen liegenden bewegt wird, die äußerste Sphäre durch den „ersten Beweger" in Bewegung gehalten wird.

Die Sphäre des Monds trennt irdische und himmlische Welt. Während sich alles Werden und Vergehen unterhalb der Mondsphäre abspielt – durch Wirkung der Elemente Erde, Wasser, Luft und Feuer –, ist alles Darüberliegende ewig und unveränderlich. Das Himmelselement ist grundverschieden von den irdischen Elementen, die ewigen Kreisbewegungen der Gestirne sind „natürlich" und bedürfen keiner weiteren Erklärung. Da alle Kometen ihr Erscheinungsbild stark verändern, müssen sie der sublunaren Sphäre zugeordnet werden. Wären sie Körper der himmlischen Welt, so müßten sie außerdem die Planetensphären durchqueren, was wegen der Unverletzlichkeit der kristallinen Sphären undenkbar ist.

Daß das ptolemäische Weltbild von der christlichen Kirche des Mittelalters problemlos akzeptiert werden kann, liegt auf der Hand. Zu naheliegend ist die Identität von „erstem Beweger" und Gott, dem Schöpfer aller Dinge.

Im Laufe des 15. und 16. Jahrhunderts wird immer mehr Kritik am geozentrischen Weltbild des Ptolemäus laut, sowohl von genaueren, nicht mit der Theorie in Einklang zu bringenden Beobachtungen, als auch von grundsätzlichen theoretisch-philosophischen Überlegungen herrührend. Vor allem die Existenz und Bedeutung des Äquanten läßt sich gedanklich kaum mit der Vorstellung von realen, die Bewegung weitergebenden Sphären vereinbaren. Doch kann man sich zunächst noch nicht grundsätzlich von der Denkweise der Antike lösen. Erst mit der Proklamation eines *heliozentrischen Weltbilds* (Abb. 3.3) durch *Nikolaus Kopernikus* (1473 – 1543) in der 1543 erschienenen

---

[3] Die Epizykeltheorie geht auf Apollonius von Perge (ca. 200 v.Chr.) zurück.
[4] Mit der Verwendung des Exzenters folgt Ptolemäus den Vorstellungen Hipparchs (ca. 150 v.Chr.)
[5] Ausgleichspunkt, von Ptolemäus selbst eingeführt

3.3 Vereinfachte Darstellung des kopernikanischen Weltbildes. Die Grundkreise der Planetensphären liegen wie bei Ptolemäus außerhalb der Erde. Die Fixsternsphäre ist sehr weit von Saturn entfernt zu denken.

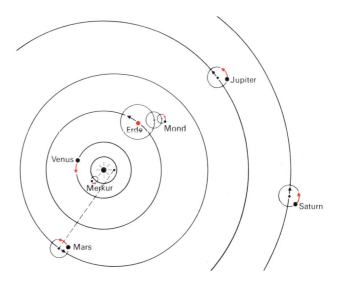

Schrift *De revolutionibus orbium coelestium*[6] – 1800 Jahre nach Aristarch! – wird eine Diskussion in Gang gesetzt, in deren Verlauf schließlich die geistigen Fesseln der Antike abgeworfen werden.

Kopernikus versucht dadurch, daß er die Sonne ins Zentrum des Kosmos stellt, zu einer genaueren und einfacheren Darstellung der Planetenbewegungen zu gelangen, doch da er ansonsten ganz der griechischen Denktradition verhaftet ist, gelingt ihm dies keinesfalls. Insgesamt sind die Gedanken Kopernikus' weit weniger progressiv als diejenigen des Nikolaus von Kues oder des Regiomontanus, die Aristoteles bereits überwunden haben.

Kopernikus behält die antike Vorstellung von sich gleichmäßig drehenden Sphären bei; er verzichtet auf den Äquanten[7], doch benötigt auch er Deferent und Epizykel. Zwar kann Kopernikus bei der Erklärung der Planetenschleifen ohne die ptolemäischen Schleifenepizykel auskommen, doch da er unbedingt vom Äquanten abrücken will, bleibt ihm zur Erklärung der ungleichmäßigen Planetenbewegungen nur die Verwendung weiterer Epizykel (und Epi-Epizykel). Insgesamt enthält sein System 48 Kreise, wogegen das von dem Mathematiker Georg Peuerbach[8] auf den neuesten Stand gebrachte ptolemäische System mit 40 Kreisen auskommt. Wegen des ungleich langen Sommer- und Winterhalbjahrs auf der Erde kann Kopernikus außerdem die Sonne nicht exakt in den Mittelpunkt der Planetendeferenten legen; sie liegt etwas exzentrisch. Da das kopernikanische Weltsystem weder einfacher in der Konzeption noch genauer in der Vorausberechnung von Planetenpositionen ist als das bewährte ptolemäische, stellt die ohnehin kaum glaubhafte Vorstellung von der sich bewegenden Erde keine Denknotwendigkeit dar. Aus heutiger Sicht ist es nur allzu verständlich, daß dieses System zunächst nicht akzeptiert wird.

---

[6] *Von den Bewegungen der Himmelssphären*

[7] Kopernikus versucht hier der aristotelischen Forderung nach gleichmäßig zu durchlaufenden Kreisbahnen gerechter zu werden als Ptolemäus und fordert strikt die Streichung der Äquanten.

[8] Georg Peuerbach (1423 – 1461), Lehrer des Regiomontanus

Kopernikus' Bedeutung besteht vor allem darin, den Denkanstoß für so bedeutende Wissenschaftler wie Galilei und Kepler gegeben zu haben. Daß ein Eintreten für das heliozentrische Weltbild mittlerweile mit Gefahren verbunden ist, zeigt das Schicksal *Giordano Brunos*. Der streitbare ehemalige Dominikanermönch, der temperamentvoll, aber wenig logisch argumentierend, das kopernikanische Weltbild und die Ideen des Cusanus verkündet, fällt der Inquisition[9] in die Hände, wird als Ketzer angeklagt und im Jahre 1600 in Rom auf dem Scheiterhaufen verbrannt. Selbst der große Galilei wird 1633 von der Inquisition gezwungen, dem heliozentrischen Weltbild abzuschwören.

Der größte beobachtende Astronom dieser Epoche ist der Däne *Tycho Brahe* (1546 – 1601), der vom dänischen König die Insel Hven als Lehen erhält, um dort ungestört Astronomie und Alchemie betreiben zu können. Tycho erbaut eine große Sternwarte, die Uranienborg, und verwendet überdimensionale Visiergeräte wie seinen berühmten Mauerquadranten (s. Seite 50), mit deren Hilfe er eine bisher nicht annähernd erreichte Genauigkeit von 2' erzielt.

Obwohl Tycho mit der Entdeckung eines „neuen Sterns" (Supernova von 1572) und der durch Messungen am Kometen von 1577 gewonnenen Erkenntnis vom supralunaren Charakter der Kometen deutliche Hinweise auf die Fehlerhaftigkeit des ptolemäischen Systems in Händen hält, kann er sich nicht für das heliozentrische System entscheiden. Da er keine Fixsternparallaxe nachweisen kann, ist Tycho, der seine Meßgenauigkeit recht gut einzuschätzen weiß, klar, daß nach dem heliozentrischen System die Fixsterne mindestens 700mal so weit von der Sonne entfernt sein müßten wie der äußerste Planet, Saturn. Und das erscheint auch Tycho nicht glaubhaft.

Als Tycho wegen seiner ungerechten und ausbeuterischen Regentschaft über die Insel Hven beim neuen König in Ungnade fällt und Hven verlassen muß, tritt er 1599 als kaiserlicher Hofmathematiker in die Dienste Rudolfs II. in Prag. Es ist ein glücklicher Zufall, daß nach Tychos Tod (1601) dessen unvergleichliche Messungen in die Hände *Johannes Keplers* (1571 – 1630) gelangen, der Nachfolger Tychos in Prag wird. Kepler, ein hervorragender Mathematiker und einfallsreicher Theoretiker[10], ist zwar ein gläubiger Christ und ausgebildeter Theologe, doch grenzt er klar die Zuständigkeitsbereiche von Theologie und Astronomie ab (s. S. 51). Kepler studiert vor allem die Marsbahn, bei der alle bisherigen Theorien nur eine höchst unbefriedigende Übereinstimmung mit der realen Bewegung verzeichnen können. Erst als er mit einer genialen Methode die Erdbahn ziemlich genau bestimmen kann, darf er auf Erfolg hoffen. Kepler geht manchen Irrweg, und manche seiner „Irrungen" liegen deutlich näher an der Wirklichkeit als die ptolemäische oder die kopernikanische Theorie. Doch Kepler strebt nach der ganzen Wahrheit! Es gelingt ihm schließlich nach jahrelangen, schier übermenschlichen Anstrengungen und Überwindung der Denktraditionen der Antike, das Bewegungsproblem zu lösen. Wenn er seine Leistung auch mit berechtigtem Stolz betrachtet, ja sogar überschwenglich feiert, so ist der in der Tradition der Antike erzogene Kepler doch nicht besonders glücklich darüber, das Dogma von der gleichmäßigen Bewegung auf Kreisbah-

3.4 Tycho Brahes Sternwarte Uranienborg

---

[9] kirchliche Untersuchungskommission zur Reinhaltung des Glaubens
[10] Immanuel Kant sieht in Kepler *„den schärfsten Denker, der jemals geboren wurde"*

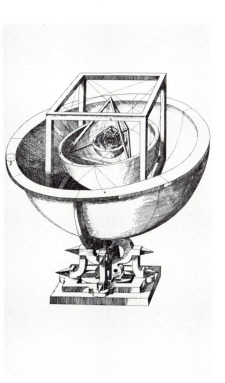

3.5 Abbildung aus Keplers *Mysterium Cosmographicum*

nen zerstören und durch die Erkenntnis ersetzen zu müssen, daß sich die Planeten mit veränderlichen Geschwindigkeiten auf Ellipsenbahnen um die Sonne bewegen. Kepler will den Kosmos als Ganzes verstehen. Er, der sonst ganz rational vorgeht und so zu physikalisch-astronomischen Gesetzen kommt, entwirft mystisch geprägte Modelle des Kosmos, bei denen antike Vorstellungen eine große Rolle spielen. Sind es zunächst die fünf pythagoreisch-platonischen Körper (Würfel, Tetraeder, Oktaeder, Dodekader, Ikosaeder), die dem Fünfundzwanzigjährigen dazu dienen, die Bahnen der sechs Planeten so in ein räumliches Gesamtsystem einzubetten und voneinander zu trennen, daß sich die Abstandsverhältnisse der Planeten von der Sonne (scheinbar) natürlich erklären lassen (1596: *Mysterium Cosmographicum*, Abb. 3.5), so begeistert sich der reife Wissenschaftler später für Pythagoras' Harmonie der Sphären (siehe 1.2.) und paßt diese seinen Ergebnissen der Planetenbewegungen an, wobei er sich aus heutiger Sicht in einen allerdings unvergleichlich ästhetischen Phantasiekosmos versteigt (1619: *Harmonice Mundi*). Hiernach „singt" jeder Planet auf seiner Ellipsenbahn um die Sonne, wobei die Tonhöhe direkt von der momentanen Winkelgeschwindigkeit bezüglich der Sonne abhängt[11]. Der Ton des Saturn steigt beispielsweise vom sonnenfernsten zum sonnennächsten Punkt entsprechend der Zunahme der Winkelgeschwindigkeit um eine große Terz, der des Mars um eine Quint an. Am erstaunlichsten ist aber, daß die Töne der einzelnen Planeten – vom Saturn bis zum Merkur – so abgestuft sind, daß sie den Intervallen der Tonleiter[12] entsprechen.

Aufgabe

3.1. Galilei steht zunächst der Kopernikanischen Theorie sehr reserviert gegenüber. Das ändert sich aber grundlegend, als er ab 1610 mit dem Fernrohr beobachtet und dabei die Jupitermonde, die Phasen der Venus, die Sonnenflecken sowie Krater und Gebirge auf dem Mond entdeckt. Inwiefern widersprechen diese Entdeckungen dem ptolemäischen Weltbild?

3.1.2. Die Keplerschen Gesetze und Newtons Gravitationsgesetz

Wie nahe Kepler gedanklich der physikalischen Lösung des Bewegungsproblems – der Gravitationskraft – ist, zeigt, daß er in seinem Hauptwerk, der *Astronomia Nova* (1609), an eine „virtus magneticae similis attractionis", eine „anziehende Kraft, ähnlich der magnetischen", denkt. Erst als Isaac Newton 1685 das *Gravitationsgesetz*

$$F_{grav} = G \cdot \frac{m_1 \cdot m_2}{r^2} \qquad \left(G = 6{,}672 \cdot 10^{-11} \, \frac{m^3}{kg \cdot s^2} \right)$$

---
[11] Dieser „Gesang" ist aber nicht etwa mit dem Ohr vernehmbar, sondern nur durch den Verstand „begreifbar".
[12] Die Dur-Tonleiter ergibt sich bei Heranziehung der Aphelstellung der Planeten; in ihrer Perihelstellung tönen die Planeten in Moll.

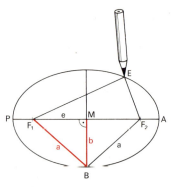

3.6 Die Gärtnerkonstruktion einer Ellipse

findet, das die Anziehungskraft F_{grav} zweier im Abstand r sich befindender Massen m_1 und m_2 beschreibt (G Gravitationskonstante), ist die Ursache für die Bewegungen der Planeten um die Sonne erkannt. Die Planetenbewegungen selbst werden aber am besten durch die drei Keplerschen Gesetze beschrieben, von denen die ersten beiden im Jahre 1609 (*Astronomia Nova*) veröffentlicht wurden, das dritte im Jahre 1619 (*Harmonice Mundi*). Die Gesetze gelten sinngemäß auch für alle anderen im Gravitationsfeld der Sonne gefangenen Körper, wie z.B. Planetoiden oder Kometen.

1. Keplersches Gesetz: *Die Planeten bewegen sich auf Ellipsenbahnen, wobei in einem der beiden Brennpunkte die Sonne steht.*

Eine Ellipse stellt eine ebene Kurve mit zwei Symmetrieachsen dar. Mit den Eigenschaften der Ellipse kann man schnell vertraut werden, wenn man die sogenannte „Gärtnerkonstruktion" der Ellipse betrachtet, die man auch mit Faden, Bleistift und starkem Karton ausführen kann:

Zur Anlage einer elliptischen Blumenrabatte schlägt der Gärtner zwei Holzpflöcke in die Erde (Brennpunkte F_1 und F_2) und verbindet sie direkt über dem Boden mit einer Schnur, die etwas länger als die Strecke von F_1 nach F_2 ist. Wenn er nun mit einem Holzstab die Schnur spannt und den Stab so bewegt, daß die Schnur stets gespannt bleibt, zeichnet der Stab auf dem Boden eine Ellipse.

Wie man sich an Abb. 3.6 klarmachen kann, gilt mit der Schnurlänge $2a = \overline{F_1E} + \overline{EF_2}$:

$\overline{F_1B} = \overline{F_2B} = \overline{MA} = \overline{MP} = a = $ *große Halbachse*.

Mit $\overline{MB} = b = $ *kleine Halbachse* ergibt sich nach dem Lehrsatz des Pythagoras für die *lineare Exzentrizität* e

$$e = \overline{MF_1} = \sqrt{a^2 - b^2}.$$

Die Form der Ellipse ist durch die große und kleine Halbachse eindeutig festgelegt. Zur Charakterisierung der Ellipsenform ist die *numerische Exzentrizität*

$$\varepsilon = \frac{e}{a} = \sqrt{1 - \left(\frac{b}{a}\right)^2}$$

besonders geeignet, da gilt: $0 \leq \varepsilon < 1$.

Für einen Kreis ($F_1 = F_2 = M$, $a = b = $ Kreisradius) erhält man $\varepsilon = 0$. Je exzentrischer die Ellipse ist, das heißt je stärker die Abweichung von der Kreisgestalt ist, desto näher liegt ε beim Wert 1.

Falls sich die Sonne im Brennpunkt F_1 befindet – der andere Brennpunkt hat keinerlei physikalische Bedeutung –, ist P der sonnennächste Punkt (*Perihel*) und A der sonnenfernste Punkt (*Aphel*) der Planetenbahn.

Eine Verwendung der Einheit Kilometer zur Angabe von Entfernungen in unserem Sonnensystem wäre schon der großen Maßzahlen wegen nicht besonders sinnvoll. Man verwendet die große Halbachse der Erdbahnellipse als Grundeinheit der Entfernungsmessung im planetaren Bereich und hat damit einen sehr guten Vergleichsmaßstab:

1 *Astronomische Einheit* = 1 AE = große Halbachse der Erdbahn

Zu Keplers Zeit war allerdings dieser wichtige Maßstab für Entfernungen im Sonnensystem noch nicht bestimmt. Es wird auch hier zunächst auf die Angabe des Zahlenwerts der Astronomischen Einheit verzichtet. Dementsprechend sind bei den folgenden Aufgaben die Entfernungen in AE anzugeben; eine Umrechnung in Meter oder Kilometer ist nicht erforderlich.

Aufgaben

3.2. Zeigen Sie, daß für eine Planetenbahn die Begriffe „große Halbachse" und „mittlere Entfernung des Planeten von der Sonne" (= arithmetisches Mittel von kleinster und größter Entfernung) identisch sind!

3.3. Der Komet Encke hat im Aphel und Perihel seiner Bahn eine Sonnenentfernung von 4,094 AE bzw. 0,339 AE. Wie groß ist der Abstand des Mittelpunkts der Bahnellipse von der Sonne? Berechnen Sie auch die kleine Halbachse!

3.4. Der Planet Mars umläuft die Sonne auf einer Ellipsenbahn mit der großen Halbachse $a = 1{,}524$ AE und der numerischen Exzentrizität $\varepsilon = 0{,}093$.
a Welchen Wert besitzt die kleine Halbachse?
b Welche maximale und minimale Entfernung von der Sonne erreicht der Mars?

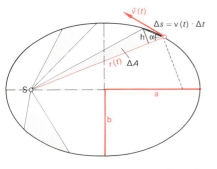

3.7 Veranschaulichung des 2. Keplerschen Gesetzes. Die Exzentrizität der Bahnellipse des Planeten ist stark übertrieben dargestellt.

2. Keplersches Gesetz: *Der Fahrstrahl Sonne – Planet überstreicht in gleichen Zeiten inhaltsgleiche Flächen.*

Keplers Flächensatz ist in Abb. 3.7 veranschaulicht: die farbig hervorgehobenen Flächen werden vom Fahrstrahl (Radiusvektor) Sonne – Planet in der gleichen Zeitspanne Δt überstrichen.

Es ist offensichtlich, daß sich der Planet umso schneller bewegt, je näher er der Sonne kommt. Die exakte Beziehung zwischen Bahngeschwindigkeit und Sonnenabstand wird im folgenden anhand der Betrachtung einer infinitesimal kleinen Bewegung des Planeten erhalten; er legt dabei wegen $v(t) \approx v(t+\Delta t)$ die Strecke $\Delta s = v(t) \cdot \Delta t$ zurück. Für die dabei vom Fahrstrahl im Zeitintervall Δt überstrichene Fläche ΔA erhält man

$$\Delta A = \frac{1}{2} \cdot r(t) \cdot h = \frac{1}{2} \cdot r(t) \cdot v(t) \cdot \sin\alpha(t) \cdot \Delta t, \text{ oder}$$

$$\frac{\Delta A}{\Delta t} = \frac{1}{2} \cdot r(t) \cdot v(t) \cdot \sin\alpha(t) = \text{const.}$$

Der Flächensatz stellt nur eine spezielle Form des Drehimpulserhaltungssatzes dar, so daß er nicht nur bei der Wirkung einer Gravitationskraft, sondern bei allen Zentralkraftproblemen gültig ist. Wenn man zum Beispiel an einem Massestück m einen Faden befestigt, diesen durch ein enges Rohr führt und dieses Pendel in Drehbewegung versetzt (s. Abb. 3.8), stellt man bei Annäherung von m an das Bewegungszentrum Z – Ziehen am Faden! – gleichfalls eine schneller werdende Bewegung fest.

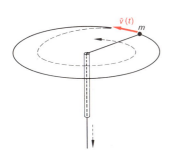

3.8 Experiment zum Drehimpulserhaltungssatz

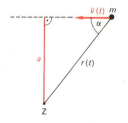

3.9 Zur Definition des Drehimpulses

Unter dem *Drehimpuls L* einer punktförmigen Masse m bezüglich des Bewegungszentrums Z versteht man das Produkt des Impulses $p = m \cdot v$ mit dem Abstand a des Bewegungszentrums von der Bewegungsrichtung (s. Abb. 3.9):

$$L = p \cdot a = m \cdot v(t) \cdot r(t) \cdot \sin\alpha(t)$$

Der *Drehimpulserhaltungssatz* steht gleichwertig neben den anderen beiden großen Erhaltungssätzen der Mechanik:
Die *Energie E* und der *Impuls p* eines abgeschlossenen Systems bleiben erhalten.
Der *Drehimpuls L* eines Systems bleibt erhalten, wenn von außen kein Drehmoment wirkt[13].

Der Drehimpulserhaltungssatz erklärt sofort, warum bei kleiner werdendem Zentrumsabstand die Geschwindigkeit zunimmt und läßt auch den Flächensatz erkennen:

$$L = \text{const.} \rightarrow m \cdot v(t) \cdot r(t) \cdot \sin\alpha(t) = \text{const.}$$

Der Term $v(t) \cdot r(t) \cdot \sin\alpha(t)$ muß also – wie beim Flächensatz – konstant bleiben!

Aufgaben

3.5. Zeigen Sie, daß sich Aphel- und Perihelgeschwindigkeit eines Planeten umgekehrt zueinander verhalten wie die entsprechenden Abstände von der Sonne!

3.6. Die Vermutung Robert Hookes, daß die Geschwindigkeit eines Planeten umgekehrt proportional zu seinem Sonnenabstand ist, ist nur für die Betrachtung von Perihel und Aphel richtig (siehe letzte Aufgabe).
Zeigen Sie, daß für beliebige Planetenpositionen eine umgekehrte Proportionalität der Bahngeschwindigkeit v zum Abstand der Sonne von der Tangente an die Planetenbahn im momentanen Planetenort gilt.

3. Keplersches Gesetz: *Die Quadrate der Umlaufzeiten zweier Planeten verhalten sich wie die dritten Potenzen ihrer großen Halbachsen.*

Das dritte Keplersche Gesetz kann man aus dem Newtonschen Gravitationsgesetz für die vereinfachende Annahme herleiten, daß die Planetenmasse m_p gegenüber der Sonnenmasse $m_\odot$ vernachlässigt werden kann ($m_p \ll m_\odot$). Dann nämlich befindet sich der Massenschwerpunkt von Sonne und Planet im Sonnenmittelpunkt, die Sonne ruht, und der Planet bewegt sich um den Sonnenmittelpunkt. Die folgende Herleitung ist für den Sonderfall einer Kreisbahn durchgeführt.

Der Drehimpulserhaltungssatz läßt sofort erkennen, daß auf einer Kreisbahn ($a = r = \text{const.}$, $\alpha = 90°$) der Betrag der Bahngeschwindigkeit des Planeten konstant

---

[13] Die Formulierung „...wenn von außen kein Drehmoment wirkt" ist allgemeinerer Art als die Formulierung im Energie- und Impulserhaltungssatz, die sich auf ein „abgeschlossenes System" bezieht.

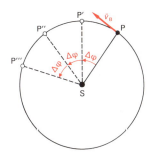

3.10 Die Bewegung eines Körpers P auf einer Kreisbahn. Nach gleichen Zeitintervallen Δt nimmt P die Orte P', P'', ... ein.

bleiben muß. Das bedeutet aber, daß der Planet in gleichen Zeitintervallen Δt gleichlange Bahnstücke (Bögen) zurücklegt und der Fahrstrahl Sonne – Planet jeweils gleich große Winkel $\Delta \varphi$ überstreicht (Abb. 3.10). In der Physik wird dies beschrieben durch die Konstanz der Winkelgeschwindigkeit ω:

$$\omega := \frac{\Delta \varphi}{\Delta t} = \text{const.}$$

Wählt man speziell $\Delta t =$ Umlaufdauer T, so erhält man die wichtige Beziehung

$$\omega = \frac{\text{Vollwinkel}}{\text{Umlaufdauer}} = \frac{2\pi}{T} = \text{const.}$$

Auf den Planeten wirkt außer der zum Sonnenmittelpunkt gerichteten Gravitationskraft F_{grav} die von der Kreisbewegung herrührende Zentrifugalkraft $F_{\text{Zf}} = m_p \cdot \omega^2 \cdot r$ radial nach außen. Die zu jedem Zeitpunkt gültige Gleichheit der beiden Kraftbeträge beschreibt die Dynamik des Bewegungsvorgangs physikalisch richtig:

$$F_{\text{Zf}} = F_{\text{grav}} \quad \text{oder} \quad m_p \cdot \left(\frac{2\pi}{T}\right)^2 \cdot r = G \cdot \frac{m_p \cdot m_\odot}{r^2} \quad \Rightarrow \quad \frac{T^2}{r^3} = \frac{4\pi^2}{G \cdot m_\odot} = C.$$

Falls es sich um eine echte Ellipsenbahn handelt (Abb. 3.11), führen Überlegungen gleicher Art auf die allgemeinere Gleichung

$$\frac{T^2}{a^3} = \frac{4\pi^2}{G \cdot m_\odot} = C.$$

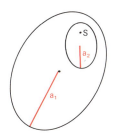

3.11 Zum 3. Keplerschen Gesetz

Diese stellt das dritte Keplersche Gesetz dar und unterscheidet sich von der vorhergehenden Gleichung nur dadurch, daß an die Stelle des Kreisradius die große Halbachse a der Ellipse tritt. Die kleine Halbachse und damit die Exzentrizität der Ellipse hat hier keinerlei Bedeutung! Man erkennt, daß die Umlaufdauer nicht von der Masse des umlaufenden Körpers abhängig ist! Betrachtet man nun zwei Körper, die sich auf Ellipsenbahnen um die Sonne bewegen, so erhält man aus $C = \frac{T_1^2}{a_1^3} = \frac{T_2^2}{a_2^3}$ sofort das 3. Keplersche Gesetz in seiner üblichen Form:

$$\frac{T_1^2}{T_2^2} = \frac{a_1^3}{a_2^3}$$

Keplers drittes Gesetz beschreibt die Bewegung eines Körpers der Masse m_1 um die Masse m_2 in guter Näherung für den Spezialfall, daß m_1 wesentlich kleiner ist als m_2. Für das System Sonne – Planet mag diese Bedingung ausreichend gut erfüllt sein, doch wenn die beiden Massen von vergleichbarer Größenordnung sind – wie etwa die beiden Partner eines Doppelsternsystems –, kann nur eine allgemeinere Betrachtungsweise die tatsächliche Bewegung wiedergeben.
Ein einfacher Versuch soll hier Aufklärung schaffen: Zunächst verbindet man zwei Stativfüße unterschiedlicher Masse (Eisen- und Kunststoffuß) durch eine Stativstange und markiert den Schwerpunkt S dieses Systems durch einen auffälligen Farbstreifen. Für den Schwerpunkt gilt (s. Abb. 3.12a) die Gleichgewichtsbedingung $m_1 g \cdot r_1 = m_2 g \cdot r_2$ oder

$$m_1 \cdot r_1 = m_2 \cdot r_2 \quad \text{(Schwerpunktsgleichung)}.$$

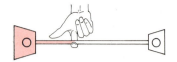

3.12a Die Bestimmung des Schwerpunkts

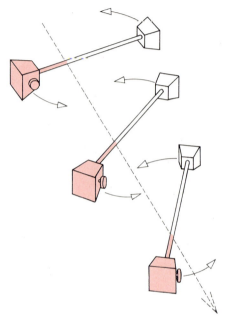

3.12b Kombinierte Translations- und Rotationsbewegung

Versetzt man nun den Körper auf einer geeigneten Unterlage (möglichst geringe Reibung – z.B. Steinboden) in eine kombinierte Translations- und Rotationsbewegung, so kann man leicht feststellen, daß die Stativfüße um ihren Schwerpunkt S rotieren. Dabei bewegt sich die größere Masse auf einem Kreis mit geringerem Radius. Bei geschickter Ausführung des Experiments läßt sich auch die Gesetzmäßigkeit der Translation erkennen: der Schwerpunkt S bewegt sich längs einer Geraden (Abb. 3.12b)!

Zwei gravitativ gebundene Massen m_1 und m_2 bewegen sich im allgemeinen Fall auf Ellipsenbahnen um den gemeinsamen Massenschwerpunkt S. Im folgenden wird von zwei Kreisbahnen ausgegangen, wobei zwischen den Schwerpunktskoordinaten r_1 und r_2 und der Relativkoordinate r von m_1 und m_2 zu unterscheiden ist. Aus Abb. 3.13 kann sofort die Beziehung $r = r_1 + r_2$ entnommen werden. Einsetzen in die Schwerpunktsgleichung liefert den Zusammenhang zwischen den Schwerpunktskoordinaten und der Relativkoordinate:

$$m_1 \cdot r_1 = m_2 \cdot (r - r_1) \text{ oder}$$

$$r_1 = \frac{m_2}{m_1 + m_2} \cdot r.$$

Ebenso wie für m_2 gilt auch für m_1 zu jedem Zeitpunkt die Gleichheit von Gravitations- und Zentrifugalkraft:

$$G \cdot \frac{m_1 \cdot m_2}{r^2} = m_1 \cdot \left(\frac{2\pi}{T}\right)^2 \cdot r_1 = m_1 \cdot \frac{4\pi^2}{T^2} \cdot \frac{m_2}{m_1 + m_2} \cdot r, \Rightarrow \frac{T^2}{r^3} = \frac{4\pi^2}{G \cdot (m_1 + m_2)}.$$

Für den allgemeineren Fall, daß beide Massen den Schwerpunkt auf Ellipsen umrunden – auch die relative Bahn von m_1 um m_2 (oder von m_2 um m_1) ist eine Ellipse (große Halbachse a_{rel}) – erhält man die gleichstrukturierte Beziehung

$$\frac{T^2}{a_{rel}^3} = \frac{4\pi^2}{G \cdot (m_1 + m_2)}.$$

In diese allgemeinere Form des 3. Keplerschen Gesetzes geht also die Massensumme der beiden Körper ein!

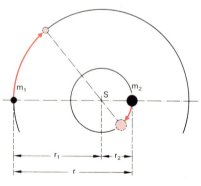

3.13 Die Bewegung zweier Massen auf Kreisbahnen um den gemeinsamen Schwerpunkt

Aufgaben

3.7. Saturn bewegt sich auf einer Ellipsenbahn der Exzentrizität $\varepsilon = 0{,}056$ und der großen Halbachse $a = 9{,}56$ AE um die Sonne.
a Wie weit kann sich Saturn höchstens von der Sonne entfernen?
b Wie lange braucht Saturn für den Weg vom Aphel zum Perihel?

3.8. Der Planet Mars besitzt eine Umlaufzeit von 687 Tagen auf seiner Bahn um die Sonne. Welchen mittleren Sonnenabstand – im Vergleich zur Erde – hat der Mars?

3.9. Der Planet Pluto ist im Aphel seiner Bahn 49,62 AE von der Sonne entfernt; er legt dort pro Sekunde 3,67 km zurück. Pluto benötigt für einen Umlauf um die Sonne 248 Erdjahre.
a Berechnen Sie die große Halbachse (in AE) und die Exzentrizität der Bahnellipse.
b Welchen Sonnenabstand und welche Geschwindigkeit besitzt Pluto im Perihel seiner Bahn?

3.10. Der Mond ($m_M = 7{,}35 \cdot 10^{22}$ kg) bewegt sich auf einer leicht exzentrischen Ellipse um die Erde ($m_E = 5{,}977 \cdot 10^{24}$ kg), wobei sein mittlerer Abstand von der Erde (von Mittelpunkt zu Mittelpunkt) 384 403 km beträgt.

a Wie weit ist der Schwerpunkt des Systems Erde – Mond im Mittel vom Erdmittelpunkt entfernt?

b Berechnen Sie die Dauer eines vollständigen Umlaufs des Monds um die Erde!

c Erklären Sie, warum die Zeitspanne von 29,53 Tagen zwischen zwei Neumondstellungen deutlich verschieden ist von der unter **b** errechneten Umlaufsdauer.
Hinweis: Bei Neumond liegt der Mond zwischen Sonne und Erde.

3.11. Ein Nachrichtensatellit soll fest über einem bestimmten Punkt der Erdoberfläche stehen.

a Warum ist dies nur über dem Erdäquator möglich?

b Zeigen Sie, daß der Satellit eine ganz bestimmte Höhe über der Erdoberfläche einnehmen muß, und berechnen Sie diese Höhe!

3.1.3. Die Bestimmung der Astronomischen Einheit

Auch wenn man die Umlaufzeiten aller Planeten genau kennt[14], können mit Hilfe des 3. Keplerschen Gesetzes $T_1^2/T_2^2 = a_1^3/a_2^3$ nur die Entfernungsverhältnisse der verschiedenen Körper des Sonnensystems angegeben werden. Das bedeutet letztlich, daß man zwar ein maßstabsgetreues Modell des Planetensystems anfertigen kann, über den Maßstab aber nicht Bescheid weiß. Die Kenntnis der Entfernung zwischen zwei beliebigen Planeten würde aber schon genügen, um alle anderen Abstände und insbesondere den Maßstab festlegen zu können.

Seit Keplers Zeit wurde immer wieder versucht, den Erdbahnhalbmesser, die natürliche Basisgröße, zu bestimmen. Die ersten Messungen, bei denen vor allem Mars und Venus in ihrer erdnächsten Lage angepeilt wurden, erbrachten noch nicht die gewünschte Genauigkeit.

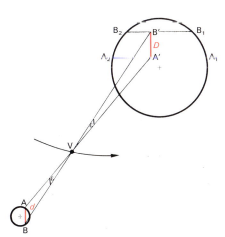

3.14 Venusdurchgang

Von der Idee Edmond Halleys[15], einen der seltenen[16] Vorübergänge des Planeten Venus vor der Sonne (= Venusdurchgang) zur AE-Bestimmung heranzuziehen, versprach man sich von Anfang an viel. Während der vier Venusdurchgänge im 17. und 18 Jahrhundert (1761, 1769, 1874 und 1882) wurden deshalb eine ganze Reihe von Messungen in allen Gegenden der Erde ausgeführt. Das Prinzip dieser Meßmethode sei kurz vorgestellt. Wenn man die Venus bei ihrer Passage vor der Sonne von zwei verschiedenen Punkten A und B der Erdoberfläche aus anvisiert, so beschreibt sie für die beiden Beobachter unterschiedlich lange Wegstrecken über die Sonnenoberfläche (s. Abb.3.14), unterscheidbar auch durch die Dauer des Vorübergangs. Bei bekannter Entfernung $\overline{AB}$ der beiden Beobachtungsorte kann die Länge der Strecke $\overline{AV}$ berechnet werden, falls man den Winkel ε ermitteln kann. Außerdem erhält man nach dem 3. Keplerschen Gesetz über die bekannten Umlaufszeiten von Erde und Venus um die Sonne sofort Kenntnis über den folgenden Streckenzusammenhang: $\overline{A'V} = 0{,}723 \cdot \overline{AA'}$, d.h. der Abstand Sonne – Venus beträgt 0,723 AE. Mit dem Abstandsverhältnis $\dfrac{\overline{AA'}}{\overline{AV}} = \dfrac{1 \text{ AE}}{1 \text{ AE} - 0{,}723 \text{ AE}} = \dfrac{1}{0{,}277}$ kann anschließend aus $\overline{AV}$ die Basisgröße $\overline{AA'} \approx 1$ AE berechnet werden.

---

[14] Bestimmung der Umlaufszeit eines Planeten: siehe 3.1.5.

[15] Edmond Halley (1656 – 1742), vielseitiger Astronom, Zeitgenosse Newtons.

[16] Da die Venusbahn gegen die Erdbahnebene um 3,39° geneigt ist, kommt es sehr selten vor, daß Venus direkt vor der Sonne steht.

Durch Vergleich mit dem bekannten Winkeldurchmesser der Sonne von 32' = 1920''
erhält man auch den Winkelabstand der beiden Wegstrecken (Abstand D) des Venusdurchgangs. Wenn beispielsweise die Erdbeobachtungsorte wie in Abb. 3.14 angeordnet sind und der Abstand d genau einen Erdradius beträgt, so erscheint D von der Erde aus unter einem Winkel von ca. 23''. Von der Venus aus beträgt dieser Winkel (ε) aber $23''/0{,}723 = 31{,}8''$.

Mit diesem Winkel kann aber in Dreieck BVA die Strecke $\overline{AV}$ berechnet werden:

$$\overline{AV} = \frac{\frac{1}{2}\overline{AB}}{\sin\frac{\varepsilon}{2}} = \frac{\frac{1}{2} \cdot 6370 \text{ km}}{\sin(\frac{1}{2} \cdot 31{,}8'')} = 41{,}3 \cdot 10^6 \text{ km}.$$

Für die Strecke AA', die recht gut der Astronomischen Einheit entspricht, ergibt sich:

$$\overline{AA'} = \overline{AV} \cdot \frac{1}{0{,}277} = \frac{41{,}3 \cdot 10^6 \text{ km}}{0{,}277} = 1{,}49 \cdot 10^8 \text{ km}.$$

Die Messungen während der Venusdurchgänge führten trotz erheblichen Aufwands zu einer nicht befriedigenden Genauigkeit für die Basiseinheit 1 AE.

Erst die Entfernungsbestimmung am Kleinplaneten Eros, der der Erde bis 0,15 AE nahekommt, lieferte 1930 ein hinreichend gutes Ergebnis. Sehr präzise Messungen sind erst möglich, seitdem (1960) die Abstände zu Venus oder Mars aus der Laufzeit eines an der Planetenoberfläche reflektierten Radarsignals direkt ermittelt werden können (s. Aufgabe 3.15c). 1976 wurde die Astronomische Einheit auf 149 597 870 km festgelegt. Wir verwenden den gerundeten Wert

$$1 \text{ AE} = 1{,}496 \cdot 10^8 \text{ km}.$$

3.1.4. Zur Bahnlage der Planeten

Man teilt die Planeten einerseits nach ihrer Sonnenentfernung – im Vergleich zur Erde – ein in

untere Planeten: Merkur, Venus

und *obere Planeten*: Mars, Jupiter, Saturn, Uranus, Neptun, Pluto.

Andererseits wird, wenn man auf Ähnlichkeiten bezüglich Masse, Dichte, Radius sieht, auch die folgende Einteilung verständlich:

Innere Planeten: Merkur, Venus, Erde, Mars (erdähnlich)
Äußere Planeten: Jupiter, Saturn, Uranus, Neptun, Pluto (jupiterähnlich mit Ausnahme von Pluto)

Die Planetenbahnen liegen nicht in derselben Ebene, jedoch sind die Neigungen der einzelnen Bahnebenen gegen die Erdbahnebene gering (Ausnahme: Plutobahn), wie Tabelle 4 (siehe Anhang) zeigt. Die Planeten sind deshalb an der Sphäre stets in der Nähe der Ekliptik aufzufinden.

Die Beobachtung von Merkur und Venus ist dadurch erschwert, daß die unteren Planeten nur unter kleinem Winkelabstand zur Sonne beobachtet werden können (s. Abb. 3.15). Diese *Elongation* erreicht bei Venus einen maximalen Wert von 47°, bei Merkur nur 27,8°. Kopernikus hat Merkur nie gesehen!

Wenn sich zu bestimmten Zeitpunkten Sonne, Erde und Planet in derselben Ebene senkrecht zur Erdbahnebene befinden, dann liegen sie stets ziemlich gut

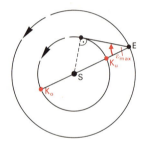

3.15 Obere (K_o) und untere (K_u) Konjunktionsstellung eines unteren Planeten. ε_{max} = maximale Elongation

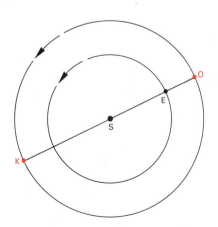

3.16 Oppositions- und Konjunktionsstellung eines oberen Planeten

3.17a Zustandekommen der Rückläufigkeit eines Planeten. Die Blickrichtung ist hier durch die Rektaszension α gekennzeichnet. Die Richtungen 3, 6 und 9 zeigen zu Punkten der Sphäre mit derselben Rektaszension, die sich aber noch in der Deklination unterscheiden können.

auf einer Geraden. Man spricht hierbei von einer *Konjunktion* mit der Sonne, wenn – von der Erde aus gesehen – Planet und Sonne auf derselben Seite liegen und von einer *Opposition* zur Sonne, wenn sich Planet und Sonne auf verschiedenen Seiten befinden. Somit kann die Oppositionsstellung nur bei oberen Planeten eintreten (s. Abb. 3.16). Bei den unteren Planeten muß man zwischen oberer und unterer Konjunktion (K_o, K_u) unterscheiden (s. Abb. 3.15).

Während bei den Konjunktionsstellungen der Planet unsichtbar bleibt – er ist direkt vor oder hinter der Sonne –, ist der obere Planet in Opposition die ganze Nacht hindurch bei minimalem Erdabstand sichtbar. Bei einer Opposition „überholt" die Erde den oberen Planeten. Gegen den Fixsternhintergrund beobachtet, führt dies dazu, daß der Planet in der Zeit um die Opposition *rückläufig* wird. Wegen der Neigung der Planetenbahn gegen die Erdbahn wird normalerweise nicht nur ein zeitweiliges Zurücklaufen auf der Bahn, sondern sogar eine Schleifenbahn beobachtet. Ein großer Triumph für Kepler war es, daß er mit seinem Weltbild die Schleifenbahnen der Planeten einfach und exakt erklären konnte (s. Abb. 3.17a–c).

Den Schleifenbahnen wurde schon immer großes Interesse entgegengebracht. Seltene Ereignisse wie die gleichzeitige Oppositionsstellung zweier Planeten spielen besonders für die Sterndeutung eine große Rolle. Beim Stern von Bethlehem, dem die der Astronomie und der Sterndeutung mächtigen „Weisen aus dem Morgenland"[17] nach Palästina folgten, handelt es sich wahrscheinlich um die äußerst seltene Oppositionsstellung der hellen Planeten Jupiter und Saturn in derselben Himmelsgegend. Dieses Ereignis, das auch 1981 zu beobachten war, ereignete sich zur Zeit Christi Geburt (7 v.Chr.) im Sternbild Fische. Daß diese Konstellation als Hinweis auf die Geburt eines Königs der Juden gedeutet wurde, ergibt sich direkt aus der Bedeutung Jupiters als Königsstern[18] und Saturns als Stern der Juden.

---

[17] Babylon

[18] Jupiter wurde von den Babyloniern ebenso wie von den Griechen und Römern als König der Götter (Planeten) angesehen (Marduk, Zeus, Iuppiter).

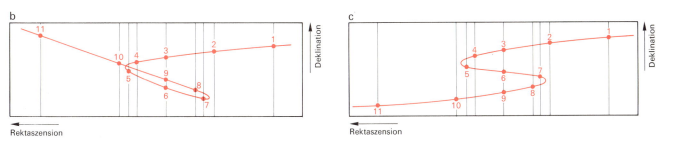

3.17 b, c Bahn des oberen Planeten an der Sphäre nach der Situation von a
b) Deklination bis 7 abnehmend, dann zunehmend
c) Deklination während der gesamten Phase geringer werdend

3.18a Lauf der Erde und eines oberen Planeten zwischen zwei aufeinanderfolgenden Oppositionsstellungen. Zeitdauer hierfür = synodische Umlaufsdauer
b Lauf der Erde und eines unteren Planeten zwischen zwei aufeinanderfolgenden unteren Konjunktionsstellungen. Zeitdauer hierfür = synodische Umlaufsdauer

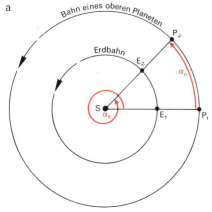

a

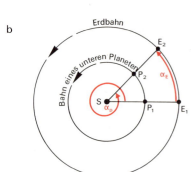

b

3.1.5. Die Bestimmung der verschiedenen charakteristischen Größen der Sonne und ihrer Planeten

Messung der Umlaufsdauer eines Planeten

Die Zeitdauer für einen Umlauf eines Planeten um die Sonne könnte man – auf der Oberfläche des Planeten stehend – so bestimmen, daß man die Zeitdauer zwischen zwei Vorübergängen der Sonne an demselben Fixstern mißt. Man bezeichnet diese Zeitspanne als *siderische*[19] Umlaufsdauer T_{sid} des Planeten. Sie entspricht also der Dauer einer 360°-Umdrehung der vom Sonnen- zum Planetenzentrum gezogenen Halbgeraden. Von der Erde aus läßt sich allerdings nicht ohne weiteres feststellen, wann der betrachtete Planet einen vollen Umlauf um die Sonne vollendet hat, da sich die Erde mittlerweile selbst auf ihrer Bahn weiterbewegt hat. Doch ist von der Erde aus die sogenannte *synodische*[20] Umlaufsdauer T_{syn} – die Zeitdauer zwischen zwei aufeinanderfolgenden gleichartigen Konstellationen Planet – Erde – Sonne (z.B. Opposition) – gut meßbar.

Im folgenden wird ein direkter Zusammenhang zwischen T_{syn} und T_{sid} angestrebt. Die Bedeutung einer entsprechenden Beziehung besteht darin, über eine Messung der synodischen Umlaufsdauer auch die astronomisch bedeutendere siderische Umlaufsdauer bestimmen zu können.

Da die Bahnen der meisten Planeten wie die Erdbahn in guter Näherung als Kreisbahnen angesehen werden können, kann man konstante Winkelgeschwindigkeiten ω_P und ω_E voraussetzen: $\omega = 2\pi/T = $ const. Für den in der Zeitspanne t überstrichenen Winkel φ gilt dann

$$\varphi = \omega t = \frac{2\pi}{T} \cdot t.$$

In der Zeit T_{syn} zwischen zwei aufeinanderfolgenden Oppositionsstellungen E_1P_1 und E_2P_2 hat die Erde genau eine Sonnenumrundung mehr ausgeführt als der betrachtete obere Planet. Mit den Bezeichnungen von Abb. 3.18 gilt: $\alpha_E = \alpha_P + 2\pi$ oder $\omega_E \cdot T_{syn} = \omega_P \cdot T_{syn} + 2\pi$.

Somit erhält man $\dfrac{2\pi}{T_{sid,E}} \cdot T_{syn} = \dfrac{2\pi}{T_{sid,P}} \cdot T_{syn} + 2\pi$, woraus sich die wichtige, für obere Planeten gültige Beziehung

$$\frac{1}{T_{sid,P}} = \frac{1}{T_{sid,E}} - \frac{1}{T_{syn}}$$

herleiten läßt. Für einen unteren Planeten gilt:

$$\frac{1}{T_{sid,P}} = \frac{1}{T_{sid,E}} + \frac{1}{T_{syn}}$$

Aufgaben

3.12. Berechnen Sie die maximale Elongation für Merkur und Venus! Zu berücksichtigen ist hierbei die Exzentrizität der Merkurbahn (s. Anhang, Tabelle 4). Venus- und Erdbahn werden als ideale Kreisbahnen angesehen.

3.13. Leiten Sie die für untere Planeten gültige Beziehung zwischen der siderischen Umlaufsdauer $T_{sid,P}$ und der synodischen Umlaufsdauer T_{syn} her: $\dfrac{1}{T_{sid,P}} = \dfrac{1}{T_{sid,E}} + \dfrac{1}{T_{syn}}$.

---

[19] lat. *sidus* – Gestirn   [20] griech. σύνοδος – Zusammenkunft

Bestimmung der Masse von Körpern unseres Sonnensystems*

Isaac Newton war es nicht vergönnt, die Sonnenmasse $m_\odot$, einen der wichtigsten Parameter des Planetensystems, bestimmen zu können. Zwar lag ihm der Zahlenwert der Konstanten $C = 4\pi^2/Gm_\odot$ des 3. Keplerschen Gesetzes vor, doch da Cavendish erst 1798, nach Newtons Tod, die Gravitationskonstante G ermittelte, war Newton nur der Wert des Produkts $Gm_\odot$ bekannt.

Die Masse eines Planeten kann relativ einfach berechnet werden, wenn der Planet von einem gut beobachtbaren Mond umrundet wird. Die Beobachtung liefert direkt die siderische Umlaufdauer des Monds, und aus der bekannten Entfernung des Planeten kann über den maximalen Winkelabstand des Monds vom Planeten der Radius der Mondbahn gewonnen werden. Wenn man nun für die Bewegung des Monds um den Planeten das Gleichgewicht von Zentrifugal- und Gravitationskraft ansetzt, kann die Planetenmasse berechnet werden. Auch aus Störungen, die der Planet auf die Bewegung anderer Körper des Planetensystems ausübt, kann auf die Planetenmasse geschlossen werden.

Aufgaben

3.14. Von einem astronomischen Körper unseres Sonnensystems entnimmt man einer Tabelle, daß die numerische Exzentrizität nur wenig von Null abweicht und die synodische Umlaufsdauer größer als 1 Jahr ist. Kann man hieraus folgern, daß sich der Körper oberhalb der Erdbahn um die Sonne bewegt? Kurze Stellungnahme!
Hinweis: Untersuchen Sie, welche (gedachten) Körper eine synodische Umlaufsdauer von genau 1 Jahr besitzen!

3.15. a Erklären Sie die Begriffe „obere und untere Konjunktion" und „Elongation"! Skizze!
b Der Planet Venus stand am 15.6.1984 und danach erst wieder am 19.1.1986 in oberer Konjunktion zur Sonne. Berechnen Sie mit diesen Angaben die siderische Umlaufsdauer und den Bahnradius der Venus in AE!
c Zum Zeitpunkt der unteren Konjunktion wird von der Erdoberfläche ein Radarsignal ausgesandt, das an der Venus reflektiert und nach 276,3 Sekunden wieder empfangen wird. Rechnen Sie nach diesen Angaben die Entfernungseinheit 1 AE in km um!

3.16. Berechnen Sie die Erdmasse unter Verwendung der Schwerebeschleunigung von 9,81 m/s² einer Masse auf der Erdoberfläche.

3.17. Berechnen Sie die Sonnenmasse aus der Bewegung der Erde um die Sonne.

3.18. Im Fernrohr ist der Planet Jupiter als Scheibchen erkennbar, das bei der Oppositionsstellung unter einem Winkel von 0,013° erscheint.
a Berechnen Sie den Durchmesser des Planeten, wobei die Jupiterbahn ebenso wie die Erdbahn als kreisförmig ($r = 5,2$ AE) betrachtet werden kann.
b Die Beobachtung des Jupitermonds Callisto ergibt für die Dauer eines Umlaufs um Jupiter 16,7 Tage. In der Zeit um die Oppositionsstellung des Jupiter zur Sonne ist der maximale Winkelabstand Callisto – Jupitermittelpunkt 0,17°.
Berechnen Sie die Masse des Planeten Jupiter! Die Bahn Callistos kann als Kreisbahn angesehen werden.

3.1.6. Raumfahrt, energetische Betrachtung von Planeten- und Satellitenbahnen

Als der französische Schriftsteller Jules Verne im Jahre 1865 seinen Roman „Von der Erde zum Mond"[21] veröffentlicht, erweckt er damit einen alten Traum der Menschheit zu neuem Leben, einen Traum, der weit über den Wunsch hinausgeht, fliegen zu können. Doch erst nach der Mitte des 20. Jahrhunderts wird die Weltraumfahrt Realität. Der 4.10.1957 wird allgemein als Starttermin der Raumfahrt angesehen; an diesem Tag wird der erste künstliche Satellit – Sputnik I – von einer Rakete in eine Umlaufbahn um die Erde gebracht, die er dann 92 Tage lang umkreist. Am 12.4.1961 umrundet mit Juri Gagarin zum erstenmal ein Mensch in einer Raumkapsel die Erde. Allerdings entfernt er sich dabei

---
[21] *De la terre à la lune*

nur 300 km von der Erdoberfläche, so daß der eigentliche Weltraum nicht annähernd erreicht wird. Als Höhepunkt der bemannten Raumfahrt muß der 21.7.1969 angesehen werden, als erstmals ein Mensch – der Astronaut Neill Armstrong – seinen Fuß auf den Mond setzt.

Daß die Weltraumfahrt nach den ehrgeizigen Projekten der sechziger Jahre nicht im bisherigen Maße ausgebaut wird, liegt auch daran, daß der Einsatz der verwendeten Raketen sehr unökonomisch ist. So ist bei der Mondrakete Saturn V für eine Nutzlast von 120 Tonnen eine Startmasse von 2890 Tonnen nötig!

Doch der Bau anderer Raketentriebwerke wie eines Photonen- oder Ionentriebwerks steht noch in weiter Ferne. Leider hat auch der Einsatz des wiederverwendbaren Space-Shuttles mit dem tragischen Unfall vom 28.01.1986, bei dem sieben Astronauten ihr Leben verloren, einen argen Rückschlag erlitten.

Alle Raketen arbeiten nach demselben Prinzip: Die Rakete stößt mit großer Geschwindigkeit (Zünden des Brennstoffs!) Masse aus, was nach dem Impulserhaltungssatz zu einer Bewegung der Rakete in Gegenrichtung führen muß. Der Abschuß einer Rakete wird im folgenden etwas vereinfacht so dargestellt, als ob der Rakete die gesamte Energie direkt beim Start übertragen würde und sie deshalb allein aufgrund der erzielten Startgeschwindigkeit ihr Ziel erreichen müßte. Genauso ist der Wurf eines Steins physikalisch zu behandeln.

Ob die Rakete nun wie der abgeworfene Stein eine Parabelbahn beschreibt oder etwa eine Kreisbahn um die Erde erreicht, hängt von der Schubkraft der Rakete ab. Um dieses Energieproblem physikalisch klar beschreiben zu können, ist zunächst eine sinnvolle Definition der potentiellen Energie eines Körpers im Gravitationsfeld einer Masse vonnöten:

Die Arbeit, die aufzuwenden ist, um einen Körper der Masse m im Gravitationsfeld einer großen Masse M ($M \gg m$) vom Abstand r_1 auf die Entfernung r_2 vom Gravitationszentrum ($r_2 > r_1$) zu heben, dient der Erhöhung der Lageenergie des Körpers (Abb. 3.19). Bei größerer Entfernung vom Gravitationszentrum muß also die potentielle Energie höher sein. Andererseits ist es sinnvoll, einem Körper die potentielle Energie Null bezüglich M zuzuschreiben, wenn er sich aus dem Anziehungsbereich der Masse M entfernt hat[22].

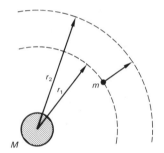

3.19 Hubarbeit im Gravitationsfeld der Masse M

Aufgrund der geführten Überlegungen muß gefordert werden, daß die potentielle Energie negative Werte annimmt und maximal den Wert Null erreicht!

Zur genauen Festlegung der potentiellen Energie soll die Überlegung dienen, daß die beim Fallen der Masse m vom Unendlichen (∞) bis zur Entfernung r vom Gravitationszentrum freiwerdende Energie ΔE gleich ist der Arbeit $W_{r,\infty}$, die nötig ist, um m von r bis ins Unendliche zu heben.

Der Energieerhaltungssatz liefert sofort

$$\Delta E = E_{pot}(\infty) - E_{pot}(r) = -E_{pot}(r) > 0.$$

Bei der Berechnung der Hubarbeit muß beachtet werden, daß die Gravitationskraft von der Entfernung zum Gravitationszentrum abhängig ist:

$$F_{grav}(r) = -G \cdot M \cdot m \cdot \frac{1}{r^2}.$$

---

[22] Theoretisch ist dies erst „im Unendlichen" erreicht, doch kann man den Fall als eingetreten betrachten, wenn die von M ausgeübte Gravitationskraft sehr gering ist und sich der Körper bereits deutlich im Anziehungsbereich einer anderen großen Masse befindet.

Beim Heben um die infinitesimal kleine Höhe ds kann F_{grav} als konstant (Abstand s von M) angesehen werden. Die Hubarbeit dW hierfür ist

$$dW = F \cdot ds = G \cdot M \cdot m \cdot \frac{ds}{s^2}$$

$$\rightarrow W_{r,\infty} = \int_r^\infty G \cdot M \cdot m \cdot \frac{ds}{s^2} = \left[-GMm \cdot \frac{1}{s} \right]_r^\infty = GMm\frac{1}{r}.$$

Wegen $W_{r,\infty} = \Delta E = -E_{pot}(r)$ erhält man

$$E_{pot}(r) = -GmM \cdot \frac{1}{r}$$

Somit ist die Arbeit, die nötig ist, um die Masse m vom Abstand r_1 bezüglich des Gravitationszentrums bis zum Abstand r_2 zu bewegen, gleich der Differenz der potentiellen Energien an beiden Orten:

$$W_{r_1 r_2} = E_{pot}(r_2) - E_{pot}(r_1) = -GmM \cdot \frac{1}{r_2} - \left(-GmM \cdot \frac{1}{r_1} \right)$$

oder

$$W_{r_1 r_2} = G \cdot m \cdot M \cdot \left(\frac{1}{r_1} - \frac{1}{r_2} \right)$$

Dabei spielt es keine Rolle, auf welchem Weg die Arbeit verrichtet wird. In Abb. 3.20 ist dies veranschaulicht für drei verschiedene Wege, die vom Punkt P_1 zu Punkt P_2 führen.

Wenn ein Körper des Abstands r vom Gravitationszentrum das Schwerefeld der Masse M verlassen möchte, muß er imstande sein, die hierzu nötige Hubarbeit $W_{r,\infty} = GmM \cdot \frac{1}{r} = -E_{pot}(r)$ zu verrichten.

Für eine Rakete der Masse m, der beim Start auf der Erdoberfläche (r = Erdradius R) die Geschwindigkeit v_0 mitgegeben wird, bedeutet dies, daß ihre kinetische Energie $E_{kin} = \frac{1}{2}mv_0^2$ mindestens so groß wie die Hubarbeit $W_{R,\infty} = GmM_E \cdot \frac{1}{R}$ sein muß. Falls $E_{kin} = W_{r,\infty}$ (die Gesamtenergie E_0 ist dann Null), wird die gesamte kinetische Energie aufgebraucht, d.h. in potentielle Energie umgesetzt, und die Rakete verläßt die Erde auf einer Parabelbahn (Endgeschwindigkeit $v = 0$). Dieser Grenzfall liefert auch die sogenannte Fluchtgeschwindigkeit v_F von der Erde:

$$\frac{1}{2}mv_F^2 = GmM_E \cdot \frac{1}{R}$$
$$\text{oder } v_F = \sqrt{2GM_E \cdot \frac{1}{R}} \approx 11{,}2 \text{ km/s}.$$

Für $E_{kin} < W_{r,\infty}$ gelingt es der Rakete nicht, das Gravitationsfeld zu verlassen. In dieser Situation befinden sich auch die Planeten, die im Schwerefeld der Sonne gefangen sind. Die Gesamtenergie $E_0 = \frac{1}{2}mv^2 - GMm \cdot \frac{1}{r}$ ist in all diesen Fällen negativ und der Körper bewegt sich auf einer Ellipsenbahn, wobei in einem Brennpunkt das Gravitationszentrum liegt.

Wenn nun die Abschußgeschwindigkeit einer Rakete zu gering ist, verläuft ein Teil der Bahnellipse im Innern der Erdkugel, d.h. die Rakete stürzt auf die Erdoberfläche, auch wenn man die Abbremsung durch die dichten unteren Atmosphäreschichten nicht in die Betrachtung einbezieht. Bei sehr geringer

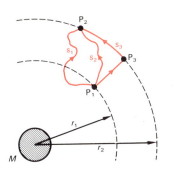

3.20 Unabhängigkeit der Hubarbeit vom Weg
$W_{s_1} = W_{s_2} = W_{s_3} = W_{P_1 P_2}$, außerdem $W_{P_3 P_2} = 0$ und $W_{P_1 P_3} = W_{P_1 P_2}$

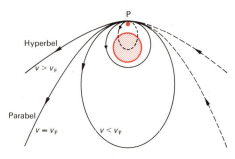

3.21 Bahnformen von Raketen. Der Abschuß erfolgt tangential zur Erdoberfläche vom Abschußpunkt P.

Abschußgeschwindigkeit (Steinwurf, kleine Raketen) ist die Aufschlagstelle nicht allzu weit vom Startplatz entfernt. Für den gesamten Flug kann man hier dieselbe Richtung der wirkenden Schwerkraft annehmen. In diesem Spezialfall stellt die (Wurf-) Parabel eine gute Beschreibung der Bahnform dar, wenngleich es sich auch hier genau genommen um eine Ellipsenbahn handelt. Bei positiver Gesamtenergie vermag eine Rakete den Zentralkörper auf einer Hyperbelbahn zu verlassen (Abb. 3.21).

Wenn man die Gesamtenergie $E_0 = \frac{1}{2}mv^2 - GMm \cdot \frac{1}{r}$ des sich im Gravitationsfeld bewegenden Körpers als charakteristische Größe für die Bahnform heranzieht, sieht dies im Überblick folgendermaßen aus:

$E_o < 0$	$E_o = 0$	$E_o > 0$
Ellipsenbahn	Parabelbahn	Hyperbelbahn

Ist es tatsächlich möglich, daß die Gesamtenergie eines Körpers negativ ist? Was hat man sich darunter vorzustellen?

Es sei daran erinnert, daß die Energie keine Größe ist, von der man stets einen absoluten Wert angeben kann. Es ist ein Bezugsniveau vonnöten, das im Einzelfall passend gewählt werden kann. Vergleicht man zwei Darstellungen mit verschiedenen Bezugspunkten für die Energie, so unterscheiden sich die beiden Energiewerte der einzelnen Körper jeweils um eine additive Konstante.

Der negative Wert der Gesamtenergie eines künstlichen Erdtrabanten oder eines Planeten im Schwerefeld der Sonne rührt nur von der speziellen – aus den oben angeführten Gründen aber sinnvollen – Wahl des Nullpunkts der potentiellen Energie her und bedarf deshalb keiner weiteren Interpretation.

Aufgaben

3.19. Eine Rakete soll in eine Umlaufbahn um die Erde geschossen werden. Warum ist es am günstigsten, den Umlaufsinn der Bahn dem Drehsinn der Erde entsprechend zu wählen?

3.20. Berechnen Sie die Bahngeschwindigkeit der Erde!

3.21. a Welche Geschwindigkeit müßte eine ganz nahe der Erdoberfläche auf einer Kreisbahn um die Erde sich bewegende Rakete haben, wenn die Reibung an den Luftmolekülen vernachlässigbar gering wäre?

b Wie groß ist die Geschwindigkeit auf einer Kreisbahn 1000 km über der Erdoberfläche?

3.22. Eine Rakete verläßt zunächst den Erdanziehungsbereich. Wie groß ist die nun noch nötige Geschwindigkeitsänderung zum Verlassen des Sonnensystems
a tangential zur Erdbahn?
b senkrecht zur Ekliptik?

3.23. Wie weit von der Mondoberfläche entfernt ist jener Punkt, in dem sich die Gravitationskräfte von Mond und Erde genau aufheben?

3.1.7. Computersimulation der Bewegung eines Planeten oder Satelliten

Die Kräfte, die zwei Massenkörper aufeinander ausüben, führen zu fortwährenden Änderungen ihrer Bewegung, wobei sich in Abhängigkeit von den Anfangsbedingungen $\vec{r}(t=0)$ und $\vec{v}(t=0)$ für Abstand und Geschwindigkeit verschiedene Bewegungsabläufe ergeben. Hierfür existieren bei Zweikörper-

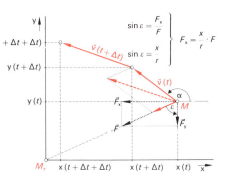

3.22 Zur Bewegung eines Massenkörpers um eine Zentralmasse M_z

problemen mathematische Gesamtlösungen (z.B. die Keplerschen Gesetze), die sowohl Bahnkurven als auch deren zeitliches Durchlaufen beschreiben. Ein Körper der Masse M, der sich im Zentralfeld einer großen Masse M_z befindet, „weiß" von diesen Lösungen seines Problems allerdings nichts; er verspürt stets nur die momentane Kraftwirkung. Wie diese sich zeitlich ändernde Kraft seine Bewegungsrichtung und Geschwindigkeit ändert und welche Bahnform daraus resultiert, kann sehr gut mit einem Computer simuliert werden.

Zunächst muß hierbei die auf den Körper wirkende Kraft und die damit verbundene Beschleunigung zum Kraftzentrum hin ermittelt werden.
Das Kraftzentrum ist im Ursprung des Koordinatensystems zu denken. Es gilt für den Abstand r der Masse M vom Kraftzentrum:

$$r = \sqrt{x^2 + y^2}$$

Nach dem Gravitationsgesetz wirkt die Kraft $F = -G \cdot \dfrac{MM_z}{r^2}$ auf die Masse M. Über die Kraftkomponenten

$$F_x = \frac{x}{r} \cdot F \quad \text{und} \quad F_y = \frac{y}{r} \cdot F \qquad \text{(s. Abb.3.22)}$$

gelangt man mit Hilfe des 2. Newtonschen Gesetzes auf die Beschleunigungskomponenten

$$a_x = \frac{F_x}{M} = \frac{x}{M \cdot r} \cdot F \quad \text{und} \quad a_y \cdot \frac{F_y}{M} = \frac{y}{M \cdot r} \cdot F.$$

Für die sich in der Realität stetig ändernde Beschleunigung, die zu einer stetigen Geschwindigkeitsänderung führt, ist zur Aufarbeitung durch eine Rechenmaschine eine vereinfachte, genäherte Darstellung nötig:
Innerhalb eines frei wählbaren Zeitschritts Δt betrachtet man die Geschwindigkeit des Körpers als konstant; die durch die wirkende Kraft verursachte Geschwindigkeitsänderung $\Delta \vec{v} = \vec{a} \cdot \Delta t$ wird erst nach Ablauf des Zeitintervalls Δt berücksichtigt.

Die Masse M erreicht nach der Zeit Δt den Ort $\vec{x}(t+\Delta t)$ mit den Koordinaten

und
$$x(t+\Delta t) = x(t) + v_x(t) \cdot \Delta t$$
$$y(t+\Delta t) = y(t) + v_y(t) \cdot \Delta t.$$

Man erhält mit $\Delta v_x = a_x \cdot \Delta t$ und $\Delta v_y = a_y \cdot \Delta t$ die neuen Geschwindigkeitskomponenten:

$$v_x(t+\Delta t) = v_x(t) + a_x \cdot \Delta t$$
$$v_y(t+\Delta t) = v_y(t) + a_y \cdot \Delta t.$$

In derselben Weise wird – mit den neuen Geschwindigkeiten als Konstanten – der nächste Punkt angesteuert, usw. Die jeweilige Lage von M soll vom

Computer auf dem Bildschirm markiert werden. Ein entsprechendes BASIC-Programm (MS-DOS, GW-Basic) kann folgendermaßen aussehen:

```
10 REM Planetenbahnen
20 GR=3.1415927#/180 : C=1.327E+11 : M=1
30 DEF FNF(R) = -C/(R*R)
40 INPUT "     x-Koordinate: x = ";X
42 INPUT "     y-Koordinate: y = ";Y
44 INPUT "     Geschw.betrag: v = ";V
46 INPUT "Geschw.richtung : phi= ";PHI
50 VX = V*COS(PHI*GR) : VY = V*SIN(PHI*GR)
55 SCREEN 2 : KEY OFF : CLS
60 T=0 : DT=86400 : Z=2*SQR(X*X+Y*Y) : Z1=.75*Z
70 WINDOW (-Z,-Z)-(Z,Z)
80 REM Achsen, Zentralkörper, Startpunkt
82 LINE (-Z1,0)-(Z1,0) : LINE (0,-Z1)-(0,Z1)
84 CIRCLE (0,0),5000000!,3/4 : PSET (X,Y)
200 REM Bewegungsgleichungen
210 R = SQR(X*X+Y*Y)
220 X = X + VX*DT    :   Y = Y + VY*DT
230 AX = X*FNF(R)/(M*R)  :   AY = Y*FNF(R)/(M*R)
240 VX = VX + AX*DT    :   VY = VY + AY*DT
250 T = T + DT
300 REM Graphik
310 PSET (X,Y)
320 GOTO 210
400 END
```

Vereinbarung des Kraftgesetzes. Hier: $C = G \cdot m_\odot$

Eingabe der Anfangsbedingungen für den Planetenort und die Planetengeschwindigkeit:
Erddaten: x = 1.496 E 8, Y = 0
v = 29.3   PHI = 90

Zeitschritt DT = 86 400 s = 1 Tag

Präparation des Bildschirms für die Graphik

Beim vorgestellten Algorithmus tritt ein systematischer Fehler auf, der bei gröberem Zeitschritt Δt zu einer starken Verfälschung der Bewegungskurve führen kann: für die Bewegung innerhalb des Zeitintervalls Δt ist die Geschwindigkeit beim Eintritt in das Zeitintervall maßgebend.

Eine deutliche Verringerung des auftretenden Fehlers erhält man durch die Verwendung der in diesem Zeitintervall auftretenden mittleren Geschwindigkeit. Dies erreicht man hinreichend gut mit der Halbschrittmethode, welche für die Koordinatenberechnung die in der Mitte des Zeitintervalls herrschende Geschwindigkeit verwendet. Dazu ist nur eine einmalige Verschiebung der Geschwindigkeit um einen Zeitschritt $\frac{\Delta t}{2}$ nötig, wenn man anschließend wieder Δt-Schritte wählt. Im vorliegenden Fall wird die Halbschrittmethode durch Einfügen des folgenden Programmteils ausgeführt:

```
100 REM Halbschrittmethode
110 R = SQR(X*X+Y*Y)
120 AX = X*FNF(R)/(M*R)
130 AY = Y*FNF(R)/(M*R)
140 VX = VX + AX*DT/2
150 VY = VY + AY*DT/2
```

Das vorgestellte Grundprogramm ist für verschiedene *sinnvolle Spielereien* geeignet. Zunächst sollte man durch Eingabe der entsprechenden Daten die (Kreis-)Bahn eines bestimmten Planeten (z.B. der Erde) um die Sonne simulieren. Dann könnte man den Einfluß der Anfangsbedingungen auf die Veränderung der Bahnkurve studieren: Variation der Geschwindigkeitsrichtung[23], dann des Geschwindigkeitsbetrages, usw.

---

[23] Für ein gutes Durchlaufen sehr exzentrischer Ellipsenbahnen muß bei der Simulation ein sehr kleiner Zeitschritt DT gewählt werden!

Lohnend ist auch eine Untersuchung, welche Bahnen bei anderen Kraftgesetzen ($F \sim -r$, $F \sim -\frac{1}{r}$, $F \sim -\frac{1}{r^3}$, ...)) durchlaufen würden!

3.1.8. Ellipsenbahnen

Wegen ihrer besonderen Bedeutung für die Bewegung von Planeten, Monden oder künstlichen Satelliten wird nun erneut – diesmal unter energetischen Gesichtspunkten – auf die Ellipsenbahnen eingegangen. Für eine Kreisbahn vom Radius r liefert die Gleichsetzung von Zentrifugal- und Gravitationskraft die Kreisbahngeschwindigkeit $v_k = \sqrt{\frac{G \cdot M}{r}}$, wenn man von $m \ll M$ ausgehen kann (siehe auch Aufgabe 3.21). Die kinetische Energie kann dann auf die Form

$$E_{kin} = \tfrac{1}{2} \cdot G \cdot \frac{m \cdot M}{r}$$

gebracht werden, so daß eine recht einfache Darstellung der Gesamtenergie möglich ist:

$$E_{o, Kreis} = -\tfrac{1}{2} \cdot G \cdot \frac{m \cdot M}{r}.$$

Bei echten Ellipsenbahnen spielt bezüglich der Gesamtenergie die große Halbachse a dieselbe Rolle wie bei den Kreisbahnen der Radius r:

Für die Gesamtenergie $E_o = E_{pot} + E_{kin}$ gilt im Aphel A:

$$E_o = -\frac{G \cdot m \cdot M}{r_A} + \frac{m}{2} \cdot v_A^2.$$

Mit der entsprechenden Beziehung für das Perihel P

$$\frac{m}{2} \cdot v_P^2 = E_o + \frac{G \cdot m \cdot M}{r_P} \quad \text{und} \quad v_A = v_P \frac{r_P}{r_A} \quad \text{(s. Aufgabe 3.5)}$$

ergibt sich

$$E_o = -\frac{G \cdot m \cdot M}{r_A} + \frac{m}{2} \cdot v_P^2 \cdot \frac{r_P^2}{r_A^2}$$

$$= -\frac{G \cdot m \cdot M}{r_A} + \left(E_o + \frac{G \cdot m \cdot M}{r_P}\right) \cdot \frac{r_P^2}{r_A^2},$$

woraus über $E_o r_A^2 = -G \cdot m \cdot M \cdot r_A + E_o \cdot r_P^2 + G \cdot m \cdot M \cdot r_P$

mit $r_P + r_A = 2a$ die folgende Formel für die Gesamtenergie hergeleitet werden kann:

$$E_{o, Ellipse} = -\tfrac{1}{2} \cdot G \cdot \frac{m \cdot M}{a} \qquad (m \ll M)$$

Über die kinetische Energie kann man die Bahngeschwindigkeit $v(r)$ des Körpers m im Abstand r vom Gravitationszentrum berechnen:

$$E_{\text{kin}} = \tfrac{1}{2} m \cdot v(r)^2 = E_o - E_{\text{pot}} = -\tfrac{1}{2} \cdot G \cdot \frac{m \cdot M}{a} - \left(-G \cdot \frac{m \cdot M}{r}\right)$$

oder

$$v(r) = \sqrt{G \cdot M \cdot \left(\tfrac{2}{r} - \tfrac{1}{a}\right)}.$$

Aufgabe

3.24. Die allergefährlichsten Zivilisationsabfälle – giftigste chemische Substanzen, hochradioaktiver Abfall – sollen sicher und endgültig beseitigt werden. Dazu bieten sich an: Transport aus dem Sonnensystem oder Transport in die Sonne.
a) Berechnen Sie für beide Möglichkeiten die nötigen Geschwindigkeitsänderungen!
b) Zeigen Sie, daß der Energieaufwand für beide Möglichkeiten etwa gleich groß ist!

3.1.9. Interplanetare Bahnen*

Für einen Flug von der Erde zu einem anderen Planeten sind verschiedene Bahnformen möglich. Ein wesentlicher Gesichtspunkt bei der Auswahl der geeignetsten Bahn ist es, mit einem möglichst geringen Energieaufwand auszukommen. Im folgenden soll die energiegünstigste Bahn für einen Flug zum Planeten Jupiter gefunden werden. Das Raumfahrzeug befindet sich dabei überwiegend im Gravitationsfeld der Sonnenmasse $m_\odot$.

Bezüglich der Bahnform muß die Ellipse ($E_o < 0$) der Parabel oder Hyperbel vorgezogen werden. Wegen des Gesamtenergieterms $E_o = -\tfrac{1}{2} G m m_\odot \cdot \tfrac{1}{a}$ sollte die große Halbachse der Ellipsenbahn möglichst klein sein.

Andererseits sollte die Erdbahngeschwindigkeit bestmöglich genutzt werden und ein Abbremsen am Ziel kaum nötig sein, so daß ein Abschuß tangential zur Erdbahn und ein tangentiales Einmünden dieser Ellipsenbahn in die Jupiterbahn optimal ist.

Abb. 3.23 zeigt diese energiegünstigste interplanetare Bahn, die sogenannte Hohmann-Bahn. Für die große Halbachse a_H der Hohmann-Bahn läßt sich aus der Abb. 3.23 leicht ablesen:

$$2 \cdot a_H = a_E + a_J.$$

Bei der Hohmann-Bahn zum Jupiter erhält man für die große Halbachse den Wert 3,1 AE. Mit Hilfe des 3. Keplerschen Gesetzes kann man die Flugdauer berechnen:

$$T_H = T_E \cdot \sqrt{\left(\frac{a_H}{a_E}\right)^3} = 1\,\text{a} \cdot \sqrt{3{,}1^3} = 5{,}46\,\text{a}.$$

Der Flug auf einer Hohmann-Bahn zum Jupiter dauert damit ca. 2,73 Jahre.

Für Parabel- und Hyperbelbahnen ist zwar ein höherer Energieaufwand nötig, doch besitzen sie gegenüber Ellipsenbahnen den Vorteil, daß die Flugdauer kürzer wird. Insbesondere für die bemannte interplanetare Raumfahrt ist dies von Bedeutung.

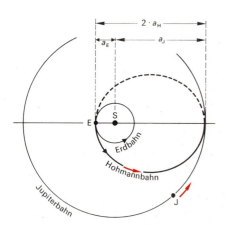

3.23 Hohmannbahn zum Planeten Jupiter

Sollte es gelingen, Ionen- oder Photonentriebwerke zu bauen, so muß noch eine andere Klasse von Bahnkurven betrachtet werden. Diese Triebwerke dürften nämlich nur eine geringe Schubkraft erzeugen, allerdings über lange Zeit. Die entsprechenden Raketen bewegen sich dann auf spiralförmigen Bahnen vom Zentralkörper weg.

Aufgabe

3.25. Die erste Phase des Flugs zum Jupiter auf einer Hohmann-Bahn dient dazu, die Anziehungskraft der Erde zu überwinden. In der zweiten Phase ist eine Geschwindigkeitsänderung nötig, damit auf die Hohmann-Bahn eingeschwenkt werden kann.
a Berechnen Sie die große und die kleine Halbachse der Hohmann-Bahn!

b Wie groß ist die nötige Geschwindigkeitsänderung beim Einschwenken auf die Hohmann-Bahn?
Hinweis: Berechnen Sie hierzu die Geschwindigkeit, die das Hohmann-Fahrzeug am Ort der Erdbahn (im Perihel der Hohmann-Bahn) besitzt!

c Wie groß ist der Energieaufwand für den gesamten Flug mit einer Einstufenrakete der Masse 10 Tonnen?

3.2. Die einzelnen Körper des Planetensystems

3.2.1. Die Atmosphäre des blauen Planeten. Die Maxwellsche Geschwindigkeitsverteilung

Ohne Zweifel muß der beobachtende Astronom über die Zusammensetzung und die Eigenschaften der Erdatmosphäre Bescheid wissen, kann doch die von den astronomischen Objekten ankommende Strahlung beim Durchdringen der Atmosphäre Veränderungen erfahren.

Für die Atmosphäre ist einerseits eine Einteilung gebräuchlich, die sich auf die Gasdurchmischung bezieht (Abb. 3.24):

Die *Homosphäre* (0 – 120 km Höhe) ist charakterisiert durch eine sehr gute Durchmischung der Luft, die auf Konvektionsströmungen zurückzuführen ist. Die Volumenanteile der verschiedenen Gase in diesem Bereich sind:
78,08% Stickstoff, 20,95% Sauerstoff, 0,93% Argon, 0,033% Kohlendioxid, 0,000018% Neon, 0,000005% Helium, 0,0000005% Wasserstoff, ...

In der *Heterosphäre* (ab 120 km Höhe) treten kaum mehr Strömungen auf, so daß sich die schweren Gase unten, die leichteren weiter oben ansammeln.

Andererseits unterteilt man die Erdatmosphäre in verschiedene Temperaturbereiche, denn die übliche Erfahrung eines Bergwanderers, daß die Temperatur mit der Höhe abnimmt, ist nicht für die gesamte Atmosphäre richtig.

Troposphäre (0 – 12 km): In diesem Bereich, in dem die Temperatur nach oben bis ca. –55°C abnimmt, spielen sich alle Wettervorgänge ab.
Stratosphäre (12 – 50 km): Wegen der Absorption von UV-Strahlung durch Sauerstoff und Ozon nimmt die Temperatur hier wieder zu.
Mesosphäre (50 – 80 km): In dieser Übergangszone sinkt die Temperatur bis etwa –70°C ab.
Thermosphäre (80 – 500 km): Infolge verschiedener fotochemischer Prozesse nimmt die Temperatur bis 200 km Höhe stark zu, um dann konstant zu bleiben bei Werten zwischen 900 – 2000°C.

3.24 Temperaturverlauf in den verschiedenen Schichten der Erdatmosphäre

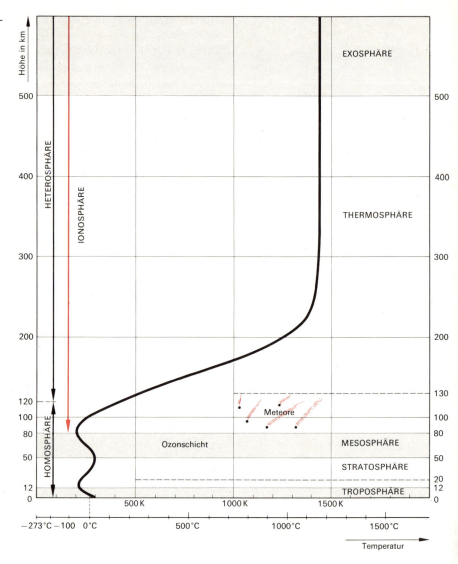

Exosphäre (ab 500 km): Hier erfolgt bei stetiger Dichteabnahme der allmähliche Übergang in den interplanetaren Raum.

Die zwischen 20 und 50 km Höhe sich befindende *Ozonschicht* ist gegenwärtig stark gefährdet. Das Treibgas (Fluorchlorkohlenwasserstoffe) der in den Industrieländern sehr verbreiteten Spraydosen steigt nämlich bis zur Höhe der Ozonschicht auf und zerstört das Ozon durch eine chemische Reaktion. Sollte die Ozonschicht stark abgebaut werden, so könnte UV-Strahlung in größerem Ausmaß die Erdoberfläche erreichen, was neben der unerwünschten Erhöhung der mittleren Jahrestemperatur (Abschmelzen von Eisbergen mit Überflutungsgefahr) auch gefährlichste Auswirkungen auf das organische Leben auf der Erde hätte. Eine starke Erhöhung des Krebsrisikos wäre die sichere Folge.

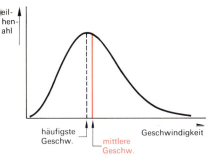

3.25 Die Maxwellsche Geschwindigkeitsverteilung

Die Thermosphäre ist durch sehr hohe Temperaturen gekennzeichnet. Allerdings ist wegen der sehr geringen Teilchendichte dort eine Aufheizung oder gar ein Verglühen eines Raumfahrzeuges nicht möglich, auch wenn die Temperatur in der Thermosphäre Werte zwischen 1000 und 2000°C annimmt. In den hohen Temperaturwerten kommt nur die große Bewegungsenergie der Teilchen zum Ausdruck. Was wir als Wärme fühlen, hat seine Ursache in der Bewegung von Atomen und Molekülen.

Die Geschwindigkeiten der Gasteilchen gehorchen im thermischen Gleichgewicht der sogenannten Maxwell-Verteilung, die Abb. 3.25 zeigt. Ein Maß für die mittlere kinetische Energie $\overline{E_{kin}} = \frac{1}{2} m \overline{v^2}$ eines Teilchens ist die makroskopische Größe Temperatur T, wobei die Thermodynamik angibt:

$$\overline{E_{Kin}} = \frac{3}{2} \cdot k \cdot T$$

(Boltzmann-Konstante $k = 1{,}38 \cdot 10^{-23}$ JK^{-1}).

Dies ist streng genommen nur für einatomige Gase richtig. Bei zwei- und mehratomigen Gasmolekülen kann Bewegungsenergie nicht nur in Form von Translation (geradlinige Bewegung), sondern auch in Form von Rotation (Drehbewegung) oder Schwingung auftreten. Rotationsanregungen sind oberhalb 100 K möglich, Schwingungen spielen erst um 1000 K eine Rolle. Beim molekularen Wasserstoff rechnet man ab ca. $T = 300$ K mit einem Wert von $\frac{5}{2} kT$ für $E_{trans} + E_{rot}$.

Ein Teil der auf die Erde fallenden elektromagnetischen Strahlung wird also in der Atmosphäre absorbiert. Es handelt sich hier um Anregung oder Ionisation von Atomen oder Molekülen der Atmosphäre, wobei bei Molekülen auch Anregungen von Rotationen und Schwingungen oder die Zerlegung (Dissoziation) des Molekülverbands auftreten können.

3.2.2. Der Mond

Unser Begleiter im All, der Mond, ist seit Beginn des menschlichen Daseins ein bevorzugtes Beobachtungsobjekt, dem Ehrfurcht und göttliche Verehrung entgegengebracht wurden. Als Galilei mit seinem Fernrohr Krater und Gebirge auf der Mondoberfläche entdeckte, war die wahre Natur des Monds endgültig erkannt. Im übrigen haben sich bereits die Pythagoreer die Oberfläche erdähnlich vorgestellt.

Die Mondbahn

Der Lauf des Mondes wurde schon sehr früh genauer untersucht, von den Babyloniern beispielsweise zur Grundlage ihrer Zeitrechnung herangezogen. Die Bahn des Mondes um die Erde stellt eine Ellipse mit der numerischen Exzentrizität 0,0549 und der großen Halbachse $a = 384392$ km dar. Der genaue Beobachter kann die scheinbare Größe der Mondscheibe im *Apogäum* (29,5′) und im *Perigäum*[24] (33,5′) – den erdfernsten bzw. erdnächsten Bahnpunkten – unterscheiden.

3.26 Der Mond

[24] griech. γῆ – Erde, ἀπό – von ... weg, περί (peri) – um ... herum

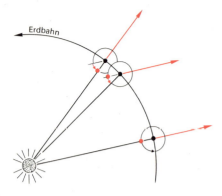

3.27 Der Unterschied zwischen siderischem und synodischem Monat

3.28 Die Krümmung der Mondbahn

3.29a Zur Entstehung der Mondphasen

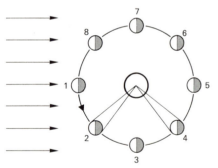

Gemessen gegen den Fixsternhintergrund braucht der Mond für einen vollen Umlauf um die Erde 27,32166 Tage, einen *siderischen Monat*. Wegen des Weiterlaufens der Erde auf ihrer Bahn hat der Mond nach einem siderischen Monat von der Erde aus betrachtet noch nicht wieder dieselbe Lage bezüglich der Sonne erreicht (s. Abb. 3.27). Der von Neumond zu Neumond gerechnete *synodische Monat* dauert deshalb 29,53 Tage.

Wegen seiner Bewegung um die Erde (T_{syn} = 29,53 d) kulminiert der Mond für den Erdbeobachter von Tag zu Tag ca. 50 Minuten später. Doch aufgrund der Ellipsenbahn des Mondes und des Sonneneinflusses läuft diese Veränderung ziemlich ungleichmäßig ab.

Wenn man die Mondbahn von einem Punkt weit über der Erdbahn aus betrachtete, erschiene sie als leicht wellenartige Überlagerung der Erdbahn; genau genommen bewegen sich ja Erde und Mond um ihren gemeinsamen Schwerpunkt. Da die Erdbahngeschwindigkeit mit ca. 30 km/s weit größer als die Bahngeschwindigkeit des Monds um die Erde (ca. 1 km/s) ist, erscheint die Mondbahn relativ zur Sonne stets zur Sonne hin konkav (hohl). Dies ist in Analogie zu der bekannten Tatsache zu sehen, daß beim Fahrrad das Pedalende zwar bezüglich der Pedalachse eine Kreisbahn beschreibt, diese Bewegung aber von der Straße aus gesehen als fortschreitende Schleifenbahn, bei sehr hoher Geschwindigkeit des Fahrrades sogar als nach oben gewölbte „Wellenbahn" erscheint (Abb. 3.28).

Mondphasen, Finsternisse

Die wechselnden Phasen des nicht selbst leuchtenden Monds lassen sich sehr einfach durch die Reflexion des Sonnenlichts erklären (s. Abb. 3.29). Da die Bahnebene gegen die Erdbahnebene um 5°9' geneigt ist, steht der Mond in Opposition oder Konjunktion zur Sonne im Normalfall über oder unter der Erdbahnebene, so daß er als Voll- oder Neumond von uns aus gesehen wird. Befindet sich der Mond aber in Oppositionsstellung gerade in einem Knoten seiner Bahn, also in der Erdbahnebene, so verdeckt ihm die Erde die Sonnenscheibe. Der Mond steht im Erdschatten, und anstelle des Vollmonds herrscht eine *Mondfinsternis* (Abb. 3.30).

Allerdings sorgt die Erdatmosphäre für eine Brechung des Sonnenlichts in den Schattenkegel hinein, so daß der Mond bei einer Mondfinsternis zwar dunkler erscheint, aber doch von der Erde aus sichtbar ist. Da der rote Spektralanteil des Sonnenlichts am wenigsten absorbiert oder gestreut wird, erscheint der Finsternis-Mond rötlich getönt.

3.29b Die Mondphasen. Die Ziffern bezeichnen die Stellungen nach 3.29a.

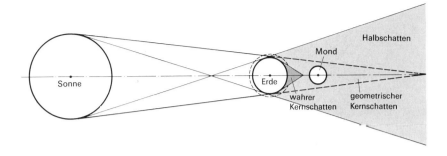

3.30 Die Konstellation bei einer Mondfinsternis. Die Größen- und Abstandsverhältnisse sind nicht maßstäblich.

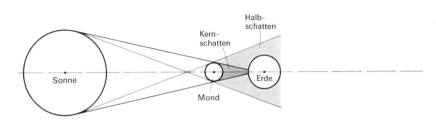

3.31 Die Konstellation bei einer totalen Sonnenfinsternis. Die Größen- und Abstandsverhältnisse sind nicht maßstäblich.

Für die typische Neumondstellung gilt Entsprechendes. Falls der Mond hier einen Knotenpunkt durchläuft, verdeckt er für den Erdbeobachter die Sonne, eine *Sonnenfinsternis* tritt auf (s. Abb. 3.31)!

Deckt der Mond hierbei nur einen Teil der Sonnenscheibe ab (Knotenbedingung nicht ganz erfüllt), spricht man von einer *partiellen Sonnenfinsternis*. Ein viel auffälligeres Ereignis stellt eine *totale Sonnenfinsternis* dar, bei der der Mond die gesamte Sonnenscheibe verdeckt. Der Kernschatten des Monds besitzt einen Durchmesser von knapp 200 km und bewegt sich mit ca. 28 km/min über die Erdoberfläche, so daß die totale Finsternis in einem ca. 200 km breiten Streifen auf der Erde erkennbar ist. Für einen Punkt in dieser Zone dauert die Totalitätsphase maximal 7,5 Minuten. In dieser Zeit wird es – tagsüber! – so dunkel, daß die Sterne sichtbar werden und um die Sonne herum der schwache Strahlenkranz der Sonnenkorona erkennbar ist.

Dieser ungewöhnliche Vorgang versetzt unvorbereitete Naturvölker in Angst und Schrecken. Es ist gut vorstellbar, wie stark Thales von Milet an Ansehen gewann, als er die Sonnenfinsternis des Jahres 585 v.Chr. vorhersagen konnte. Befindet sich der Mond in Sonnenfinsternisstellung im oder zumindest nahe dem Apogäum seiner Bahn, so vermag er die Sonne nur bis auf einen äußeren Ring zu verdecken, so daß man hier von einer *ringförmigen Sonnenfinsternis* spricht.

Die Gravitationswirkung der Sonne führt zu verschiedenen Störungen der Mondbahn. Neben einer periodischen Veränderung der Exzentrizität ist auch eine *Drehung der Knotenlinie* die Folge. Die Knotenlinie bewegt sich entgegengesetzt zur Mondbahn, so daß der Zeitraum zwischen zwei Durchgängen des Monds durch den aufsteigenden Knoten nur 27,21d beträgt, einen sogenannten *drakonitischen*[25] *Monat*.

---

[25] lat. *draco* – Drache. Nach den Vorstellungen verschiedener Kulturkreise verschlingt bei einer Sonnenfinsternis ein Drache die Sonne.

Eine Finsternis ist also gekennzeichnet durch die Koinzidenz der Voll- oder Neumondstellung mit dem Aufenthalt des Mondes in einem Knoten seiner Bahn.

In der ersten auf eine Sonnenfinsternis folgende Neumondstellung (29,53 Tage später) hat aber der Mond den Knoten bereits vor etwa zwei Tagen passiert, so daß es zu keiner erneuten Sonnenfinsternis kommen kann. Eine Sonnenfinsternis tritt erst dann wieder auf, wenn seit der letzten Sonnenfinsternis je eine volle Anzahl von synodischen und drakonitischen Monaten vergangen ist. Da 223 synodische Monate recht genau dieselbe Länge wie 242 drakonitische Monate haben, folgen Finsternisse in diesem Zeitraum von 18 Jahren 10,31 Tagen – dem sogenannten *Saros Zyklus* – aufeinander. Wegen der nicht ganz exakten Übereinstimmung der 223 synodischen und 242 drakonitischen Monate brechen zum selben Zyklus gehörige Finsternisse nach Jahrtausenden wieder ab.

Aufgabe

3.26. Erklären Sie die Begriffe *siderischer* und *synodischer Monat*!

3.27. Welche Bedingungen müssen erfüllt sein
a für das Eintreten einer Sonnenfinsternis?
b für das Eintreten einer Mondfinsternis?

3.28. Inwiefern ist der Mond bei einer Mondfinsternis sichtbar, die Sonne aber bei einer totalen Sonnenfinsternis nicht?

3.29. a Erklären Sie den Begriff „drakonitischer Monat"!
b Geben Sie eine qualitative Erklärung für das Auftreten der Wiederkehrperiode der Finsternisse, des sogenannten Saros-Zyklus.

Die Gezeiten

Die Wirkung der Mondmasse auf die Erde ist am besten am Auftreten von Ebbe und Flut erkennbar. Erde und Mond bewegen sich im Laufe eines Monats um den noch im Innern des Erdkörpers gelegenen gemeinsamen Schwerpunkt S; in guter Näherung beschreiben die Massenmittelpunkte Kreisbahnen um S mit den Radien r_1 und r_2 (s. Abb. 3.32).

Für die folgenden Überlegungen ist von der Rotation der Erde um die eigene Achse abzusehen, die jedoch eine räumlich feste Lage der Drehachse garantiert. Dann zeigt die Abb. 3.32, daß sich jeder Punkt der Erdoberfläche ebenso wie der Erdmittelpunkt auf einem Kreis mit Radius r_2 bewegt; allerdings besitzen diese Kreise unterschiedliche Mittelpunkte.

Man kann also für jedes Massenelement Δm der Erde von einer auftretenden Fliehkraft $\Delta m \cdot \omega^2 \cdot r_2$ ausgehen, die parallel zur Geraden Mondmittelpunkt – Erdmittelpunkt vom Mond weg gerichtet ist. Die vom Mond auf das jeweilige Massenelement ausgeübte Gravitationskraft zeigt zum Mond hin und ist abhängig vom Abstand zum Mondmittelpunkt.

Für den Erdmittelpunkt heben sich Gravitations- und Zentrifugalkraft gerade auf, während für Punkte auf der dem Mond zugewandten Seite die Gravitationskraftbeträge, für die übrigen Punkte die Fliehkraftbeträge überwiegen. In Abb. 3.33 sind für mehrere Punkte die Vektorsummen $\vec{F}_S = \vec{F}_{grav} + \vec{F}_{Flieh}$ eingezeichnet.

Für den mondnächsten Punkt Z der Erdoberfläche erhält man:[26]

3.32 Zur Entstehung der Gezeiten. Die Bewegung der Erde um den Schwerpunkt des Erde-Mond-Systems führt für alle Punkte der Erde zu gleichen Fliehkraftbeträgen, da sich jeder Punkt auf einem Kreis mit Radius r_2 bewegt. Dies wird mit Hilfe eines geeigneten Pappmodells besonders deutlich.

---
[26] wegen $F_{Flieh,Z} = F_{Flieh,M} = F_{grav,M}$

3.33 Die Resultierende $\vec{F}_s$ von Gravitations- und Fliehkraft für verschiedene Punkte der Erdoberfläche.

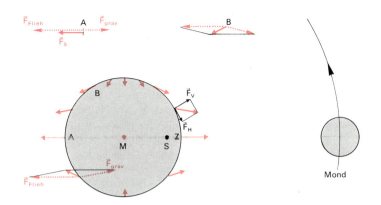

$$|\vec{F}_{S,Z}| = F_{grav,Z} - F_{Flieh,Z} = F_{grav,Z} - F_{grav,M} = G \cdot m_M \cdot \Delta m \cdot \left(\frac{1}{(r-r_E)^2} - \frac{1}{r^2}\right) =$$

$$= G \cdot m_M \cdot \Delta m \cdot \frac{r^2 - (r^2 - 2 \cdot r \cdot r_E + r_E^2)}{(r-r_E)^2 \cdot r^2} = G \cdot m_M \cdot \Delta m \cdot \frac{2r \cdot r_E - r_E^2}{(r-r_E)^2 \cdot r^2}$$

Wegen $r_E \ll r$ ist die folgende Näherung möglich:

$$|\vec{F}_{S,Z}| \approx G \cdot m_M \cdot \Delta m \cdot \frac{2r\, r_E}{r^2 \cdot r^2} = G \cdot m_M \cdot \Delta m \cdot \frac{2r_E}{r^3}.$$

Auch für den mondfernsten Punkt A erhält man dieses Ergebnis:

$$|\vec{F}_{S,A}| = F_{Flieh,A} - F_{Grav,A} = F_{grav,M} - F_{grav,A} = G \cdot m_M \cdot \Delta m \cdot \left(\frac{1}{r^2} - \frac{1}{(r+r_E)^2}\right)$$

$$\approx G \cdot m_M \cdot \Delta m \cdot \frac{2r_E}{r^3}.$$

Dieser Term kann als Maß für die Gezeitenwirkung herangezogen werden:

$$F_{Gez} = G \cdot m_M \cdot \Delta m \cdot \frac{2r_E}{r^3}$$

Allerdings kann diese Kraft auf die (Wasser-) Massenelemente Δm gerade in den Punkten Z und A nichts bewirken, da die von der Erde auf Δm in Gegenrichtung einwirkende Schwerkraft um ein Vielfaches größer ist. Für andere Punkte der Erdoberfläche wirken aber $\vec{F}_S$ und die Schwerkraft nicht direkt entgegengesetzt (siehe z.B. Punkt B in Abb. 3.33).
Während die Vertikalkomponente $\vec{F}_V$ von $\vec{F}_S$ gegen die Schwerkraft der Erde stets unterliegt und somit die Wassermassen nicht anheben kann, sorgt die Horizontalkomponente $\vec{F}_H$ für eine Verschiebung der Wassermassen auf der Erdoberfläche. Es entstehen zwei Flutberge um die Erde herum.

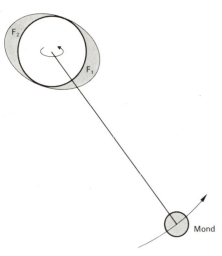

Die Drehung der Erde um die eigene Achse sorgt in Verbindung mit der auftretenden Reibung zwischen Wasser und Festland für ein Verdrehen der Flutberge aus der Richtung Erdmittelpunkt – Mondmittelpunkt, wie es Abb. 3.34 zeigt. Dabei wird durch die Mondgravitation der Flutberg F_1 in seiner Drehbewegung abgebremst, Flutberg F_2 beschleunigt.

Wegen des Voranschreitens des Monds auf seiner Bahn umlaufen die Flutberge die Erde in 24h 50min. Lokale Verhältnisse spielen bezüglich des Eintreffens und der Höhe der Flut eine ganz entscheidende Rolle. Während der Niveauunterschied zwischen Ebbe und Flut, der sogenannte Tidenhub, auf dem freien Ozean etwa 35 cm beträgt, staut sich das Wasser an der Küste, und der Tidenhub erreicht Werte bis zu 7m (z.B. an der französischen Atlantikküste). Auch die auf dem Magma schwimmenden Erdmassen erfahren einen Tidenhub von 30 – 50 cm, ohne daß wir das allerdings spüren.

Die auftretende Gezeitenreibung zwischen Wasser und Meeresboden, die an flachen Küsten besonders groß ist, sorgt für eine Abbremsung der Erdrotation von ca. 1,8 Sekunden in 100 000 Jahren. Vor 400 Millionen Jahren war der Tag nur 22 Stunden lang und das Jahr hatte 400 Tage.

Die *gebundene Rotation* des Monds – der Mond zeigt uns stets dieselbe Seite – geht ebenfalls auf Gezeitenreibung zurück, als in einer frühen Phase der Mondevolution die Mondoberfläche vermutlich noch von zähflüssiger magmatischer Materie bedeckt war.

3.34 Flutberge auf der Erde

Aufgaben

3.30. Trotz ihrer großen Entfernung kann auch die Sonne mit ihrer riesigen Masse zur Gezeitenwirkung auf der Erde beitragen.
a Um welchen Faktor übertrifft der Mond die Sonne bezüglich der Gezeitenwirkung auf der Erde?
b Zur Auffrischung Ihrer Geographiekenntnisse: Was versteht man unter den Begriffen Springflut und Nippflut?

3.31. (*Roche-Radius*): Von zwei direkt aneinanderliegenden, hier als gleich groß angenommenen Massen $m_1 = m_2 = m$ wird die näher am Planeten liegende stärker von diesem angezogen (Abb.3.35). Wenn nun der Unterschied ihrer Anziehungskräfte durch den Planeten größer ist als ihre gegenseitige Gravitationswirkung, so werden sie wieder auseinandergerissen.
a Zeigen Sie, daß dieser Vorgang nur innerhalb einer bestimmten Entfernung vom Planeten, dem Roche-Radius

$$R_{Roche} = \sqrt[3]{16 r^3 \cdot \frac{m_P}{m}} \qquad \text{auftreten kann!}$$

b Genauso wie der Planet sollen auch die beiden kleinen Massen kugelförmig ausgebildet sein (mittlere Dichten ϱ_P und ϱ_m). Zeigen Sie, daß für den Roche-Radius gilt:

$$R_{Roche} = 2{,}5 \cdot r_P \cdot \sqrt[3]{\frac{\varrho_P}{\varrho_m}}.$$

c Zeigen Sie, daß der Saturnring innerhalb des Roche-Radius liegt (Abschätzung für $\varrho_m = \varrho_{Sat}$), und daß sich der Marsmond Phobos recht nahe am Roche-Radius aufhält! Verwenden Sie hierzu Tabelle 5 aus dem Anhang.

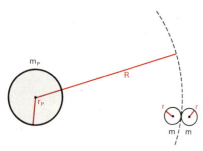

3.35 Zum Roche-Radius (Aufgabe 3.31.)

Die Mondoberfläche

Bereits mit bloßem Auge lassen sich auf dem Mond deutlich dunklere und hellere Gebiete unterscheiden, doch erst beim Blick durch ein kleines Fernrohr bietet sich dem Beobachter das wirklich beeindruckende Bild der Mondlandschaft mit ihren großen und kleinen Kratern und Gebirgen. Vor allem bei streifend einfallendem Sonnenlicht erscheinen Krater und Gebirge gut modelliert. Der Mond besitzt keine nennenswerte Atmosphäre, so daß starke Schlagschatten auftreten und die markanten Details sehr plastisch hervorgehoben werden.

Die dunklen, tiefer liegenden Gebiete, die 40% der Mondvorderseite bedecken, werden *Maria*[27] genannt; der Name ist dadurch zu erklären, daß sie früher[28] als große Wasserbecken angesehen wurden. Von den Maria sind die höher gelegenen, gebirgigen *Terrae* zu unterscheiden, die von großen und kleinen Kratern geradezu übersät sind. Nur wenige Krater sind vulkanischen Ursprungs, die überwiegende Mehrzahl ist durch Einschläge kosmischer Kleinkörper entstanden.

Ein Meteorit schlägt – unbehindert durch eine Atmosphäre – mit mehr als 10 km/s auf der Mondoberfläche auf und wird erst tief unter der Oberfläche vollständig abgebremst. Das stark erhitzte und zusammengedrückte Gesteinsmaterial explodiert und wird weit weggeschleudert, ein von hohen Wällen umgebener, kreisrunder Krater, dessen Durchmesser den des Meteoriten weit übertrifft, bleibt übrig. Auch die vom Auswurfmaterial geschlagenen Sekundärkrater sind meist gut zu erkennen.

Insbesondere in der Frühzeit des Sonnensystems, vor 4–4,5 Milliarden Jahren, schwirrten sehr viele, auch größere, interplanetare Kleinkörper umher. Die größten von ihnen schlugen die tiefen Maria-Mulden in die Mondoberfläche, welche bereits abgekühlt war und eine feste Kruste mit deutlicher Gebirgsstruktur – (die Terrae) – ausgebildet hatte. In der Folgezeit trat Basaltlava durch Bruchstellen aus dem Mondinneren aus und füllte diese tiefen Becken auf, ebnete sie ein. Überflutung durch Lava erklärt die nicht-kreisförmigen Umrisse mancher Maria (Mare Tranquillitatis, Mare Nubium etc.). Die geringe Kraterdichte in den Maria ist durch die Auffüllung mit Lava hinreichend erklärt, denn nur nach dem Erkalten der Lava einschlagende Meteoriten – mittlerweile war deren Zahl stark zurückgegangen – können die Krater in den Maria erzeugt haben.

Insbesondere bei Vollmond lassen manche Krater, z.B. Tycho, Kepler und Kopernikus, deutlich helle, radial vom Krater weg verlaufende Strahlen erkennen. Diese Strahlenkrater sind verhältnismäßig jung, und die radiale Strahlenstruktur dürfte durch ausgeworfene, nicht besonders große Gesteinsbrocken gebildet worden sein.

Der Mond besitzt an keiner Stelle seiner Oberfläche Wasser. Die fehlende Atmosphäre läßt für einen Beobachter auf dem Mond den Himmel schwarz erscheinen und führt zu großen täglichen Schwankungen der Temperatur der

3.36 Die Mondoberfläche

---

[27] lat. *mare* – Meer (Plural *maria*)
[28] z.B. von manchen antiken Schriftstellern (u.a. Plutarch)

Oberflächengesteine, die tagsüber von der Sonne bis zu 120°C aufgeheizt werden und nachts durch ungehinderte Wärmeabstrahlung bis –150°C abkühlen.

Den absoluten Höhepunkt bei der Erforschung des Monds stellen natürlich die sechs Mondlandungen des Apollo-Programms zwischen 1969 und 1972 dar, bei denen insgesamt 12 Astronauten die Mondoberfläche betraten und knapp 400 kg Mondgestein zur Untersuchung auf die Erde brachten.

Das Oberflächengestein ist der sogenannte *Regolith*, eine lose schotterartige Decke aus Gesteinstrümmern, glasigen Teilchen und lockerer Staub-Erde, dessen Hauptbestandteile Plagioklas und Basalt sind. Für das Entstehen des Regolith ist sicher das seit mehr als 4 Milliarden Jahren andauernde Bombardement durch Mikrometeoriten verantwortlich. Die Fußabdrücke der Astronauten belegen am besten die feinpulverige Beschaffenheit der obersten Mondschicht.

Die Dicke der Regolithschicht dürfte über den Maria durchschnittlich 4 – 5 m und bis zu 10 m in den Hochlandgebieten betragen; an einer Stelle stellten die Apollo-16-Astronauten eine Regolithdicke von nur wenigen Zentimetern fest.

Temperaturmessungen bis 3 m Tiefe und vor allem seismologische Messungen an künstlichen Mondbeben liefern wichtige Erkenntnisse über das Mondinnere und widerlegen die Hypothese vom kalten, toten Mond. An die dünne Regolithschicht schließt sich eine 60 km dicke Kruste aus basaltartigem Gestein an. Die darauf folgende Mantelschicht erstreckt sich bis ca. 1000 km Tiefe und ist aus festem, dichtem Gestein aufgebaut. Noch tiefer dürfte teilweise geschmolzenes Gestein liegen; über einen kleinen, zentralen Kern (FeS ?) kann nur spekuliert werden.

Die Apollo-Raumflüge konnten das Rätsel der Entstehung des Monds nicht lösen. Hier irrten die Wissenschaftler die vor der Mondfahrt versprochen hatten: *„Gebt uns einen Brocken Mondgestein und wir wissen über den Mond und seine Entstehung Bescheid."* Gegen eine gleichzeitige, gemeinsame Bildung von Erde und Mond aus dem Urnebel spricht zwar die sehr unterschiedliche mittlere Dichte beider Körper, doch die chemische Verwandtschaft von Mond- und Erdgestein läßt diese Hypothese noch wahrscheinlicher erscheinen als jene, daß es sich beim Mond um einen von der Erde eingefangenen, aus entfernten Gegenden des jungen Sonnensystems stammenden Körper handeln soll.

Die unterschiedliche Dichte der beiden Körper wäre andererseits gut mit der Abspaltungshypothese zu vereinbaren, die von einem auf Fliehkraftwirkung zurückgehendes Herausschleudern von Teilen des Erdmantels ausgeht; doch der zu geringe Gesamtdrehimpuls und die Tatsache, daß der Mond nicht in der Äquatorebene der Erde umläuft, lassen wiederum diese Art der Mondentstehung kaum möglich erscheinen.

Eine Bildung des Monds aus einer gemeinsamen Urwolke mit dem Planeten Mars zusammen, in Verbindung mit einer durch Reibung mit der Urwolke der Erde erfolgte Aneinanderkettung von Erde und Mond wird durchaus für möglich gehalten; der Mond könnte aber auch in der Folge eines direkten Zusammenpralls der Erde mit einem etwa marsgroßen Körper entstanden sein. Eine gesicherte Theorie der Mondentstehung existiert jedenfalls nicht.

Aufgaben

3.32. Wie ist die dunkle Farbe und die geringe Kraterdichte in den Maria zu erklären?

3.33. Worauf sind die großen täglichen Temperaturschwankungen auf der Mondoberfläche zurückzuführen?

3.37 a Voyager-Sonde

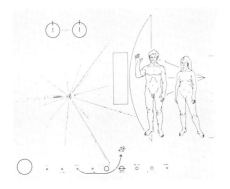

3.37 b Pioneer 10 und 11 werden als erste Raumfahrzeuge das Sonnensystem verlassen. Für den (unwahrscheinlichen) Fall, daß sie einst von außerirdischen, intelligenten Lebewesen gefunden werden, tragen sie als „Visitenkarte" eine gravierte Aluminiumplatte, die über ihre Herkunft berichten soll.

3.2.3. Die anderen Planeten

Schon immer interessierten sich die Astronomen in besonderem Maße für die markantesten Himmelsobjekte, zu denen neben Sonne und Mond vor allem die hellen Planeten zu zählen sind. Zwar können nach den von Kepler und Newton aufgefundenen Gesetzmäßigkeiten die kinematischen Besonderheiten der Planeten (Schleifenbahnen) verstanden und die Planetenmassen berechnet werden, doch über Einzelheiten der Planetenoberflächen gab es auch nach der Erfindung des Fernrohrs kaum mehr als Spekulationen. Wie gern man aus den Beobachtungen etwas mehr herausdeutet als man tatsächlich gesehen hat, zeigt sich am Beispiel der von *Schiaparelli* 1878 vermeintlich entdeckten Marskanäle. Auch die modernen Großteleskope konnten zu keiner befriedigenden Detailkenntnis der Planetenoberflächen beitragen, so daß die Erforschung der Planeten lange Zeit auf der Stelle treten mußte.

Mittlerweile hat uns aber die unbemannte Weltraumfahrt eine ungeheure Fülle von Meßdaten und phantastischen Fotos beschert. So haben zunächst die amerikanischen *Mariner-Sonden* (ab 1962) erste Erkundungen des Merkur, der Venus und des Mars durchgeführt, wurden Pioneer-Sonden zum Riesenplaneten Jupiter geschickt, während es sowjetischen Venera-Sonden gelang, weich auf der ungastlichen Venus zu landen. Mit den technisch ausgeklügeltsten Systemen an Bord starteten die *Viking-* und *Voyager-Sonden*. Während Viking I und II mit weichen Landungen und jahrelangen Messungen auf der Marsoberfläche den bisherigen grandiosen Schlußpunkt unter die Erforschung des roten Planeten setzten, wurde bei Voyager I und II eine sehr günstige Konstellation der äußeren Planeten für eine Mission zu Jupiter (1979), Saturn (1981), Uranus (1986) und Neptun (1989) genutzt. Zur Übermittlung der Daten sind die Voyager-Sonden wegen der großen Entfernungen, die sie erreichen, mit einem riesigen Radiospiegel (Durchmesser 3,7 m) ausgerüstet.

Die übliche Unterscheidung zwischen inneren (Merkur, Venus, Erde, Mars) und äußeren (Jupiter, ...) Planeten ist nicht nur eine Einteilung, die den Abständen von der Sonne Rechnung trägt, vielmehr kommen in ihr auch Gemeinsamkeiten bezüglich Masse und Dichte zum Ausdruck. Daß die Beschaffenheit der Atmosphäre bei inneren und äußeren Planeten unterschiedlich ist, hängt direkt mit deren Masse und Temperatur zusammen, wie die folgende Überlegung zeigt.

Ein Molekül kann das Gravitationsfeld eines Planeten wie jeder andere Körper nur dann verlassen, wenn seine kinetische Energie den Betrag der potentiellen Energie übersteigt. Der Grenzfall

$$\tfrac{1}{2}mv^2 = G \cdot \frac{M \cdot m}{r}$$

führt auf die Fluchtgeschwindigkeit

$$v_F = \sqrt{\frac{2 \cdot G \cdot M}{r}}$$

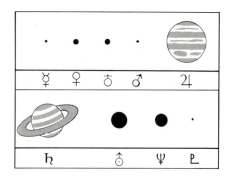

3.38 Ein Größenvergleich der Planeten unseres Sonnensystems

für ein Molekül, das sich an einem Ort des Abstands r vom Planetenmittelpunkt befindet (M = Planetenmasse).
Andererseits besitzen Gasmoleküle der Masse m bei der Temperatur T eine mittlere Translationsenergie des Werts $\frac{3}{2} \cdot kT$ [29], so daß deren mittlere Geschwindigkeit $\bar{v}$ errechnet werden kann:

$$\bar{v} = \sqrt{\frac{3kT}{m}}$$

Der Quotient von mittlerer Geschwindigkeit und Fluchtgeschwindigkeit stellt ein geeignetes *Maß für die Stabilität der Planetenatmosphäre* dar:

$$\frac{\bar{v}}{v_F} = \sqrt{\frac{3k}{2 \cdot G}} \cdot \sqrt{\frac{r \cdot T}{M}} \cdot \sqrt{\frac{1}{m}}.$$

Natürlich kann der Planet seine Atmosphäre über lange Zeiträume nur halten, wenn $\bar{v} \ll v_F$ gilt. Daß dies für leichtere Gase schwerer zu erreichen ist, geht aus der zuletzt angeführten Gleichung ebenfalls hervor. Dies erklärt auch, warum die massestärkeren äußeren Planeten eine Atmosphäre besitzen, in der – wie auch sonst im All – der Wasserstoff als häufigstes Element anzutreffen ist, während in der Atmosphäre der masseschwächeren inneren Planeten schwerere Gase dominieren.

Von der Beschaffenheit der Atmosphäre hängt weitgehend das Reflexionsvermögen des Planeten ab, die sogenannte *Albedo*[30]:

$$\text{Albedo} = \frac{\text{reflektierte Strahlungsenergie}}{\text{ankommende Strahlungsenergie}}$$

Dieses für die Aufnahme der Sonnenstrahlung entscheidende Rückstrahlvermögen ist bei Planeten mit dichten Wolkenschichten in der Atmosphäre (Venus, Jupiter) besonders groß. Bei den atmosphärelosen oder -armen Planeten oder Monden ist die Albedo von der Farbe des Oberflächengesteins abhängig. So besitzt der Erdmond mit seinem relativ dunklen, stark lichtschluckenden Gestein eine Albedo von nur 0,07, wogegen die Albedo der Venus (0,77) eine Größenordnung höher liegt.

Merkur

Wegen der Sonnennähe und der geringen Masse ($0{,}055 \cdot m_E$) des innersten Planeten wurden schon früh Überlegungen angestellt, daß es auf dem Merkur keine oder nur eine völlig unbedeutende Atmosphäre geben könne. Da aber in diesem Fall die Oberfläche ungeschützt dem Bombardement kosmischer Kleinkörper ausgesetzt ist, wurde auch eine *mondähnliche, erosionslose Oberfläche* vorhergesagt. All diese Vermutungen konnte die interplanetare Sonde Mariner 10 im Jahr 1974 glänzend bestätigen. Fotos zeigen ebenso dicht liegende Krater wie auf dem Erdmond, Ringgebirge und zum Teil auch lavagefüllte Maria (Abb. 3.39).

3.39 Merkuroberfläche

---
[29] siehe Abschnitt 3.2.1.
[30] lat. *albedo* – weiße Farbe

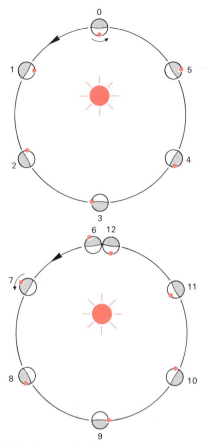

3.40 Veranschaulichung des Paradoxons, daß ein Merkurtag zwei Merkurjahre dauert. Dabei ist die relative Lage des Punktes ● des Merkuräquators zur Sonne im Verlauf von zwei Merkurjahren (Zeitpunkte 0, 1, ..., 12) zu verfolgen.

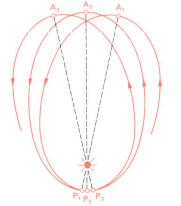

3.41 Periheldrehung des Merkur. Der Effekt ist stark übertrieben dargestellt.

Eine andere Vermutung hat sich allerdings als nicht richtig herausgestellt. Ist man zunächst davon ausgegangen, daß die Nähe der großen Sonnenmasse die Eigendrehung des Merkur bis auf eine gebundene Rotation – wie sie unser Erdmond zeigt – herabgebremst hat, so muß man seit den 1965 ausgeführten Radarmessungen mit dem 300-m-Radiospiegel von Arecibo eine Rotationsdauer von 58,65 Tagen akzeptieren. Das sind aber exakt $\frac{2}{3}$ der siderischen Umlaufsdauer Merkurs, so daß auch in diesem Fall die Gezeitenwirkung stabilisierend wirken dürfte.

Anders als bei der Erde, bei der die Drehung um die Achse wesentlich schneller erfolgt als die Bewegung um die Sonne und deshalb die Dauer eines Tages fast genau mit der Rotationsdauer übereinstimmt, sind bei Merkur Rotations- und Umlaufsdauer von derselben Größenordnung. Wenn in einem Punkt der Merkuroberfläche die Sonne im Zenit steht, dann wiederholt sich dies am selben Ort erst wieder nach drei Rotationsperioden oder zwei Umläufen um die Sonne. Die Dauer des Tag-Nacht-Zyklus beträgt somit $2 \cdot 88$ d oder $3 \cdot 58,65$ d, also 176 Erdtage. Das bedeutet aber paradoxerweise, daß ein Merkurtag zwei Merkurjahre dauert (Abb. 3.40)!

Die stark exzentrische Ellipsenbahn des Merkur beeinflußt die Stärke der Sonneneinstrahlung entscheidend. Jene Äquatorbereiche, bei denen die Sonne in Perihelstellung kulminiert, sind der Sonneneinstrahlung auch länger (!) ausgesetzt (siehe Aufgabe 3.36, S. 91), so daß die Erwärmung dieser Gegenden wesentlich stärker ist als die anderer Äquatorregionen.

Die Temperaturunterschiede zwischen Tag und Nacht sind der fehlenden Atmosphäre wegen riesig und liegen zwischen 100 K und 700 K. Auf die Polregionen fällt das Sonnenlicht äußerst flach, so daß dort ins Innere tiefer Krater kein Sonnenstrahl gelangt. Hier dürften so tiefe Temperaturen wie auf dem sonnenfernsten Planeten Pluto herrschen.

Überraschenderweise besitzt Merkur an der Oberfläche ein Magnetfeld von immerhin $0,5 \cdot 10^{-6}$ Tesla (Erde: $30 \cdot 10^{-6}$ Tesla).

Schon lange ist aufgrund von Beobachtungen bekannt, daß die Bahnellipse des Planeten nicht raumfest ist. Merkur beschreibt eine Rosettenbahn, wie sie Abb. 3.41 zeigt. Dafür ist hauptsächlich die Gravitationswirkung der Nachbarplaneten Venus und Erde verantwortlich. Doch erklärt dies nicht ganz den beobachteten Drehwinkel von 574" in 100 Jahren. Es ist eine großartige Bestätigung für Einsteins Relativitätstheorie, daß mit ihrer Hilfe die Periheldrehung der Merkurbahn vollständig erklärt werden kann.

Venus

Der sehr helle Morgen- und Abendstern erweckte schon bei den ältesten Astronomen große Aufmerksamkeit, doch bis herauf in unser Jahrhundert wurde kaum Konkretes über die Zustände auf seiner Oberfläche bekannt. Die lange Zeit geltende Annahme von der Erdähnlichkeit des Planeten mußte spätestens fallengelassen werden, als die ersten Raumsonden die Venus erreichten und Mariner 2 im Jahr 1962 eine Oberflächentemperatur von ca. 400°C feststellte. Um die Venus liegt eine *sehr dichte Atmosphäre*, deren

3.42 Venus: Dichte Wolken verwehren den Blick auf die Oberfläche.

Hauptbestandteile Kohlendioxid (96%) und Stickstoff (1 – 3%) sind, und die den Riesendruck von etwa 90 Atmosphären (!) auf der Planetenoberfläche erzeugen, der die ersten weich landenden sowjetischen Venera-Sonden nur wenige Minuten funktionsfähig bleiben ließ.

Eine zwischen 50 und 70 km Höhe um den Planeten sich legende, gelblich erscheinende Wolkenzone, die hauptsächlich aus Schwefelsäuredämpfen (!) besteht, verwehrt den Blick auf die Oberfläche und ist für einen stark ausgebildeten *Treibhauseffekt* verantwortlich: die Wolken lassen zwar einen Teil der ankommenden Sonnenstrahlen durch, sind aber für die von der Planetenoberfläche ausgehende Infrarotstrahlung praktisch undurchdringlich. Der Wärmetransport nach außen muß also durch Konvektion und Wärmeleitung erfolgen, so daß sich ein Gleichgewicht bei hohen Temperaturen einstellt.

Die wenigen von den Venera-Sonden übermittelten Fotos zeigen große und kleine Steine und Felsen, die Helligkeit entspricht der eines regnerischen Erdtags. Die Oberfläche wurde mittlerweile durch Radarsignale genauer abgetastet. Es zeigen sich im allgemeinen geringere Höhenunterschiede als auf der Erde, wenngleich deutliche Gebirgszüge und ein 6 bis 7 km tiefes Tal erkennbar sind. Die neuesten Befunde deuten sehr stark auf noch tätige Vulkane hin! Dies würde auch das Vorhandensein von Schwefelsäure und Schwefel in der Atmosphäre erklären.

Die mit dem Arecibo-Radioteleskop nachgewiesene Rotation der Venus bescherte 1964 eine Überraschung: Venus dreht sich sehr langsam – in 243 Tagen einmal – um ihre Achse, und das entgegengesetzt zur Bahnbewegung!

Venus besitzt nur ein ganz unbedeutendes Magnetfeld, so daß die Teilchen des Sonnenwinds ohne Ablenkung in die Atmosphäre eindringen können.

Mars

Seit der Erfindung des Fernrohrs wird der „rote Planet" immer wieder ins Visier genommen, doch außer Cassinis Entdeckung der weißen, die Größe verändernden Polkappen gab der Mars einem erdgebundenen Fernrohr kaum weitere Details preis. Schiaparellis „Marskanäle" regten gegen Ende des 19. Jahrhunderts zwar zu Spekulationen über die Marsbewohner an, sind aber (leider?) nur der Phantasie des Beobachters zuzuschreiben. Als die ersten Marssonden den Planeten erforschten, waren die grünen Männchen genausowenig auffindbar wie Schiaparellis Kanäle. Alle auf der Oberfläche des Planeten ausgeführten Experimente zum Nachweis von (niedrigem) Leben verliefen negativ! Die harte, zerstörende UV-Strahlung der Sonne kann die Marsoberfläche fast ungehindert erreichen und macht die Bildung von Leben auf dem Mars unmöglich.

Der rote Planet besitzt eine *sehr dünne Atmosphäre*, bestehend aus 95 – 96% CO_2, 2,5% N_2, 1,5% Ar und 0,1 - 0,2% Sauerstoff, mit einem Oberflächendruck von nur 6 Hektopascal. Wegen des Ausgefrierens von CO_2 im Winter schwankt dieser Druck etwas. Ausgefrieren und Abschmelzen von Kohlendioxid sorgen für die jahreszeitlich unterschiedliche Größe der Polkappen. Wassereis bildet den permanenten Anteil der Polkappen.

Schon die ersten Fotos vom Mars lassen Hunderte von Kratern erkennen, Fotos der Viking-Lander zeigen eine sandige, von Gesteinsbrocken übersäte rötliche Oberfläche. Für die rote Farbe ist vor allem das Eisenmineral Limonit verant-

3.43 Mars, wie er dem Beobachter in einem astronomischen Fernrohr bei starker Vergrößerung erscheint.

3.44 Marsoberfläche: Valles Marineris

wortlich. Die Oberfläche ist - von den vielen, oft recht dicht liegenden Einschlagskratern abgesehen – abwechslungsreich. *Hochländer* (das Tharsis-Hochland liegt 9 km über Normalhöhe) und *Täler* wechseln sich ab, tiefe *Canyons* treten auf (Valles Marineris ist 4000 km lang, 100 km breit, mehrere km tief).

Sehr auffallend sind die gewaltigen *Schildvulkane*. Mit 30 km Höhe und 600 km Durchmesser ist *Olympus Mons* der größte Vulkan des Sonnensystems. Mittlerweile ist aber der Vulkanismus auf dem Mars vollständig erloschen.

Die vielfach auftretenden mäanderartigen *Rillen* werden als ehemalige Flußtäler gedeutet; hier könnte durch frühere vulkanische Tätigkeit das immer noch unter der Oberfläche liegende Wassereis (Permafrost) aufgetaut worden sein, so daß sich Flüsse bilden konnten. Auch abgelagertes Schwemmland ist feststellbar. Wieviel Permafrost unter der Oberfläche liegt, ist nicht bekannt, doch scheint es durchaus möglich zu sein, daraus Wasser zu gewinnen und Sauerstoff aus der Atmosphäre anzureichern, so daß ein längerer Aufenthalt auf dem Mars – in großen Glashäusern mit Pflanzen, die wiederum Sauerstoff und Nahrungsmittel liefern könnten – in fernerer Zukunft durchaus denkbar erscheint. Kein anderer Planet eignet sich dafür ähnlich gut.

Die kurze Rotationsdauer von 24h 37min 23s – fast wie bei der Erde – bestimmt die Tageslänge von 24h 39min. Da auch die Achse zur Bahnnormalen fast wie bei der Erde geneigt ist (24,94° – Erde: 23,5°), gibt es *ausgeprägte Jahreszeiten* auf dem Mars, und das Klima ist stark von der geographischen Breite abhängig. Anders als bei der Erde hat auch noch die starke Exzentrizität der Bahnellipse einen Einfluß auf das Klima. Da in Perihelstellung der Südpol von der Sonne beschienen wird, treten dort kurze, heiße Sommer und lange, kalte Winter auf, wogegen in der Nordpolregion ein gemäßigteres Klima herrscht. Die Temperaturen liegen zwischen –140°C am Südpol im Winter und +20°C am Äquator im Sommer. Doch treten wegen der dünnen Atmosphäre starke tägliche Temperaturschwankungen auf, nach Viking-Messungen etwa zwischen –85°C und –30°C. Dies führt manchmal zu tagelangen, große Gebiete umfassenden Staubstürmen.

Wegen des sehr geringen Magnetfelds (1/1000 der Stärke des Erdfelds) kann der Sonnenwind nicht wirksam abgelenkt werden.

Die beiden sehr kleinen Monde *Phobos* (6000 km über der Marsoberfläche) und *Deimos* (20000 km Höhe) bewegen sich auf fast kreisförmigen Bahnen, sind von Kratern übersät und besitzen eine ganz unregelmäßige Form: 19,3 km x 22,5 km x 27,3 km bei Phobos, dem größeren der beiden.

Jupiter

Schon in kleinen Amateurteleskopen sind die farblich unterschiedlichen, streng parallel zueinander liegenden, streifenförmigen Strukturen problemlos erkennbar. Vermutlich steigt in den hellen, gelblichen *Zonen* Gas hoch, das in den dunkleren, rotbraunen *Bändern* wieder nach unten abfließt. Aufgrund der riesigen Corioliskräfte – Jupiter besitzt einen riesigen Äquatorradius von 71 400 km und rotiert in nur 9h 55m 30s um die eigene Achse[31] – ergibt sich eine die Rotation überlagernde Ost-West-Zirkulation.

3.45 Jupiter, fotografiert von der Raumsonde Voyager 2. Deutlich sind die Wolkenbänder und der Große Rote Fleck zu erkennen.

3.46 Detailaufnahme der Jupiteroberfläche. Außerdem sieht man zwei Jupitermonde.

Der von Cassini bereits 1655 entdeckte *Große Rote Fleck* ist ein riesiges Wirbelsturmgebiet von der Größe der Erde, das sich zwischen den Zirkulationen ausgebildet hat und von diesen ständig angetrieben wird, was die große Beständigkeit erklärt.

Die Ursache der auffälligen Färbung der Jupiterwolken ist noch nicht geklärt. Sie muß auf verschiedene Verbindungen zurückzuführen sein, die sich je nach Temperatur und Höhe ausbilden, wie Ammoniak, Ammoniumhydrosulfid, Methan und verschiedene Verbindungen von Schwefel und Phosphor.

Die gesamte gasförmige Atmosphäre, in der Wasserstoff und Helium dominieren, dürfte etwa 1000 km dick sein. Darunter schließt sich eine Schicht flüssigen molekularen Wasserstoffs an, auf die – ab ca. 45 000 km vom Mittelpunkt – flüssiger metallischer Wasserstoff ($T \approx 10\,000$ K, $p > 1\,000\,000$ at) folgt. Bei diesem riesigen Druck besitzt der Wasserstoff metallische Eigenschaften, wie z.B. eine gute elektrische Leitfähigkeit. In einem kleinen Zentralbereich vermutet man flüssige, schwere Elemente wie Eisen und Silikate.

Seit den Messungen der Pioneer-Sonden 10 und 11 (1973/74) steht fest, daß Jupiter ein gigantisches Magnetfeld besitzt mit einem etwa 20 000mal größeren Energieinhalt als das Erdfeld und einer an der Wolkenobergrenze gemessenen magnetischen Flußdichte von $1500 \cdot 10^{-6}$ Tesla am Nordpol und $430 \cdot 10^{-6}$ Tesla am Äquator (Erdoberfläche: $30 \cdot 10^{-6}$ Tesla). Wie bei der Erde bildet sich unter der Wirkung des Sonnenwinds eine *Magnetosphäre* aus, ebenso ein äußerst energiereicher *Strahlungsgürtel* aus Elektronen und Protonen im Inneren der Magnetosphäre. Die von Pioneer 10 aufgenommene Strahlendosis betrug 500 000 Röntgen, was der 1000fachen für den Menschen tödlichen Dosis entspricht.

Wie Voyager 1 nachweisen konnte, gibt es auch um Jupiter einen Staubring, ähnlich wie bei Saturn.

Voyager 1 und 2 lieferten auch beeindruckende Fotos von den vier Galileischen Monden *Io, Europa, Ganymed* und *Callisto*, die sich in gebundener Rotation auf Fast-Kreisbahnen in der Äquatorebene um den Riesenplaneten bewegen und deren Dichte von innen nach außen abnimmt: $\varrho_{Io} = 3{,}69\,\frac{g}{cm^3}$, $\varrho_{Eu} = 3{,}23\,\frac{g}{cm^3}$, $\varrho_{Ga} = 2{,}00\,\frac{g}{cm^3}$, $\varrho_{Ca} = 1{,}74\,\frac{g}{cm^3}$.

An der Oberfläche dieser Monde herrschen Temperaturen von ca. −150°C, die beiden äußeren – Callisto und Ganymed – sind mit dickem, durch Meteoritenmaterial verunreinigtem Wassereis und Einschlagskratern bedeckt.

Bei Europa fehlen die Einschlagskrater, was auf eine jüngere Oberfläche schließen läßt (starke Gezeitenwirkung).

Der innerste Galileische Mond ist der exotischste von allen. Die junge, von Einschlagskratern freie Io-Oberfläche zeigt vom hellsten Weiß über Gelb, Orange, Rot bis zum tiefsten Schwarz alle Farbschattierungen, die auch der Schwefel und seine Verbindungen bei verschiedenen Temperaturen zeigen (weiß: SO_2-Eis).

---

[31] starke Abplattung: Polarradius nur 67 750 km, Rotation am Äquator am größten, zum Pol hin abnehmende Winkelgeschwindigkeit.

Auf Io tritt *Vulkanismus* in einem Maße auf wie bei keinem anderen Körper des Sonnensystems. Die Voyager-Sonden haben 7 tätige Vulkane entdeckt mit 100 – 200 km hohen (!) „Gaspilzen", die vermutlich auf die Gezeitenreibung als Energiequelle zurückzuführen sind. Als Treibgas des Vulkanismus ist SO_2 anzusehen, mitgerissener Schwefel gelangt an die Oberfläche des Monds.

Die meisten Gase werden ionisiert und vom Jupitermagnetfeld davongetragen, so daß sich ein atmosphärischer Druck von nur 0,05 mbar an der Io-Oberfläche einstellt.
Io steht im starken Protonenfluß des Strahlungsgürtels und diese Protonen prallen ohne Abbremsung auf die Mondoberfläche, wo sie Atome ablösen, die neben dem vulkanischen Schwefel in der von Io nachgeschleppten Wasserstoffwolke (Rekombination der Protonen mit Elektronen zu Wasserstoff) nachweisbar sind.
Da das Jupitermagnetfeld starr mit Jupiter rotiert, überstreicht es Io ständig und induziert dabei eine Spannung, die zu einem elektrischen Stromfluß zwischen Io und Jupiter führt, der Ionen in die Jupitermagnetosphäre transportiert.

Innerhalb der Io-Bahn bewegt sich noch ein Möndchen von der Größe und Form der Marsmonde: *Amalthea*. Die Bahnen aller anderen Jupitermonde sind stark gegen die Äquatorebene geneigt, so daß es sich vermutlich um eingefangene Asteroiden handelt. Auch die starke Exzentrizität der Bahnen und die geringe Größe der Monde spricht für diese Annahme.

Saturn

Die Faszination, die der Ringplanet mit seiner außerirdischen Schönheit gleichermaßen auf Astronomen und Nicht-Astronomen ausübt, ist seit Jahrhunderten ungebrochen. Saturn, bis zum Jahre 1781 der äußerste der bekannten Planeten, gleicht in vielem Jupiter, mit dem er als einziger auch bezüglich der Masse noch mithalten kann: $m_S = 95{,}2 \cdot m_E$ ($m_J = 317{,}9 \cdot m_E \approx \frac{1}{1000} \cdot m_\odot$).

Wie Jupiter rotiert Saturn in ca. 10 Stunden um die eigene Achse, treten farbige Zonen und Bänder parallel zum Äquator auf, und auch der innere Aufbau dürfte dem des Jupiter gleichen. Saturn strahlt – wie Jupiter – etwa doppelt so viel Energie ab wie er von der Sonne erhält. Diese Energie muß noch aus der beim Gravitationskollaps freigewordenen Kontraktionswärme stammen; wegen des schlechten Wärmeleitvermögens des metallischen Wasserstoffs geht nämlich der Energietransport fast ausschließlich durch Konvektion vor sich.
Das Saturnmagnetfeld besitzt an der Wolkenoberfläche eine Stärke von $20 \cdot 10^{-6}$ Tesla (Erde: $30 \cdot 10^{-6}$ Tesla), ist also deutlich schwächer als das Jupiterfeld. Im Vergleich zur Erde ist der Energieinhalt der Saturn-Magnetosphäre wegen des größeren Volumens etwa tausendmal größer.
Saturns Erkennungsmerkmal, der *Ring*, hebt ihn deutlich von den anderen Planeten ab, wenn auch inzwischen Ringsysteme – weniger markante – um Jupiter, Uranus und Neptun nachgewiesen sind. Der Ring besteht aus Gesteinspartikeln recht unterschiedlicher Größe, vom kleinsten Staubkörnchen bis zu größeren Brocken von mehreren Metern Durchmesser. Spektraluntersuchungen zeigen, daß die Oberflächen dieser Gesteinstrümmer von Eis bedeckt sind und daß der Ring auch Gase enthält. Der Durchmesser des gesamten Ringsystems beträgt ca. 280 000 km bei einer Dicke von nur ca. 3 km (!).
Fotos der Voyager-Sonden zeigen, daß der Ring eine ausgeprägte Feinstruktur aufweist und aus etwa 100 Einzelringen und Leerzonen zusammengesetzt ist,

3.47 Saturn, aufgenommen von Voyager 2

3.48 Der Saturnring ist nicht etwa ein massiver Körper, sondern besteht aus Gesteinspartikeln unterschiedlicher Größe. Diese bilden ein Ringsystem, das sich aus Tausenden von Teilringen zusammensetzt.

3.49 Die Atmosphäre des Uranus weist nur wenige Strukturen auf. Oben ist eine Aufnahme im sichtbaren Bereich abgebildet, unten eine sogenannte Falschfarbenaufnahme.

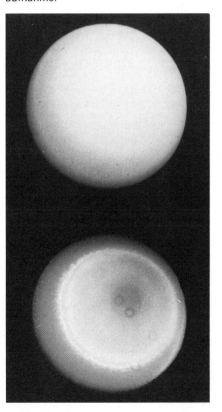

so daß die ursprüngliche, auf teleskopische Beobachtungen von der Erde aus zurückgehende Einteilung in A-, B-, C- und D-Ring mit der *Cassinischen Teilung* zwischen A- und B-Ring und der Enckeschen Teilung im A-Ring nur mehr eine grobe Orientierungshilfe darstellt (Abb. 3.48)

Wie der französische Mathematiker *E. Roche* 1874 nachwies, ist innerhalb des sogenannten Roche-Radius ein Mond von lockerem Gefüge nicht stabil, da er von den unterschiedlich starken Gravitationskräften, die der Planet auf die einzelnen (unterschiedlich weit entfernten) Masseelemente des Monds ausübt, auseinandergerissen würde[32] oder sich eben gar nicht erst bilden könnte. Die Ausbildung eines Ringsystems, das sich allmählich immer mehr in die Äquatorebene bewegt, ist die Folge.

Saturn besitzt mit *Titan* den größten Mond aller Planeten (Durchmesser 5800 km). Während Titan eine Stickstoffatmosphäre von 1,6 bar Oberflächendruck ($T \approx 93$ K) besitzt, sind alle anderen Saturnmonde atmosphärelos und – wie Voyagerfotos zeigen – von Einschlagskratern übersät. Nur bei dem weit außen in „falscher Richtung" umlaufenden Mond *Phoebe* dürfte es sich um einen eingefangenen Asteroiden handeln.

Uranus

Durch die Erkenntnisse, die von Voyager 2 bei seiner Uranus-Passage (Anfang 1986) gewonnen wurden, ist uns der von *W. Herschel* 1781 entdeckte, 14,6 Erdmassen schwere Planet viel vertrauter geworden.

Die vorwiegend aus Wasserstoff und Helium bestehende, recht klare Atmosphäre enthält auch Methan-Wolken, die rotes Licht absorbieren und deshalb für die blaugrüne Färbung der Planetenscheibe verantwortlich sind. Voyager 2 konnte eine unerwartet große magnetische Flußdichte von $25 \cdot 10^{-6}$ Tesla an der oberen Atmosphäregrenze über dem Äquator messen; eine entsprechend ausgedehnte Magnetosphäre umhüllt Uranus.

Die Rotationsachse ($T_{rot} = 17,24$h) liegt fast in der Bahnebene des Uranus. Diese ungewöhnliche Achslage ist am ehesten dadurch erklärbar, daß der Planet mit einem gewaltigen Brocken zusammengeprallt ist. Das muß allerdings schon vor der Entstehung der Monde geschehen sein, da diese exakt in der Äquatorebene liegen. Zusätzlich zu den bekannten großen Monden *Miranda, Ariel, Umbriel, Titania* und *Oberon* (Durchmesser zwischen 500 km und 1500 km), deren Oberflächen fest und von Kratern übersät erscheinen, wurden von Voyager zehn weitere, kleinere Monde entdeckt.

Neptun

Neptun wurde erst 1846 von *J.G. Galle* in Berlin mit einem Fraunhofer-Refraktor (Objektivdurchmesser 24,4 cm) nach Berechnungen von Leverrier (aus Störungen der Uranusbahn) entdeckt. Seit Voyager 2 bei seiner Neptun-Passage im August 1989 mit seinen immer noch intakten (Start 1977!) Meß- und Übertragungssystemen eine Fülle von Daten zur Erde funken konnte, sind einige Geheimnisse um den entfernten Sonnentrabanten gelüftet. Der recht

---

[32] siehe Aufgabe 3.31, S. 80

fotogene Planet besitzt eine 17mal größere Masse als die Erde sowie eine Rotationsdauer von 16 Stunden. Er erscheint als schwach bläulich leuchtendes Scheibchen mit einzelnen, unterschiedlich großen Wolken in der höheren Atmosphäre. Ein besonders markantes Oberflächendetail ist der Große Dunkle Fleck, der wie Jupiters Großer Roter Fleck ein Wirbelsturmgebiet darstellt. Daß Neptun trotz der deutlich größeren Entfernung von der Sonne dieselbe mittlere Oberflächentemperatur wie Uranus besitzt (59 K), liegt daran, daß der Planet ca. 2,7mal mehr Wärme abstrahlt als er von der Sonne erhält.

Der Mond *Triton* besitzt wegen seines großen Reflexionsvermögens eine Oberflächentemperatur von nur 37 K (!); er konnte aufgrund seiner großen Masse die Neptunrotation wirksam bremsen. Wegen der Rückläufigkeit dieses ungewöhnlich großen Monds wird häufig die Vermutung geäußert, daß es sich bei Triton um einen ehemaligen Planeten handeln könnte, der von Neptun eingefangen wurde. Der kleine Mond Nereide, der auf einer stark elliptischen Bahn umläuft, dürfte ein eingefangener Asteroid sein.

Pluto

Pluto wurde 1930 von *C. Tombaugh* auf fotografischem Wege entdeckt, sein Begleiter *Charon* erst 1978. Charon bewegt sich auf einer Kreisbahn von etwa 20000 km Radius um Pluto, und dabei zeigen sich beide stets dieselbe Seite (vollständig gebundene Rotation). Charon dürfte etwa ein Drittel oder die Hälfte der Plutomasse besitzen, wobei Plutos Masse geringer als die des Erdmonds ist.

Die Oberfläche Plutos ($T = 45$ K) ist von Methaneis bedeckt. Pluto dürfte vorwiegend aus leichten Verbindungen bestehen $\left(\varrho_P \approx 2{,}1\,\dfrac{g}{cm^3}\right)$.

Die ungewöhnliche Bahnlage Plutos – gegenwärtig ist er der Sonne näher als Neptun – hat dazu geführt, daß er vielfach als entlaufener ehemaliger Neptunmond angesehen wird. Doch wie sollte er Neptun entkommen sein?

Aufgaben

3.34 Erklären Sie den großen Unterschied der Albedo von Erdmond (0,07) und Merkur (0,06) auf der einen Seite und Erde (0,30) oder Venus (0,77) auf der anderen Seite.

3.35. Untersuchen Sie alle Planeten sowie den Erdmond, den Jupitermond Ganymed und den Saturnmond Titan auf die Beständigkeit einer Atmosphäre. Die durchzuführende Rechnung soll auf Vergeichswerte für die einzelnen Planeten und Monde führen.

Die benötigten Daten sind der Tabelle 4 zu entnehmen; für Ganymed gilt: $m = 1{,}5 \cdot 10^{23}$ kg, $T = 125$ K, $r = 2610$ km, für Titan gilt: $m = 1{,}35 \cdot 10^{23}$ kg, $T = 94$ K, $r = 2900$ km.

3.36. Wenn sich der Planet Merkur in Perihelnähe befindet, bewegt er sich zwar schneller als sonst, doch scheint sich die Sonne für einen Beobachter auf der Merkuroberfläche langsamer voranzubewegen, ja sogar rückläufig zu werden!

Zeigen Sie dies durch Vergleich der Rotationswinkelgeschwindigkeit mit den momentanen Bahnwinkelgeschwindigkeiten im Aphel und Perihel!

3.37. Was können Sie über die Dauer des Tag-Nacht-Zyklus auf einem Planeten aussagen bei (Rotation und Umlauf gleichsinnig) bei

a keiner Rotation?

b gebundener Rotation (wie sie bei Merkur fälschlicherweise vorausgesagt war)?

c sehr schneller Rotation ($\omega_{Rot} \gg \omega_{Bahn}$)?

d langsamer Rotation ($\omega_{Rot} < \omega_{Bahn}$)?

e mäßig schneller Rotation ($\omega_{Rot} > \omega_{Bahn}$)?

3.38. Wie ist die hohe Oberflächentemperatur ($\approx 400°C$) des Planeten Venus zu erklären?

3.39 Welche Besonderheiten des Mars führen zu den sehr ausgeprägten klimatisch unterschiedlichen Jahreszeiten auf dem Mars?

3.40. Vergleichen Sie Venus und Mars bezüglich einer Besiedlungsmöglichkeit durch den Menschen!

3.41. Warum sind die Planeten Jupiter und Saturn an den Polen stark abgeplattet?

3.42. Woraus besteht Saturns Ring?

3.43. Pluto ist gegenwärtig sonnennäher als Neptun. Zeigen Sie durch Rechnung unter Verwendung der Daten von Tabelle 4, daß dies trotz der deutlich längeren großen Halbachse Plutos möglich ist!

3.2.4. Kleinkörper des Sonnensystems

Planetoiden

Gegen Ende des 18. Jahrhunderts wird versucht, eine Gesetzmäßigkeit hinter den Planetenabständen von der Sonne zu finden. Dem Professor für Physik in Wittenberg, *J.D. Titius* gelingt es, eine empirische Formel zur näherungsweisen Berechnung der mittleren Entfernungen a der Planeten von der Sonne zu gewinnen, die *Titius-Bode-Regel*[33]:

$$a = \tfrac{1}{10}(4 + 3 \cdot 2^n) \, AE.$$

Für $n = -\infty, 0, 1, 2, 4, 5$ erhält man a in AE mit guter Genauigkeit für alle damals bekannten Planeten Merkur, Venus, Erde, Mars, Jupiter und Saturn.
Mit der Entdeckung des Planeten Uranus durch William Herschel (1781) und der Erkenntnis, daß auch auf diesen die Titius-Bode-Regel paßt ($n = 6$), gewinnt die Regel stark an Ansehen, und man sucht den „fehlenden Planeten"($n = 3$) zwischen Mars und Jupiter mit $a = 2,8$ AE. Als *G. Piazzi* in der Neujahrsnacht des Jahres 1801 in Palermo ein Sternchen der 8. Größenklasse auffindet, das sich täglich etwas gegen die benachbarten Fixsterne bewegt, und C.F. Gauß aus den Beobachtungsdaten Piazzis die Bahn errechnet ($a = 2,77$ AE), ist der erste *Planetoid* (= *Asteroid* = *Kleinplanet*) entdeckt, der *Ceres* getauft wird und dem bald weitere folgen. Anstelle des erwarteten großen hat man bis 1807 vier kleine Planeten gefunden: *Ceres, Pallas, Juno* und *Vesta*. Mittlerweile kennt man über 2000 Planetoiden mit Durchmessern zwischen 900 km (Ceres) und weniger als 1 km.
Ca. 95% der bekannten Planetoiden kreisen im *Asteroidengürtel* zwischen Mars und Jupiter auf nur wenig zur Ekliptik geneigten und leicht elliptischen Bahnen mit Umlaufsdauern zwischen 3,3 und 6 Jahren.
Neben den „normalen"Planetoiden gibt es eine Reihe von Planetoiden mit besonderen Bahnen und Eigenschaften. So reicht die Bahn von Hidalgo von der Mars- bis zur Saturnbahn, Chiron bewegt sich zwischen Saturn und Uranus, Geographus besitzt die Form einer Zigarre: 4 km lang, 1 km breit. Auch gibt es eine Untergruppe, die sogenannten *Apollo-Asteroiden* ($0,22 \leq \varepsilon \leq 0,5$) mit Neigungen zwischen 7° und 16° zur Ekliptik, die der Sonne recht nahe kommen und dabei die Erdbahn kreuzen: Icarus nähert sich der Sonne bis auf 28 Millionen km ($< 0,2$ AE).

---

[33] Johann Elert Bode (1747–1826) machte die Regel allgemein bekannt.

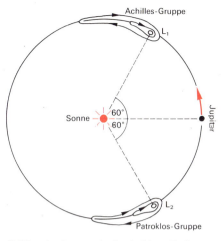

3.50 Jupiter und die beiden Trojanergruppen

Eine besondere Familie der Planetoiden sind die *Trojaner*, die alle ziemlich genau denselben Sonnenabstand haben wie Jupiter, und von denen bisher 22 bekannt sind. Offensichtlich spielt für sie neben der Gravitationskraft der Sonne auch der gravitative Einfluß des Jupiter eine Rolle. Nun kann man zwar bei einem reinen Zweikörperproblem problemlos die Bewegungen der beiden Körper mathematisch beschreiben, doch bereits bei einem Dreikörperproblem ist es normalerweise nicht möglich, Bewegungsgleichungen in geschlossener mathematischer Form angeben zu können. Allerdings erkannte der französische Mathematiker *J.L. Lagrange* 1772, daß ein spezielles Dreikörperproblem – die Masse des dritten Körpers muß gegenüber den beiden anderen verschwindend gering sein – stabile Lösungen besitzt, die sogenannten Librationspunkte: Wenn sich die drei Körper so bewegen, daß sie sich stets in den Ecken eines gleichseitigen Dreiecks aufhalten, so entspricht das einem sehr stabilen Zustand für den kleinen Körper[34].

Und die Trojaner verhalten sich entsprechend. Eine Gruppe eilt dem Jupiter um 60° voraus (Achilles-Gruppe), eine andere folgt ihm in 60° Abstand nach (Patroklos-Gruppe). Trojaner, die sich nicht genau im Librationspunkt befinden, beschreiben langsame Pendelbewegungen auf „nierenförmigen" Bahnen um diese Punkte (s. Abb. 3.50).

Es ist noch ein weiteres Beispiel dieser Art im Sonnensystem bekannt: Der kleine Mond Dione B umkreist den Planeten Saturn im selben Abstand wie der große Saturnmond Dione, wobei Dione B dem größeren um ca. 60° vorauseilt.

Wenn auch bisher nur ca. 2000 interplanetare Kleinkörper bekannt sind, dürfte deren Gesamtzahl doch mehrere Zehntausend bis Hunderttausend betragen. Ihre Masse ist mit 10^{21} kg bis 10^{22} kg immer noch viel geringer als die Erdmondmasse.

Während bei den größten Planetoiden die Oberfläche ziemlich verfestigt ist, besteht ein normaler Planetoid aus einem losen Verbund von Einzelmeteoriten.

Beim Planetoidengürtel dürfte es sich um Materie aus der Entstehungszeit des Sonnensystems handeln, die sich noch immer in langsamer Evolution befindet. Ceres hat bereits mehr als die Hälfte der Gesamtmasse auf sich vereinigt und ihre Bahn kreuzt sich mit der von Pallas und Juno, so daß sich diese Massen irgendwann einmal vereinigen könnten. Dennoch wird es wegen der zu geringen Gesamtmasse nicht zur Bildung eines einzigen Körpers aus allen Planetoiden kommen.

Kometen

Das Auftauchen eines hellen Kometen (Abb. 3.51) mit einem ausgeprägten Schweif stellt eines der beeindruckendsten Ereignisse dar, die am Nachthimmel beobachtet werden können. Ihres ungewöhnlichen Erscheinungsbilds wegen werden die Kometen seit langem als etwas Bedrohliches angesehen. Seit dem Altertum gelten sie als Unheilbringer, bis herauf in unser Jahrhundert bringt man das Auftauchen eines Kometen in Verbindung mit dem Ausbruch von Kriegen, Krankheitsepidemien, Hungersnöten und ähnlichem. Was man in der Antike und im Mittelalter als ein Ereignis innerhalb der Erdatmosphäre ansieht, wird von Tycho Brahe anhand von Messungen als ein Geschehen weit außerhalb der Atmosphäre erkannt.[35]

3.51 Der Komet Mrkos im Jahre 1957

---

[34] Es gibt im übrigen noch weitere Librationspunkte.

[35] Galilei ist gegensätzlicher Ansicht, so daß es zum Streit mit Tycho (und Kepler) kommt.

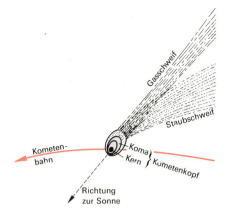

3.52 Der Aufbau eines Kometen

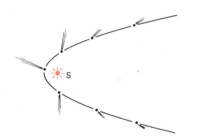

3.53 Räumliche Orientierung des Kometenschweifs

Im Normalfall, also bei großen Entfernungen von der Sonne, besteht jeder Komet nur aus einem kompakten, festen Gebilde, dem *Kometenkern*, für den ein Durchmesser von einigen Kilometern und eine Dichte um $1\,\frac{g}{cm^3}$ charakteristisch ist. Große Kometen könnten aber auch Durchmesser bis zu 100 km besitzen. Die Zusammensetzung des Kerns aus Eis der Moleküle H_2O, CO_2, CO, CH_3CN, HCN mit Einlagerungen fester Partikel (Staub, kleinere Brocken von Eisen und Silikaten) läßt die Bezeichnung „schmutziger Schneeball" für einen Kometen verständlich werden.

Dadurch, daß der Komet das Licht der Sonne teilweise reflektiert, kann er mit großen Teleskopen schon in einem Sonnenabstand von knapp 10 AE aufgespürt werden. Bei weiterer Annäherung an die Sonne beginnt der leichter flüchtige Teil der im Kern eingefrorenen Materie zu verdampfen; es bildet sich die *Koma*, eine Gasatmosphäre mit Staubpartikeln, die mehr als 10^5 km Durchmesser erreicht. Kern und Koma bilden den *Kometenkopf*. Schließlich bildet sich noch in knapp 2 AE Entfernung von der Sonne der charakteristischste Teil des Kometen, der *Schweif* aus (Abb. 3.52): Unter dem Einfluß der schnellfliegenden geladenen Teilchen des Sonnenwinds werden die ionisierten Gasteilchen der Koma weggerissen, außerdem drückt die elektromagnetische Sonnenstrahlung die sehr kleinen, neutralen Staubteilchen weg. Während der Gasschweif radial von der Sonne weg gerichtet ist, können die schwereren Staubteilchen nur auf eine geringere Geschwindigkeit beschleunigt werden, so daß der Staubschweif nach rückwärts gebogen erscheint. Je näher der Komet der Sonne kommt, desto dichter wird die auf ihn einwirkende Strahlung der Sonne, was zu einer Zunahme der Schweifgröße führt. Jedenfalls zeigt der Schweif stets von der Sonne weg (Abb. 3.53)!

Die Schweifdichte ist gering (Hochvakuum), die Ausdehnung aber enorm: 10^4 bis 10^8 km. Selten treten beide Schweiftypen bei einem Kometen auf.

Jeder neu entdeckte Komet erhält den Namen seines oder seiner Entdecker. Auf diese Art sind auch schon manche Amateurastronomen in die Annalen der Astronomie eingegangen; in den USA und in Japan gibt es eine ganze Reihe passionierter Kometenjäger, die Nacht für Nacht „auf Jagd" gehen.

Der bekannteste Komet überhaupt ist allerdings nicht nach seinem Erstdecker benannt: Als *Edmond Halley* 1682 die Bahndaten des in diesem Jahr erschienenen Kometen bestimmte und mit früheren Kometenbahnen verglich, gelang ihm die Entdeckung, daß es sich um denselben Körper handeln muß wie bei den Kometenerscheinungen von 1607 (von Kepler beobachtet und genau beschrieben), 1531 und 1456. E. Halley sagte für „seinen" Kometen die Wiederkehr für das Jahr 1759 voraus, konnte diesen Triumph aber nicht mehr erleben.

Der Halleysche Komet ist rückläufig und erreicht das Perihel seiner Bahnellipse alle 76 Jahre. Wegen gravitativer Effekte durch die Planeten variiert die Wiederkehrdauer zwischen 74 und 79 Jahren!

Während seine Erscheinung noch im Jahr 1910 große Unruhe hervorrief – die Wissenschaftler hatten einerseits herausgefunden, daß die Erde den Kometenschweif durchlaufen könnte und andererseits, daß Kometen giftige Cyanverbindungen (HCN) enthalten –, brachte man dem Halleyschen Kometen 1986

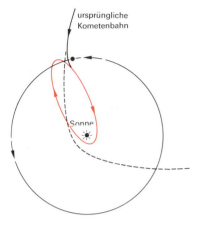

3.54 Die Entstehung eines kurzperiodischen Kometen aufgrund einer Störung durch einen Planeten

vorwiegend wissenschaftliches Interesse entgegen. Leider war Halley im Jahre 1986 zur Zeit seines Periheldurchgangs, also seiner aktivsten Phase, sehr weit von der Erde entfernt, so daß er kaum mit freiem Auge wahrgenommen werden konnte. Doch brachten verschiedene wissenschaftliche Projekte – vor allem der Vorbeiflug der europäischen Raumsonde Giotto in ca. 610 km Entfernung vom Kometenkern – wichtige Erkenntnisse über Halley (mit einem Kerndurchmesser von ca. 10 km[36]) und die Kometen im allgemeinen.

Die äußerst hell leuchtenden, gut mit dem freien Auge sichtbaren Kometen, die auf sehr exzentrischen Bahnen der Sonne nahekommen und dann in der Regel auf Nimmerwiedersehen verschwinden, sind verhältnismäßig selten. Mit Hilfe starker Fernrohre entdeckt man aber pro Jahr 5 – 10 neue Kometen, und es ist anzunehmen, daß in größerer Sonnenentfernung – dort erfolgt keine Koma- und Schweifbildung mehr – noch wesentlich mehr Kometen aufzuspüren wären.

Die Frage nach der Herkunft der Kometen ist nicht restlos geklärt. Die Theorie des holländischen Astronomen *Jan Oort*, der die Kometen an den Grenzen des Sonnensystems als Überbleibsel aus der Entstehungszeit des Sonnensystems sieht, dürfte aber der Wahrheit sehr nahe kommen. In dieser Wolke von Kometen werden bis ca. 10^{11} Einzelobjekte vermutet, und es ist denkbar, daß schon durch kleinere gravitative Störungen von außen (durch andere Fixsterne) einzelne Kometenkerne auf Bahnen gezwungen werden, die ins Innere des Sonnensystems führen. Dies dürfte vor allem auf Ellipsenbahnen geringer Exzentrizität geschehen, ohne Bevorzugung irgendeiner räumlichen Lage. Daß die Bahnen der beobachteten „neuen" Kometen vorwiegend Ellipsen größter Exzentrizität darstellen, ist dadurch erklärbar, daß nur diese Bahnen eine so starke Annäherung an die Sonne zulassen, daß der Komet Koma und Schweif ausbildet und damit gut erkennbar wird.

Wenn die Bahnform der meisten Kometen als parabolisch angegeben wird, so liegt es daran, daß der Komet nur auf einem sehr kleinen Teil seiner Bahn beobachtet wird und deshalb die Bahnform nicht exakt genug berechnet werden kann; wenn nun die Bahnexzentrizität als sehr nahe beim Wert 1 liegend erkannt wird, wird die Bahn in der Regel als Parabel eingestuft. Bei den Kometen mit genauer bestimmten Bahnen überwiegen ganz klar die Ellipsenbahnen. Die echten Parabel- und Hyperbelbahnen dürften dieselbe Ursache haben wie die kurzperiodischen Ellipsenbahnen:

Ein Komet kann beim Vorbeiflug an einem der großen Planeten beschleunigt oder abgebremst werden (Swing-by). Abb. 3.54 zeigt die Entstehung einer kurzperiodischen elliptischen Bahn aus einer langperiodischen Kometenellipse durch Vorbeiflug vor einem Planeten.

Die kurzperiodischen Kometen werden bezüglich der Lage ihres Aphels eingeteilt in *Familien*. Man unterscheidet Jupiter-, Saturn-, Uranus- und Neptunfamilie mit 68, 6, 3 bzw. 9 Mitgliedern. Der Halleysche Komet ist der Neptunfamilie zuzurechnen, da sein Aphel in etwa bis zur Neptunbahn reicht.

Wenn man bedenkt, daß ein kurzperiodischer Komet bei jedem Periheldurchgang einen Teil seiner Masse – vor allem die leicht flüchtigen Gase – verliert,

---

[36] Zigarrenform von ca. 15 km größter und 8 km geringster Ausdehnung.

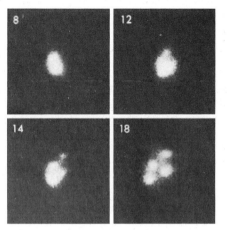

3.55 Das Auseinanderbrechen des Kometen West zwischen dem 8. und 18. März 1976

wird die größere Helligkeit von „neuen", nahe an die Sonne herankommenden Kometen verständlich.

Wie schon 1845/46 am Kometen Biela, so konnte 1975/76 am superhellen Kometen West beobachtet werden, daß Kometen auseinanderbrechen können: West teilte sich in vier Bruchstücke (Abb. 3.55)!

Von Biela konnten die beiden Bruchstücke 1852 noch in großem Abstand voneinander wiederentdeckt werden, später wurden – stets als die Erde die frühere Kometenbahn passierte (1872, 1885, 1892) – ungewohnt viele Meteorite beobachtet. Auf diese Weise entstehen aus Kometen Kleinkörper in unserem Sonnensystem.

Aufgaben

3.44. Untersuchen Sie die Gültigkeit der Titius-Bode-Regel für Neptun und Pluto!

3.45. Beschreiben Sie detailliert, was bei der Annäherung eines Kometen an die Sonne geschieht!

3.46. Vergleichen Sie die Bahn (Form, räumliche Lage) eines Kometen mit der Bahn eines Planeten!

Meteorite

Das typische Leuchten, das beim Eintreten eines Kleinkörpers in die Erdatmosphäre auftritt – volkstümlich als „Sternschnuppe" bezeichnet –, wird in der Astronomie *Meteor* genannt; den leuchtenden Körper selbst bezeichnet man als *Meteorit*. Allerdings ist mittlerweile der Terminus Meteorit für alle kosmischen Kleinstkörper gültig.

Die üblicherweise beobachteten Meteorite dürften nur Massen zwischen 1/100 Gramm und 1 Gramm besitzen und in etwa 100 km Höhe durch die auftretende Reibungswärme in der Atmosphäre vollständig verdampfen. Bei den als *Feuerkugeln* oder *Boliden* bezeichneten allerhellsten Meteoren, die auch von lautem Getöse begleitet sein können, handelt es sich um seltene Ereignisse, die auf größere Teilchen zurückgehen.

Mit dem Meteor beobachten wir aber nicht etwa das Verglühen des Meteoriten, vielmehr ist – wie Spektren zeigen – der Leuchtvorgang darauf zurückzuführen, daß aus der Oberfläche herausgeschlagene oder abgedampfte Atome durch Stöße angeregt oder ionisiert werden, worauf die Anregungsenergie bzw. die bei der Rekombination (Wiedervereinigung von Elektronen und Ionen) freiwerdende Energie spontan in Form von elektromagnetischer Strahlung abgegeben wird.

Bekanntlich hat der Entdecker einer Sternschnuppe einen Wunsch frei. Wer viele Wünsche hat, sollte am besten um den 11. August herum den Abendhimmel beobachten. Zu diesem Zeitpunkt kann man nämlich mit bis zu 70 Sternschnuppen pro Stunde rechnen. Es handelt sich hier um die sogenannten *Perseiden*, einen Meteorstrom, der aus den Trümmern des Kometen Swift-Tuttle

3.56 Verschiedene Meteorite

besteht, welcher 1862 entdeckt wurde und mit einer Umlaufsdauer von 119,6 Jahren um die Sonne zieht.

Die Materie eines in Auflösung begriffenen Kometen verteilt sich allmählich über die gesamte Bahn des Kometen, natürlich bei starker Verbreiterung um die Kometenbahn. Falls nun dieser Partikelstrom die Erdbahn kreuzt, ist die Erde – jeweils zum selben Zeitpunkt im Jahr – dem Bombardement dieser Teilchen ausgesetzt.

Die Tatsache, daß alle Teilchen des Meteorstroms von demselben Punkt an der Himmelssphäre auszugehen scheinen, ist auf einen Perspektiveeffekt zurückzuführen, der später in anderem Zusammenhang noch genauer beschrieben wird. Nach diesem Punkt, dem sogenannten Radianten, richtet sich auch der Name des Meteorstroms. Beim Perseidenstrom liegt der Radiant im nördlichen Bereich des Sternbilds Perseus.

Neben den Perseiden gibt es eine ganze Reihe weiterer Meteorströme, die sich auf bestimmte, sich auflösende oder bereits zerfallene Kometen zurückführen lassen: Leoniden, Draconiden, ... Bei verschiedenen anderen Meteorströmen vermutet man eine Herkunft von Planetoiden.

Größere Meteoriten können direkt die Erdoberfläche erreichen; nachdem sie in 10 bis 50 km Höhe abgebremst wurden, gehen sie in freiem Fall auf die Erde nieder. Da es sich hierbei neben den Apollo-Mondproben um die einzige außerirdische Materie handelt, die in Laboratorien untersucht werden kann, besitzen Meteoritenfunde große Bedeutung. Die Massen dieser Fundstücke liegen normalerweise zwischen 100 Gramm und einigen Kilogramm, reichen aber bis zu mehreren Tonnen. Der schwerste aller aufgefundenen Meteorite, ein 1920 auf der Hoba-Farm in Südwestafrika gefundener Eisenmeteorit, besitzt eine Masse von 60 Tonnen und einen Durchmesser von drei Metern.

Man unterscheidet zwischen *Eisen-* und *Steinmeteoriten*. Zwar werden wesentlich mehr Eisenmeteoriten gefunden, doch liegt dies ohne Zweifel daran, daß Steinmeteoriten der Verwitterung ausgesetzt sind und vom Nichtfachmann schwer von normalen Steinen unterschieden werden können. Man schätzt, daß die Steinmeteorite 80 – 90% aller Meteoriten ausmachen. Die Steinmeteorite enthalten vor allem Sauerstoff, Silizium und Magnesium. Man unterteilt sie in Chondrite und Achondrite, wobei die häufigeren Chondrite kleine Kügelchen (Chondren) aus Silikatmaterial enthalten. Kernphysikalische Untersuchungen zeigen, daß Steinmeteorite bis 4,6 Milliarden Jahre alt sind, so daß man über sie Aufschluß über die chemische Zusammensetzung der Materie zur Entstehungszeit unseres Sonnensystems erhält. Die Eisenmeteorite dürften vorwiegend von Zusammenstößen zwischen Planetoiden herrühren.

Im Laufe ihrer Geschichte ist die Erde auch von sehr großen Meteoriten getroffen worden, wobei größere Krater geschlagen wurden: das Nördlinger Ries (24 km Durchmesser), das Steinheimer Becken (3,5 km Durchmesser) oder der noch sehr gut ausgebildete Barringer-Krater in Arizona (Abb. 3.57). Anders als der Aufprall eines Teilchens auf die Mondoberfläche, wo keine den Fall bremsende Atmosphäre vorhanden ist, muß die Ausbildung eines Meteoritenkraters auf der Erde vor sich gehen. Darauf deutet auch der Befund hin, daß im Nördlinger Ries zwar bis in große Tiefen eine starke Verdichtung und

3.57 Der Arizonakrater hat einen Durchmesser von ca. 1,3 km und ist etwa 170 m tief. Hier schlug vor ca. 20 000 Jahren ein 2 Millionen Tonnen schwerer Eisenmeteorit ein.

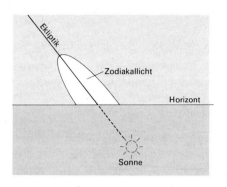

3.58 Das Entstehen der Zodiakallichtpyramide

Zertrümmerung des Gesteins vorliegt, aber kein meteoritisches Gestein gefunden wird. Auch große Meteoriten finden in den oberen Schichten der Atmosphäre wenig Widerstand; sie werden erst in der dichtesten unteren Schicht abgebremst, dann aber sehr schnell. Dabei entstehen Riesendrucke und Temperaturen, bei denen auch das gesamte Material des Ries-Meteoriten (ca. 10^9 t Masse und 1 km Durchmesser) verdampft sein muß. Die sich ausbildende Stoßwelle schlägt den kreisrunden Krater.

Die interplanetare Materie

Mikrometeoriten mit typischen Massen zwischen 10^{-9} g und 10^{-13} g verglühen nicht; diese Teilchen bilden den größten Anteil an meteoritischem Material.

Man schätzt, daß die Erde täglich von 1000 – 10000 Tonnen dieser Teilchen erreicht wird. Diese kleinsten Teilchen kann man mit Hilfe von Ballonen in der hohen Atmosphäre auffangen und anschließend untersuchen.

Ein sichtbarer Beweis für die Anwesenheit des interplanetaren Staubs ist das Auftreten des *Zodiakallichts*. Genauso wie die in ein Zimmer fallenden Sonnenstrahlen bei geeignetem Hintergrund den in der Luft herumschwebenden feinen Staub sichtbar werden lassen, verraten die am interplanetaren Staub gestreuten Sonnenstrahlen die Existenz und Verteilung der interstellaren Staubteilchen. Das Zodiakallicht erscheint als meist schwache Lichtpyramide, die sich symmetrisch zur Ekliptik anordnet, kurz vor Sonnenauf- oder nach Sonnenuntergang über dem Horizont (Abb. 3.58). Während das Zodiakallicht in unseren Breiten selten beobachtet werden kann, ist es in den Tropen, wo die Ekliptik den Horizont unter einem größeren Winkel schneidet, viel besser sichtbar. Die deutliche Konzentration zur Ekliptik läßt erkennen, daß der interplanetare Staub am dichtesten in der Ekliptikebene ist, dort, wo sich auch die Planeten bewegen.

Neben diesem interplanetaren Staub (Dichte: einige Teilchen pro km^3) besitzt die interplanetare Materie noch eine Gaskomponente, die fast ausschließlich von den Teilchen des Sonnenwinds (Dichte: 5 – 10 Teilchen pro cm^3 in Erdumgebung) gebildet wird.

Aufgabe

3.47 Erklären Sie das Auftreten von Meteorströmen, die pünktlich zu bestimmten Zeitpunkten im Jahr erscheinen!

4. Die Sonne

Selten kann man die Sonne mit bloßem Auge so gefahrlos betrachten wie bei einem Sonnenuntergang, bei dem die Intensität der Strahlung durch die absorbierende Wirkung der Erdatmosphäre auf ein Minimum reduziert wird. Für die Astronomen ist es immer ein Problem gewesen, geeignete Methoden der Sonnenbeobachtung zu finden, die einerseits für das Augenlicht ungefährlich sind, andererseits aber möglichst viele Einzelheiten der Sonnenoberfläche zeigen.

Der Ingolstädter Jesuitenpater Christoph Scheiner war einer der ersten, die ein Fernrohr auf die Sonne richteten. Seine Schutzvorkehrungen – die Verwendung von getönten Gläsern vor dem Objektiv oder die Projektion des Sonnenbildes auf eine weiße Fläche – gelten auch heute noch als die geeignetsten. Das Titelblatt zu Scheiners Schrift Rosa Ursini sive Sol zeigt ihn und seinen Mitarbeiter Cysat bei der Untersuchung des projizierten Sonnenbildes.

4.1 Der *Sonnenwagen von Trundholm* wurde Anfang dieses Jahrhunderts in der Nähe von Kopenhagen gefunden. Er stammt aus der mittleren nordischen Bronzezeit (12.–11. Jahrh. v. Chr.) und zeigt eine vergoldete Sonnenscheibe (ca. 25 cm Durchmesser) auf einem Wagen, der von einem Pferd gezogen wird. Die sechs Räder haben die Form eines alten Sonnensymbols. Der Wagen gilt als Zeugnis für einen bronzezeitlichen Sonnenkult.

4.1. Die Elektromagnetische Strahlung

Von allen alten Kulturkreisen wurde der Sonne als der lebensspendenden und den Tages- und Jahresablauf bestimmenden Kraft größte, ja göttliche Verehrung entgegengebracht. Erst in der Neuzeit wurde Schritt für Schritt die wahre Natur der Sonne erkannt. Während William Herschel zu Beginn des 19. Jahrhunderts über die Sonnenflecken noch mutmaßte, sie seien Löcher in der feurigen Sonnenhülle, durch die man auf eine feste, vermutlich auch von Lebewesen bevölkerte Oberfläche blicken könne, muß man die Sonne heute als glühenden Gasball ansehen, als eine von vielen Milliarden gleichartiger Sonnen oder Fixsterne.

Die Bestimmung der Masse der Sonne ist bereits besprochen, der Durchmesser der Sonne kann bei bekannter Entfernung (siehe Kapitel 3.1.3) auf trigonometrischem Wege aus der scheinbaren Größe der Sonnenscheibe ermittelt werden (s. Aufgabe 4.1.). Tiefere Kenntnisse über die Sonne, wie z.B. über die dort vorkommenden chemischen Elemente oder die Temperatur auf der Sonnenoberfläche, sind nur durch genaue Analyse der Sonnenstrahlung, also mit Hilfe astrophysikalischer Methoden, möglich.

Als erstem gelang es Isaac Newton 1666, das Sonnenlicht mit Hilfe eines Glasprismas in seine Farbanteile (Regenbogenfarben) zu zerlegen und als eine „heterogene Mischung unterschiedlich brechbarer Strahlen" zu erklären. Diese Erklärung hat auch heute noch Gültigkeit, wenngleich eine genauere Beschreibung der Natur des Lichts wesentlich unanschaulicher ausfällt, da dem Licht sowohl Wellen- als auch Teilcheneigenschaften zuzuschreiben sind. *Licht ist seinem Wesen nach elektromagnetische Strahlung*, genauso wie Radio-, Infrarot-, Ultraviolett-, Röntgen- oder Gammastrahlung. Elektromagnetische Strahlung zeigt aber Wellencharakter, auch wenn sie nicht an ein Medium gebunden ist. Für die Wellenlänge λ und die Frequenz f gilt:

$$f \cdot \lambda = c \text{ (Lichtgeschwindigkeit } c = 3 \cdot 10^8 \frac{m}{s}\text{)}.$$

Unser Auge ist in der Lage, die Wellenlänge des Lichts durch den Farbeindruck zu unterscheiden. Dennoch können manche Eigenschaften, die elektromagnetische Strahlen zeigen, nur dann erklärt werden, wenn man ihnen auch Teilchencharakter zubilligt. Die „Lichtteilchen" werden als *Photonen* oder *Quanten* bezeichnet und haben eine Wirksamkeit, die von ihrer Wellenlänge abhängig ist:

$$\text{Photonenenergie } E = h \cdot f, \qquad \text{Photonenimpuls } p = \frac{h}{\lambda}$$

(Plancksches Wirkungsquantum $h = 6{,}63 \cdot 10^{-34}$ Js)[1]

Es ist für uns schwer, den Wellen- und Teilchenaspekt elektromagnetischer Strahlung als miteinander vereinbar zu akzeptieren, da dies von der klassischen Physik her, in der wir zu denken gewohnt sind, widersprüchlich erscheint.

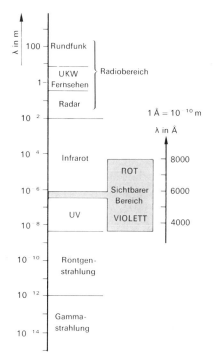

4.2 Das elektromagnetische Spektrum

---

[1] Hinweis: Bei kleiner Wellenlänge ergibt sich demnach eine große Energie und ein großer Impuls des Photons. Deshalb steht i.a. bei Gamma-, Röntgen- und UV-Strahlung der Teilchenaspekt, bei Radiowellen der Wellenaspekt im Vordergrund.

4.3 Joseph Fraunhofer (1787–1826) wurde als elftes Kind eines Glasermeisters in Straubing geboren. Schon während seiner Ausbildung zum Glasschleifer und Feinmechaniker in München machte er durch die Präzision seiner optischen und mechanischen Arbeiten sowie seines Einfallsreichtums wegen auf sich aufmerksam. Doch nicht nur durch die Anfertigung der besten Linsenteleskope errang er sich einen Namen. Sein experimentelles Geschick verschaffte ihm auch weltweit wissenschaftliche Anerkennung. Er entdeckte und untersuchte die dunklen (Fraunhoferschen) Linien im Sonnenspektrum und erfand das optische Gitter zur Spektralzerlegung des Lichts.

Im Jahre 1802 findet der englische Chemiker W. Wollaston bei der Betrachtung eines von Sonnenlicht durchstrahlten Spalts im Fensterladen mit Hilfe eines Glasprismas sieben dunkle Linien im Sonnenspektrum. Diese Tatsache gerät wieder in Vergessenheit und gewinnt erst an Bedeutung, als *Joseph Fraunhofer* 1814 diese Linien – ohne Kenntnis der Arbeit Wollastons – wiederentdeckt. Fraunhofer, der seit Jahren nach einer genauen Methode zur Bestimmung der Brechungsindices von Glasproben sucht, experimentiert mit einer Anordnung, die er selbst „Lampenapparat" nennt. Dieses erste *Spektroskop* besteht im wesentlichen aus einem Glasprisma und einem darum drehbar angeordneten kleinen Fernrohr mit Winkelablesung, womit Fraunhofer das Licht verschiedener Lampen in der Absicht untersucht, möglichst einfarbiges Licht zu gewinnen. Als er anstelle einer Lampe Sonnenlicht verwendet und die dunklen Linien im Spektrum findet, stellt er fest, daß jede dieser Linien einer bestimmten Lichtfarbe (Wellenlänge) entspricht und erkennt die Möglichkeit, mit Hilfe der Linien endlich mit großer Genauigkeit die Brechungsindices von Glassorten zu bestimmen.

Da bei den angesprochenen Erscheinungen atomare Vorgänge die entscheidende Rolle spielen, muß an dieser Stelle der Strahlungs- und Absorptionsmechanismus etwas erläutert werden.

4.1.1. Der Strahlungs- und Absorptionsmechanismus

Für Aufnahme oder Abgabe von Strahlung sind Vorgänge in der Elektronenhülle des Atoms maßgebend. Elektronen können eigentlich nicht problemlos so beschrieben werden wie klassische Teilchen (etwa Billardkugeln), da im Mikrokosmos verschiedene Eigenschaften von Teilchen bedeutungsvoll sind, die im Makrokosmos keine Rolle spielen und deshalb in unserer Erfahrungswelt nicht existieren. Jener moderne Zweig der Physik, der diese mikroskopischen Phänomene untersucht und zu erklären sucht, die *Quantenmechanik*, hat bedeutende Erkenntnisse erzielt. Allerdings sind die quantenmechanischen Darstellungen hoch mathematisiert und erscheinen wenig anschaulich. Deshalb ist es vielfach nützlicher, auf eine vereinfachte Modellvorstellung des Atoms auszuweichen, die die beobachteten Ereignisse hinreichend gut erklärt. Das *Bohrsche Atommodell* beschreibt die negativ geladenen Elektronen im Atom als klassische Teilchen, die sich auf Kreisbahnen um den positiv geladenen Atomkern bewegen, vergleichbar der Bewegung der Planeten um die Sonne. Die elektrostatische Anziehungskraft übernimmt hier die Rolle der Gravitationskraft des Planeten-Sonne-Problems. Die Erkenntnis der Quantenphysik, daß nur bestimmte, sogenannte *diskrete*[2] *Energieniveaus* im Atom auftreten können, wird im Bohrschen Modell dadurch anschaulich wiedergegeben, daß sich die Elektronen nur auf diskreten Bahnen (Quantenbahnen) bewegen können (Abb. 4.4).

Besonders einfach ist die Beschreibung des Wasserstoffatoms, des leichtesten und für die Astronomie äußerst wichtigen Atoms. Beim Wasserstoffatom gilt die folgende Auswahlregel für die zugelassenen Energiestufen des Elektrons:

$$E_n = -R \cdot h \cdot c \cdot \frac{1}{n^2} = -13{,}6 \text{ eV} \cdot \frac{1}{n^2}{}^3$$

---
[2] lat. *discretus* – abgesondert

mit den Konstanten $R = 1{,}097 \cdot 10^7 \, \text{m}^{-1}$ (Rydberg-Konstante)
$h = 6{,}626 \cdot 10^{-34} \, \text{Js}$ (Plancksches Wirkungsquantum)
$c = 2{,}998 \cdot 10^8 \, \text{ms}^{-1}$ (Lichtgeschwindigkeit)
$R \cdot h \cdot c = 2{,}18 \cdot 10^{-18} \, \text{J} = 13{,}6 \, \text{eV}$

sowie der *Hauptquantenzahl n* als Parameter ($n = 1, 2, 3, \ldots$) und der Energieeinheit Elektronenvolt (eV).

$1 \, \text{eV} = 1{,}602 \cdot 10^{-19} \, \text{J}$ ist diejenige Energie, die ein Elektron bei Durchlaufen der Potentialdifferenz 1 Volt aufnimmt.

Im Zustand mit geringster Energie, dem Grundzustand, besitzt das Elektron die Energie $E_1 = -13{,}6 \, \text{eV}$. Den höheren Energieniveaus entsprechen Elektronenbahnen mit größerem Radius und damit weniger starker Bindung im Atom. Für $n \to \infty$ nähert sich E_n dem Wert Null. Die Energie $E = 0$ (Kontinuumsgrenze) ist einem freien (nicht an ein Atom oder Molekül gebundenen) Elektron im Ruhezustand zuzuschreiben.

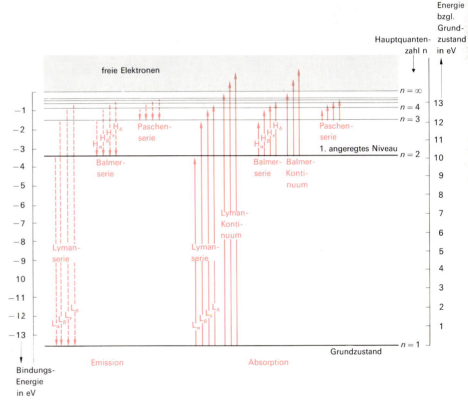

4.4 Energieniveaus und Strahlungsübergänge im Wasserstoffatom

Wenn nun ein Elektron eines Atoms von einem höheren Zustand E_m in einen niedrigeren E_n übergeht, dann wird die freiwerdende Energiedifferenz

---

[3] Das negative Vorzeichen rührt wie beim Problem Sonne–Planet von der Forderung an die potentielle Energie her, daß diese mit der Entfernung wachsen, für ein freies Elektron aber („unendliche Entfernung") den Wert Null haben soll.

$$\Delta E = E_m - E_n = R \cdot h \cdot c \left(\frac{1}{n^2} - \frac{1}{m^2} \right)$$

in Form von elektromagnetischer Strahlung abgegeben.
Die Wellenlänge λ der emittierten elektromagnetischen Strahlung kann wegen der diskreten Energiestufen ebenfalls nur diskrete Werte annehmen:

$$F_{\text{m}} - F_{\text{n}} = \Delta E = h \cdot f = h \frac{c}{\lambda}$$

Dies führt beim Wasserstoffatom auf

$$\frac{1}{\lambda} = R \cdot \left(\frac{1}{n^2} - \frac{1}{m^2} \right)$$

Ähnlich einfache Energie- oder Strahlungsterme wie das Wasserstoffatom zeigen alle anderen Einelektronensysteme, also He^+-, Li^{++}-, Be^{+++}-, ...-Ionen. Bereits das Heliumatom zeigt uneinheitlichere, komplizierter erscheinende Strahlungsterme.

Ebenso wie Teilchen des Makrokosmos haben auch Atomelektronen das Bestreben, einen möglichst tiefen Energiezustand einzunehmen. Überaus deutlich wird dies, wenn ein Elektron durch Energieaufnahme auf ein höheres Niveau gehoben wird: Das Elektron wechselt nämlich im Normalfall *sofort* wieder auf ein tieferes Energieniveau und gibt die freiwerdende Energie in Form von elektromagnetischer Strahlung ab (*spontane Emission*).
Aus der Tatsache, daß beim Wasserstoffatom die Energieunterschiede der untersten Niveaus wesentlich größer sind als die höherer Energiezustände ($E \sim n^{-2}$, siehe auch die maßstabsgetreue Energiedarstellung von Abb. 4.4), wird verständlich, daß sich Übergänge zur selben Energiestufe energetisch relativ wenig voneinander unterscheiden, weshalb man alle möglichen Übergänge zum selben Energieniveau zu einer *Spektralserie* zusammenfaßt. Die Übergänge zum Grundzustand ($n = 1$) bilden die sogenannte *Lyman-Serie*, die *Balmer-Serie* umfaßt alle Übergänge zum ersten angeregten Zustand ($n = 2$). Während die Lyman-Serie ganz im UV-Bereich des elektromagnetischen Spektrums liegt, findet man die ersten vier Balmer-Frequenzen im sichtbaren Bereich (H_α: rot, H_β: türkis, H_γ und H_δ: violett), die anderen im nahen UV-Bereich; *Paschen-* und *Brackett-Serie* sind im infraroten Spektralbereich gelegen. Dies erklärt die besondere Bedeutung der Balmer-Serie. Die Anordnung der charakteristischen Wellenlängen des Wasserstoffs zeigt Abb. 4.5.

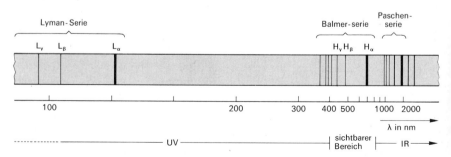

4.5 Die Serien des Wasserstoffspektrums

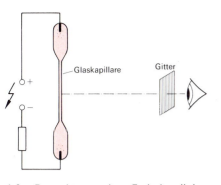

4.6 Betrachtung des Emissionslinienspektrums eines Gases mit Hilfe eines optischen Gitters

Durch Aufnahme (*Absorption*) von Energie können Elektronen in einem Atom auf ein höheres Niveau gehoben werden. Die zum Heben des Elektrons nötige Energie kann z.B. von inelastischen Stößen mit anderen Atomen herrühren, von Vorgängen also, die in dichter, heißer Atmosphäre recht häufig sind.

Beim Stoß von Atom A und Atom B wird ein Teil oder die gesamte Bewegungsenergie zur Anregung des Elektrons verwendet, worauf sich die Stoßpartner mit verminderter Bewegungsenergie voneinander entfernen.

Die *Absorption elektromagnetischer Strahlung* verläuft insofern etwas anders, als nur die gesamte Energie des ankommenden Strahlungsquants absorbiert werden kann. Das bedeutet aber, daß nur jene Wellenlängen für die Absorption durch ein Atom geeignet sind, deren Energie genau für ein Anheben des Elektrons auf ein höheres Energieniveau paßt. Für ein Ablösen eines Elektrons aus dem Atomverband (Ionisation) sind jedoch grundsätzlich alle Quanten mit ausreichender Energie geeignet. Allerdings sinkt die Ionisationswahrscheinlichkeit mit wachsender Energie stark.

Der folgende Versuch soll die charakteristischen Emissionslinienspektren verschiedener Gase zeigen (Abb. 4.6). In einer Glaskapillare ist das jeweilige Gas unter vermindertem Druck eingeschlossen, an den Enden sind Metallelektroden eingeschmolzen. Legt man an die Elektroden eine elektrische Hochspannung an, so beginnt die Kapillare zu leuchten. Betrachtet man die Röhre nun durch ein optisches Strichgitter mit ausreichender Strichdichte (z.B. 500 Linien/mm), so kann man das Spektrum des Gases erkennen. Offensichtlich bewirkt die in die Spektralröhre gebrachte elektrische Energie die Anregung des Gases, die zum Leuchten führt.

Während bei den Edelgasen Helium und Neon klare Einzellinien sichtbar sind, liegen beim Wasserstoff um die Balmerlinien äußerst viele, sehr dicht stehende Linien, die bei geringer Auflösung oder Verbreiterung der Linien als (Quasi-) Kontinuum erscheinen, so daß ein bandartiger Gesamteindruck entsteht. Bei Molekülen können nämlich zusätzlich zu den Anregungen im Atom Rotationen oder Schwingungen angeregt werden (s. Abb. 4.7).

Auch diese Energiezustände sind gequantelt, d.h. es sind nur bestimmte (diskrete) Niveaus möglich; die Abstände der verschiedenen Rotations- oder Schwingungsniveaus sind sehr gering und oftmals gleich groß.

Wenn zusätzlich zu einem Elektronensprung eine Änderung des Rotations- oder Schwingungsniveaus auftritt, kann die der Energieänderung entsprechende Wellenlänge im sichtbaren Bereich des Spektrums liegen. Molekül-Bandenspektren treten sowohl in Emission als auch in Absorption auf.

Die Bänder im Wasserstoffspektrum treten bei Erhöhung der Temperatur oder der an der Spektralröhre liegenden Spannung in der Stärke immer mehr hinter die deutlicher werdenden Balmerlinien H_α, H_β, H_γ, H_δ zurück. Bei höherer Gesamtenergie eines Gases steigt nämlich der Anteil des atomaren Wasserstoffs und damit die Stärke der Atomlinien.

Atome und Moleküle absorbieren also nur „passende" Wellenlängen, so daß bestimmte Moleküle auch ganz bestimmte Wellenlängenbereiche ausfiltern. Während CO_2 und H_2O in gewissen Teilen des Infrarotbereichs sehr stark absorbieren, ist Ozon ganz wesentlich für die UV-Absorption verantwortlich. Wie Abb. 4.8. zeigt, gibt es für die Durchdringung der Erdatmosphäre durch elektromagnetische Strahlung zwei „Fenster", eines im sichtbaren Spektralbe-

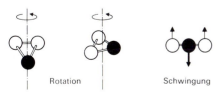

4.7 Anregungsmöglichkeiten von Molekülen

4.8 Die Abhängigkeit der atmosphärischen Strahlungsabsorption von der Wellenlänge. Aus der Kurve ist die Höhe über der Erdoberfläche abzulesen, in der die jeweilige Wellenlänge nur noch $\frac{1}{10}$ der ursprünglichen Dichte besitzt.

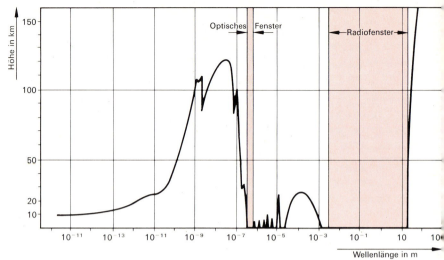

reich (400–800nm), das andere, größere, im Radiobereich (wenige mm bis 20 m [4]). In diesen Bereichen erreicht die einfallende Strahlung die Erdoberfläche ohne größere Verluste. Dies erklärt, warum auf der Erdoberfläche neben optischen Teleskopen vorwiegend Radioteleskope aufgestellt werden[5], während man mittlerweile außerhalb der Atmosphäre – vor allem in Satelliten – auch IR-, UV-, Röntgen- und Gammateleskope einsetzt.

Aufgaben

4.1. Die Sonnenscheibe erscheint für einen Erdbeobachter im Mittel unter einem Winkel von 32′. Berechnen Sie den Sonnenradius! Wievielmal größer als der Erdradius ist der Radius der Sonne?

4.2. Ein Wasserstoffatom befindet sich im ersten angeregten Zustand und wird durch Absorption elektromagnetischer Strahlung auf das dritte angeregte Niveau ($n = 4$) gehoben. Danach fällt das Atom spontan unter Emission von Strahlung in den Grundzustand.

a Skizzieren Sie die beiden Übergänge in einem passenden Energietermschema und geben Sie die üblichen Bezeichnungen für diese Übergänge an!
b Welche Wellenlänge wird vom H-Atom absorbiert, welche Frequenz wird emittiert? Geben Sie auch die Spektralbereiche dieser Strahlungsübergänge an!

4.3. Erklären Sie kurz, warum nur bestimmte Bereiche der von der Sonne ankommenden elektromagnetischen Strahlung die Erdoberfläche erreichen. Geben Sie die diesbezüglichen „Fenster" der Erdatmosphäre an!

4.1.2. Zur Spektroskopie. Die Fraunhoferschen Linien

Fraunhofer untersuchte das Sonnenspektrum systematisch, katalogisierte insgesamt 567 Linien, die er mit lateinischen Buchstaben kennzeichnete und wurde so zum *Begründer der Spektroskopie*. Heute sind etwa 25000 dieser Fraunhoferschen Linien bekannt.

---

[4] Wellenlängen von mehr als 20 m werden an den Ionosphärenschichten reflektiert.

[5] Auch in bestimmten Gegenden des Infrarotbereichs erreicht die Strahlung in ausreichendem Maße die Erdoberfläche, was die Tatsache erklärt, daß auf der Erdoberfläche auch einige IR-Teleskope installiert sind.

Die Entstehung dieser Linien wurde erst von *Gustav R. Kirchhoff* und *Robert W. Bunsen* verstanden. Bei der Beobachtung eines Feuerwerks im Schloß zu Heidelberg auf den Zusammenhang zwischen der chemischen Zusammensetzung des leuchtenden Körpers und der Farbe des ausgesandten Lichts aufmerksam geworden, schufen sie 1859 die Grundlagen der *Spektralanalyse*, die das Auftreten jeder Spektrallinie zurückführt auf die Anwesenheit eines bestimmten Elements:

Während *kontinuierliche Spektren* bei glühenden Festkörpern beobachtet werden, zeigen unter geringem Druck stehende Gase bei geeigneter Energiezufuhr ein Spektrum mit einzelnen leuchtenden Linien, sogenannten *Emissionslinien* (s. S. 105).

Schickt man kontinuierliches Licht durch ein Gas und zerlegt das durchgehende Licht mit Hilfe eines Glasprismas oder eines optischen Gitters in seine Farben, so zeigen sich im Kontinuum dunkle Linien (*Absorptionslinien*), die darauf zurückzuführen sind, daß die Gasatome jene Lichtquanten absorbiert haben, die imstande sind, ein Atomelektron auf ein höheres Energieniveau zu heben. Da die Energie und damit auch die Frequenz f oder die Wellenlänge λ (Photonenenergie $E = h \cdot f = h \cdot \frac{c}{\lambda}$) genau passen muß, erfolgt diese Absorption selektiv, das heißt von jeder Atomart werden nur ganz bestimmte Frequenzen absorbiert und fehlen damit im Spektrum. Zwar fallen die angehobenen Elektronen spontan (nach ca. 10^{-8} s) unter Aussendung der entsprechenden elektromagnetischen Strahlung wieder in tiefere Energiezustände, doch erfolgt diese Emission in den gesamten Raumwinkel, so daß sie im durchgehenden Licht kaum bemerkt werden kann.

Die den Absorptionslinien zuzuordnenden Photonenenergien müssen nach dem bisher Gesagten den Energieunterschieden der einzelnen Atomniveaus entsprechen, genauso wie es bei den Emissionslinien der Fall ist. Eine genaue Frequenzbestimmung der Absorptionslinien läßt erkennen, welche Atomart die Absorption bewirkt hat (Spektralanalyse).

Auch bei den *Fraunhofer-Linien* im Sonnenspektrum handelt es sich um Absorptionslinien. Sie entstehen in der Photosphäre der Sonne, jener äußeren Schicht, aus der die sichtbare Sonnenstrahlung zu uns kommt (Abb. 4.9). Die Atome der Photosphäre absorbieren hier aus dem vorwiegend in der tieferen Photosphäre erzeugten elektromagnetischen Strahlungskontinuum geeignete Frequenzen, was sich für den Erdbeobachter in fehlenden (dunklen) Linien im Spektrum niederschlägt.

Die Analyse der Fraunhoferschen Linien zeigt, daß auf der Sonne dieselben chemischen Elemente wie auf der Erde vorkommen. Allerdings sind die prozentualen Anteile der Elemente anders als auf der Erde. Häufigstes Sonnenelement ist der Wasserstoff, gefolgt vom Helium. Diese beiden Elemente machen zusammen bereits 98% der Photosphärenmasse aus.

Die Bestimmung der prozentualen Zusammensetzung der Sonnenmaterie ist jedoch nicht einfach durchzuführen, denn die Stärke der einzelnen Linien allein läßt noch keinerlei Rückschlüsse auf die Häufigkeit der entsprechenden Elemente zu (siehe Abschnitt 4.5.).

Nicht nur über das Vorkommen der verschiedenen chemischen Elemente, sondern auch über die Temperatur der Sonnenoberfläche gibt die Sonnenstrah-

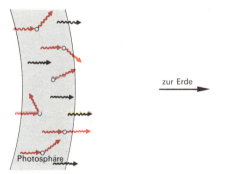

4.9 Die Entstehung der Fraunhoferschen Linien.
Von den in der Photosphäre sich in Richtung Erde bewegenden Photonen werden jene mit „passender" Wellenlänge von Atomen absorbiert. Da die Reemission ohne Bevorzugung einer Richtung geschieht, fehlen eben diese Wellenlängen in einem auf der Erde aufgenommenen Sonnenspektrum.

lung Auskunft. Hierzu sind aber noch tiefere Kenntnisse über die Natur der Sonnenstrahlung nötig, weshalb zunächst die wichtigsten Strahlungsgesetze vorgestellt werden.

Aufgaben

4.4. Beschreiben Sie das Aussehen von Emissions- und Absorptionsspektren und erklären Sie das Zustandekommen dieser beiden Arten von Spektren!

4.5. Wie entstehen die Fraunhoferschen Linien im Sonnenspektrum?

4.2. Die Strahlungsgesetze

In der Nähe eines heißen Körpers „fühlen wir Wärme", das heißt, die in der Haut sitzenden Sinneszellen registrieren den von diesem Körper ausgehenden Wärmestrom. Überraschenderweise kann die Wärme des Körpers auch gefühlt werden, wenn man von ihm durch ein Vakuum getrennt ist. Deshalb kann hier weder die normale *Wärmeleitung*, bei der die Wärmeenergie von Molekül zu Molekül weitergegeben wird, noch die als *Konvektion* bezeichnete Wärmeströmung von Gas- oder Flüssigkeitsteilchen Ursache des registrierten Wärmeflusses sein; man nimmt die *Wärmestrahlung* des heißen Körpers wahr. Die Wärmestrahlung der Sonne gelangt durch den fast leeren Weltraum zu uns.

Die Wärmestrahlung tritt im Gegensatz zur Wärmeleitung und Konvektion, bei denen ein Temperaturunterschied nötig ist, völlig unabhängig von der Temperatur der Umgebung auf; ein kälterer Körper kann Strahlung eines wärmeren empfangen, aber auch umgekehrt!

Wenn man die Temperatur eines Körpers immer mehr erhöht, so glüht er schließlich. Diese bekannte Tatsache kann nun so interpretiert werden, daß Wärmestrahlung bei hohen Temperaturen auch im sichtbaren Bereich des elektromagnetischen Spektrums auftritt. Bei der Wärmestrahlung handelt es sich um elektromagnetische Strahlung, deren Intensität und spektrale Zusammensetzung stark von der Temperatur des strahlenden Körpers bestimmt ist und deren Eigenschaften im folgenden etwas erläutert werden:

Bei gleicher Temperatur T nimmt ein schwarzer, aufgerauhter Körper eine größere Energie auf als ein Körper mit einer anderen Oberflächenbeschaffenheit und -farbe; auch strahlt der schwarze, rauhe Körper mehr ab! Wer an einem sonnigen Sommertag barfuß eine Asphaltstraße überquert, kann an seinen brennenden Fußsohlen unschwer erkennen, wie stark die Sonnenstrahlung von diesem dunklen Straßenbelag absorbiert wird. Auf den weißen Fahrbahnmarkierungen ist es – obwohl sie sehr schmal sind – deutlich weniger heiß! Eine sehr tückische Eigenschaft der Asphaltstraßen, die jeder Autofahrer kennen sollte, ist auf das starke Abstrahlungsvermögen dunkler Körper zurückzuführen: in kühlen Nächten vereisen naß gewordene Asphaltstraßen schon dann, wenn die Umgebungstemperatur deutlich über Null Grad liegt!

Mit der Definition

$$\textit{Absorptionsvermögen } \alpha := \frac{\text{absorbierte Strahlungsenergie}}{\text{gesamte auftreffende Strahlungsenergie}}$$

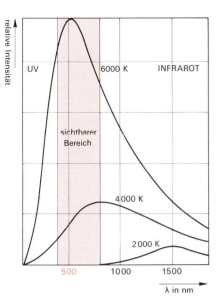

4.10 Die spektrale Verteilung der Strahlung eines schwarzen Körpers

läßt sich auch der wichtige Begriff *schwarzer Körper*, bei dem man sich bisher nur auf einen subjektiven Farbeindruck stützen konnte, exakt festlegen.

Unter einem schwarzen Körper im physikalischen Sinn versteht man einen Körper mit Absorptionsvermögen 1, einen Körper also, der die ankommende Strahlung vollständig absorbiert.

Während aufgerauhte und berußte oder mit schwarzem Samt überzogene Körper nur „fast schwarze" Körper darstellen, kann man die gegenüber der gesamten Oberfläche kleine Öffnung eines innen geschwärzten, an allen Stellen dieselbe Temperatur besitzenden Hohlkörpers als schwarzen Körper ansehen (*Hohlraumstrahler*). Eine bei der Stahlerzeugung verwendete, geöffnete Bessemerbirne stellt demnach sehr gut einen schwarzen Körper dar. Die Farbe „schwarz" spielt hier offensichtlich eine untergeordnete Rolle.
Das Emissionsverhalten eines schwarzen Körpers ist allein durch seine Temperatur bestimmt. Die Wellenlängenabhängigkeit der Strahlung eines schwarzen Körpers von konstanter Temperatur ist in Abb. 4.10 skizziert. Wie die Kurven zeigen, verschiebt sich das bei der Wellenlänge λ_m auftretende Emissionsmaximum mit steigender Temperatur gegen kürzere Wellenlängen hin. Dies entspricht der Beobachtung, daß ein glühender Körper seine Farbe bei Temperaturerhöhung von rot über orange bis weiß-bläulich ändert!
Wilhelm Wien konnte im Jahre 1893 auf empirischem Wege den Zusammenhang zwischen der Temperatur T eines schwarzen Körpers und der Wellenlänge λ_m seines Strahlungsmaximums auffinden. Dieses *Wiensche Verschiebungsgesetz* besitzt die einfache, einprägsame Form:

$$\lambda_m \cdot T = 2{,}898 \cdot 10^{-3} \, \text{m} \cdot K$$

Eine Aussage über die gesamte Strahlungsleistung = Leuchtkraft L eines schwarzen Strahlers der Temperatur T und der Oberfläche A gibt das 1884 aufgefundene *Gesetz von Stefan und Boltzmann*:

$$L = \sigma \cdot A \cdot T^4 \quad , \text{ mit } \sigma = 5{,}67 \cdot 10^{-8} \, \frac{W}{m^2 K^4}$$

Aufgaben

4.6. Expeditionsschlafsäcke besitzen meist eine äußere Haut aus dünner Aluminiumfolie. Welchen Sinn hat dies?

4.7. Ein Körper der Oberfläche 1 m² besitzt die Temperatur 500°C. Er strahlt in der Minute eine Energie von 250 Kilojoule ab. Zeigen Sie, daß es sich um keinen schwarzen Körper handeln kann!

4.8. Eine schwarze Stahlkugel des Durchmessers 20 cm mit einer sehr rauhen Oberfläche emittiert am stärksten bei einer Frequenz von $3{,}42 \cdot 10^{13}$ Hertz.
a Welche Temperatur besitzt der Körper?
b Welche Energie wird vom Körper pro Minute abgestrahlt?
c Welche Strahlungsenergie erreicht pro Sekunde eine Fläche von 1 cm², die 2 m vom Mittelpunkt der schwarzen Kugel entfernt und senkrecht zur ankommenden Strahlung orientiert ist?

4.9. Eine schwarze Holzkugel von 1 m Durchmesser und sehr rauher Oberfläche besitzt eine Temperatur von 300 Kelvin, eine dunkle, grobe Eisenkugel von 10 cm Durchmesser ist auf 900°C erhitzt.
a Berechnen Sie das Verhältnis der beiden Oberflächen und die Wellenlängen, bei denen die beiden Körper maximal strahlen!
b Vergleichen Sie die Strahlungsleistungen beider Kugeln!

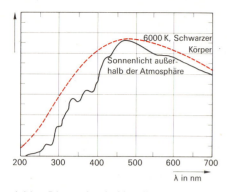

4.11 Die spektrale Verteilung des Sonnenlichts bei Messung außerhalb der Erdatmosphäre

Die Bestimmung der Oberflächentemperatur von Sonne und Planeten

Eine exakte Temperaturbestimmung eines Körpers über die von ihm empfangene Strahlung ist nur möglich, wenn man über den physikalischen Zustand des Körpers genau Bescheid weiß und die Gesetzmäßigkeit zwischen Zustand (z.B. Farbe), Temperatur und abgegebener Strahlung kennt.

Da der Zustand der Sonnenoberfläche aber nicht a priori bekannt ist, treten bei der Bestimmung der Oberflächentemperatur prinzipielle Schwierigkeiten auf. Man umgeht diese Probleme dadurch, daß man in erster Näherung die Sonne als Schwarzkörperstrahler ansieht und die bekannten Strahlungsgesetze für schwarze Körper anwendet. Ohnehin ist die Abweichung des Strahlungsverhaltens der Sonne von dem eines schwarzen Körpers nicht allzu gravierend, wie alle Erfahrung zeigt. Natürlich darf es nicht überraschen, wenn die Anwendung verschiedener Schwarzstrahlergesetze zu unterschiedlichen Temperaturwerten für die Sonne führt.

Wenn man von einem aufgenommenen Sonnenspektrum die spektrale Verteilung bestimmt – etwa auf fotoelektrischem Wege, indem man das gewonnene Filmmaterial (Negativ) mit Licht durchstrahlt und mit Hilfe einer Fotodiode an allen Stellen (bei allen Wellenlängen) des Spektrums den Fotostrom mißt –, so erhält man die in Abb. 4.11 dargestellte Kurve.

Wegen der das Spektrum dominierenden Absorptionslinien ist das Maximum der Spektralverteilung nur schwer zu erkennen. Es dürfte bei etwa 475 nm liegen, also im grünen Bereich des Spektrums. Das Wiensche Verschiebungsgesetz läßt auf eine Temperatur der Sonnenoberfläche von 6100 K schließen. Wenn man wie im vorliegenden Fall die Temperatur aus einem begrenzten Spektral(Farb-)bereich ermittelt (hier: aus der Lage des Maximums), so spricht man von einer *Farbtemperatur*.

Von einer *effektiven Temperatur* ist die Rede, wenn die gesamte Wärmestrahlung des untersuchten Körpers zur Temperaturbestimmung herangezogen wird. Die effektive Temperatur der Sonnenoberfläche ist aus der gesamten Strahlungsleistung (Leuchtkraft) der Sonne durch Anwendung des Stefan-Boltzmann- Gesetzes zu gewinnen. Dazu ist zunächst eine Messung der *Solarkonstanten* nötig, d.h. jenes von der Sonne ausgehenden Energieflusses, der jede Sekunde eine senkrecht zur Strahlungsrichtung orientierte Einheitsfläche (1 m²) in der Entfernung 1 AE von der Sonne durchsetzt.

Für eine *Abschätzung der Solarkonstanten* S kann ein wassergefüllter Erlenmeyerkolben dienen, in den ein Flüssigkeitsthermometer taucht und dessen geschwärzter Boden senkrecht zur einfallenden Sonnenstrahlung ausgerichtet wird (Abb. 4.12). Die ankommende Strahlung wird durch die schwarze Fläche A ziemlich vollständig absorbiert und führt zu einer von der Versuchsdauer Δt abhängigen Temperaturerhöhung ΔT von Wasser und Glaskolben. Die gesamte in der Zeit Δt ankommende Strahlungsenergie $S \cdot A \cdot \Delta t$ muß demnach als Zunahme der Wärmeenergie von Wasser und Kolben meßbar sein:
$\Delta Q = C \cdot \Delta T$, wobei sich die Wärmekapazität C der Anordnung aus den spezifischen Wärmekapazitäten und Massen von Wasser und Glas ergibt:

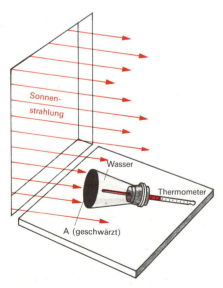

4.12 Ein Versuch zur Abschätzung der Solarkonstante

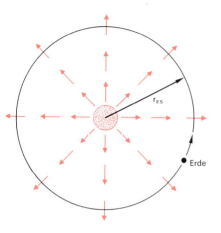

4.13 Zur Ermittlung der Strahlungsleistung der Sonne

$$C = c_W \cdot m_W + c_{Gl} \cdot m_{Gl}.$$

Nach $\Delta Q = C \cdot \Delta T = S \cdot A \cdot \Delta t$ ist die Solarkonstante zu bestimmen:

$$S = \frac{C \cdot \Delta T}{A \cdot \Delta t}$$

Auf diese Art durchgeführte Versuche ergeben: $S \approx 1000 \frac{W}{m^2}$. Die geringe interplanetare Absorption wird vernachlässigt[6]. Es ist zu berücksichtigen, daß ein Teil der Sonnenstrahlung in der Atmosphäre absorbiert wird und Energieverluste bei der Versuchsdurchführung auftreten, so daß der wahre Wert der Solarkonstanten sicher höher anzusetzen ist.

Der Einfluß der Atmosphäre kann durch Messungen bei unterschiedlicher Sonnenhöhe ermittelt, am besten aber durch Messungen außerhalb der Erdatmosphäre umgangen werden. Der Wert der Solarkonstanten wird in der modernen Fachliteratur mit einer Genauigkeit von ca. 1% angegeben als

$$S_\odot = 1360 \frac{W}{m^2}.$$

Dieser Zahlenwert ist insofern als zeitlicher Mittelwert zu verstehen, als die Sonnenstrahlung deutliche Aktivitätsschwankungen zeigt.

Auf die gesamte Strahlungsleistung oder Leuchtkraft $L_\odot$ der Sonne ist mit der Überlegung zu schließen, daß alle pro Sekunde von der Sonne abgestrahlte Energie auch pro Sekunde durch die Oberfläche einer gedachten Kugel um die Sonne vom Radius $r_{ES} = 1$ AE treten muß[7] (Abb. 4.13); dort kommen pro Quadratmeter 1360 W an.

Folglich gilt

$$L_\odot = 4\pi \cdot r_{ES}^2 \cdot S_\odot = 3{,}82 \cdot 10^{26} \text{ W}$$

Das Stefan-Boltzmann-Gesetz liefert

$$L_\odot = A_\odot \cdot \sigma \cdot T_{eff}^4 = 4\pi \cdot R_\odot^2 \cdot \sigma \cdot T_{eff}^4,$$

so daß man die effektive Temperatur berechnen kann:

$$T_{eff,\odot} = \sqrt[4]{\frac{L_\odot}{\sigma \cdot 4\pi R_\odot^2}} = 5770 \text{ K}.$$

Jedenfalls stimmt die Größenordnung der effektiven Temperatur mit der aus dem Wienschen Verschiebungsgesetz gewonnenen Farbtemperatur überein, was die Schwarzkörpernäherung für die Sonne rechtfertigt.

Es ist primär nötig, die effektive Sonnentemperatur zu kennen, wenn man die Wirkung der Sonneneinstrahlung auf einen Planeten untersucht. Auf dem Planeten stellt sich ein Gleichgewicht zwischen Absorption und Emission von Strahlung ein, das auch die Oberflächentemperatur bestimmt.

---

[6] Siehe Aufgabe 4.10., S. 113

[7] Die geringe interplanetare Absorption wird vernachlässigt.

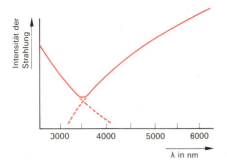

4.14 Das Spektrum des Mondlichts im Infrarotbereich.
Der abfallende Spektralast rührt von dem an der Mondoberfläche reflektierten Sonnenlicht her, der ansteigende Teil ist auf die vom Mond selbst abgegebene IR-Wärmestrahlung zurückzuführen. So entsteht bei ca. 3500 nm ein Strahlungsminimum.

Im Hinblick auf die Berechnung dieser Gleichgewichtstemperatur wird der strahlende Planet ebenso wie die Sonne als schwarzer Strahler angesehen, so daß die bekannten Schwarzkörpergesetze Verwendung finden können. Wegen der im Vergleich zur Sonnenoberfläche geringen Planetentemperaturen kann die Abstrahlung von Energie durch einen Planeten nicht im sichtbaren Bereich des Spektrums, sondern nur im Infrarotbereich erfolgen. Die spektrale Verteilung der vom Mond zur Erde gelangenden Strahlung (s. Abb. 4.14) zeigt dies deutlich; der im sichtbaren Bereich gelegene Strahlungsanteil ist auf die Reflexion des Sonnenlichts durch den Mond zurückzuführen.

Natürlich sind für die Berechnung der Oberflächentemperatur Besonderheiten der Oberfläche oder der Bewegung des jeweiligen Planeten zu berücksichtigen. Bei Jupiter sorgen die schnelle Rotation und die dichte Atmosphäre für eine ziemlich einheitliche Oberflächentemperatur, so daß auch die Abstrahlung von den verschiedenen Teilen der Oberfläche recht gleichmäßig erfolgen muß. Bezüglich der Strahlungsabsorption ist zu beachten, daß der wirksame Auffangquerschnitt $r^2\pi$ beträgt, die Fläche der „Planetenscheibe"; außerdem wird nur der Anteil $1-A$ (A = Albedo) der den Planeten erreichenden Sonnenstrahlung aufgenommen. Von der Sonne erreicht den Jupiter pro Einheitsfläche die Strahlungsleistung $\frac{L_\odot}{4\pi r_{J-S}^2}$, über das Absorptions-Emissions-Gleichgewicht

$$\frac{L_\odot}{4\pi r_{J-S}^2} \cdot (1-A) \cdot r_J^2 \cdot \pi = \sigma \cdot T_{\text{eff},J}^4 \cdot 4\pi r_J^2$$

ist die Gleichgewichtstemperatur bestimmbar:

$$T_{\text{eff},J} = \sqrt[4]{\frac{L_\odot (1-A)}{16\pi r_{J-S}^2 \cdot \sigma}}.$$

Nun ist aber dieser Temperaturwert nicht mit den Messungen am Jupiter in Einklang zu bringen. Die thermische Infrarotabstrahlung Jupiters läßt nämlich auf eine Temperatur von ca. 125 K schließen, was nur durch die Annahme einer inneren Energiequelle des Planeten erklärt werden kann. Da radioaktiver Zerfall die Höhe dieses zusätzlichen Energieflusses nicht zu erklären vermag, dürfte es sich hier um Wärmeenergie handeln, die noch von dem bei der Bildung des Planeten aufgetretenen Gravitationskollaps stammt. Wegen des schlechten Wärmeleitvermögens des Planeten kann diese Energie nur langsam nach außen dringen.

Die nach obiger Methode berechnete Gleichgewichtstemperatur eines Planeten kann auch dann fehlerhaft sein, wenn der betrachtete Planet eine Atmosphäre besitzt, in der – wie bei Venus – ein starker Treibhauseffekt auftritt, der die Temperatur auf dem Planeten sehr stark ansteigen läßt. Dann erfolgt der Energietransport durch die infrarotundurchlässige Schicht von innen nach außen durch Konvektion und Wärmeleitung, so daß die weiter außen abgegebene Infrarotstrahlung keine Information über die hohe Oberflächentemperatur enthalten kann.

Aufgaben

4.10. Wie wirkt sich eine Genauigkeit von 1% bei der Kenntnis der Solarkonstanten $\left(S_\odot = 1360 \, \frac{W}{m^2}\right)$ auf die daraus errechnete effektive Temperatur der Sonnenoberfläche aus? Welcher Toleranzbereich für die effektive Temperatur ergäbe sich bei 10% Genauigkeit für $S_\odot$?

4.11. Berechnen Sie mit Hilfe der Solarkonstanten und durch Ansetzen des Strahlungs-Absorptions-Gleichgewichts die mittlere Temperatur auf der Erdoberfläche und vergleichen Sie Ihr Ergebnis mit der gemessenen mittleren Jahrestemperatur auf der Erde von +14,3°C! Interpretation!

4.12. Aus Messungen der thermischen Infrarotstrahlung läßt sich bei Jupiter auf eine Temperatur von ca. 125 K schließen, wogegen die Berechnung der Temperatur über das Strahlungsgleichgewicht einen Wert von 105 K ergibt.
a Bei welcher Wellenlänge strahlt Jupiter am stärksten?
b Um welchen Faktor übertrifft die emittierte Energie die vom Planeten pro Zeitabschnitt absorbierte Energie?

4.13. Der Planet Merkur erfüllt wegen seiner extrem langsamen Rotation und der fehlenden Atmosphäre die Voraussetzungen für eine gleichmäßige Energieaufnahme und -abgabe aller Bereiche der Planetenoberfläche in keiner Weise. Dennoch läßt sich auch bei ihm für verschiedene Zonen oder Punkte der Oberfläche die Temperatur berechnen.
Betrachtet man zum Beispiel ein kleineres Gebiet, das senkrecht von der Sonne beschienen wird (sog. subsolares Gebiet), so liefert die Annahme eines lokalen Strahlungsgleichgewichts einen guten Wert für die Oberflächentemperatur dieser Region. Natürlich darf hier kein nennenswerter Energiefluß an der Planetenoberfläche auftreten.
Leiten Sie einen allgemeinen Term zur Berechnung der subsolaren Gleichgewichtstemperatur her und berechnen Sie diese anschließend für den Planeten Merkur!

4.3. Der Zustand der Materie im Sonneninneren

Da über die physikalischen Verhältnisse im Sonneninnern keine direkte Information erhältlich ist, muß aus der Kenntnis von Sonnendurchmesser, mittlerer Dichte, Oberflächentemperatur und chemischer Zusammensetzung durch Anwendung physikalischer Gesetzmäßigkeiten auf den Zustand der Materie im Innern der Sonne geschlossen werden. Die bekannten Meßgrößen (Temperatur, mittlere Dichte, ...) lassen nur den Schluß zu, daß die Materie in gasförmigem Zustand vorliegt. Der Zustand eines Gases ist aber durch die thermodynamischen Grundgrößen beschreibbar, so daß der Ermittlung des Druck- und Temperaturverlaufs im Innern der Sonne besondere Bedeutung zukommt.

Bei Temperaturen von ca. 6000 K an der Sonnenoberfläche sind nur etwa 0,01% des Wasserstoffs ionisiert, doch deuten alle Erkenntnisse auf einen so starken Temperaturanstieg nach innen hin, daß die Materie im Innern fast vollständig ionisiert sein muß, daß also ein Plasma – bestehend aus Elektronen, Protonen und Atomkernen – vorliegt. Für die mittlere Masse $\overline{m}$ eines Teilchens kann demnach unter der Annahme etwa gleich vieler Elektronen und Kerne als untere Grenze angegeben werden:

$$\overline{m} = \tfrac{1}{2}(m_p + m_e) = 0{,}84 \cdot 10^{-27} \text{kg} \,.$$

Dieses *Plasma* kann aber als ideales Gas angesehen werden[8], als Gas also, bei dem das Eigenvolumen der Teilchen (Elektronen und Atomkerne!) gegenüber dem Gesamtvolumen vernachlässigbar klein ist, und für das die *Allgemeine Gasgleichung*

---
[8] Siehe Aufgabe 4.15., S. 115

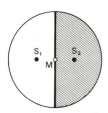

4.15 Zur Abschätzung von Druck und Temperatur im Sonneninneren. S_1 und S_2 sind die Schwerpunkte der beiden Sonnenhälften.

$$p \cdot V = N \cdot k \cdot T$$

den Zusammenhang zwischen den thermodynamischen Grundgrößen Druck p, Volumen V und Temperatur T beschreibt (N Anzahl der Teilchen, k Boltzmann-Konstante).

Der Druck dieses idealen Gases ist es vor allem, der dem Gravitationsdruck entgegenwirkt. Das sich einstellende Gleichgewicht von Gas- und Gravitationsdruck bestimmt die Abmessungen der Sonne.

Das folgende einfache Modell liefert eine Abschätzung von Druck und Temperatur im Sonneninnern. Wenn man sich den Sonnenball in zwei Halbkugeln zerlegt denkt, dann wirken diese durch Gravitation aufeinander (Abb. 4.15). Da der Dichteverlauf im Sonneninnern nicht als bekannt vorausgesetzt werden kann, wird von einer konstanten Dichte ausgegangen. Die beiden Schwerpunkte haben dann jedenfalls einen Abstand $< \frac{1}{2} \cdot R_\odot$ vom Sonnenmittelpunkt M; der genaue Wert ist $\frac{3}{8} \cdot R_\odot$.

Somit beträgt die Gravitationskraft der beiden Sonnenhälften

$$F_{\text{grav}} = G \cdot \frac{m_\odot}{2} \cdot \frac{m_\odot}{2} \cdot \frac{1}{\overline{S_1 S_2}^2} = \tfrac{4}{9} G \cdot \frac{m_\odot^2}{R_\odot^2}.$$

Der Druck, den diese Kraft an der Trennfläche der Halbkugeln ausübt, kann als mittlerer Druck $\bar{p}$ im Sonneninnern interpretiert werden:

$$\bar{p} = \frac{F_{\text{grav}}}{R_\odot^2 \pi} = \frac{4G}{9\pi} \cdot \frac{m_\odot^2}{R_\odot^4} = 1{,}57 \cdot 10^{14} \, \frac{\text{N}}{\text{m}^2}.$$

Über die allgemeine Gasgleichung läßt sich mit der Gesamtteilchenzahl $N = \frac{m_\odot}{\overline{m}}$ die mittlere Temperatur $\bar{T}$ berechnen.

$$\bar{T} = \frac{\bar{p} \cdot V_\odot}{N \cdot k} = \frac{\bar{p} \cdot \tfrac{4}{3} R_\odot^3 \cdot \pi \cdot \overline{m}}{m_\odot \cdot k} =$$

$$= \frac{1{,}6 \cdot 10^{14}\,\text{Nm}^{-2} \cdot 4 \cdot (7 \cdot 10^8 m)^3 \cdot \pi \cdot 0{,}84 \cdot 10^{-27}\,\text{kg}}{3 \cdot 2 \cdot 10^{30}\,\text{kg} \cdot 1{,}38 \cdot 10^{-23}\,\text{NmK}^{-1}} \approx 7 \cdot 10^6 \, \text{K}.$$

Auch wenn es sich hier nur um eine grobe Abschätzung handelt, ist die Größenordnung der errechneten Werte sicher richtig. Im Sonneninnern herrschen also Temperaturen von mehreren Millionen Kelvin!

Genauere Modellrechnungen führen auf eine *Zentrumstemperatur* von etwa 15 Millionen Kelvin und einen Druck von mehr als $2 \cdot 10^{16} \, \frac{\text{N}}{\text{m}^2}$ im Sonnenzentrum.

Bei diesen riesigen, ungewöhnlichen Werten versagt unser Vorstellungsvermögen total. James Jeans hat einmal errechnet, daß ein stecknadelkopfgroßes Stück Materie dieser Temperatur und Dichte noch in 150 km Entfernung jedes Leben töten würde! Die Dichte der vor allem aus Wasserstoff und Helium bestehenden Materie ist im Zentrum etwa zwölfmal so groß wie die Dichte von Blei!

Während bei einem Abstand von 0,3 Sonnenradien vom Zentrum – innerhalb dieser Grenze sind bereits ca. 64% der Sonnenmasse (auf 2,7% des Sonnenvolumens) eingeschlossen – noch eine Temperatur von knapp 7 Millionen Kelvin herrscht (Dichte $\approx 13 \frac{g}{cm^3}$), ist die Temperatur bis zum halben Sonnenradius vom Zentrum auf ca. 3,5 Millionen Kelvin gesunken; die Dichte beträgt dort etwa $1 \frac{g}{cm^3}$. Weiter draußen sind nur noch 6% der Sonnenmasse vorhanden; entsprechend gering ist die Dichte in diesem $\frac{7}{8}$ des Sonnenvolumens umfassenden Bereich.

Aufgaben

4.14. Alle Abschätzungen zeigen, daß die mittlere Temperatur im Sonneninnern mehrere Millionen Grad ausmacht. Zusammenstöße zwischen Wasserstoffatomen führen mit großer Sicherheit zur Ionisation, wenn die Stoßpartner kinetische Energien besitzen, die wesentlich größer sind als die Ionisationsenergie der Atome.

a Zeigen Sie, daß dies bei Temperaturen von 1 Million Kelvin sicher der Fall ist!

b Welche Temperatur hat ein Gas, wenn die mittlere Teilchenenergie gerade noch zur Ionisation von H-Atomen ausreicht?

4.15. Es soll gezeigt werden, daß das Sonnenplasma ein ideales Gas darstellt. Berechnen Sie hierzu den mittleren Abstand d der Teilchen des Sonnenplasmas und vergleichen Sie diesen mit dem „Durchmesser" der Teilchen (Atomkerndurchmesser im Bereich von 10^{-15} m)! [9]

4.4. Energieerzeugung im Sonneninneren

Es kann kaum daran gezweifelt werden, daß die Sonne schon vor der endgültigen Bildung der Planeten entstanden ist. Aus der Untersuchung irdischer Gesteine sowie von Meteoritenmaterial kann somit auch die bisherige Lebensdauer der Sonne abgeschätzt werden, die demnach seit mindestens 4,5 Milliarden Jahren besteht. In dieser Zeitspanne hat sich den heutigen Sternentwicklungstheorien nach die Energieabstrahlung nicht wesentlich verändert, so daß man die heutige Strahlungsleistung der Sonne von $L = 3,82 \cdot 10^{26}$ W den in die Vergangenheit zurückreichenden Berechnungen unterlegen kann.

Wie Albert Einstein erkannt hat, besteht zwischen Masse m und Energie E der einfache Zusammenhang

$$E = m \cdot c^2$$
(c Lichtgeschwindigkeit),

in dem die völlige Äquivalenz von Masse und Energie zum Ausdruck kommt. Wenn von der Sonne jede Sekunde eine Strahlungsenergie von ca. $3,82 \cdot 10^{26}$ J abgegeben wird, dann muß sie demnach einen Massenverlust von $\Delta m = E/c^2$ $\approx 4,25 \cdot 10^9$ kg erleiden. Jede Sekunde verliert die Sonne also 4,25 Millionen

---

[9] Wenn man den „effektiven Protonendurchmesser" als jenen Abstand ansieht, auf den sich Protonen wegen ihrer elektrostatischen Abstoßung im Mittel nahekommen können, so gilt: d ist im Bereich von 10^{-13} m, siehe auch Kapitel 4.4.

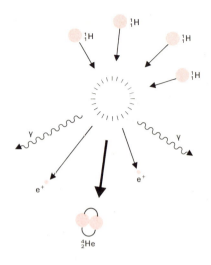

4.16 Vier Wasserstoffkerne verschmelzen zu einem Heliumkern

Tonnen Masse! Auch wenn dies auf den ersten Blick als sehr hohe Verlustrate erscheinen mag, so ist dies – auch wenn über große Zeiträume aufsummiert wird – gegenüber der riesigen Gesamtmasse der Sonne beinahe bedeutungslos (s. Aufgabe 4.20.).

Die Prüfung auf einen in Frage kommenden Energieerzeugungsmechanismus kann so erfolgen, daß die mögliche Lebensdauer der Sonne bei dem angenommenen Energieerzeugungsprozeß berechnet und mit der tatsächlichen bisherigen Lebensdauer von ca. 4,5 Milliarden Jahren verglichen wird (s. Aufg. 4.18.). Als Prozeß, der hinter der starken Energieabstrahlung der Sonne stehen könnte, muß die *Gravitationskontraktion* der Sonnenmaterie bis zum heutigen Radius in Betracht gezogen werden.

Wenn sich ein Teilchen der Masse m von unendlich großem Abstand bis zur Sonnenoberfläche bewegt, so gewinnt es hierbei die Energie $\frac{G \cdot m \cdot m_\odot}{R_\odot}$. Bei der Kontraktion einer Materiewolke ist zu berücksichtigen, daß zwar für ein einzelnes Teilchen die Kontraktion bis $r < R_\odot$ erfolgt, jedes Teilchen aber nur die Gravitation aller näher am Zentrum sich befindenden Teilchen verspürt. Für die gesamte freiwerdende Gravitationsenergie ist ein geeigneter Richtwert:

$$E \approx \frac{G \cdot m_\odot^2}{R_\odot} = 3,84 \cdot 10^{41} \text{ J}.$$

Da die Sonne jährlich ca. $1,2 \cdot 10^{34}$ J abstrahlt, hätte sie ihren Energiebedarf nur für ca. 32 Millionen Jahre aus der Gravitation decken können, wäre also längst erloschen!

Wie wir heute wissen, gewinnt die Sonne ihre Energie durch die *Verschmelzung (Fusion) von Wasserstoffkernen zu Heliumkernen* (Abb. 4.16). Diese Erkenntnis des Jahres 1937 (Bethe und Weizsäcker) gehört mittlerweile fast zum Grundwissen eines „Normalbürgers". Der Heliumkern stellt für die Kernbausteine (Protonen und Neutronen) einen deutlich energiegünstigeren Zustand dar, so daß bei der Wasserstoffusion ein sehr hoher Energiebetrag frei wird.

Während bei Übergängen in der Atomhülle Energien auftreten, die typischerweise im eV-Bereich liegen – lediglich die Röntgenenergien sind deutlich im keV-Bereich gelegen – liefern Vorgänge im Atomkern Energien im MeV-Bereich!

Damit es zu einer Fusion zweier H-Kerne kommen kann, müssen sich die beiden Protonen so nahe kommen, daß die zwar sehr großen, aber auch ungewöhnlich kurzreichweitigen Kernkräfte wirksam werden können. Dazu müssen aber erst einmal die starken elektrostatischen Abstoßungskräfte zwischen den Protonen überwunden werden, was die Protonen nur mit Hilfe ihrer Bewegungsenergie erreichen können.

Bei einer Temperatur von 15 Millionen Grad im Sonnenzentrum beträgt die mittlere kinetische Energie $\frac{1}{2} m_p \cdot \overline{v^2}$ der Protonen $\frac{3}{2} \cdot kT \approx 3,1 \cdot 10^{-16}$ J, so daß von einer mittleren Geschwindigkeit der Protonen $\bar{v} \approx 600$ km/s auszugehen ist.

Wenn nun zwei Protonen dieser mittleren Energie direkt aufeinander zu und gegen das Coulombfeld anlaufen, dann können sie sich bei abnehmender Geschwindigkeit bis auf einen minimalen Abstand r_{min} nähern, worauf sie sich dann – falls inzwischen keine Kernkräfte wirksam sind – wieder voneinander entfernen. Der Energieerhaltungssatz verrät, daß im Umkehrpunkt die gesamte ursprüngliche Bewegungsenergie eines Protons durch

Arbeit im elektrostatischen Feld des anderen Protons aufgebraucht ist, daß also gilt:

$$2 \cdot \tfrac{1}{2} m_p \cdot v^2 = \frac{C \cdot e \cdot e}{r_{min}}, \quad \text{oder} \quad r_{min} = \frac{Ce^2}{m_p \cdot v^2}.$$

(Coulomb-Konstante $C = 8{,}99 \cdot 10^9 \,\frac{Vm}{As}$, Elementarladung $e = 1{,}602 \cdot 10^{-19}\,As$)

Dieser Abstand ist aber viel zu groß, um auftretende Kernverschmelzungen erklären zu können, wie die Betrachtung der typischen Kernradien von wenigen 10^{-15} m zeigt. Experimente mit Teilchenbeschleunigern korrigieren aber dieses klassische physikalische Bild und zeigen, daß auch schon bei den eben betrachteten Geschwindigkeiten und Protonenabständen Fusionsreaktionen auftreten können, allerdings mit relativ geringer Wahrscheinlichkeit. Im Mikrokosmos genügt eben die klassische Teilchenbeschreibung nicht immer der Realität, vielmehr müssen hier quantenphysikalische Erkenntnisse in die Überlegung einbezogen werden.

Die Quantenmechanik schreibt aber einem Teilchen eine bestimmte Wahrscheinlichkeit $\neq 0$ zu, einen endlich hohen Potentialwall „durchtunneln" zu können, auch wenn die Energie hierfür aus klassischer Sicht nicht reicht. Dieser sogenannte *Tunneleffekt* ermöglicht also erst die Kernfusion bei den für die Sonne typischen Temperaturen.

Es handelt sich stets um eine ganze Folge von Fusionsprozessen, die letzlich zum Aufbau von $^4_2$He-Kernen aus Protonen führen. In der Symbolschreibweise der Kernphysik wird für jeden Kern die Anzahl der Protonen (tiefgestellt) und die Gesamtzahl von Protonen und Neutronen (hochgestellt) angegeben. Der $^4_2$He-Kern besteht demnach aus 2 Protonen und $(4-2) = 2$ Neutronen.

Bei der sogenannten *pp-Kette* führt die Fusion über schwere Wasserstoffkerne (Deuteronen D), bei denen ein Proton und ein Neutron das Kernensemble bilden und Helium-3:[10]

$$^1_1H^+ + {}^1_1H^+ \rightarrow {}^2_1D^+ + e^+ + \nu_e + 1{,}19 \text{ MeV}$$
$$^2_1D^+ + {}^1_1H^+ \rightarrow {}^3_2He^{++} + \gamma + 5{,}49 \text{ MeV}$$
$$^3_2He^{++} + {}^3_2He^{++} \rightarrow {}^4_2He^{++} + {}^1_1H^+ + {}^1_1H^+ + 12{,}85 \text{ MeV}$$

Bei dem von Bethe und Weizsäcker entdeckten *CNO-Zyklus* wirken ^{12}C, ^{15}N und ^{15}O als Katalysatoren. Das heißt, sie sind an den Reaktionen zwar entscheidend beteiligt, werden aber nicht „verbraucht", sondern immer wieder neu gebildet:

$$^{12}C^{6+} + {}^1H^+ \rightarrow {}^{13}N^{7+} + \gamma$$
$$^{13}N^{7+} \rightarrow {}^{13}C^{6+} + e^+ + \nu_e$$
$$^{13}C^{6+} + {}^1H^+ \rightarrow {}^{14}N^{7+} + \gamma$$
$$^{14}N^{7+} + {}^1H^+ \rightarrow {}^{15}O^{8+} + \gamma$$
$$^{15}O^{8+} \rightarrow {}^{15}N^{7+} + e^+ + \nu_e$$
$$^{15}N^{7+} + {}^1H^+ \rightarrow {}^{12}C^{6+} + {}^4He^{++}$$

Die beiden H-Fusions-Reaktionen sind stark temperaturabhängig. Die pp-Kette tritt ab ca. 5 Millionen K auf, während der CNO-Zyklus erst bei einer Temperatur von mehr als 10 Millionen Kelvin einsetzt und ab ca. 20 Millionen Kelvin bedeutender als die pp-Reaktion wird. Somit überwiegt bei unserer Sonne der pp-Prozeß deutlich!

---

[10] Auch bei Vorgängen im Atomkern hat das Gesetz von der Erhaltung der Ladung Gültigkeit.

Für beide Mechanismen kann man dieselbe Gleichungsbilanz aufstellen:

$$4 \cdot {}^1H \rightarrow {}^4He + 2e^+ + 2\nu_e + 2\gamma + \Delta E, \text{ mit } \Delta E \approx 26 \text{ MeV}.$$

Die freiwerdende Energie wird von den bei der Fusion gebildeten Teilchen mitgenommen. Neben den Heliumkernen handelt es sich hier um elektromagnetische Gammaquanten (γ), aber auch um Positronen (e^+), welche sich lediglich durch die positive Ladung von den Elektronen unterscheiden und sehr schnell mit den im Überfluß vorhandenen Elektronen zerstrahlen:

$$e^+ + e^- \rightarrow 2\gamma + \Delta E.$$

Außerdem entstehen noch äußerst viele Elektronen-*Neutrinos* (ν_e), elektrisch neutrale Teilchen, die, wenn überhaupt, nur eine äußerst geringe Ruhemasse besitzen und kaum Reaktionen mit Materie eingehen. Deshalb gelangen sie auch ohne Probleme und Umwege aus der Sonne und erreichen bei passender Abstrahlungsrichtung wenig mehr als 8 Minuten nach ihrer Entstehung die Erde. Trotz der geringen Wechselwirkungswahrscheinlichkeit dieser Teilchen gibt es Experimente zum Nachweis der Neutrinos. Es wird gegenwärtig stark diskutiert, was die Ursache für die im Vergleich zur Theorie etwas zu geringe Zahl der nachgewiesenen Sonnenneutrinos sein könnte!

Es sei noch darauf hingewiesen, daß in der obigen Gleichungsbilanz mit $\Delta E = 26$ MeV der von den Neutrinos abgeführte, relativ geringe und für die Sonne verlorene Energiebetrag nicht berücksichtigt ist.

Wenn man von einem ursprünglichen Wasserstoffgehalt von ca. 70% der Sonnenmasse ausgeht, dann können insgesamt höchstens $\dfrac{0{,}7 \cdot m_\odot}{4 \cdot m_p}$ Fusionen von vier Protonen zu einem Heliumkern auftreten, so daß die gesamte freiwerdende Fusionsenergie höchstens einen Wert von

$$E_{ges} = \frac{0{,}7 \cdot 2 \cdot 10^{30} \text{ kg}}{4 \cdot 1{,}67 \cdot 10^{-27} \text{ kg}} \cdot 26 \cdot 10^6 \cdot 1{,}6 \cdot 10^{-19} \text{ J} = 8{,}72 \cdot 10^{44} \text{ J}$$

erreichen kann. Damit reicht die H-He-Fusion bei einer zeitlich konstanten Strahlungsleistung der Sonne von $L_\odot = 3{,}82 \cdot 10^{26} \text{ J s}^{-1}$ (s. S. 111 u. S. 115) für eine Sonnenlebensdauer

$$\tau_\odot = \frac{E_{ges}}{L_\odot} = 2{,}28 \cdot 10^{18} \text{ s} \approx 7 \cdot 10^{10} \text{ a}.$$

Bei dieser Rechnung wird allerdings davon ausgegangen, daß der *gesamte* Wasserstoffvorrat der Sonne verbraucht werden kann. Selbst wenn die Sonne nur 10% ihres Wasserstoffvorrats für die Fusion nützen könnte, würde sie 7 Milliarden Jahre davon zehren können!

Aufgaben

4.16. Wie lange müßte ein Kernkraftwerk von 100 MW Leistung im Dauerbetrieb arbeiten, bis es so viel Energie erzeugt hat, wie die Sonne sekündlich abstrahlt?

4.17. Die jährlich weltweite Energieproduktion der Menschheit liegt gegenwärtig bei ca. $3{,}5 \cdot 10^{20}$ J. Wie viele Jahre dauert es, bis bei dieser Rate so viel Energie produziert wird, wie die Sonne pro Sekunde abgibt?

4.18. a Wie lange könnte die Sonne ihr gegenwärtiges Strahlungsniveau aufrechterhalten, wenn sie ihre Energie durch chemische Verbrennung gewänne?
Der Rechnung soll der Heizwert von Steinkohle $H_{StK} = 30 \frac{MJ}{kg}$ zugrunde gelegt werden. Vom Problem des fehlenden, für eine Verbrennung aber notwendigen Sauerstoffs soll abgesehen werden.
b Wievielmal mehr Energie wird bei der Fusion von Wasserstoff im Vergleich zur Verbrennung der gleichen Masse Steinkohle frei?

4.19. a Berechnen Sie den bei der Fusion von Wasserstoff pro erzeugtem Heliumkern freiwerdenden Energiebetrag (Protonenmasse $m_p = 1{,}67264 \cdot 10^{-27}$ kg, Masse eines Heliumkerns $m_{He} = 6{,}64476 \cdot 10^{-27}$ kg)!
b Auf der Sonne werden pro Sekunde ca. $3{,}9 \cdot 10^{38}$ Wasserstoffkerne verschmolzen. Berechnen Sie aus diesen Angaben die gesamte Strahlungsleistung (= Leuchtkraft) der Sonne!

4.20. Zeigen Sie, daß die gesamten Strahlungsverluste, die die Sonne seit ihrem Bestehen erlitten hat, nur zu einem Defekt von weniger als einem Promille der Sonnenmasse geführt haben.

4.21. Zu Beginn ihres Daseins dürfte die Sonne als Ganzes eine chemische Zusammensetzung gehabt haben, wie sie gegenwärtig auf der Sonnenoberfläche anzutreffen ist: ca. 70% der Masse macht der Wasserstoff aus, 28% Helium und 2% andere Elemente.
a Wie viele H-Kerne waren ursprünglich auf der Sonne vorhanden?
b Wie lange kann die Sonne bei konstanter Strahlungsleistung (wie in der Gegenwart) Energie aus der H-He-Fusion beziehen, wenn
i) alle Protonen fusionieren können?
ii) ca. 15% aller Protonen fusionieren können?.
c Wie hoch ist der Wasserstoffgehalt der Sonne gegenwärtig (nach 4,5 Milliarden Jahren Brenndauer)?

4.22. Die Partikelstrahlung der Sonne – der *Sonnenwind*[11] – besitzt in Erdnähe eine Dichte von ca. 6 Teilchen pro Kubikzentimeter und eine mittlere Geschwindigkeit von ca. 450 km/s.
a Wie viele Teilchen verlassen die Sonne in jeder Sekunde, wenn eine isotrope[12] Abstrahlung vorausgesetzt werden kann?
b Wie groß ist der aufgrund des Sonnenwindes auftretende Massenverlust der Sonne pro Sekunde und Jahr sowie im Vergleich zu den entsprechenden Werten für die Wärmestrahlung der Sonne? Es kann die Vereinfachung gemacht werden, daß der Sonnenwind nur Elektronen und Protonen (jeweils gleich viele) enthält.

4.5. Energietransport im Sonneninneren

Während die Sonnenstrahlung aus einer sehr dünnen Schicht an der Oberfläche der Sonne kommt, wird die hierzu nötige Energie tief im Sonneninnern erzeugt. Es ist also ein geeigneter Transport dieser Energie von innen nach außen nötig. Nun stellt aber die Sonne ein riesiges thermodynamisches System dar, und nur der Temperaturunterschied zwischen dem heißen inneren und dem relativ kalten äußeren Bereich kann für den Energietransport verantwortlich sein. Prinzipiell sind drei Arten des Transports von Wärmeenergie möglich: Wärmeleitung, Strahlung und Konvektion.

Obwohl das Leitvermögen der Sonnenmaterie durchaus nicht als schlecht anzusehen ist, reicht es nicht annähernd aus, um die Größenordnung des Energietransports auf der Sonne zu erklären. Die *Wärmeleitung*, bei der die Energie direkt von Teilchen zu Teilchen weitergegeben wird, muß somit nicht weiter berücksichtigt werden.

Den bedeutendsten Transportmechanismus stellt die *Wärmestrahlung* dar. Auch wenn sie bei jeder Temperatur der Materie auftritt, so ist doch auch hier für den Energietransport ein Temperatur*gefälle* der beteiligten Körper vonnöten.

---

[11] Siehe Abschnitt 4.6.
[12] in alle Richtung gleiche

Betrachtet man zwei benachbarte Materieelemente auf der Sonne, so befindet sich das weiter innen liegende auf höherer Temperatur, so daß es nach den Strahlungsgesetzen auch mehr Energie abstrahlt. Die weiter außen liegende Materieeinheit empfängt deshalb von innen mehr Energie, als es dorthin abstrahlt; es resultiert ein Energiestrom von innen nach außen.

Auch die *Konvektion* (Wärmeströmung) spielt eine wesentliche Rolle beim Energietransport auf der Sonne. Wenn die Temperatur an manchen Stellen im Innern übermäßig ansteigt, dehnen sich diese Bereiche wegen des stattfindenden Druckausgleichs aus, so daß ihre Dichte geringer als in der Umgebung wird und dieses Materiepaket aufsteigen kann. Dabei tritt kein oder kaum ein Energieaustausch mit der Umgebung auf, man spricht von einem adiabatischen Vorgang.

Das Aufsteigen heißer Materie ist schon aus Stabilitätsgründen mit einem Abfallen kälterer Materie in der Umgebung verbunden, so daß insgesamt ein starker Energiefluß von innen nach außen stattfindet.

4.6. Die einzelnen Schichten der Sonne. Der Sonnenwind

Jener innerste Bereich der Sonne, in dem fast die gesamte (95%) Energieerzeugung (durch Kernverschmelzung) vor sich geht, reicht bis etwa $\frac{2}{10}$ des Sonnenradius nach außen, enthält ca. 35% der Sonnenmasse und wird als *Sonnenkern* bezeichnet (Abb. 4.17).

Die Energie wird bis etwa 0,85 Sonnenradien fast ausschließlich durch Strahlungsvorgänge nach außen transportiert, wobei es sich um fortwährende Emissions- und Absorptionsvorgänge handelt, bei denen die Energie der beteiligten elektromagnetischen Strahlungsquanten allmählich nach außen hin

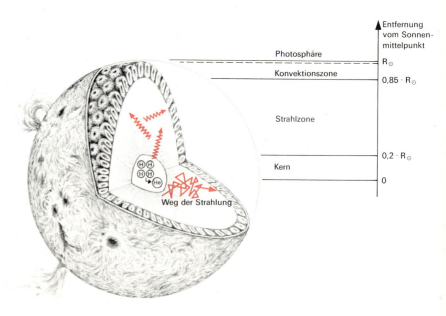

4.17 Der Aufbau der Sonne

abnimmt. In dieser *Strahlungszone* ($0{,}2 \cdot R_\odot < r < 0{,}85 \cdot R_\odot$), in der die Temperatur von ca. 10 Millionen Kelvin auf etwa 1,5 Millionen Kelvin sinkt, befinden sich ca. 64% der Sonnenmasse.

Bei dem großen Temperaturgefälle im Außenbereich ab 0,85 Sonnenradien (1% der Sonnenmasse) reicht der Energietransport durch Strahlung nicht mehr zur Einstellung eines thermischen Gleichgewichts. Hier setzt die Konvektion ein. Sehr günstig wirkt sich dabei aus, daß die Temperatur in diesem Bereich bereits so tief liegt, daß Protonen mit Elektronen zu H-Atomen zusammentreten (rekombinieren) und die hierbei freiwerdende Rekombinationsenergie einen Teil der Ausdehnungsarbeit in den aufsteigenden Gaspaketen bestreiten kann. Die *Konvektionszone* reicht deshalb bis knapp unter die Sonnenoberfläche. Die Konvektion ist in diesem Bereich praktisch für den gesamten Energietransport verantwortlich.

An diese Konvektionsschicht schließt sich die nur ca. 200 km (!) dicke *Photosphäre* an, jener sichtbare Teil der Sonnenoberfläche, aus dem die Sonnenstrahlung mit den Fraunhoferschen Linien zu uns kommt. Zur Vermeidung von Augenschäden sollte eine Betrachtung der Photosphäre mit Teleskopen am besten so erfolgen, daß das Sonnenbild auf einen Schirm projiziert wird. Der Jesuitenpater Christoph Scheiner aus Ingolstadt betrachtete die Sonnenoberfläche an nebligen Vormittagen auch direkt mit dem Teleskop. Gelegentlich war er sogar äußerst unvorsichtig. So schreibt er über eine Beobachtung vom März 1612: „Um 12 Uhr war der Himmel völlig klar und ich sah auf der Sonne einen großen Fleck. ...Eine Stunde lang konnte ich danach kaum sehen."

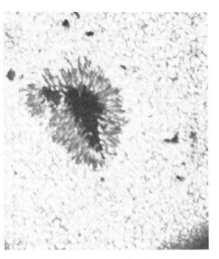

4.18 Die Granulation der Sonnenoberfläche sowie ein großer Sonnenfleck

Bei guten atmosphärischen Bedingungen ist auch die *Granulation* erkennbar, eine zeitlich veränderliche, von Helligkeitsunterschieden herrührende Kleinstruktur von körnigem[13] Aussehen (Abb. 4.18). Man stellt sich die Entstehung der Granulation vor als Folge des konvektiven Energietransports, der sich auch noch in die zwar recht stabile, doch sehr dünne Photosphäre hinein bemerkbar macht. Die aufsteigende heiße Materie erscheint dabei heller als die absteigende kältere; die Granula verändern sich innerhalb von Minuten sehr stark.

In einem einfachen Versuch kann das Auftreten der Granulation simuliert werden. Wenn man in ein Gefäß mit möglichst niedrigem Rand Milch und Kakaopulver gibt und das Ganze erhitzt, bilden sich an der Oberfläche infolge der Konvektion Granulationsstrukturen aus. Natürlich ist hier nicht der Temperaturunterschied für die helleren und dunkleren Teile verantwortlich.

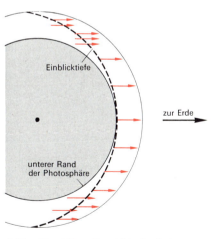

4.19 Zur Mitte-Rand-Verdunkelung. Die durch die Pfeillänge veranschaulichte maximale Reichweite der Strahlung in der Photosphäre ist hier vereinfacht als konstant (unabhängig von der Tiefe) dargestellt.

Wenn man mit einem Fotowiderstand das Sonnenprojektionsbild abtastet, mißt man einen Abfall des Fotostroms zum Sonnenrand hin; auch erscheint auf fotografischen Aufnahmen die Randpartie der Sonne etwas dunkler. Dieser als *Randverdunklung* bezeichnete Effekt ist zurückzuführen auf den Temperaturabfall nach außen und die geringe Durchsichtigkeit der Photosphäre. Aus Abb. 4.19 ist erkennbar, daß die Strahlung, die uns vom Rand der Sonnenscheibe erreicht, aus höheren und damit weniger heißen Schichten der Photosphäre stammt wie die von der Scheibenmitte ausgehende. Die geringere Flächenhelligkeit eines kühleren Gases erklärt den Helligkeitsabfall nach außen hin. Die Temperatur in der Photosphäre variiert zwischen ca. 7350 K innen und 4850 K am äußeren Rand.

---

[13] lat. *granum* – Korn

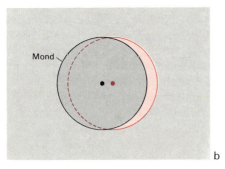

4.20 a Flash-Spektrum der Sonne
b Zur Entstehung des Flashspektrums in der Chromosphäre.
Kurz vor oder nach der Totalitätsphase einer Sonnenfinsternis macht sich das Spektrum, das sonst von der Photosphäre überstrahlt wird, bemerkbar.

4.21 a Die Sonnenkorona während einer Phase starker Sonnenaktivität

Der scharfe Rand der Photosphäre wird allgemein als Sonnenrand angesehen. Dennoch ist auch außerhalb der Photosphäre Sonnenmaterie in verschiedenen Schichten aufzufinden. So zeigt sich bei einer totalen Sonnenfinsternis wenige Sekunden vor und nach der Totalität ein Emissionslinienspektrum, ohne daß etwa ein Spalt vor der lichtzerlegenden Apparatur nötig wäre. Die Emissionslinien bei diesem sogenannten *Flash-Spektrum* (Abb. 4.20) erscheinen sichelförmig, was nur die Deutung zuläßt, daß diese Linien in einer relativ schmalen Schicht über der Photosphäre – der *Chromosphäre* – erzeugt werden. Nur dann, wenn die Photosphäre schon (oder noch) von der Mondscheibe verdeckt ist, kann diese Strahlung geringer Intensität auffallend in Erscheinung treten.

Das Auftreten von Emissionslinien deutet auf eine hohe Temperatur in der bis etwa 10000 km über die Photosphäre reichenden Chromosphäre hin. Die Ursache für den starken Temperaturanstieg in der Chromosphäre ist noch nicht mit Sicherheit ermittelt; die übliche Deutung durch Druckwellen (Schallwellen), die beim Aufprall der konvektiven Gaspakete auf die Photosphäre entstehen und Energie nach außen tragen, ist zu wenig gesichert. Auch die im normalen Sonnenspektrum auftretenden UV-Emissionslinien werden der Chromosphäre zugeschrieben.

Während der Totalitätsphase einer Sonnenfinsternis ist um die abgedeckte Sonne ein ziemlich ausgedehnter, aber schwacher Strahlenkranz sichtbar, die *Korona* (Abb. 4.21). Ein aufgenommenes Spektrum der Korona zeigt unter anderem Emissionslinien, die verschiedenen sehr hoch ionisierten Atomen zugeordnet werden können. So treten hier Linien von Fe^{9+}, Fe^{13+} und Ca^{14+} (!) auf, was auf Temperaturen von mehr als 1 Million Kelvin in der inneren Korona, vor allen am Übergang von der Chromosphäre zur Korona schließen läßt. Hier erfolgt also bevorzugt die Umwandlung der von der Sonne kommenden Energie in Wärmeenergie. Nach außen hin sinkt die Temperatur wieder ab, die Korona verliert laufend viele schnelle Protonen und Elektronen (Sonnenwind) und geht allmählich in den interplanetaren Raum über.

Von der Sonne geht also nicht nur elektromagnetische Strahlung, sondern auch eine hochenergetische Teilchenstrahlung aus, bestehend vor allem aus Protonen und Elektronen. Von diesem sogenannten Sonnenwind sind im Abstand 1 AE von der Sonne 5 – 10 Teilchen pro Kubikzentimeter nachweisbar, die sich mit etwa 1000facher Schallgeschwindigkeit (200 – 800 km/s) bewegen. Es ist davon auszugehen, daß der Sonnenwind den gesamten Bereich der Planetenbahnen ausfüllt.

Für eine Abbremsung des Sonnenwinds ist weniger die Gravitation verantwortlich als die interstellare Materie, die die gesamte Galaxis durchzieht.

Dafür, daß der Sonnenwind nicht – wie beispielsweise auf dem Mond – ungehindert die Oberfläche „bombardieren" kann, sorgt das Magnetfeld der Erde. Die von der Sonne ausgehenden Partikel wechselwirken wie alle elektrisch geladenen Teilchen mit dem Erdmagnetfeld. An der der Sonne zugewandten Seite werden die Teilchen durch das Erdmagnetfeld abgelenkt und um die Erde herumgeführt. Das Erdmagnetfeld wird durch den Sonnenwind und dessen „magnetischen Druck" stark deformiert, ja sogar total eingeschlossen – man spricht von der *Magnetosphäre* der Erde (Abb. 4.22).

Während sich zur Sonne hin wegen der starken Abbremsung der Teilchen eine sehr starke Stoßfront mit dahinterliegender Turbulenzzone ausbildet, die ein

4.21 b Die Sonnenkorona während einer Phase geringer Sonnenaktivität

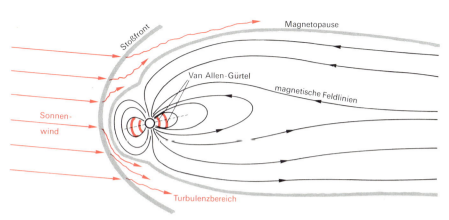

4.22 Die Magnetosphäre der Erde

Eindringen von Teilchen unmöglich macht und die Magnetosphäre hier stark zusammengedrückt ist, bildet sich auf der sonnenabgewandten Seite ein sehr langer Schweif (bis 1 000 000 km) der Magnetosphäre aus, die hier viel unklarer gegen den Sonnenwind abgegrenzt ist.

Die Ermittlung der Magnetosphärestruktur ist insofern mit großen Schwierigkeiten verbunden, als wegen der sehr unterschiedlichen Aktivität der Sonnenoberfläche und damit der Stärke des Sonnenwinds die Grenze Magnetosphäre-Sonnenwind sehr starken zeitlichen Schwankungen unterliegt. Zur Sonne hin schwankt die Vorderseite der Magnetosphäre ca. 20 – 30000 km um eine typische Ausdehnung der Magnetosphäre von ca. 15 Erdradien!

Aufgaben

4.23. Geben Sie für die Kern-, Strahlungs- und Konvektionszone eine Übersicht über umschlossenes Volumen, Masse und Dichte!

4.24. Welche Sicherheitsvorkehrungen müssen bei jeder Sonnenbeobachtung getroffen werden?

4.25. Was deutet auf eine Zunahme der Temperatur in der Chromosphäre (im Vergleich zur Photosphäre) hin?

4.7. Die Rotation der Sonne

Anhand der *Bewegung der Sonnenflecken*[14] über die Sonnenscheibe kann die Rotation der Sonne direkt beobachtet werden. Zwei Erkenntnisse bezüglich der Sonnenrotation sollen besonders herausgehoben werden:

Zum einen ist die Äquatorebene der Sonne gegen die Ekliptik um 7°15′ geneigt, was sich bei Beobachtung von der Erde aus in einer sich im Laufe eines Jahres ändernden räumlichen Orientierung von Sonnenäquator und -polen niederschlägt (s. Abb. 4.23); die Bahnen der Sonnenflecken zeigen dies.

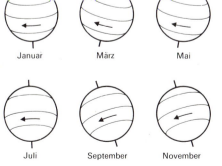

4.23 Räumliche Orientierung der Sonnenscheibe von der Erde aus gesehen

[14] Leicht erkennbare dunkle Flecken auf der Sonnenoberfläche, siehe Kapitel 4.9.

Zum anderen verläuft die Rotation umso schneller, je näher die Materie am Äquator liegt! Die Sonnenmaterie dreht sich bei dieser *differentiellen Rotation* am Äquator in ca. 25 Tagen, an den Polen in ca. 37 Tagen einmal um ihre Achse. Der Drehsinn ist derselbe wie der Umlaufsinn der Planeten.

Experimentelle Anregung

Bei dieser gängigen, mit einem kleinen Refraktor oder Reflektor ausführbaren Methode zur Beobachtung der Sonnenflecken (und deren Entwicklung) sowie der Ermittlung der Rotationsdauer der Sonne wird die Sonne durch das Fernrohrokular auf einen direkt mit dem Teleskop verbundenen Auffangschirm abgebildet. Zur Kontrasterhöhung ist das direkte Sonnenlicht abzuschirmen.

Die Bewegung der Sonnenflecken[15] über die Sonnenscheibe soll durch Einzeichnen der Fleckenmittelpunkte in ein auf den Auffangschirm gelegtes Blatt Transparentpapier an aufeinanderfolgenden Tagen festgehalten werden. Dazu wird zunächst auf das Papier ein Kreis von ca. 10 cm Durchmesser mit zwei aufeinander senkrecht stehenden Durchmessern gezeichnet. Wenn das Papier so gedreht wird, daß sich die Flecken bei ausgeschalteter Nachführung parallel zu einem der eingezeichneten Durchmesser bewegen und das Sonnenbild exakt auf den gezeichneten Kreis abgebildet wird, ist die gleichbleibende Orientierung des Sonnenbilds gewährleistet. Eine grobe Bestimmung der Rotationsdauer ist über den zurückgelegten Weg der Flecken und die zugehörige Zeitdauer leicht möglich.[16]

4.8. Das Kontinuum der Sonnenstrahlung

Auch der kontinuierliche Anteil des Sonnenspektrums wird in der Photosphäre erzeugt. Für die Entstehung eines Kontinuums kommen Beschleunigungsvorgänge geladener Teilchen in Frage; Strahlungsübergänge in Atomen liefern bekanntlich nur diskrete Wellenlängen.

Nach den Erkenntnissen der Elektrodynamik strahlen freie geladene Teilchen bei Beschleunigung (Abbremsung = negative Beschleunigung) Energie in Form von elektromagnetischen Wellen ab. Die auf der Sonne in großem Umfang vorhandenen freien Elektronen sind immer wieder Beschleunigungsvorgängen unterworfen, wenn sie sich Ionen oder anderen Elektronen nähern. Dabei kann das Elektron seine gesamte kinetische Energie verlieren. Wenn man jedoch von der mittleren kinetischen Energie $\frac{3}{2} \cdot kT$ für ein Teilchen ausgeht, zeigt die Rechnung (s. Aufgabe 4.26.), daß dieser Strahlungsmechanismus nur Wellenlängen im infraroten Spektralbereich erzeugt!

Wenn also diese *Frei-frei-Strahlung* für die Erzeugung des Kontinuums im sichtbaren Spektralbereich nicht verantwortlich sein kann, muß noch die *Frei-gebundenen-Strahlung* in Betracht gezogen werden, bei der freie Elektronen nicht nur auf das H^+-Ion zu beschleunigt, sondern von diesem sogar eingefangen werden. Das Elektron erreicht einen energiegünstigeren Zustand, so daß

---

[15] Beschränkung auf ein paar Flecken
[16] Für eine genauere Auswertung siehe z.B. [2].

neben der Bewegungsenergie des Elektrons noch die Bindungsenergie frei wird. Während dieser Vorgang bei Sternen mit höherer Oberflächentemperatur recht bedeutend sein kann, sind hierfür auf der Sonnenoberfläche die H^+-Ionen zu selten; bei einer Temperatur von 6000 K sind nämlich nur ca. 0,01% der Wasserstoffatome ionisiert.

Dennoch ist ein Elektroneneinfangprozeß für die Entstehung des Sonnenkontinuums verantwortlich. Die positive Ladung des Wasserstoffkerns ist in der Lage, außer dem „normalen" Atomelektron noch ein zweites locker zu binden und ein negativ geladenes H^--Ion zu bilden! Die beim Einfang eines freien Elektrons durch ein neutrales H-Atom in Form von elektromagnetischer Frei-gebunden-Strahlung freigesetzte Bindungsenergie von 0,75 eV erklärt das Auftreten des Sonnenkontinuums. Die Strahlung trägt die Energie 0,75 eV $+ E_{kin,e}$ mit sich fort.

Die H^--Ionen werden durch Stöße oder Strahlungsabsorption leicht wieder zerstört, so daß der hohe Anteil an Wasserstoffatomen erhalten bleibt. Die „Undurchsichtigkeit" der Photosphäre ist auf diese Strahlungsabsorption durch H^--Ionen zurückzuführen.

Aufgaben

4.26. a Berechnen Sie die mittlere kinetische Energie eines Teilchens der Photosphäre, wenn näherungsweise von einem thermischen Gleichgewicht der Temperatur 6000 K ausgegangen werden kann!

b Welche minimale Wellenlänge kann von einem Teilchen mit dieser mittleren kinetischen Energie bei Frei-frei-Strahlung emittiert werden?

4.27. Berechnen Sie für die bei der Bildung eines H^--Ions freiwerdende elektromagnetische Strahlung die obere Grenze für die Wellenlänge!

4.9. Aktivitätserscheinungen der Sonne

Als der Ingolstädter Jesuitenpater *Christoph Scheiner* 1612 seine Beobachtungen über dunkle Flecken auf der Sonne veröffentlicht, kommt es bald danach zum Streit. Während Johannes Kepler sofort einen anerkennenden Brief sendet, in dem er auch noch mitteilt, daß er selbst im Jahre 1607 mit freiem Auge einen Fleck „von der Größe einer mageren Fliege" auf der Sonne entdeckt hat und wohl irrtümlich als Merkurvorübergang gedeutet hat, reagiert Galilei mit dem Anspruch, selbst als erster im Jahre 1610 die Sonnenflecken entdeckt zu haben. Vermutlich hat der überehrgeizige Italiener seine Beobachtungen um 18 Monate vordatiert, um als Erstentdecker zu gelten[17]. Darauf, daß größere Sonnenflecken tatsächlich mit dem bloßen Auge zu erkennen sind, deuten im übrigen auch Berichte aus der Zeit Karls des Großen, aus der Antike und in chinesischen Chroniken hin.

Die erste, über einen längeren Zeitraum sich erstreckende systematische Untersuchung der Sonnenflecken stammt von Christoph Scheiner, der in dem 1630 veröffentlichten Buch *Rosa Ursini sive Sol* seine Erkenntnisse bekannt

---

[17] Die Sonnenflecken wurden etwa gleichzeitig von Christoph Scheiner in Ingolstadt, Simon Marius in Gunzenhausen, Johannes Fabricius in Wittenberg und Thomas Harriot in Oxford entdeckt.

gibt. Aus der Bewegung der Flecken über die Sonnenoberfläche ermittelt Scheiner eine Drehperiode der Sonne von 27 Tagen und eine Neigung des Sonnenäquators gegen die Ekliptik von 6° − 8° (genauer Wert: 7°15′).

Aus der seit 1760 lückenlos aufgezeichneten Beobachtung der Sonnenflecken lassen sich die folgenden Erkenntnisse zusammenfassen:

− Die Fleckentätigkeit zeigt deutlich einen durchschnittlich *11-jährigen Rhythmus* von Maximum zu Maximum, wobei allerdings Schwankungen zwischen 7 und 17 Jahren auftreten (Abb. 4.24). Auch die unterschiedliche Größe der Korona bei totalen Sonnenfinsternissen (s. Abb. 4.21) deutet auf die unterschiedliche Aktivität der Sonne hin.

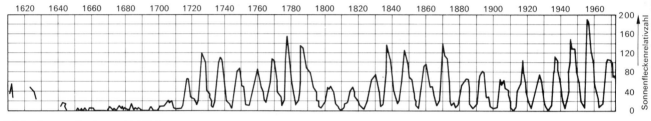

4.24 Sonnenflecken seit 1620

− Zu Beginn eines Fleckenzyklus treten die Flecken bevorzugt 35° nördlich oder südlich des Äquators auf und erscheinen später immer näher am Äquator (Abb. 4.25).

− Die Bewegung der Sonnenflecken über die Sonnenscheibe läßt die differentielle Rotation der Sonne sichtbar werden: die Sonne dreht sich am Äquator in 25 Tagen um ihre Achse, rotiert aber umso langsamer, je näher man den Polen kommt (Rotationsdauer in 30° heliographischer Breite: 27 Tage, in 70° Breite: 33 Tage). Nach etwa einem halben Jahr hat sich die Sonne am Äquator einmal mehr gedreht als in polaren Breiten.

− Die Sonnenflecken treten bevorzugt in Gruppen auf (Abb. 4.26). Sie bilden sich innerhalb von Stunden und verschwinden meist innerhalb eines Tages wieder. Nur größere Gruppen sind länger zu beobachten; auch sie entwickeln sich aus einem winzig kleinen Fleck und besitzen eine längliche Struktur, wobei sich die einzelnen Flecken um zwei stärkere scharen: Der in Rotationsrichtung

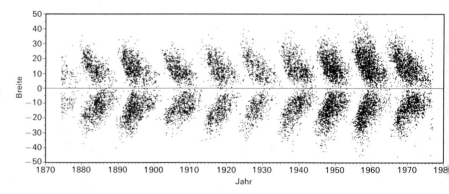

4.25 Schmetterlingsdiagramm
Die Lage der beobachteten Sonnenflecken ist zum jeweiligen Sichtbarkeitszeitpunkt durch ihre heliographische Breite gekennzeichnet. Das Diagramm, das seinen Namen wegen seiner charakteristischen Form trägt, zeigt deutlich, daß die Flecken bei Zyklusbeginn vorwiegend in hohen heliographischen Breiten, gegen Zyklusende äquatornah in Erscheinung treten.

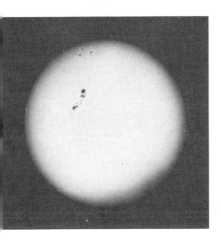

4.26 Sonnenflecken

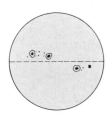

4.27 Fleckengruppe auf der Sonnenoberfläche. Der p-Fleck ist näher am Äquator als der f-Fleck.

4.28 Protuberanzen

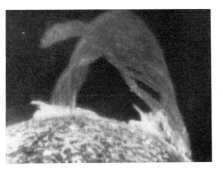

vorne liegende *p-Fleck* (p = proceding) befindet sich stets näher am Äquator als der nachfolgende *f-Fleck* (f = following, Abb. 4.27). Diese zwei größeren Flecken zeigen deutlich einen helleren Hof (*Penumbra*) um den dunklen Kern (*Umbra*). Der Kerndurchmesser beträgt bei sehr großen Flecken ca. 50 000 km.

– Spektraluntersuchungen zeigen, daß die Fleckenumbra um ca. 2000 K kühler ist als die sonstige Photosphäre.

– Die mit Hilfe des *Zeeman-Effekts* (Aufspaltung von Spektrallinien in Magnetfeldern) mögliche Messung von Magnetfeldern auf der Sonne zeigt, daß die magnetische Flußdichte in der Photosphäre einige 10^{-4} Tesla[18] beträgt, im Zentrum von Sonnenflecken aber bis $4000 \cdot 10^{-4}$ T ansteigen kann. Außerdem treten Sonnenflecken stets bipolar auf, und zwar haben auf der Nordhalbkugel alle p-Flecken dieselbe Polarität, die f-Flecken die entgegengesetzte; auf der Südhalbkugel ist die Polung von p und f umgekehrt. Beim nächsten Fleckenzyklus sind die magnetischen Eigenschaften beider Sonnenhälften vertauscht. Auch bei Einzelflecken ist der andere Pol durch ein stärkeres Feld an einer benachbarten Stelle nachweisbar; hier tritt manchmal später tatsächlich ein Fleck auf.

Zweifellos sind die Sonnenflecken nur das leicht sichtbare Zeichen einer umfassenderen Sonnenaktivität, deren Ursache in Störungen des Sonnenmagnetfelds zu suchen ist. Auf diese Ursache deutet auch die Struktur der am Sonnenrand in der Chromosphäre und der Korona sichtbar werdenden *Protuberanzen* (Abb. 4.28) hin. Hier wird Sonnenmaterie längere Zeit hoch über dem Sonnenrand gehalten, um dann im Normalfall bogenförmig abzufließen. Es gibt noch keine Theorie, die die Erscheinungen der aktiven Sonne bis in alle Einzelheiten erklären kann. Die folgende Erklärung könnte aber den wahren Verhältnissen sehr nahe kommen:

Aufgrund der differentiellen Rotation der Sonne treten im Sonneninneren große Ströme freier Ionen (H^+) und Elektronen auf, so daß sich auf der Sonne ein Magnetfeld in Achsenrichtung ausbildet. Man nimmt an, daß das Magnetfeld nicht wie auf der Erde durch das Zentrum, sondern ziemlich nahe der Oberfläche verläuft. Wegen der hohen Leitfähigkeit des Sonnenplasmas sind die Feldlinien in der Materie „eingefroren", d.h. sie können ihre Orientierung relativ zur Materie nicht ändern. Die differentielle Rotation sorgt dann dafür, daß sie sich immer mehr dehnen und um die Sonne „herumwickeln" (s. Abb. 4.29).

Die Feldlinien werden beim Herumwickeln immer dichter, was bedeutet, daß die Feldstärke steigt. Durch die Konvektion können sich die Magnetfeldlinien sogar verdrillen und das Feld weiter verstärken. Der immer größer werdende magnetische Druck[19] sorgt schließlich dafür, daß die Feldlinien aufsteigen und die Sonnenoberfläche durchdringen, wo sich das Feld ausdehnen kann und an den Durchstoßpunkten ein bipolares magnetisches Gebiet entsteht. Offensichtlich behindert die Magnetstruktur dieses *aktiven Gebiets* die Konvektion, so daß sich weniger heiße, also dunklere Stellen bilden: die Sonnenflecken.

---

[18] Auf der Erdoberfläche herrschen ca. $0{,}3 \cdot 10^{-4}$ Tesla.

[19] Die senkrecht zu den Feldlinien wirksamen Abstoßungskräfte sind Ausdruck für den in Magnetfeldern auftretenden magnetischen Druck.

4.29 „Aufwickeln" der Magnetfeldlinien der Sonne.

Die Magnetfeldlinien der Sonne verlaufen nahe der Sonnenoberfläche und sind in der Materie „eingefroren". Wegen der differentiellen Rotation der Sonne – die Materie läuft am Äquator in kürzerer Zeit um die Achse als in Polnähe – „wickeln" sich die Feldlinien immer mehr auf. Dieses Aufwickeln ist am Beispiel einer Feldlinie in fünf zeitlich aufeinanderfolgenden Phasen 1 ... 5 dargestellt. Dort, wo die Feldlinien die Oberfläche der Sonne durchbrechen, entstehen zwei Flecke (p und f) mit entgegengesetzter Polarität.

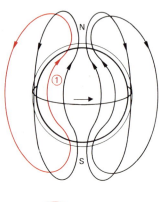

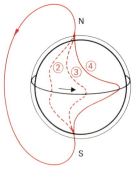

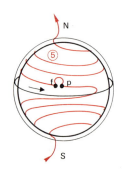

Mit fortschreitendem Aufwickeln der Magnetfeldlinien konzentrieren sich die für Magnetfeldinstabilitäten anfälligen Bereiche immer mehr zum Äquator hin. Die aktiven Gebiete und damit auch die Sonnenflecken erscheinen immer näher am Äquator, bis sich ihre Magnetfelder äquatorübergreifend „kurzschließen". Dies führt letztlich zum Beginn eines neuen Zyklus mit umgekehrter magnetischer Polarität.

Eine andere, das ganze aktive Gebiet umfassende, bereits von Chr. Scheiner beobachtete Erscheinung sind die *Sonnenfackeln*, die in der Chromosphäre als helle, faserige Aufhellungen zu sehen sind, vor allem im Lichte von Emissionslinien des UV-Bereichs. Die Fackeln sind langlebiger als die Flecken; sie tauchen schon vor den Flecken auf und überleben diese meist klar.

Eine große Vielfalt von Formen zeichnet die bei Sonnenfinsternissen am Sonnenrand erkennbaren *Protuberanzen* aus, die ebenfalls in aktiven Gebieten entstehen und besonders auffallende, leuchtende Materiewolken in Chromosphäre und Korona darstellen. Die meisten Protuberanzen bestehen aus Materie, die aus dichteren Teilen der Korona längs der magnetischen Feldlinien nach unten abfließt, doch wird auch manchmal Materie aus der Chromosphäre nach oben gerissen. Offenbar wird die Materie vom Magnetfeld „getragen".

Die Erkenntnis, daß es sich bei den dünnen, dunklen *Filamenten* auf der Sonnenscheibe und den Randprotuberanzen um dieselben Strukturen handelt, weist eine Protuberanz als schmales, langes, sich schnell veränderndes Gebilde (im Mittel 7000 km dick, 40 000 km hoch, 200 000 km lang, $T \approx 10\,000$ K) mit einer Lebensdauer von mehreren Stunden oder Tagen aus, das aber auch manchmal die äußere Gestalt wenig ändert (stationäre Protuberanz) und monatelang besteht, bis alle Materie längs der Feldlinien abfließt. Allerdings kann auch der Fall eintreten, daß eine Protuberanz in den Weltraum hinausfliegt (eruptive Protuberanz).

Die spektakulärsten Erscheinungen der aktiven Sonne sind die *Flares* oder *Sonneneruptionen* (Abb. 4.30), die bei einer Dauer von wenigen Minuten bis – sehr selten – einigen Stunden eine riesige Energiemenge freisetzen, die letztlich aus dem Gesamtenergieinhalt des magnetischen Felds eines aktiven Gebiets stammt:

Bei komplexeren Fleckengruppen gibt es magnetische Kurzschlüsse und Vereinigungen, die das Flare erzeugen. Bei einer kurzzeitigen Temperatursteigerung bis wenige Millionen Kelvin wird Strahlungsenergie vom Radio- bis zum Gammabereich (vor allem UV-Strahlung) emittiert; außerdem werden Plasmawolken in den Weltraum geschleudert, die nach 1 – 2 Tagen die Erde erreichen können.

Die Sonde Helios registrierte einen sehr starken Ausstoß von $^{3}_{2}$He. Dies dürfte ein Hinweis darauf sein, daß bei sehr starken Flares kurzzeitig Kernfusionstemperaturen entstehen können.

Auf der Erde führt die starke UV- und Röntgenstrahlung auf der Tagseite zu einer sehr starken Ionisierung der D-Schicht der Ionosphäre, die deshalb Kurzwellen stärker absorbiert und den interkontinentalen Kurzwellenfunkverkehr zusammenbrechen läßt. Die nach 1 – 2 Tagen ankommenden Elektronen und Ionen dringen vorwiegend vom Schweif her in die Magnetosphäre ein und führen zu starken Störungen des Erdmagnetfelds, die z.B. hohe Spannungen in

Telefonleitungen induzieren können. Außerdem entstehen durch Anregung von Molekülen der Hochatmosphäre intensive Polarlichter.

Allem Anschein nach reichen die Auswirkungen der elektromagnetischen und korpuskularen Sonnenstrahlung bis in die Biosphäre der Erde. So fallen Maxima der Sonnenfleckentätigkeit häufig zusammen mit Niederschlagsmaxima, breiten Jahresringen bei Bäumen etc. Auch zeigt die mittlere Jahrestemperatur Schwankungen in einem etwa 11-jährigen Rhythmus.

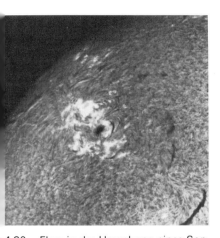

4.30 Flare in der Umgebung eines Sonnenflecks, fotografiert im Licht der H_α-Linie. Bei den länglichen, dunklen Strukturen handelt es sich um Filamente, welche am Sonnenrand als Protuberanzen in Erscheinung treten.

Aufgaben

4.28. Zählen Sie einige Eigenschaften der Sonnenflecken auf!

4.29. Geben Sie eine grobe Erklärung für die Ursache der Aktivitätserscheinungen der Sonne!

Aufgaben zu Kapitel 3 und 4

4.30. Die menschliche Neugierde macht bekanntlich vor nichts halt, und so wird eines Tages auch eine Suchexpedition zu Antoine de Saint Exupérys kleinem Prinzen ausgesandt. Es wird angenommen, daß der kleine Prinz den Asteroiden B 612 bewohnt. Dieser bewegt sich auf einer Ellipsenbahn der numerischen Exzentrizität 0,80 in genau 1000 Tagen um die Sonne. Der Durchmesser des kugelförmigen Asteroiden beträgt 20 m, die Dichte 2 Gramm pro Kubikzentimeter.

a Berechnen Sie den größten und kleinsten Sonnenabstand sowie die größte und kleinste Bahngeschwindigkeit des Asteroiden B 612!

b Zwar werden auf B 612 die Rose und das Schaf des kleinen Prinzen gefunden, nicht aber der kleine Prinz selbst. Mit welcher Mindestgeschwindigkeit muß sich der kleine Prinz beim Verlassen seiner Heimat von der Oberfläche abgestoßen haben?

c Auf dem benachbarten Planetoiden 329, der sich in der Eklipticebene auf einer Kreisbahn in 1000 Tagen um die Sonne bewegt, wird der stark beschäftigte Laternenanzünder angetroffen. Die Erde steht gerade in oberer Konjunktion zur Sonne.

i) Skizzieren Sie diese Konstellation! Wie würde ein Erdbeobachter diese Stellung bezeichnen?

ii) Wie lange dauert es, bis dieselbe Stellung von Erde, Sonne und Asteroid 329 wieder auftritt?

iii) Auf die Auskunft des Laternenanzünders hin, daß der kleine Prinz gerade unterwegs zur Erde ist, wird der Rückflug zur Erde beschlossen. Wie groß ist hierzu der Energieaufwand pro Kilogramm Last, wenn das Raumschiff zum freien Fall auf die Sonne gebracht wird? Die Bremsenergie bei der Landung auf der Erde soll nicht berücksichtigt werden.

4.31. Das Raumschiff Ulixes ist unterwegs, um nach fremden Planeten mit geeigneten Lebensbedingungen Ausschau zu halten. Nach gefahrvoller, langer Reise durch das All kommt Ulixes in die Nähe eines Fixsterns, um den sich mehrere Planeten bewegen. Da das Raumschiff seit geraumer Zeit einen ernsthaften Triebwerkschaden aufweist, bewegt es sich direkt auf die fremde Sonne zu; aus der dabei gemessenen Beschleunigung kann auf eine Masse des Sterns von $4 \cdot 10^{30}$ kg geschlossen werden.

Die Besatzung ist sehr erleichtert, als mit dem fast manövrierunfähigen Fahrzeug eine weiche Landung auf dem innersten Planeten gelingt, der den Namen Proxima erhält. Die Crew muß auf dem atmosphärelosen Planeten um das Überleben bangen. Neben den Reparaturarbeiten am Raumschiff werden wichtige astronomische Beobachtungen durchgeführt.

Nach einiger Zeit wird klar, daß der Winkeldurchmesser der Sonnenscheibe konstant 1,55° beträgt. Außerdem wird die scheinbare Bewegung des Zentralgestirns an der Sphäre verfolgt, woraus auf eine Umlaufsdauer Proximas von 91 Erdtagen geschlossen werden kann.

a Erläutern Sie, was aus den beiden angegebenen Messungen für die Bahn Proximas geschlossen werden kann.

b Berechnen Sie den Radius des Fixsterns!

c Von der auf die Planetenoberfläche fallenden elektromagnetischen Strahlung des Sterns sind nur geringe Intensitätsschwankungen meßbar. Eine senkrecht zur Einfallsrichtung orientierte Fläche von 1 m² erhält im Mittel eine Strahlungsleistung von 55 Kilowatt. Berechnen Sie die Oberflächentemperatur des Sterns! [Zur Kontrolle: $T \approx 8500$ K]

d Zeigen Sie, daß das Strahlungsmaximum des Sterns im nahen UV-Bereich liegt!

Auch die anderen Planeten werden beobachtet. Schon bald konzentriert sich das Interesse auf einen bestimmten Planeten – Terra II –, da auf diesem (u.a. wegen spektroskopischer Befunde) erdähnliche Verhältnisse erwartet werden können. Terra II bewegt sich auf einer Kreisbahn von 2,3 AE Radius um das Zentralgestirn und wird selbst in 41 Tagen von einem Mond umkreist, der 600 000 km vom Planetenzentrum entfernt ist.

e Berechnen Sie Masse und Oberflächentemperatur von Terra II und weisen Sie durch Vergleich mit entsprechenden Daten der Erde nach, daß mit einer ausreichenden Dichte der Atmosphäre gerechnet werden kann! Die Albedo des Planeten wird auf ca. 0,3 geschätzt, die Dichte beträgt $5 \frac{g}{cm^3}$.

*f Inzwischen ist das Raumschiff so weit instand gesetzt, daß ein Flug zu Terra II kein großes Wagnis mehr darstellt. Terra II wird von Proxima aus auf der energiegünstigsten Bahn erreicht. Geben Sie diese Bahn (mit Skizze) genau an! Nach welcher Flugzeit wird Terra II erreicht?

5. Die Fixsterne

Wer sich ein wenig mit der Betrachtung des nächtlichen Sternenhimmels beschäftigt, stellt rasch fest, daß das Firmament nicht gleichmäßig mit Sternen bedeckt ist. Vielmehr gibt es Bereiche, in denen viele Sterne zusammenstehen, an anderen Stellen erkennt man mehr oder weniger große Lücken. Es ist daher nur natürlich, markante Sterngruppen zu Bildern zusammenzufassen und ihnen Namen zu geben. Ein besonders kunstvolles Beispiel für phantasievolle Sternbilddarstellungen ist die hier wiedergegebene Karte des nördlichen Himmels von Albrecht Dürer aus dem Jahr 1515.

Auch wenn man mit modernen Beobachtungsinstrumenten arbeitet, tritt die ungleichmäßige Verteilung der Materie in unserer Milchstraße überall zutage: Hier stehen Sterne in großen Abständen zueinander, dort bilden sie offene oder kugelförmige Sternhaufen, sind in interstellare Wolken eingebettet oder stehen in einer gas- und staubfreien Region. Das Bild auf der Vorderseite zeigt die Umgebung des Nebels IC 5146.

5.1. Sterne und Sternbilder. Lagebestimmung eines Fixsterns

Die Lage eines Fixsterns an der Sphäre ändert sich auch in Jahrzehnten nur geringfügig und ist durch Rektaszension und Deklination eindeutig festgelegt. Schon seit den Anfängen der Astronomie werden benachbarte und scheinbar zusammengehörende Sterne zu *Sternbildern* zusammengefaßt. Die Anordnung der markantesten Sterne einer solchen Sterngruppe regte die phantasievollen Beobachter dazu an, sie als Tier- und Menschengestalten (z.B. Figuren aus der griechischen Mythologie) oder als bestimmte Gegenstände (z.B. Waage, Leier) zu sehen. Der gesamte Sternenhimmel ist heute in 88 Sternbilder unterteilt.

Sehr geeignet zum schnellen Auffinden eines Fixsterns ist die Angabe „seines" Sternbilds in Verbindung mit seiner relativen Helligkeit in diesem Sternbild. Dabei werden die Sterne ihrer Helligkeit nach mit kleinen griech. Buchstaben durchnumeriert: $\alpha, \beta, \gamma, \delta, \varepsilon, \zeta, \eta, \vartheta, \iota, \kappa, \lambda, \mu, \nu, \xi$, ..., wobei der hellste Stern des Sternbilds mit α bezeichnet wird, der zweithellste mit β usw.[1] Diese Bezeichnungen gehen zurück auf den Augsburger Juristen Johannes Bayer, der sie 1605 in seinem richtungsweisenden Sternatlas „Uranometria" erstmals verwendet. Neben griechischen werden auch noch lateinische Buchstaben sowie Ziffern zur Kennzeichnung eines Sterns innerhalb eines Sternbilds verwendet. Für die hellsten Fixsterne sind Eigennamen gebräuchlich, die vor allem griechischen oder arabischen Ursprungs sind: Sirius, Aldebaran, Rigel, ...

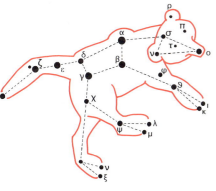

5.1 Das Sternbild *Großer Bär*. Der hintere Teil ist als *Großer Wagen* bekannt.

Beispiele:

Sirius = α CMa = α Canis Maioris = hellster Stern im Sternbild Großer Hund.
Alamak = γ And = γ Andromedae = dritthellster Stern in der Andromeda.
β Ari = β Arietis = zweithellster Stern im Widder.
61 Cygni = Stern Nr. 61 im Sternbild Schwan (Cygnus).

Lichtschwächere Sterne werden entweder nur durch ihre Rektaszension und Deklination oder durch eine Nummer gekennzeichnet, die sich auf einen bestimmten Sternkatalog bezieht, in dem der betreffende Stern aufgelistet ist. Die unter der Leitung von Friedrich *Wilhelm Argelander* (1799 – 1875) an der Bonner Sternwarte durchgeführte, 1862 vollendete *Bonner Durchmusterung* (BD) enthält 324 189 Sterne und ist immer noch einer der meistgebrauchten Sternkataloge. Die spätere Ergänzung bis zur Deklination $-23°$ enthält zusätzlich 133 659 Sterne. In der anschließend durchgeführten Cordoba-Durchmusterung (CD) für Sterne mit Deklination $< -23°$ sind sogar 613953 Sterne erfaßt.

---

[1] Es gibt einige historisch bedingte Ausnahmen. Z.B. werden die Sterne des Großen Wagens von der Hinterachse bis zur Deichselspitze in der Reihenfolge des (griechischen) Alphabets gekennzeichnet, in den Sternbildern Orion und Zwillinge sind die Sterne β heller als die α-Sterne.

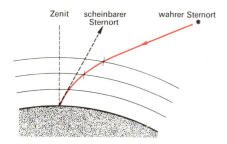

5.2 Refraktion des Sternenlichts in der Erdatmosphäre

Beispiel:

BD + 5° 1668: Bonner Durchmusterung, Stern-Nr. 1668, 5° < δ < 6°.

In John Dreyers *New General Catalogue (NGC) of Nebulae and Clusters of Stars* (1888) sind Sternhaufen und Nebel aufgelistet. NGC 2632 kennzeichnet zum Beispiel den offenen Sternhaufen Praesepe, der vor allem bei Amateurastronomen als M44 bekannt ist. Diese Abkürzung geht auf den „Kometenjäger" *Charles Messier* zurück, der 1764 einen Katalog mit über 100 nebelhaften Gebilden erstellt hat.

Zur Bestimmung von Rektaszension und Deklination eines Fixsterns zieht man die Kulmination des Sterns heran. Mit Hilfe eines *Meridiankreises*[2] lassen sich sowohl Kulminationszeitpunkt als auch obere Kulminationshöhe bestimmen, aus diesen können sowohl die Rektaszension α als auch die Deklination δ errechnet werden. Die exakte Bestimmung der Höhe eines Fixsterns ist jedoch nicht ohne Probleme. Wegen der *atmosphärischen Refraktion* (Lichtbrechung) erscheint jeder nicht im Zenit stehende Stern höher über dem Horizont als in Wirklichkeit, da das Licht im optisch dichteren Medium zum Grenzflächen-Lot hin gebrochen wird (s. Abb. 5.2). So erreicht das Licht von einem im Zenit (senkrecht über dem Beobachter) stehenden Stern den Beobachter ungebrochen, die Refraktionswerte für die Höhen 45°, 10°, 5° und 0° liegen bei 1′, 5′, 10′ bzw. 30′ (Vollmonddurchmesser).

Die 1725 von Bradley entdeckte *jährliche Aberration* kompliziert die Angabe der Fixsternörter noch weiter:
Die Bewegung der Erde auf ihrer Bahn um die Sonne ($v_{Bahn} \approx 30$ km/s) täuscht eine leicht verfälschte Richtung zum beobachteten Fixstern vor. Zur Erklärung dieser Erscheinung kann von der Alltagserfahrung ausgegangen werden, daß selbst bei absoluter Windstille und genau senkrecht herabfallenden Regentropfen der Fußgänger (Geschwindigkeit $\vec{v}_F$) seinen Regenschirm schräg nach vorne halten muß, um trocken durch den Regen zu kommen. Wenn man die Situation nämlich von einem mit dem Fußgänger fest verbundenen System S′ aus betrachtet – das erdfeste System S bewegt sich mit der relativen Geschwindigkeit $-\vec{v}_F$ gegenüber S′ –, so scheint der Geschwindigkeitsvektor schräg von vorne auf den Fußgänger zu zeigen (s. Abb. 5.3).

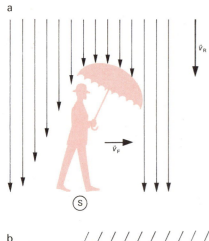
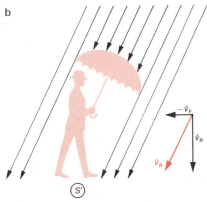

5.3 Die Aberration bei Regen

Entsprechend muß die Einfallsrichtung der von einem Stern kommenden elektromagnetischen Strahlung von der sich bewegenden Erde aus etwas gedreht erscheinen.
Für senkrecht zur Erdbahn einfallendes Sternenlicht ergibt sich die größtmögliche Aberration: $\alpha_{max} = 20{,}48″ =$ Aberrationskonstante.
Wegen der sich stetig ändernden Bewegungsrichtung der Erde beschreibt die Visierlinie zum Stern im Laufe eines Jahres eine Ellipse mit großer Halbachse $a = 20{,}48″$ um die wahre Richtung.

Daß es sich bei den Fixsternen um unserer Sonne ähnliche astronomische Objekte handelt, wird bei Analyse der empfangenen Strahlung überaus deut-

---
[2] Siehe Anhang A.2.

lich. Eine gesicherte Erkenntnis ist auch, daß die Fixsterne den Kosmos nicht gleichmäßig ausfüllen, sondern sich in größeren Einheiten zusammenfinden, den Galaxien.

Uneingeweihte staunen stets über die riesigen Entfernungen der Fixsterne; es erscheint kaum glaubhaft, daß das Licht vom uns nächsten Fixstern mehr als vier Jahre, vom Andromedanebel gar 2200000 Jahre unterwegs ist!

Damit ist schon eines der großen Probleme der Astronomie angesprochen: *Wie werden die Entfernungen der Fixsterne bestimmt?* Von den verschiedenen Möglichkeiten hierzu ist die trigonometrische Entfernungsbestimmung die direkteste Methode.

5.2. Trigonometrische Entfernungsbestimmung

Bei dieser Art der astronomischen Entfernungsbestimmung wird das folgende Prinzip der trigonometrischen Landvermessung angewandt: Eine Basisstrecke wird genau abgemessen; von beiden Endpunkten aus wird das Ziel Z anvisiert, wobei die Winkel bestimmt werden, die die Visierlinie mit der Basis einschließt (Abb. 5.5). Den Abstand eines Basisendpunkts vom Ziel erhält man durch Berechnung mit dem Sinussatz.

Der Unterschied zwischen den zu messenden Winkeln ε und φ ist umso geringer, je weiter das Ziel Z entfernt und je geringer die Basislänge ist. Nun ist aber jede Winkelmessung nur bis zu einer bestimmten Grenze der Genauigkeit möglich. Damit bei astronomischen Entfernungsmessungen die Differenz der zu messenden Winkel nicht unter die Grenzgenauigkeit der Winkelmessung fällt, muß die Basis möglichst groß gewählt werden. Dies gilt auch für den wichtigen Spezialfall, daß B_1B_2Z ein gleichschenkliges Dreieck mit Basis $[B_1B_2]$ darstellt. Bei zu geringer Basislänge geht hier die Abweichung des Winkels ε (oder $180°-\varphi$) von $90°$ in der Ungenauigkeit der Winkelmessung unter.

Wird eine Strecke auf der Erdoberfläche als Basis genommen, so kann man nur Entfernungen im planetaren Bereich bestimmen. Man besitzt aber die Möglichkeit, den Erdbahndurchmesser als Basisstrecke zu verwenden und damit zumindest nahe Fixsterne „vermessen" zu können. Wenn man nämlich die astronomische Winkelmessung im zeitlichen Abstand von einem halben Jahr ausführt, ist der Abstand der Meßorte gleich dem Durchmesser der Erdbahn. Visiert man den nahen Fixstern F (Abb. 5.6) von zwei verschiedenen Punkten der Erdbahn aus an, so scheint F gegenüber dem Sternenhintergrund an verschiedenen Punkten der Himmelskugel zu liegen. Diese als *Parallaxe*[3] bezeichnete Verschiebung des Objekts führt dazu, daß F bei der Beobachtung von der Erde aus im Laufe eines Jahres eine scheinbare Ellipsenbahn vor dem Hintergrund sehr weit entfernter Sterne beschreibt. Diese Ellipse stellt fast eine Kreisbahn dar, wenn der Stern sich in der Nähe des Poles der Ekliptik befindet und entartet zur Strecke, wenn F auf der Ekliptik liegt.

Bei Betrachtung von einem beliebigen Fixstern F aus erscheint die Kreisbahn der Erde um die Sonne – wie jeder von schräg oben anvisierte Kreis – als Ellipse.

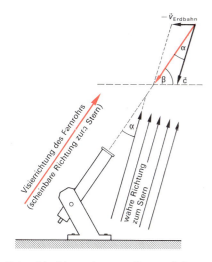

5.4 Die Aberration von Sternenlicht

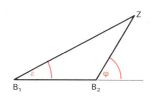

5.5 Das Prinzip der trigonometrischen Entfernungsbestimmung

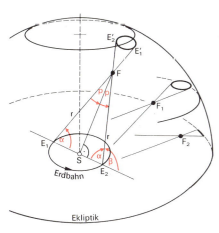

5.6 Trigonometrische Entfernungsbestimmung

---

[3] griech. παράλλαξις – Abwechslung, Abweichung, das Hin- und Herbewegen

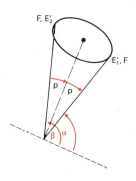

5.7 Die scheinbare jährliche Bahnellipse eines nahen Fixsterns, von der Erde beobachtet

Dies erkennt man leicht, wenn man einen aus Pappe ausgeschnittenen Kreis von der Seite betrachtet. E_1 und E_2 (Abb. 5.6) sind die Randpunkte dieser „Perspektivellipse"; der Erdbahnradius tritt dabei als große Halbachse der Ellipse (Strecke $E_1 E_2$ in Abb. 5.6) in Erscheinung. Das Dreieck $E_1 E_2 F$ ist gleichschenklig, die Teildreiecke $E_1 SF$ und $SE_2 F$ rechtwinklig! Deshalb genügt es zur Berechnung der Entfernung r schon, *einen* Winkel zu bestimmen.
Der Winkel α bei E_1 (oder β = 180° − α bei E_2) ist aber auch mit einem Präzisionswinkelmeßgerät nicht ausreichend genau meßbar. Dennoch kann der Winkel bei F mit entscheidend höherer Genauigkeit bestimmt werden, wie im folgenden erläutert wird.
Zunächst wird ein wichtiger astronomischer Begriff definiert.

Der Winkel, unter dem vom Stern aus der Erdbahnradius erscheint, heißt *jährliche trigonometrische Parallaxe* p.

Eine Beziehung für p ergibt sich über die Winkelsumme im Dreieck $E_1 E_2 F$ der Abb. 5.6: $2 \cdot p = 180° - 2 \cdot α$. Vom System einer ruhenden Erde aus gesehen ergibt sich die Darstellung von Abb. 5.7.

Wegen 180°−2α = 2p erhält man die folgende Interpretation von p:
Jährliche trigonometrische Parallaxe p = Winkel, unter dem von der Erde aus die große Halbachse der scheinbaren jährlichen Bahnellipse des Sterns erscheint.

Man kann also durch genaue Kenntnis der scheinbaren jährlichen Bahnellipse unmittelbar zur Bestimmung der jährlichen Parallaxe des betreffenden Fixsternes gelangen. Eine hinreichend exakte Bestimmung der Parallaxe *p* gelingt nur auf fotografischem Wege. Die im Laufe eines Jahres in gewissem zeitlichen Abstand mit langbrennweitigen Objektiven gemachten Aufnahmen eines nahen Fixsterns lassen dessen Lageveränderung gegenüber seinen Nachbarn an der Sphäre und damit seine scheinbare Bahnellipse erkennen, sofern die Auswirkung verschiedener anderer Effekte ermittelt werden kann. So sind noch Parallaxen bestimmbar, die 0,01″ nicht unterschreiten.
Dieser trigonometrischen Entfernungsmessung angepaßt ist die Definition der in der Stellarastronomie gebräuchlichsten Entfernungseinheit:

1 Parsec = 1 pc = Entfernung, aus der der Erdbahnradius unter einem Winkel von 1 Bogensekunde erscheint

Auch die Entfernungseinheit *Lichtjahr* ist wegen ihrer Anschaulichkeit sehr gebräuchlich:

1 *Lichtjahr* = 1 LJ = Entfernung, die das Licht im Vakuum in einem Jahr zurücklegt.

Für sehr kleine Parallaxenwinkel (sin $p \approx p$) gilt, wie man aus Abb. 5.6 ablesen kann:
$$p = \frac{1 \text{ AE}}{r},$$

oder für die Entfernung:
$$r = \frac{1 \text{ AE}}{p},$$

wobei p in Bogensekunden einzusetzen ist. Für 1 Parsec ergibt sich:

$$1 \text{ pc} = \frac{1 \text{ AE}}{1''} = \frac{1 \text{ AE}}{\frac{\pi}{180 \cdot 3600}} = 206\,246{,}8 \text{ AE}$$

$$= 3{,}0857 \cdot 10^{16} \text{m}$$
$$= 3{,}26 \text{ LJ}.$$

Somit erhält man

$$r = \frac{1 \text{ pc} \cdot 1''}{p},$$

wobei p in Winkelsekunden einzusetzen ist.

Bei der gerade noch meßbaren Parallaxe von 0,01" kann man Entfernungen bis ca. 300 LJ bestimmen:

$$r_{max} = \frac{1 \text{ pc} \cdot 1''}{0{,}01''} = 100 \text{pc}.$$

Der Nachweis einer Fixsternparallaxe hätte zur Zeit Kopernikus' und Keplers die Diskussion um das astronomische Weltbild sofort zugunsten des heliozentrischen Systems entschieden. Daß hierzu keine Chance bestand, wird klar, wenn man Tychos Meßgenauigkeit von bestenfalls 2' betrachtet:

$$r_{max} = \frac{1 \text{ pc} \cdot 1''}{2 \cdot 60''} \approx 0{,}008 \text{ pc}.$$

Selbst ein Hundertstel der Entfernung zum nächstgelegenen Fixstern (α Centauri) hätte nicht trigonometrisch vermessen werden können! Erst im Jahre 1838 konnten die ersten Fixsternparallaxen gemessen werden. Wenn auch zu jener Zeit keine ernsthaften Zweifel mehr am heliozentrischen Weltbild existierten, so muß der erste Nachweis einer Fixsternparallaxe durch *Friedrich Wilhelm Bessel* in Königsberg doch als ein Meilenstein für die Entwicklung der Astronomie gewertet werden. Bessel benützte für seine Messungen, die sich über mehr als ein Jahr erstreckten, ein von Fraunhofer gefertigtes Heliometer (Abb. 5.8). Bei diesem Präzisionsinstrument ist das Objektiv in zwei Hälften zerschnitten, die so gegeneinander verschiebbar sind, daß man das von der einen Objektivhälfte entworfene Bild eines Sterns mit einem von der anderen Hälfte abgebildeten Nachbarstern zur Deckung bringen kann. Mit Hilfe geeichter Teilungskreise kann der Winkelabstand der beiden Sterne abgelesen werden. Bessel wählte für seine Messungen einen Doppelstern im Sternbild Schwan, 61 Cygni, aus. Er konnte 1838 eine trigonometrische Parallaxe von 0,31" für 61 Cygni angeben.

Wegen der grundlegenden Bedeutung der trigonometrischen Parallaxe für die astronomische Entfernungsbestimmung ist es in der Astronomie üblich, daß man Entfernungsmessung ganz allgemein mit *Parallaxenbestimmung* gleichsetzt.

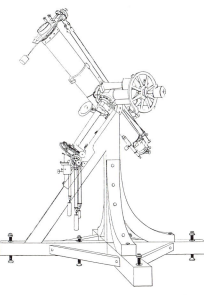

5.8 Mit diesem von J. Fraunhofer entworfenen Heliometer konnte F. W. Bessel im Jahr 1838 die trigonometrische Parallaxe des Fixsterns 61 Cygni bestimmen.

Aufgaben

5.1. Was bedeuten die folgenden astronomischen Bezeichnungen? Die Tabellen 1 und 2 im Anhang können zu Hilfe genommen werden.
Epsilon Lyrae, α CMi, β Ori, η Tau, M1, NGC 598 = M 33.

5.2. Nennen Sie zwei Effekte (mit grober Erklärung), die die experimentelle Bestimmung der Rektaszension und der Deklination von Fixsternen erschweren.

5.3. F.W.Bessel konnte 1838 in Königsberg (Ostpreußen) am Doppelstern 61 Cygni eine Parallaxe von 0,31″ ± 0,02″ messen.
a Berechnen Sie den Abstand (mit Toleranz) des Sternes in Parsec!
b Wie lang ist das Licht von 61 Cygni bis zu uns unterwegs?

5.4. Kurz nach Bessel gelang es Georg Friedrich Struve in Dorpat (Estland), ebenfalls mit einem Fraunhoferschen Teleskop (Refraktor mit 30-cm-Objektiv und Fadenmikrometer), vom Fixstern α Lyrae (Wega) eine Parallaxe von 0,125 Bogensekunden[4] zu gewinnen (moderner Wert: 0,123″). Wie weit ist nach Struves Messung Wega von uns entfernt?

5.5. Der nächste Fixstern ist α Centauri (Doppelsternsystem), der 4,3 Lichtjahre von uns entfernt ist. Welche trigonometrische Parallaxe wird von α Centauri gemessen?

5.3. Die Bewegungen der Fixsterne. Der Dopplereffekt

Auch wenn man von dem für die trigonometrische Entfernungsmessung maßgebenden Parallaxeneffekt absieht, stehen die Fixsterne nicht ganz „fix" an der Himmelssphäre, da sie geringe Bewegungen gegeneinander ausführen. Die Sterne bewegen sich mit unterschiedlichen Geschwindigkeiten um das Milchstraßenzentrum, in ähnlicher Weise wie die Planeten um die Sonne; schon wegen gegenseitiger Gravitationswirkungen können die Geschwindigkeiten der Fixsterne individuell recht verschieden sein.

Zum Nachweis dieser Sternbewegungen ist der sogenannte *Dopplereffekt*[5] geeignet, auf den nun wegen seiner großen Bedeutung für die Astronomie etwas eingegangen wird.

Wer an einer Straße steht und auf die Geräusche eines herankommenden Motorfahrzeugs – z.B. eines lauten Motorrads – achtet, der wird unmittelbar nach dem Vorbeifahren des Fahrzeugs eine deutliche Veränderung der Tonhöhe feststellen können, auch wenn sich das Fahrzeug ganz gleichmäßig bewegt. Das sich entfernende Fahrzeug scheint tiefere Töne abzugeben.

Bekanntlich bestehen Schallwellen aus Verdichtungen und Verdünnungen der Luft. Unser Ohr registriert einen umso höheren Ton, je geringer die Abstände der Wellenfronten (z.B. der Verdichtungen) voneinander sind. Falls der Sender S ruht und einen bestimmten Ton aussendet, haben die Wellenfronten in allen Richtungen gleiche Abstände. Dieser Abstand von Wellenberg zu Wellenberg wird als *Wellenlänge* (λ_o) bezeichnet und kann bei bekannter Ausbreitungsgeschwindigkeit c der Welle über die Zeitdauer T zwischen zwei ankommenden Wellenbergen berechnet werden: $\lambda_o = c \cdot T$. Der Kehrwert der Schwingungsdauer T wird *Frequenz* genannt:

$$f = \frac{1}{T} .$$

---

[4] Struve korrigierte den Wert später (fälschlicherweise) auf 0,261″.
[5] Christian Doppler (1803–1853), österreichischer Physiker

a

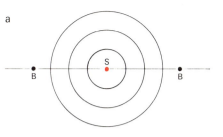

b

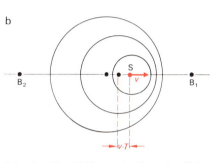

5.9 a, b Zur Erklärung des Dopplereffekts
a) ruhender Sender S
b) Sender bewegt sich mit der Geschwindigkeit v

Wenn sich nun der Sender mit der konstanten Geschwindigkeit v bewegt, so sind die einzelnen kreisförmigen Wellen nicht mehr konzentrisch (s. Abb. 5.9). In der Zeitdauer T einer Schwingung bewegt sich nämlich der Sender um die Strecke $s = v \cdot T$ weiter, so daß der Beobachter B_1, auf den sich S zubewegt, eine Wellenlänge $\lambda = \lambda_o - v \cdot T$ registriert, während für den Beobachter B_2, von dem sich S entfernt, die Wellenlänge größer erscheint: $\lambda = \lambda_o + v \cdot T$.

Für die Frequenz $f = \dfrac{1}{T} = \dfrac{c}{\lambda}$ gilt:

$$f = \frac{c}{\lambda_o \pm v \cdot T} = \frac{c}{\lambda_o} \cdot \frac{1}{1 \pm \dfrac{v \cdot T}{\lambda_o}}$$

oder

$$f = f_o \cdot \frac{1}{1 \pm \dfrac{v}{c}} .$$

Das Minuszeichen gilt bei Annäherung von S an B.
Stets registriert also der Beobachter bei Annäherung von S eine höhere Frequenz (oder eine geringere Wellenlänge) als die ausgesandte.
Elektromagnetische Wellen unterscheiden sich zwar grundsätzlich von den mechanischen Wellen dadurch, daß sie auch im Vakuum auftreten, also keinen Träger benötigen (Schallwellen können sich nur in einem Medium wie Luft ausbilden), doch zeigen sie alle sonstigen Welleneigenschaften wie Beugung, Interferenz, Brechung etc. Auch der Dopplereffekt tritt bei elektromagnetischen Wellen auf! Hier gilt für Geschwindigkeiten v, die klein sind im Vergleich zur Lichtgeschwindigkeit $c = 3 \cdot 10^8$ m/s, ebenfalls $f = f_o \cdot \dfrac{1}{1 \pm \dfrac{v}{c}}$.

Für die Frequenzänderung Δf ergibt sich

$$\Delta f = f - f_o = f_o \cdot \left(\frac{1}{1 \pm \dfrac{v}{c}} - 1 \right) = f_o \cdot \left(\frac{c}{c \pm v} - 1 \right)$$

oder

$$\frac{\Delta f}{f_o} = \frac{c - c \mp v}{c \pm v} = \frac{\mp v}{c \pm v} .$$

Da $v \ll c$, gilt die Näherung $c \pm v \approx c$, so daß man die folgende Vereinfachung erreichen kann:

$$\frac{|\Delta f|}{f_o} = \frac{v}{c} .$$

Ebenso gilt[6]:

$$\frac{|\Delta \lambda|}{\lambda_o} = \frac{v}{c} .$$

---

[6] siehe Aufgabe 5.6

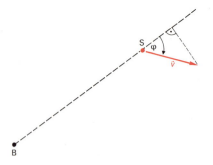

5.10 Zum Dopplereffekt

Wenn sich Sender S und Beobachter B einander nähern, so registriert B gegenüber der ausgesandten Welle eine Frequenzerhöhung oder eine Verringerung der Wellenlänge. Das entspricht beim Licht, dessen Wellenlängen das Auge durch den Farbeindruck zu unterscheiden vermag, einer Verschiebung in Richtung zum blauen Spektralbereich (Blauverschiebung). Falls sich S und B voneinander entfernen, bemerkt der Beobachter eine Rotverschiebung der ausgesandten Wellenlänge.

Falls die relative Bewegung von S und B nicht in radialer Richtung abläuft, muß natürlich der Radialanteil von $\vec{v}$, also $v \cdot \cos\varphi$ (s. Abb. 5.10), in die Dopplerformeln eingehen:

$$\frac{|\Delta\lambda|}{\lambda_0} = \frac{v_r}{c} = \frac{v}{c} \cdot \cos\varphi \ .$$

Man erhält zwei geeignete Meßgrößen für die räumliche Bewegung eines Sterns, wenn man den in bezug auf unsere Sonne maßgebenden Vektor $\vec{v}$ der *Raumgeschwindigkeit* in zwei voneinander unabhängige Komponenten, die *Radialgeschwindigkeit* $\vec{v}_r$ in Richtung der Beobachtung und die darauf senkrecht stehende *Tangentialgeschwindigkeit* $\vec{v}_t$ zerlegt (s. Abb. 5.11).
Während man die Radialgeschwindigkeit aus der Dopplerverschiebung von Spektrallinien relativ leicht und schnell bestimmen kann, ist der Nachweis der Bewegung eines Fixsterns in tangentialer Richtung recht aufwendig und überdies nur bei sonnennahen Fixsternen möglich, nämlich durch den Vergleich von in größeren Zeitabständen (Jahrzehnte!) aufgenommenen fotografischen Aufnahmen.

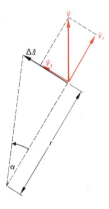

5.11 Die räumliche Bewegung eines Fixsterns
  v Raumgeschwindigkeit
  v_r Radialgeschwindigkeit
  v_t Tangentialgeschwindigkeit
  r Entfernung

Aus der wiederholten (fotografischen) Bestimmung der Position eines Fixsterns muß also auf die Eigenbewegung ebenso wie auf die jährliche Parallaxe des Sterns geschlossen werden. Es treten insofern Schwierigkeiten bei der Auswertung auf, weil zusätzlich zu diesen beiden, sich überlagernden Wirkungen weitere Effekte zur Lageveränderung des Sterns an der Sphäre führen. Diese Störeffekte, die Eigenbewegung und Parallaxe meist um ein Vielfaches übertreffen, müssen vor der eigentlichen Auswertung der Positionsmessungen sorgfältig ausgefiltert werden!

Radialgeschwindigkeit:
Die einzelnen Absorptionslinien eines Sternspektrums können Energieübergängen bestimmter Atome zugeordnet werden. Die in der Sternatmosphäre vorkommenden Elemente hinterlassen ihre „Fingerabdrücke" im Sternspektrum, und zwar nicht etwa durch eine unverrückbare Stelle der Einzellinie (Dopplerverschiebung!), sondern vielmehr durch die charakteristisch aufeinanderfolgenden Einzellinien. Abb. 5.12 zeigt dies am Beispiel der Balmer-Linien des Wasserstoffatoms.

Zunächst müssen also die stärksten Linien im Sternspektrum richtig gedeutet werden, dann wird durch Vergleich mit einem die entsprechenden Linien enthaltenden unverschobenen Spektrum[7] die relative Wellenlängenverschiebung $\frac{\Delta\lambda}{\lambda}$ bestimmt:

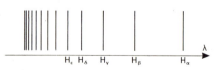

5.12 Die Balmerlinien des Wasserstoffatoms

---

[7] Dieses Vergleichsspektrum wird auf dasselbe Filmstück über (oder unter) dem Spektrum abgebildet.

5.13 Barnards Pfeilstern. Die Aufnahmen wurden im zeitlichen Abstand von 22 Jahren gemacht. Die große Eigenbewegung des Sterns ist deutlich zu erkennen.

$$\frac{\Delta\lambda}{\lambda} = \frac{v_r}{c} \quad \rightarrow \quad v_r = c \cdot \frac{\Delta\lambda}{\lambda} \qquad c \text{ Lichtgeschwindigkeit}$$

v_r positiv: $\Delta\lambda > 0$, Rotverschiebung, Stern entfernt sich.
v_r negativ: $\Delta\lambda < 0$, Blauverschiebung, Stern nähert sich.

Tangentialgeschwindigkeit:
Da die Bewegung eines Fixsterns in tangentialer Richtung vor dem Hintergrund sehr weit entfernter Sterne beobachtet wird, hängt die sog. *Eigenbewegung* μ (gemessen in Bogensekunden pro Jahr) stark von der Entfernung r ab:

$$v_t = \frac{\Delta s}{\Delta t} = \frac{\alpha \cdot r}{\Delta t} = \mu \cdot r$$

$$v_t = \mu \cdot r \ .$$

Barnards Pfeilstern (Abb. 5.13) ist der Stern mit der größten gemessenen Eigenbewegung $\mu = 10{,}3''a^{-1}$ und einer jährlichen Parallaxe $p = 0{,}55''$.

$$r = \frac{1\,\text{pc} \cdot 1''}{0{,}55''} = 1{,}82\,\text{pc}$$

$$v_t = \mu \cdot r = 10{,}3 \cdot \frac{\pi \cdot 1{,}82 \cdot 3{,}086 \cdot 10^{16}\,\text{m}}{180 \cdot 3600 \cdot 365 \cdot 24 \cdot 3600\,\text{s}}$$

$$= 88{,}9\,\text{km/s}.$$

Um die nach obiger Formel nötige und lästige Einheitenumrechnung zu umgehen, kann man gleich ansetzen:

$$v_t = 4{,}74 \cdot \underline{\mu} \cdot \underline{r},$$

wobei man nun v_t in km/s erhält, wenn $\underline{\mu}$ und $\underline{r}$ die zu ihren üblichen Einheiten ''/a bzw. pc gehörenden Maßzahlen darstellen.
Durch Aufspaltung der jährlichen Eigenbewegung in zwei Komponenten μ_α und μ_δ gemäß den Richtungen der Rektaszensions- und Deklinationsachsen kann die Richtung der Eigenbewegung angegeben werden.

Aufgaben

5.6. Zeigen Sie, daß gilt: $\dfrac{|\Delta\lambda|}{\lambda_o} = \dfrac{|\Delta f|}{f_o}$!

5.7. Ein sich mit der Geschwindigkeit $v = 1000$ m/s bewegendes Wasserstoffatom sendet die Balmer-H_α-Linie ($\lambda_o = 656{,}2793$ nm) aus.
a Welche Wellenlänge registriert der ruhende Beobachter B, wenn sich das Wasserstoffatom direkt auf ihn zubewegt?
b Was können Sie über die Bewegungsrichtung des emittierenden Atoms aussagen, wenn B eine Wellenlänge von 656,2800 nm empfängt?

5.8. a Die Sonne dreht sich am Äquator in 25 Tagen einmal um ihre Achse. Ein Erdbeobachter nimmt Spektren von beiden äquatorialen Rändern der Sonnenscheibe auf. Wie groß ist die Verschiebung der H_γ-Linie des Wasserstoffs ($\lambda_o = 434{,}0466$ nm) zwischen den beiden Spektren?
b Die in den Granula der Photosphäre aufsteigende oder absinkende Sonnenmaterie führt zu Deformierungen der Fraunhoferschen Linien im Sonnenspektrum. Ein von der Mitte der Sonnenscheibe aufgenommenes Spektrum zeigt, daß die H_γ-Linie bis 0,0015 nm nach kürzeren und ebenso nach höheren Wellenlängen hin „verbogen" ist. Berechnen Sie, mit welcher Geschwin-

digkeit sich die Materie in den Granula nach oben und nach unten bewegt!

5.9. Bessel wählte 61 Cygni für seine trigonometrische Parallaxenbestimmung aus dem Grunde aus, weil dessen Eigenbewegung mit 5″ pro Jahr auffallend groß ist und deshalb als Hinweis auf die Nähe des Sterns gewertet werden muß. Berechnen Sie die Tangentialgeschwindigkeit von 61 Cygni!

5.10. Von Capella mißt man eine jährliche Parallaxe von 0,07″. Innerhalb von 20 Jahren bewegt sich der Stern um 8,72″ an der Sphäre.

a Berechnen Sie die Entfernung Sonne - Capella.
b Die unverschobene H_γ-Linie liegt bei 434,0466 Nanometer. Wo erscheint sie im Spektrum von Capella, wenn die Radialgeschwindigkeit +30 km/s beträgt?
c Berechnen Sie die Raumgeschwindigkeit $|\vec{v}|$ von Capella!

5.11. Fotografien von α Centauri A zeigen zwischen 1901 und 1933 eine Positionsänderung von 118″ an der Sphäre gegenüber den Hintergrundsternen. Die jährliche Parallaxe beträgt 0,751″. Berechnen Sie Entfernung und Raumgeschwindigkeit, wenn die Radialgeschwindigkeit bezüglich der Sonne −25 km/s beträgt!

5.4. Die Helligkeit von Sternen

Selbstverständlich begnügt sich der Astronom nicht mit der Bestimmung der Entfernung oder der räumlichen Bewegung eines Fixsterns; mehr noch interessieren ihn die charakteristischen Größen des Sterns wie Durchmesser, Masse, Temperatur, Leuchtkraft, Magnetfeld, Rotation sowie der zeitliche Entwicklungszustand des Sterns.
Ganz offensichtlich unterscheiden sich die Fixsterne in ihren Eigenschaften teilweise ganz erheblich:
Sie zeigen unterschiedliche Strahlungsleistung – was nicht allein durch die verschiedenen Entfernungen erklärbar ist –, unterschiedliche Lichtfarbe, manchmal periodische Intensitätsschwankungen etc.

Der Astronom, der durch Analyse der Fixsternstrahlung zur Kenntnis der charakteristischen Größen des Sterns gelangen möchte, befindet sich in einer schwierigen Lage, vergleichbar vielleicht dem Problem, nach Motor- und Fahrgeräuschen (Lautstärke, Klang) auf das sie verursachende Fahrzeug schließen zu müssen.
Während es nicht sehr schwierig sein dürfte, zwischen Motorrad, PKW, LKW und Bus zu unterscheiden, wird es nur dem geübten Lauscher gelingen, die verschiedenen PKW-Fabrikate und -Modelle zu ermitteln.
Dem beobachtenden Astronomen wird es zunächst nicht schwerfallen, zwischen Planeten und Fixsternen zu unterscheiden, auch wird er aus der Sternfarbe die Oberflächentemperatur gut abschätzen können; bei der Bestimmung von Geschwindigkeit, Masse und Radius können aber nur ausgeklügelte Untersuchungs- und Berechnungsmethoden zum Erfolg führen.

Das Ohr hat im übrigen einen Vorteil gegenüber dem Auge: Es kann aus einem Frequenzgemisch die einzelnen beteiligten Frequenzen „heraushören", während das Auge beim Farbeindruck „grün" niemals unterscheiden kann, ob es sich um rein grünes Licht oder um eine Mischung verschiedener Lichtfrequenzen handelt. Allerdings schafft hier eine spektrale Zerlegung des Lichts sofort Aufklärung.
Zur Ermittlung der charakteristischen Sterngrößen kann einerseits die Gesamthelligkeit des Sterns, andererseits die spektrale Zusammensetzung des Sternenlichts herangezogen werden.

5.4.1. Scheinbare Helligkeit

„Scheinbar" bedeutet hier: „ohne Berücksichtigung der unterschiedlichen Entfernung der einzelnen Sterne".

Die Einteilung der Sterne in Helligkeitsklassen geht auf den antiken Astronomen *Hipparch von Nicaea* (2. Jhdt. v.Chr.) zurück, der bei der Beobachtung mit freiem Auge sechs Größenklassen (magnitudo = Größenklasse) unterscheidet:

1. Größenklasse: hellste Fixsterne
...
6. Größenklasse: gerade noch mit freiem Auge sichtbare Sterne.

Als man Mitte des 19. Jahrhunderts eine genauere Festlegung der (scheinbaren) Helligkeit m auf physikalischer Grundlage anstrebt, zeigt es sich, daß eine Verdopplung der pro Zeit- und Flächeneinheit einfallenden Energie E vom Auge keinesfalls als Helligkeitsverdopplung empfunden wird, daß also eine Definition $m = \text{const} \cdot E$ dem alten Größenklassensystem nicht gerecht wird.

Wie nun der Zusammenhang von E und m ist, läßt ein einfacher Versuch erkennen, bei dem hinter einer Milchglasscheibe oder gut streuendem Transparentpapier eine Lichtquelle L_1 und daneben eine doppelt so starke Lichtquelle L_2 (z.B. zwei Glühlampen des Typs L_1) aufgebaut sind. Den Eindruck desselben Helligkeitsunterschieds wie zwischen L_1 und L_2 erhält man zwischen L_2 und einer weiteren Lichtquelle L_3 genau dann, wenn L_3 viermal (!) so stark ist wie L_1. In diese Reihe mit gleicher Helligkeitsabstufung paßt noch L_4, wenn L_4 achtmal so stark ist wie L_1, d.h. die achtfache Energie im Vergleich zu L_1 abstrahlt (8 gleiche Glühlampen wie L_1). Offensichtlich erscheinen dem Auge verschiedene Lichtströme von derselben Helligkeitsdifferenz, wenn die Quotienten der ankommenden Lichtleistungen gleich sind.

Diese Erkenntnis deutet auf einen logarithmischen Zusammenhang zwischen dem Helligkeitseindruck und der diesen Eindruck verursachenden Lichtenergie hin ($\log \frac{a}{b} = \log a - \log b$) und kommt auch in dem 1859 von *Weber* und *Fechner*[8] aufgefundenen *psychophysischen Grundgesetz* zum Ausdruck, welches besagt, daß die Sinnesempfindungen s den Logarithmen der physikalischen Reize r proportional sind:

$$s = \text{const} \cdot \log r \qquad \text{oder}$$

$$s_1 - s_2 = \text{const} \cdot \log\left(\frac{r_1}{r_2}\right).$$

Auf dieser Erkenntnis fußt auch die logarithmisch aufgebaute Dezibelskala der Akustik.

Diese physiologische Gesetzmäßigkeit ermöglicht es im übrigen erst, daß wir Reize von sehr unterschiedlicher Stärke überhaupt wahrnehmen können.

Um eine Anpassung an das alte, bewährte Größenklassensystem zu erreichen, wurde die Differenz zweier Helligkeiten m_1 und m_2 von *N.R. Pogson*[9] bereits 1857 folgendermaßen festgelegt (lg = dekadischer Logarithmus):

$$m_1 - m_2 = -2{,}5 \cdot \lg\left(\frac{E_1}{E_2}\right)$$

---

[8] 1880 von Gustav Th. Fechner exakt mathematisch formuliert, nach Vorarbeiten von Ernst H. Weber.

[9] Norman Robert Pogson (1829–1891), englischer Astronom

m = scheinbare Helligkeit des Sterns
E = einfallende Energie pro Zeit- und Flächeneinheit = Intensität = Bestrahlungsstärke = Energiestrom

Hinweise:

1. Das Minuszeichen auf der rechten Seite bewirkt, daß beim Übergang zu schwächeren Sternen die Größenklasse zunimmt.
2. Der Faktor 2,5 sorgt für die ungefähre Anpassung an das antike System.

Hier wird die Helligkeit m (auch als Größe bezeichnet) ohne Einheit angegeben, also als reine Zahl, z.B. $m = 5$. Man findet aber in der Literatur durchaus auch die Verwendung einer Einheit (Größenklasse = magnitudo) z.B. in folgender Schreibweise: $m = 5$ mag oder $m = 5^m$.

Außerdem erhält man durch Umformung der obigen Definitionsgleichung für die Helligkeitsdifferenz (siehe Aufgabe 5.14):

$$\frac{E_1}{E_2} = q^{m_2 - m_1} \quad \text{mit} \quad q = 2{,}512.$$

Neben der Differenz zweier Helligkeiten benötigt man natürlich einen *Bezugspunkt für die Helligkeit*. Die Festlegung der scheinbaren Helligkeit des Polarsterns $m_{\text{Polaris}} = 2{,}12$ erwies sich als Normwert nicht geeignet, da man eine leichte Helligkeitsveränderung bei Polaris feststellte. Man verwendet heute als Eichskala die Helligkeiten von verschiedenen Sternen, die konstant hell strahlen und deren Helligkeiten sehr genau fotoelektrisch bestimmt wurden. Hierbei spielt eine Gruppe von Sternen um den Himmelsnordpol, die *Internationale Polsequenz*, eine große Rolle.

Eine genauere Betrachtung der Helligkeitsdefinition ergibt, daß bei einem Größenklassenunterschied 2,5 (wenn $\lg\left(\frac{E_1}{E_2}\right) = 1$) für die von den betrachteten Sternen ankommende Energie pro Zeit- und Flächeneinheit ein Verhältnis von 10 : 1 besteht.

Größenklassenunterschied 2,5 $\Leftrightarrow E_1 : E_2 = 10 : 1$
Größenklassenunterschied   5 $\Leftrightarrow E_1 : E_2 = 100 : 1$
Größenklassenunterschied 10 $\Leftrightarrow E_1 : E_2 = 10000 : 1$
Größenklassenunterschied   1 $\Leftrightarrow E_1 : E_2 = 2{,}512 : 1$

Mit dem leistungsfähigsten Teleskop unserer Zeit, dem Hale-Teleskop auf dem Mount Palomar, ist die Helligkeit +23 gerade noch nachweisbar.

Um einige sehr helle stellare Objekte in die Helligkeitsskala einbeziehen zu können, ist eine Erweiterung des Größenklassensystems in den negativen Bereich nötig:

$m_{\text{Sirius}} = -1{,}5, \quad m_{\text{hellste Planeten}} < 0, \quad m_{\text{Sonne}} = -26{,}7, \quad m_{\text{Vollmond}} = -12{,}7$

Die soeben angegebenen Helligkeitswerte beziehen sich streng genommen auf die Beobachtung mit dem freien Auge; man spricht von der *scheinbaren visuellen Helligkeit* m_v (400 nm $\leq \lambda \leq$ 750 nm, Empfindlichkeitsmaximum bei ca. 550 nm).

Exakt muß es oben also heißen:

$m_{\text{Sirius},v} = -1{,}5, \quad m_{\text{Polaris},v} = 2{,}12.$

Weitere scheinbare Helligkeiten sind

m_{pg} für fotografische Beobachtung mit unbehandelter, v.a. im Blauen empfindlicher Fotoemulsionsschicht

m_{bol} = scheinbare bolometrische Helligkeit = über das gesamte Spektrum ermittelte scheinbare Helligkeit.

Bei der Bestimmung der astrophysikalisch sehr wichtigen *bolometrischen Helligkeit* ergeben sich größere Schwierigkeiten: Zum einen sprechen alle Fotometer (Helligkeitsmeßgeräte) nur in einem begrenzten Spektralbereich an, andererseits ist wegen der sehr starken Absorption verschiedener Spektralbereiche (UV!) in der Atmosphäre eine sichere Bestimmung der bolometr. Helligkeit nur außerhalb der Erdatmosphäre möglich. Bei Messung auf der Erdoberfläche sind Korrekturen nötig, die eine gewisse Unsicherheit nicht vermeiden lassen.

Aufgaben

5.12. Welcher Größenklasse gehört der Stern 61 Cyg B an, wenn von ihm pro Zeitintervall nur $\frac{1}{1000}$ an Energie ankommt im Vergleich zu Sirius?

5.13. Um welcher Faktor übertrifft die von Sirius pro Zeit- und Flächeneinheit einfallende Energie jene Energie, die von einem gerade noch mit dem Mount-Palomar-Teleskop registrierbaren Stern ankommt?

5.14. Leiten Sie die folgende Beziehung aus der Definitionsgleichung für die scheinbare Helligkeit her: $\frac{E_1}{E_2} = 2{,}512^{m_2 - m_1}$.

5.15. Die beiden Komponenten des Doppelsternsystems ε Hyd besitzen die scheinbaren Helligkeiten $m_A = 3{,}7$ und $m_B = 4{,}8$. Berechnen Sie die Gesamthelligkeit des Systems!

5.4.2. Absolute Helligkeit

Da Fixsterne in den unterschiedlichsten Entfernungen zur Erde stehen, ist die Ermittlung ihrer Strahlungsleistung nur möglich bei Kenntnis ihrer Entfernung r. Ohne Berücksichtigung der Absorption durch interstellare Materie gilt (siehe auch Überlegungen zur Solarkonstante):

$$E = \frac{L}{4\pi r^2},$$

r Entfernung,
L Leuchtkraft = gesamte abgestrahlte Leistung des Sterns,
E ankommende Energie pro Zeit- und Flächeneinheit, über den gesamten Spektralbereich (bolometrisch) betrachtet.

Ist die Entfernung r bekannt, so kann man über die gemessene scheinbare Helligkeit die Leuchtkraft berechnen. Natürlich läßt sich aus der scheinbaren Helligkeit auch die Helligkeit in einer bestimmten anderen Entfernung berechnen.

Mit der absoluten Helligkeit wird eine physikalische Größe definiert, die wie die Leuchtkraft für Vergleiche zwischen verschiedenen Sternen geeignet ist:

Die Helligkeit, mit der Sterne in der Entfernung 10 Parsec *erscheinen würden*, *heißt* absolute Helligkeit M.

Auch bei der absoluten Helligkeit ist wieder zwischen den verschiedenen Helligkeitsarten (M_v, M_{bol}, etc.) zu unterscheiden.

Die Differenz der absoluten Helligkeiten[10] M_1 und M_2 zweier Fixsterne führt auf den folgenden Zusammenhang mit den Leuchtkräften L_1 und L_2:

$$M_1 - M_2 = -2{,}5 \cdot \lg \frac{\dfrac{L_1}{4\pi \cdot (10\,\mathrm{pc})^2}}{\dfrac{L_2}{4\pi \cdot (10\,\mathrm{pc})^2}}$$

oder $M_1 - M_2 = -2{,}5 \cdot \lg \dfrac{L_1}{L_2}$ [10], woraus man (s. Aufg. 5.23)

$$\frac{L_1}{L_2} = q^{M_2 - M_1} \qquad (q = 2{,}512)\ [10]$$

gewinnen kann.

Ein Leuchtkraftverhältnis von 10 : 1 entspricht demnach einer Differenz der absoluten Helligkeiten von 2,5 Größenklassen.
Durch Einsetzen der entsprechenden physikalischen Größen für unsere Sonne ($L_\odot$, $M_\odot = 4{,}8$) und Einführung der relativen Leuchtkraft $L^* = \dfrac{L}{L_\odot}$ erhält man

$$M = 4{,}8 - 2{,}5 \cdot \lg L^* \quad \text{und}$$

$$L^* = q^{4{,}8 - M} \qquad (q = 2{,}512).$$

Für die Differenz von scheinbarer und absoluter Helligkeit eines Fixsterns erhält man

$$m - M = -2{,}5 \cdot \lg \cdot \frac{\dfrac{I}{4\pi r^2}}{\dfrac{I}{4\pi (10\,\mathrm{pc})^2}}$$

oder

$$m - M = 5 \cdot \lg \frac{r}{10\,\mathrm{pc}} \qquad (\textit{Entfernungsmodul} \text{ des Sterns}).$$

I = die vom Stern in dem betrachteten Wellenlängenbereich abgegebene Leistung

Zunächst dient diese Gleichung nur dazu, M aus m und r zu berechnen. Die volle Bedeutung dieser wichtigen Beziehung kann erst später eingesehen werden.

---

[10] Genau genommen gelten die Formeln nur, wenn M die *absolute bolometrische* Helligkeit darstellt. Im Normalfall kann $M_{bol} \approx M_v$ gesetzt werden. Siehe hierzu auch die kleingedruckte Bemerkung auf Seite 152.

Aufgaben

5.16. Die absolute Helligkeit M_v eines Fixsterns ist geringer (höhere Größenklasse) als seine scheinbare Helligkeit m_v. Was kann man daraus folgern?

5.17. Berechnen Sie die absolute Helligkeit des Vollmonds!

5.18. Der Planet Jupiter besitzt in seiner Oppositionsstellung zur Sonne die scheinbare Helligkeit –3. Berechnen Sie seine absolute Helligkeit!

5.19. In welcher Entfernung steht der Fixstern Spica (α Vir), wenn seine absolute Helligkeit –3,6, seine scheinbare Helligkeit +0,9 beträgt?

5.20. Berechnen Sie die absolute Helligkeit des Fixsterns Arctur (α Boo), dessen scheinbare Helligkeit zu –0,1 bestimmt ist und dessen trigonometrische Parallaxe 0,090 Bogensekunden beträgt!

5.21. Vom Fixstern Pollux mit der scheinbaren Helligkeit $m_v = 1,2$ wird eine trigonometrische Parallaxe von 0,093" gemessen. Entscheiden Sie durch Rechnung, ob Pollux auch dann noch mit freiem Auge sichtbar wäre, wenn er 100mal weiter entfernt wäre.

5.22. Die absolute Helligkeit zweier Sterne unterscheidet sich um 1 Größenklasse. Was können Sie über die Leuchtkräfte beider Sterne aussagen?

5.23. Zeigen Sie, daß gilt: $\dfrac{L_1}{L_2} = 2,512^{M_2 - M_1}$ und $L^* = 2,512^{4,8 - M}$

5.24. Die Leuchtkräfte dreier Fixsterne verhalten sich wie 1 : 10 : 100, die absolute Helligkeit des schwächsten Sterns besitzt den Wert 6. Was kann über die absoluten Helligkeiten der beiden anderen Sterne gefolgert werden?

5.5. Spektralklassen

Wenn man sich für die Oberflächentemperatur eines Fixsterns interessiert, so liefert der Farbeindruck des Sternenlichts einen ersten Hinweis. Dies entspricht auch der Erfahrung, daß ein Eisenstück beim Erhitzen zunächst dunkelrot glüht, sich bei weiterer Temperaturerhöhung hellrot, orange, gelb, weiß, ja weißbläulich verfärbt. Wir wissen ohnehin bereits, daß die Temperatur die spektrale Zusammensetzung der Wärmestrahlung bestimmt; den Zusammenhang zwischen der Temperatur des Strahlers und der am stärksten abgestrahlten Wellenlänge stellt das *Wiensche Verschiebungsgesetz* her.

Daß man aus dem Spektrum noch wesentlich mehr Informationen über den Stern beziehen kann als das integrale Licht liefert, liegt auf der Hand. Allerdings ist ein Stern nur in erster Näherung als schwarzer Strahler anzusehen, so daß eine Temperaturbestimmung nach dem Wienschen Verschiebungsgesetz oder dem Stefan-Boltzmann-Gesetz keinen Absolutheitsanspruch anmelden kann. Man muß die Sternspektren noch eingehender untersuchen und in diese Betrachtung die im Spektrum erkennbaren Linien einbeziehen. Meist bestehen Sternspektren nämlich aus einem kontinuierlichen Untergrund mit vielen dunklen Absorptionslinien, manchmal treten auch Emissionslinien auf.

Zur Gewinnung eines Sternenspektrums, das möglichst viele Einzelheiten erkennen läßt, wird das vom Fernrohrobjektiv erzeugte Bild des Sterns einer Spektralapparatur zugeführt, die im wesentlichen aus einem Glasprisma oder einem optischen Gitter besteht. Besonders geeignet ist dabei ein Teleskop vom Coudé-Typus, weil hier das Bild – unabhängig von der Ausrichtung des Teleskops – ortsfest ist und damit der Anschluß eines schweren, verläßlichen Spektroskops ohne Probleme möglich ist. Da der Stern (fast) punktförmig abgebildet wird, ist zwar kein Abbildungsspalt nötig, doch entsteht aus demselben Grund auch nur ein fadenförmiges Spektrum; die Länge dieses Fadens ist

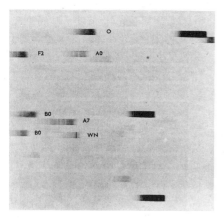

5.14 Objektivprismenaufnahme

von der Objektivbrennweite und der Dispersion des Prismas (bzw. der Strichdichte des Gitters) abhängig. Damit Einzelheiten erkennbar sind, ist eine Verbreiterung des Spektrums nötig. Dies kann nur durch eine geeignete Lageverschiebung des Spektralfadens während der Spektralaufnahme erfolgen, etwa infolge einer leicht unpräzisen Einstellung der Fernrohrnachführung oder einer Hin- und Herbewegung eines in den Strahlengang integrierten Spiegels.

Größte Bedeutung besitzt auch eine Schnellmethode zur Aufnahme von Sternspektren. Wenn vor dem Objektiv des Teleskops ein Glasprisma angebracht wird, so werden auf der Fotoebene von allen bei der Abbildung erfaßten Sternen Spektren erzeugt (Abb. 5.14). Auch hier ist natürlich eine Verbreiterung der Spektralfäden vonnöten. Selbstverständlich darf die Dispersion des Prismas nicht so groß sein, daß die Sternspektren großenteils überlappen. Nach dieser *Objektivprismenmethode* wurden vorwiegend von *Annie Cannon* zwischen 1911 und 1915 Sternspektren klassifiziert und im *Henry Draper Catalogue*[11] veröffentlicht. Annie Cannon, die zunächst als „Computer" (Rechner) bei dem bekannten Astronomieprofessor William Pickering mit Sternspektren vertraut wurde (bei einem Entgelt von 25 Cent pro Stunde), wurde bald Expertin für Spektren und 1896 Mitarbeiterin Pickerings in Harvard. Sie hat mehr als 300 000 Spektren untersucht, wobei sie im Schnitt pro Minute ca. 3 Spektren „schaffte".

Zunächst wurden die auf den ersten Blick recht unterschiedlichen Sternspektren ihren Gemeinsamkeiten nach in Spektralklassen A, B, C ,... eingeteilt, wobei sich mit der Zeit herauskristallisierte, daß manche dieser Spektralklassen identisch sind (sich nur durch individuelle Eigenarten unterscheiden) und sich die übergroße Mehrheit aller Sternspektren in die lineare Folge der *Spektralklassen O–B–A–F–G–K–M* einreihen läßt. Die ungewöhnliche Reihenfolge der Buchstaben fordert eine Eselsbrücke wie den von amerikanischen Studenten verfaßten Merkspruch „*O* Be *A* Fine Girl, Kiss Me" geradezu heraus.

Die einzelnen Spektralklassen werden noch in jeweils 10 Unterklassen 0,1,... 9 eingeteilt: ... A9, F0, F1, F2 ... F9, G0, G1 ....

Die *Klassifikationskriterien* für die Zuteilung zu einer Spektralklasse sind das Auftreten von bestimmten charakteristischen Spektrallinien (s. Abb. 5.15) und deren Stärke im Vergleich untereinander. Dabei spielen z.B. die Balmerlinien des Wasserstoffs, die Linien des neutralen und einfach ionisierten Calziums und Heliums sowie verschiedene Molekülbanden eine Rolle. In der Spektroskopie wird der Ionisationsgrad eines Atoms durch römische Ziffern gekennzeichnet, die man dem chemischen Symbol nachstellt. So ist unter CaI das neutrale Calziumatom zu verstehen, CaII ist die Bezeichnung für das einfach ionisierte Ca^+-Ion.

Bei der Bestimmung des Spektraltyps eines vorliegenden Spektrums kann man so vorgehen, daß man Vorkommen und Stärke bestimmter Linien gemäß der folgenden Übersicht zur Spektralklassenzuordnung nützt:

O: Linien mehrfach ionisierter Atome (NII, OII, SiII ...), HeII-Linien sehr stark, Kontinuumsmaximum im UV

B,A,F: Balmerlinien sind die stärksten Linien
HeI und HeII sichtbar → B
Fraunhofer-G-Linie fehlt, MgII (448,1 nm) sehr deutlich → A

---

[11] Von Henry Draper stammt die erste fotografische Aufnahme eines Sternspektrums (1872 von Wega). Aus dem Nachlaß H. Drapers wurde der 9bändige, 225 300 Sternspektren enthaltende Sternkatalog finanziert, der seinen Namen trägt.

5.15 Die Stärke von verschiedenen Spektrallinien in Abhängigkeit vom Spektraltyp

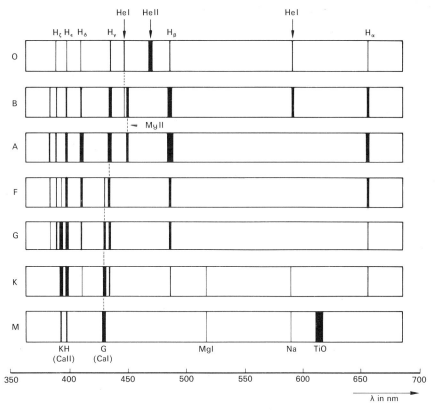

G, K, M: Balmerlinien sind nicht stärkste Linien,
H_β, H_γ, CaI (422,7 nm) etwa gleichstark → G
CaI gegenüber CaII nicht so sehr unterlegen wie bei Spektraltyp G → K
CaI stärker als CaII, sehr deutliche Molekülbanden, v.a. von TiO → M.

Auffallend ist, daß die Anzahl der Linien von O bis M stark zunimmt und daß in derselben Richtung die Intensität jeder Einzellinie bis zu einem Maximum ansteigt und dann wieder abfällt.

Die Tatsache, daß jede Spektrallinie einem bestimmten Element zugeordnet werden kann, könnte zur Annahme verleiten, daß man aus der Stärke einer Linie direkt auf die Häufigkeit des betreffenden Elements in der Sternatmosphäre schließen kann. Doch Auftreten und Stärke von Linien sind weit mehr von der Sterntemperatur bestimmt, die chemische Zusammensetzung der Fixsterne unterscheidet sich im Normalfall nur geringfügig.

Die Spektralsequenz O–B–A–F–G–K–M stellt eine Ordnung nach sinkender Oberflächentemperatur dar. Wie die Stärke der einzelnen Spektrallinien von der Temperatur abhängt, ist im Diagramm der Abb. 5.16 auf der Grundlage der Saha-Theorie (1920) graphisch dargestellt und wird im folgenden etwas erläutert, v.a. am Beispiel der Wasserstoff-Absorptionslinien.

Im sichtbaren Bereich des elektromagnetischen Spektrums befinden sich bei Wasserstoff nur die Balmerlinien. Bei der relativ geringen Temperatur der Sterne

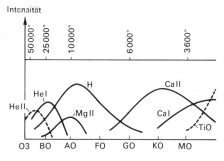

5.16 Grobe Darstellung der Stärke von verschiedenen Spektrallinien in Abhängigkeit vom Spektraltyp (auf Grundlage der Saha-Theorie)

149

mit M-Spektren sind die H-Atome überwiegend im Grundzustand, so daß zur Anregung vor allem die Lymanfrequenzen passen würden, die aber im UV-Bereich des Spektrums liegen, wo das M-Kontinuum keinen Anteil besitzt. Die Balmerlinien sind hier – soweit vorhanden – sehr schwach. Erst bei höheren Temperaturen ist das erste angeregte Niveau genügend stark besetzt, so daß die Balmerfrequenzen stärker absorbiert werden können (s. Abb. 5.16). Beim Spektraltyp A erscheinen die Balmerlinien in optimaler Stärke, während sie bei noch höherer Temperatur wieder schwächer werden, da hier die H-Atome bereits größtenteils ionisiert sind und kein Elektron mehr für eine Anregung zur Verfügung haben.

Alle anderen Atome besitzen mehr als ein Elektron, so daß auch nach Abspaltung des äußersten Elektrons noch Anregungsmöglichkeiten bestehen. Obwohl das Element Calzium auf allen Sternen sehr selten ist, kann es im Sternspektrum eine bedeutende Rolle spielen, da sowohl CaI als auch CaII geeignete Energiestufen für eine Anregung durch „optische" Quanten besitzen. Wegen der äußerst geringen ersten Ionisationsenergie des Ca (s. Tabelle 7) ist dieses Element bereits bei relativ geringen Temperaturen hinreichend ionisiert, und die Linien des CaII können schon bei den Spektraltypen K und G sehr stark in Erscheinung treten. Die wesentlich höhere Ionisationsenergie des Heliums erklärt, warum die HeII- Linien nur bei den O- und B-Sternen auftreten.

Da ein Fixstern kein schwarzer Strahler ist, kann über die bekannten Strahlungsgesetze höchstens die effektive Temperatur ermittelt werden, also diejenige Temperatur, die ein schwarzer Strahler mit derselben Strahlungsleistung hätte. In Tabelle 9 sind den Spektralklassen jeweils die entsprechenden effektiven Temperaturen zugeteilt.

Experimentelle Anregung

Daß man schon mit einfachsten Mitteln durchaus brauchbare Spektren der hellsten Sterne anfertigen kann, ist wenig bekannt. Hierzu müssen lediglich eine Fotokamera mit einem Teleobjektiv sowie ein größeres Glasprisma zur Verfügung stehen. Man baut die Kamera fest auf einem Stativ auf und befestigt das Prisma so vor dem Objektiv, daß die untere Prismenfläche 20°–30° zur Objektivebene geneigt und die brechende Kante des Prismas parallel zum Himmelsäquator ausgerichtet ist. Die Bewegung des anvisierten Sterns an der Sphäre sorgt nun dafür, daß der in der Bildebene entstehende Spektralfaden bei einer Belichtungszeit von mehreren Minuten zu einem breiten Spektrum auseinandergezogen wird. Eine elektrische Nachführung ist nicht nötig! Allerdings sind auf diese Weise auch bei Verwendung empfindlichen Filmmaterials (27–30 DIN) nur Spektren der hellsten Sterne zu gewinnen. Auf Farbdiafilm ist sehr gut der Kontinuumsanteil zu studieren: Rigel zeigt den blauen Bereich sehr intensiv, Betelgeuze dagegen den roten. Die Absorptionslinien sind auf einem Schwarzweißfilm besser erkennbar.

Aufgaben

5.25. Welche allgemeinen Klassifikationskriterien spielen für die Zuteilung eines Sternspektrums zu einer Spektralklasse eine Rolle?

5.26. Welches Ordnungsprinzip ist für die Spektralsequenz O–B–A... maßgebend?

5.27. Erklären Sie, warum Molekülbanden gerade für die M-Sterne charakteristisch sind!

5.28. a Erklären Sie, was man unter CaI und CaII versteht!
b Inwiefern können CaII-Linien bei Sternen der Spektralklassen M, K und G auftreten, Linien des HeII aber nur bei O- und B-Sternen?

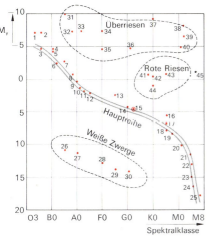

1	HD 93129	16 α Cen B	31 II Cygni 12
2	ζ Puppis	17 ε Ind	32 Rigel
3	θ¹ Ori	18 61 Cygni A	33 Deneb
4	β Cen	19 61 Cygni B	34 ε Aurigae
5	α Cru A	20 +48°44 A	35 Canopus
6	Spica	21 Krüger 60 A	36 α Aquarii
7	α Eri	22 Barnards Pfeilstern	37 RW Cephei
8	Regulus	23 Proxima	38 μ Cephei
9	Wega	24 Wolf 359	39 Betelgeuze
10	Sirius	25 VB 10	40 Antares
11	Fomalhaut	26 40 Eridani B	41 Capella
12	Atair	27 Sirius B	42 Arctur
13	Procyon	28 Procyon B	43 Aldebaran
14	α Cen A	29 Wolf 28	44 Pollux
15	Sonne	30 Van Maanens Stern	45 Mira

5.17 HRD mit einigen nahen und hellen Fixsternen

5.6. Das Hertzsprung-Russell-Diagramm (HRD)

Während man durch die Messung von scheinbarer Helligkeit und Entfernung die absolute Helligkeit und damit die Leuchtkraft des Sterns ermitteln kann, ist die Sterntemperatur durch die Bestimmung des Spektraltyps erfaßt. Es dürfte sicher lohnenswert sein, zu untersuchen, inwieweit die Oberflächentemperatur die Leuchtkraft des Sterns bestimmt. Ein direkter Zusammenhang dieser charakteristischen Sterngrößen ist allerdings bei Betrachtung des Stefan-Boltzmann-Gesetzes nicht zu erwarten.

Wir wollen dies überprüfen durch ein Spektraltyp-Absolute Helligkeits-Diagramm = *Hertzsprung-Russell-Diagramm* = *HRD*, wobei wir uns zunächst darauf beschränken wollen, mit Hilfe der Tabellen 10 und 11 die nächstgelegenen sowie die scheinbar hellsten Fixsterne in dieses Diagramm einzutragen. Ein geeigneter Maßstab ist: $\Delta M = 1 \triangleq 0,5$ cm, Umfang einer Spektralklasse $\triangleq$ 2 cm. Die nahen Sterne geben am ehesten eine Übersicht über die Häufigkeit der tatsächlich vorkommenden Sterntypen; es zeigt sich, daß die lichtschwächeren Sterne der Spektralklassen K und M am häufigsten sind. Durch die Hinzunahme der scheinbar hellsten Fixsterne sind die leuchtkräftigsten Sterne zwar überrepräsentiert, doch wird auf diese Weise auch die Anordnung dieser relativ seltenen Sterne im HRD sichtbar. Klar erkennbar ist, daß sich die Sterne im Diagramm in mehreren Gruppen anordnen.

Die ersten Diagramme dieser Art gehen auf den dänischen Forscher *Ejnar Hertzsprung* (1911) und den amerikanischen Astrophysiker *Henry Norris Russell* (1913) zurück, wobei Hertzsprung offene Sternhaufen (Plejaden und Hyaden) auswählte und Russell ein Diagramm aller Sterne erstellte, von denen damals Spektraltyp und absolute Helligkeit (Entfernung!) bekannt waren.

Mehr als 90% aller bekannten Sterne liegen im HRD auf einer Linie, der sog. *Hauptreihe*. Man vermutete bald, daß diese Hauptreihe etwas mit der zeitlichen Entwicklung der Fixsterne zu tun haben könnte. Die Interpretation der Hauptreihe als „Entwicklungspfad", den die meisten Sterne im Laufe ihres Daseins zu durchlaufen haben, erwies sich aber als unhaltbar.

In derselben Spektralklasse steigt wegen des Stefan-Boltzmann-Gesetzes $L = \sigma \cdot 4\pi R^2 \cdot T_{eff}^4$ der Sternradius im HRD nach oben an:

$$R = \sqrt{\frac{L}{4\pi\sigma \cdot T_{eff}^4}} \ .$$

Im folgenden sollen vor allem die anschaulicheren, auf unsere Sonne ($\odot$) bezogenen Größen L^*, R^* und T^*_{eff} Verwendung finden.

Aus

$$L^* = \frac{L}{L_\odot} = \frac{\sigma \cdot 4\pi R^2 \cdot T_{eff}^4}{\sigma \cdot 4\pi R_\odot^2 \cdot T_{eff,\odot}^4}$$

gewinnt man sofort die Gleichungen

$$L^* = R^{*2} \cdot T^*_{eff}{}^4 \quad \text{und} \quad R^* = \frac{\sqrt{L^*}}{T^*_{eff}{}^2}$$

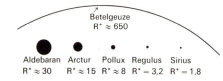
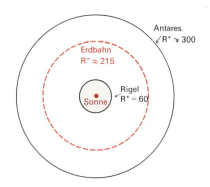

5.18 Die Radien einiger Fixsterne
Weitere Werte:
Proxima Centauri: $R^* = 0{,}04$
μ Cephei: $R^* = 3700$
(Jupiterbahn: $R^* = 1117$)

mit den relativen Größen

$$L^* = \frac{L}{L_\odot},\ R^* = \frac{R}{R_\odot}\ \text{und}\ T^*_{\text{eff}} = \frac{T_{\text{eff}}}{T_{\text{eff},\odot}}.$$

Das bedeutet aber, daß im HRD die sog. *Riesen* und *Überriesen* (Sterne mit großen und größten Radien) oben, die typischen *Zwerge* unten zu finden sind. Die Radien der Fixsterne weichen zwar in der Regel nicht besonders stark vom Sonnenradius ab, doch kommen auch extreme Sterndurchmesser noch relativ häufig vor (siehe auch die folgenden Aufgaben). So erreichen die Radien der sogenannten *Weißen Zwerge* (Sirius B, Procyon B, etc.) nur etwa 1/100 des Sonnenradius, während ein Überriese wie Betelgeuze den Sonnenradius ungefähr 400mal übertrifft (Abb. 5.18).

Es ist auch gebräuchlich, an der Abszisse des HRDs anstelle der Spektralklassen die effektive Oberflächentemperatur der Sterne anzutragen. Dies ist insofern problemlos möglich, als die Spektralsequenz O–B–A ... doch eine Ordnung nach abnehmender Oberflächentemperatur darstellt!

Wegen des direkten Zusammenhangs von absoluter Helligkeit und Leuchtkraft eines Sterns kann die Ordinate eines Hertzsprung-Russell-Diagramms auch in Leuchtkrafteinheiten unterteilt werden. Besonders sinnvoll ist es, hier die relative Leuchtkraft $L^* = \dfrac{L}{L_\odot}$ zu verwenden. Einem Leuchtkraftverhältnis von 10 : 1 entspricht bekanntlich ein Unterschied der absoluten Helligkeiten von 2,5 Größenklassen!

Es wurde bereits darauf hingewiesen, daß eine direkte Beziehung gemäß $M_1 - M_2 = -2{,}5 \cdot \lg \dfrac{L_1}{L_2}$ nur zwischen Leuchtkraft und absoluter *bolometrischer* Helligkeit besteht. Bei einem Stern ist nun im Normalfall nur M_v experimentell bestimmt. Man kann aber die absolute bolometrische Helligkeit über Umrechnungstabellen gewinnen, die auf theoretischen Überlegungen ebenso wie auf entsprechenden Messungen fundieren. Der Anteil der Strahlung außerhalb des sichtbaren Bereichs ist für Sterne aller Spektralklassen recht groß, vor allem für O- und M-Sterne. Man könnte nun stets wesentlich größere Werte der bolometrischen Helligkeit im Vergleich zur visuellen erwarten. Doch ist der Nullpunkt der bolometrischen Helligkeitsskala so gewählt, daß kein absoluter Zusammenhang zwischen visueller und bolometrischer Helligkeit besteht. Es wurde festgelegt, daß der Unterschied von M_v und M_{bol}, die sog. *bolometrische Korrektur*
B.C.: $= M_v - M_{\text{bol}} = m_v - m_{\text{bol}}$ bei Sternen des Spektraltyps G2 gleich Null ist!
Die bolometrische Korrektur ist in Tabelle 9 (siehe Anhang) für Hauptreihensterne angegeben.

Falls keine übermäßige Genauigkeit erforderlich ist, kann für Sterne der Spektraltypen A bis K $M_{\text{bol}} \approx M_v$ gesetzt werden. Dies ist v.a. bei der Lösung von Aufgaben zu beachten!

Der großen Bedeutung des HRDs für die Astronomie wegen sollte man ein HR-Diagramm selbst zeichnen können, wozu man sich den Verlauf der Hauptreihe sowie einige Stützwerte hierzu einprägen muß: Unsere Sonne ist ein G2-Stern der absoluten Helligkeit 4,8. Hauptreihensterne der Spektralklasse A0 besitzen eine absolute Helligkeit $M_v = 1$ und eine effektive Oberflächentemperatur $T_{\text{eff}} \approx 10\,000$ K. Charakteristische Werte der absoluten Helligkeit liegen für Riesen bei 0 (+3 ... −3), für Überriesen bei −6 (−4 ... −8).

Aufgaben

5.29. Inwiefern kann nach den bisherigen Kenntnissen (bis einschließlich Kapitel 5.6.) kein direkter Zusammenhang der absoluten Helligkeit und des Spektraltyps eines Sterns erwartet werden?

5.30. Zeichnen Sie ein HRD (Abszisse: Spektralklasse, Ordinate: relative Leuchtkraft L^*) und markieren Sie die Lage der Hauptreihe, der Roten Riesen, der Überriesen und der Weißen Zwerge! Zeichnen Sie sodann unter Verwendung der Tabellen 10 und 11 noch unsere Sonne, Sirius A und B, Rigel, Betelgeuze, Wega, Canopus, Proxima Centauri, Capella sowie Castor und Pollux ein!

5.31. Die Fixsterne Procyon A, Procyon B und Canopus besitzen die Oberflächentemperaturen 6600 K, 8000 K und 7000 K. Procyon A besitzt einen etwa doppelt so großen Radius wie unsere Sonne, die Leuchtkräfte von Procyon B, der Sonne und Canopus verhalten sich wie 1 : 2000 : 4 000 000. Berechnen Sie die Leuchtkraft L^* von Procyon A sowie die Radien von Procyon B und Canopus!

5.32. Die Sterne Rigel und Capella besitzen dieselbe scheinbare Helligkeit: $m = 0,1$. Capella ist 14 pc entfernt, Rigels absolute Helligkeit beträgt $-7,1$, die Oberflächentemperaturen liegen bei 20 000 K (Rigel) und 4600 K (Capella).
a Berechnen Sie die Entfernung Rigels und die relative Leuchtkraft L^* sowie den relativen Radius R^* von Capella.
b Zeichnen Sie beide Sterne in ein Hertzsprung-Russell-Diagramm mit skizzierter Hauptreihe ein. Welchem Sterntypus (Hauptreihenstern, Riese, Überriese, Weißer Zwerg) gehören sie an?

5.33. Genaue Messungen am Doppelsternsystem α Centauri ergeben eine trigonometrische Parallaxe $p = 0,754''$ sowie für den A-Stern Spektraltyp G2 und die scheinbare Helligkeit 0,0; der Stern B besitzt die scheinbare Helligkeit 1,4.
a Berechnen Sie die scheinbare Helligkeit des Gesamtsystems α Centauri!
b Vergleichen Sie die Leuchtkraft von α Centauri A mit der Leuchtkraft unserer Sonne!
c Berechnen Sie den Radius von α Centauri A!

5.7. Die Leuchtkraftklassen*. Spektroskopische Parallaxen

Die Spektren eines Riesen- und eines Hauptreihensterns weisen selbst dann kleine Unterschiede auf, wenn beide Sterne derselben (!) Spektralklasse angehören: die Linien des Riesensterns erscheinen i.a. deutlich schärfer als die des Hauptreihensterns! Offensichtlich sind v.a. die Ränder der Linien anders ausgebildet.

Die von der Lichtquantentheorie zugelassene natürliche Linienbreite von ca. 10^{-14} m kann die große Breite der meisten Spektrallinien ohnehin nicht erklären. Für die Verbreiterung der Linien sind verschiedene Effekte verantwortlich. Z.B. ist wegen der Bewegung der Gasatome in der Sternatmosphäre der Dopplereffekt bei der Absorption von Photonen von Bedeutung.

Wenn ein Strahlungsquant der passenden Wellenlänge λ_A auf ein ruhendes Atom A trifft, so wird es vollständig absorbiert und die Energie dazu verwendet, das Atom auf ein höheres Niveau zu heben. Bewegt sich aber das Atom auf das Photon zu oder von ihm weg, so erscheint ihm die Wellenlänge aufgrund des Dopplereffekts zu groß oder zu klein (s. Abb. 5.19) und eine Absorption kann deshalb nicht stattfinden.

Doch kann ein Atom, das sich auf das Photon zu bewegt, Strahlung von größerer Wellenlänge als λ_A absorbieren, wenn ihm diese durch den Dopplereffekt bis auf λ_A verkürzt erscheint. Ebenso kann ein sich von der Strahlungsquelle entfernendes Atom zur Absorption einer eigentlich zu geringen Wellenlänge kommen.

Aufgrund des Dopplereffekts können also auch Lichtquanten mit eigentlich zu geringer oder zu großer Wellenlänge absorbiert werden; die Absorption dieser Wellenlängen führt zu einer größeren Breite der Absorptionslinie.

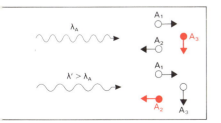

5.19 Zur Verbreiterung von Absorptionslinien durch den Dopplereffekt

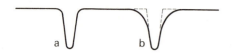

5.20 Linienprofile bei a) geringem und b) großem Druck

Die Stärke dieser *Dopplerverbreiterung* ist vom Geschwindigkeitsumfang der Gasatome und damit von der Temperatur des Gases abhängig.

Außerdem stören die elektrischen Felder sich nahe vorbeibewegender Atome der Absorptions- oder Emissionsvorgang, woraus eine leicht verschobene Absorptions- oder Emissionsenergie resultiert. Bei hohem Gasdruck begegnen sich die Atome häufiger, so daß diese Möglichkeit der Linienverbreiterung stärker auftritt; man spricht deshalb von der *Druckverbreiterung*.

Während die Dopplerverbreiterung den unmittelbaren Bereich um die Linienmitte (Doppler Kern) festlegt, dominiert bei hohem Druck die Druckverbreiterung den Abfall nach außen. Abb. 5.20 zeigt schematisch den Verlauf einer Spektrallinie bei kleinem und großem Druck. Somit wird verständlich, daß die Wasserstofflinien von Riesensternen (geringer Oberflächendruck) sehr scharf erscheinen im Vergleich zu den entsprechenden Linien von Hauptreihensternen desselben Spektraltyps.

Der kleine Oberflächendruck bei einem Riesen ist natürlich auch mit einer geringen Elektronendichte gekoppelt, so daß im Ionisations-Rekombinationsgleichgewicht für ein bestimmtes Atom $A \leftrightarrow A^+ + e^-$ die Ionisation nach dem Massenwirkungsgesetz begünstigt ist. Die Stärke mancher Linien ionisierter Atome ist darum bei Riesen größer als bei Hauptreihensternen derselben Temperatur.

Wenn der Spektraltyp eines Sterns bestimmt ist, kann eine genauere Untersuchung des Spektrums bezüglich des Linienprofils bestimmter Linien (Balmer-Linien) und eines Stärkevergleichs geeigneter Linien zu einer relativ genauen Festlegung der Leuchtkraft des Fixsterns führen.

Von diesen spektralen Unterschieden ausgehend wurde am Yerkes-Observatorium von *Morgan*, *Keenan* und *Kellman* eine genauere Klassifikation der Sterne in sog. Leuchtkraftklassen vorgenommen. Die einzelnen Gruppen im HRD können durch die folgenden Leuchtkraftklassen beschrieben werden:

Ia: helle Überriesen
Ib: schwächere Überriesen
II: helle Riesen
III: normale Riesen
IV: Unterriesen
V: Hauptreihensterne (Zwerge)
VI: Unterzwerge
VII: Weiße Zwerge

Spektraltyp (Temperatur) und Leuchtkraftklasse (Radius) legen die Leuchtkraft und damit die absolute Helligkeit eines Sterns fest ($L = \sigma \cdot 4\pi \cdot R^2 \cdot T_{\text{eff}}^4$). Das Diagramm der Abb. 5.21 gibt diesen Sachverhalt wieder.

Zur genaueren Kennzeichnung des Spektrums wird dem Spektraltyp die Leuchtkraftklasse nachgestellt, z.B. F3 V oder M1 Ib. Es sind auch noch weitere Zusätze gebräuchlich, z.B.:

dM4e = Zwerg (dwarf) der Spektralklasse M4 mit vorkommenden Emissionslinien (e), gleichbedeutend mit M4 Ve
DA = Weißer Zwerg der Spektralklasse A
G8Vp = Hauptreihenstern des Spektraltyps G8 mit spektralen Besonderheiten (p peculiar)
gK0 = normaler Riese (giant) der Spektralklasse K0
sdM4 = Zwerg der Spektralklasse M4 mit scharfen (s) Absorptionslinien
B2Vn = Hauptreihenstern der Spektralklasse B2 mit verwaschenen (n nebulous) Spektrallinien

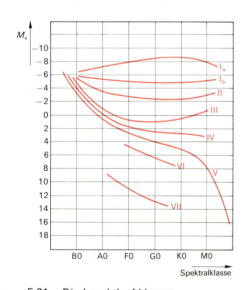

5.21 Die Leuchtkraftklassen

Dadurch, daß die Leuchtkraft eines Sterns einen Einfluß auf bestimmte Einzelheiten des Sternspektrums hat, kann allein durch eine genaue Untersuchung des Spektrums sowohl der Spektraltyp als auch (ungefähr) die absolute Helligkeit des Sterns festgestellt werden. Anschließend kann über den Entfernungsmodul die Entfernung zum Stern berechnet werden!

Beispiel

Von η Leonis wird die scheinbare Helligkeit m_v = 3,48 gemessen. Die Untersuchung des Spektrums ergibt einen Überriesen (Ib) der Spektralklasse A0. Für Überriesen dieser Art ist eine absolute Helligkeit M_v = –5,5 typisch. Dann liefert der Entfernungsmodul:

$$3,48 - (-5,5) = 5 \cdot \lg \frac{r}{10 \text{ pc}} \qquad \text{oder } r = 10\text{pc} \cdot 10^{1,8} = 630\text{pc}.$$

Das entspricht einer (spektroskopischen) Parallaxe von 0,0016″.

Zwar besitzen *spektroskopische Parallaxen*, wie durch den Vergleich mit trigonometrischen Parallaxen naher Fixsterne oder Sternstromparallaxen festgestellt werden kann, eine Fehlertoleranz von ca. 20%, doch reichen sie wesentlich weiter in den Raum hinaus als die trigonometrischen.

Wie nun erst klar geworden ist, besteht die große Bedeutung des Entfernungsmoduls darin, aus *m* und *M* die Entfernung zu berechnen. Die Bestimmung der absoluten Helligkeit – das eigentliche Problem – kann, wie noch gezeigt wird, auch auf anderem (nichtspektroskopischem) Wege geschehen.

Aufgaben

5.34. Der Fixstern Castor (α Gem) kann bereits mit einem einfachen Amateurteleskop als Doppelstern erkannt werden. Dabei besitzt der Hauptstern die scheinbare Helligkeit 2,0, das Gesamtsystem 1,6. Die absolute Helligkeit von α Gem A beträgt 1,3.
a Welche trigonometrische Parallaxe ist von α Gem meßbar?
b Berechnen Sie die scheinbare Helligkeit von α Gem B.

5.35. Der Fixstern Aldebaran (α Tauri), von dem man eine scheinbare visuelle Helligkeit von 0,90 mißt, verändert in 50 Jahren seine Lage an der Sphäre um 10,1″. Der Winkel, unter dem die große Halbachse der scheinbaren jährlichen Bahnellipse erscheint, beträgt 0,048″.
Die Auswertung des Spektrums ergibt einen Riesen der Oberflächentemperatur T_{eff} = 3850 K (Sonne: 5800 K), die H_β-Linie erscheint bei 486,220 nm (im unverschobenen Fall: λ_{H_β} = 486,132 nm).
a Welchem Spektraltyp kann α Tau zugeordnet werden (nur ungefähre Angabe des Spektraltyps mit kurzer Begründung)?
b Kann Aldebaran dem Hyaden-Strom (Raumgeschwindigkeit *v* = 44 km/s) angehören?
c Berechnen Sie die absolute Helligkeit des Sterns! Welches Problem tritt auf, wenn man von der absoluten Helligkeit auf die Leuchtkraft schließen möchte?
d Berechnen Sie den Radius R^* von Aldebaran, wenn die Leuchtkraft ca. 400mal so groß wie die unserer Sonne ist!
e Zeichnen Sie in ein HRD die Hauptreihe ein und kennzeichnen Sie die Lage unserer Sonne sowie des Sterns α Tauri!

5.8. Sternhaufen

Wenn man sich für die Verteilung der Sterne auch entfernterer Himmelsregionen auf die verschiedenen Sterngruppen im HRD interessiert, dann bietet sich hierzu besonders die Untersuchung einzelner Sternhaufen an. Man kann davon ausgehen, daß alle Sterne eines Sternhaufens ungefähr dieselbe Entfernung von uns haben, so daß die Verteilung auf Hauptreihensterne, Riesen, Überriesen etc. schon erkennbar ist, wenn man nur die *scheinbare* Helligkeit über dem

Spektraltyp aufträgt. Eine Kenntnis der Entfernung des Haufens ist hierzu nicht nötig. Ja, es ist sogar möglich, die Haufenentfernung aus diesem Diagramm mit guter Genauigkeit abzuleiten:

Wenn man dieses Spektraltyp-Helligkeits-Schaubild des Haufens auf eine durchsichtige Folie überträgt und so über ein HRD mit exakt eingezeichneter Hauptreihe schiebt, daß sich die Hauptreihen beider Diagramme überdecken, dann läßt sich an den Ordinaten der Zusammenhang von m und M ablesen.

Bei den Plejaden stellt man für Sterne mit der scheinbaren Helligkeit $m_v = 10$ eine absolute Helligkeit $M_v = 4{,}5$ fest (s. Abb. 5.20). Über den Entfernungsmodul erhält man dann die Entfernung des Haufens: $r \approx 125$ pc.

Auf die beschriebene Art ist eine Bestimmung von Sternhaufenentfernungen nur für einige wenige nahe Haufen möglich. Die meisten Sternhaufen sind nämlich bereits so weit entfernt, daß nur von den hellsten Einzelsternen Spektren gewonnen werden können. Die Ermittlung des Spektraltyps verfolgt aber hauptsächlich den Zweck, eine Ordnung der Sterne nach ihren Oberflächentemperaturen zu erreichen. Wie bereits erwähnt, gibt bereits die Farbe des Sternenlichts Hinweise auf die Sterntemperatur. Eine Bestimmung der Sternfarbe mit dem Auge genügt hier allerdings nicht, denn der über die Zäpfchen der Netzhaut gewonnene individuelle Farbeindruck ist zu unterschiedlich. Man kann aber durch fotoelektrische Messungen die Sternfarbe durch einen Zahlenwert, den sogenannten *Farbindex*, charakterisieren.

Wenn man nun graphisch die absolute Helligkeit über dem Farbindex abträgt, so lassen die in dieses *Farben-Helligkeits-Diagramm* (*FHD*) eingetragenen Sterne wie beim HRD Hauptreihe, Riesen, Überriesen etc. erkennen. Bei einem Sternhaufen kann man sich wieder auf die scheinbare Helligkeit beschränken und dann – wie bereits beschrieben – durch Überschieben eines FHDs die Haufenentfernung bestimmen.

Experimentelle Anregung

1. Mit Hilfe eines Fotoapparats können die unterschiedlichen Farben von Fixsternen recht gut festgehalten werden. Besonders geeignet sind hierzu Sternspur-Aufnahmen (keine Nachführung erforderlich!) bei leicht unscharfer Einstellung und einer Belichtungszeit von mehreren Minuten.

2. Daß das Strahlungsmaximum zweier Sterne in unterschiedlichen Spektralgegenden liegen kann, ist mit Hilfe einfacher Farbfilter gut zu demonstrieren: Während eine fotografische Aufnahme des Sternbilds Orion Betelgeuze als hellsten Stern ausweist, wenn ein Rotfilter vor dem Objektiv angebracht wird, erscheint bei Verwendung eines Blaufilters Rigel deutlich heller!

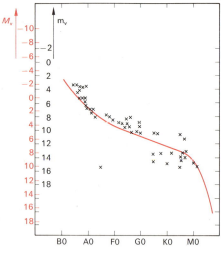

5.22 Spektraltyp-Helligkeits-Diagramm der Plejaden

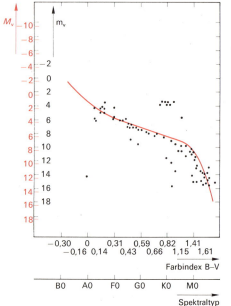

5.23 Farben-Helligkeits-Diagramm des offenen Sternhaufens der Hyaden

Aufgaben

5.36. Warum zeigt ein Spektraltyp-Helligkeits-Diagramm eines Sternhaufens auch dann die einzelnen Sternklassen (Hauptreihe, Riesen, Überriesen), wenn man anstelle der absoluten Helligkeit die scheinbare Helligkeit der Sterne anträgt?

5.37. Warum enthält bereits die Farbe des Sternenlichts Hinweise auf die Oberflächentemperatur des Sterns?

5.38. Erstellen Sie mit Hilfe der Tabelle 12 je ein Spektraltyp-Helligkeits Diagramm der offenen Sternhaufen Praesepe und Hyaden! Ermitteln Sie die Entfernung der Haufen!

5.9. Sternmassen und -radien. Doppelsterne

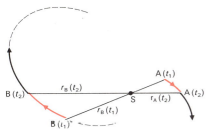

5.24 Die Abhängigkeit der Bahnen beider Komponenten eines Doppelsternsystems

Wenn man die verschiedenen Lebensäußerungen der Sterne verstehen und genaueres über den Lebensweg eines Sterns erfahren möchte, muß man zunächst über seine wesentlichen physikalischen Parameter Bescheid wissen, um anschließend auf der Grundlage dieser physikalischen Fakten geeignete Sternmodelle entwickeln zu können. Zweifellos ist die Kenntnis der Masse eines Sterns für den Astrophysiker von großer Bedeutung, könnte sie doch z.B. die Leuchtkraft des Sterns entscheidend beeinflussen.

Wenn man sich daran erinnert, daß die Masse eines Planeten über das 3. Keplersche Gesetz bestimmt werden kann aus den Umlaufdaten (Dauer, Bahnradius) eines Monds oder Satelliten um den betreffenden Planeten, ist das Prinzip der Massenbestimmung bei Fixsternen schon erkannt: man muß die Bewegungen beider Komponenten eines Doppelsternsystems studieren.

Dazu ist es nötig, „geeignete" Doppelsterne auszuwählen. Nicht immer handelt es sich nämlich um ein Doppelsternsystem, wenn man an der Sphäre zwei sehr eng beieinander stehende Fixsterne entdeckt. Die beiden Lichtpunkte können auch von zwei Sternen herrühren, die in ganz unterschiedlichen Entfernungen zur Erde stehen und nur zufällig in beinahe derselben Richtung gesehen werden. Von diesen *unechten* oder *optischen Doppelsternen* unterscheiden sich die *echten* oder *physischen Doppelsterne* dadurch, daß sie gravitativ gekoppelt sind, was man bei einer sich über einen längeren Zeitraum (Jahre, Jahrzehnte) erstreckenden Beobachtung zu erkennen vermag. Aus genauen Untersuchungen über Sterne bis 10pc Entfernung geht hervor, daß mehr als 50% der Fixsterne einem Doppel- oder Mehrfachsternsystem angehören.

Doppelsterne bewegen sich auf Ellipsenbahnen um den gemeinsamen Schwerpunkt. Die Fixsterne A und B mit den Massen m_A und m_B sowie der Schwerpunkt S liegen stets auf einer Geraden und es gilt mit den Schwerpunktskoordinaten $r_A = \overline{AS}$ und $r_B = \overline{BS}$ (s. Abb. 5.24) der Schwerpunktsatz:

$$r_A \cdot m_A = r_B \cdot m_B$$

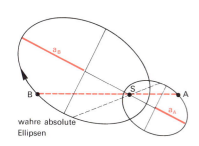

wahre absolute Ellipsen

An dieser Gleichung ist – insbesondere nach der Umformung auf $r_B = \dfrac{m_A}{m_B} \cdot r_A$ – erkennbar, daß die masseschwächere Komponente stets weiter vom Schwerpunkt entfernt ist und die beiden Bahnen ähnliche Ellipsen darstellen, die sog. *wahren absoluten Ellipsen* (s. Abb. 5.25).

Bei *visuellen Doppelsternen* können beide Sterne optisch getrennt wahrgenommen werden. Leider ist an der Himmelssphäre keine Marke für den Schwerpunkt angebracht, was eine Beobachtung der absoluten Ellipsenbahnen sehr erschwert. Die scheinbare Bewegung des einen Sterns um den anderen läßt sich aber gut beobachten. Bei Betrachtung des Abstands $r = \overline{AB}$ der zwei Sterne wird klar, daß diese scheinbare Bahn eine zu den wahren absoluten Ellipsen ähnliche Ellipse darstellt:

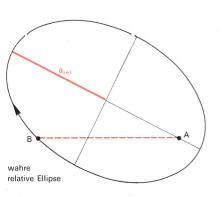

wahre relative Ellipse

5.25 Wahre absolute und wahre relative Bahnen eines Doppelsternsystems mit $m_A : m_B = 2 : 1$

$$r = r_A + r_B = r_A + \frac{m_A}{m_B} \cdot r_A \quad \text{oder} \quad r = \frac{m_A + m_B}{m_B} \cdot r_A$$

Die *wahre relative Ellipse* ist somit gegenüber der absoluten Ellipsenbahn von A um den Faktor $\frac{m_A + m_B}{m_B}$ gestreckt. Für $m_A = 2 \cdot m_B$ ist der Streckungsfaktor gleich 3; zu diesem Massenverhältnis sind die Skizzen der Abb. 5.25 angefertigt.

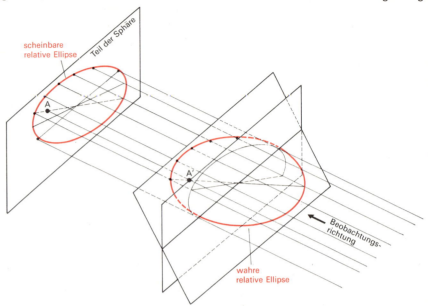

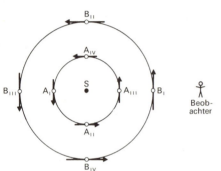

5.26 Die scheinbare relative Bahn als Projektion der wahren relativen Bahn auf die Sphäre

5.27a Die Doppelsternkomponenten A und B bewegen sich auf Kreisbahnen um den Schwerpunkt. Der Beobachter befindet sich in der Bahnebene.

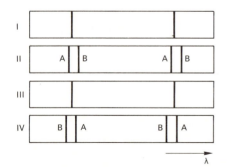

5.27b Die Dopplerverschiebung der Spektrallinien bei verschiedener Lage von A und B relativ zum Beobachter auf der Erde

Leider läßt sich auch diese wahre relative Ellipse nicht direkt beobachten; es wird – bei fortwährender Beobachtung über Jahre hinweg – nur die Projektion dieser Ellipse auf die Himmelssphäre gesehen, die *scheinbare relative Bahnellipse* (s. Abb. 5.26). Der Hauptstern erscheint hier *nicht* in einem Brennpunkt der scheinbaren relativen Bahnellipse! Aus der scheinbaren relativen Bahn kann aber auf geometrisch-konstruktivem oder rechnerischem Wege die wahre relative Bahn ermittelt werden; die große Halbachse a_{rel} dieser Ellipse kann dann bei bekannter Entfernung problemlos berechnet werden.

Aus der Beobachtung der relativen Bahn gewinnt man auch noch die Umlaufsdauer T, so daß das 3. Keplersche Gesetz einen Wert für die Massensumme liefert:

$$m_A + m_B = \frac{4\pi^2}{G} \cdot \frac{a_{rel}^3}{T^2} \qquad (*)$$

Die Einzelmassen können bestimmt werden, wenn man noch Informationen über die absoluten Bahnen erhält, z. B. wenn die Bewegung der Doppelsternkomponenten um den gemeinsamen Schwerpunkt in periodischen Schwankungen der Eigenbewegung (Periode T = Umlaufsdauer) zum Ausdruck kommt und aus diesen Schwankungen das Verhältnis $r_A : r_B$ der Abstände vom Schwerpunkt gewonnen werden kann. Nach dem Schwerpunktsatz ist dann das Massenverhältnis bestimmt:

$$\frac{m_A}{m_B} = \frac{r_B}{r_A}, \qquad (**)$$

so daß man aus $(*)$ und $(**)$ die Einzelmassen gewinnen kann.

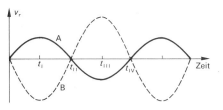

5.28 Der Radialgeschwindigkeitsverlauf für A und B bei Kreisbahnen

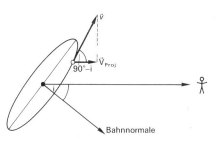

5.29 Der Doppleranteil der Bahngeschwindigkeit v

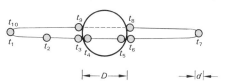

5.30 Fotometrischer Doppelstern (= Bedeckungsveränderlicher)

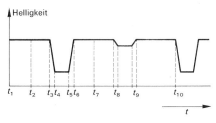

5.31 Helligkeitskurve eines Bedeckungsveränderlichen

Wenn die Abstände der beiden Partner eines Doppelsternsystems recht gering sind, können sie selbst bei beobachtungsgünstiger Lage im Raum nicht mehr optisch getrennt werden; das Auflösungvermögen der besten Teleskope reicht hierzu nicht aus. Im Spektrum kommt die Bewegung dieser spektroskopischen Doppelsterne um den gemeinsamen Schwerpunkt durch periodisch sich ändernde Dopplerverschiebungen zum Ausdruck, da nur die Radialkomponente v_r der Geschwindigkeit Dopplereffekt verursacht:

$$v_r = \frac{\Delta\lambda}{\lambda} \cdot c \ .$$

Für den speziellen Fall, daß sich beide Sterne auf Kreisbahnen um den Schwerpunkt bewegen und sich der Erdbeobachter in der Ebene dieser Bahnen befindet (Abb. 5.27a), ergeben sich für die verschiedenen Stellungen I,II,III,IV die in Abb. 5.27b skizzierten Spektren (jeweils zwei Linien sind eingezeichnet). Dem entspricht der Verlauf der Radialgeschwindigkeiten nach Abb. 5.28.
In Stellung I und III gilt: $|\vec{v}| = v_r$, außerdem kann die Umlaufsdauer T bestimmt werden:

$$t_{III} - t_I = \frac{T}{2} \ .$$

Für Kreisbahnen gilt wegen $\omega = \frac{v}{r} = \text{const}$: $\frac{v_B}{v_A} = \frac{r_B}{r_A}$.

Mit dem Schwerpunktsatz ergibt sich:

$$\frac{m_A}{m_B} = \frac{v_B}{v_A} \ .$$

Für den Fall, daß sich der Beobachter in der Bahnebene befindet, ist die große Halbachse der relativen Ellipsenbahn leicht zu errechnen:

$$a_{rel} = r_A + r_B = \frac{v_A}{\omega} + \frac{v_B}{\omega} = \frac{T}{2\pi} \cdot (v_A + v_B)$$

Ist jedoch die räumliche Lage der Bahnen eine andere, so erhält man über die Dopplerverschiebung nur die Projektion der Bahngeschwindigkeit auf die Beobachtungsrichtung (Abb. 5.29):

$$v_{proj} = v \cdot \sin i \ .$$

Eine Massenbestimmung nach (∗) und (∗∗) ist aber nur möglich, wenn der Winkel i bestimmt werden kann. Dies gelingt nur dann, wenn in dem Doppelsternsystem ein Stern zu bestimmten Zeiten vor dem anderen steht (Sternbedeckung); in diesem Fall gilt: $i \approx 90°$.
Die Bedeckung kommt in einem periodisch wiederkehrenden Abfall der Helligkeit des Systems zum Ausdruck. Man spricht von einem sog. *Bedeckungsveränderlichen* oder *fotometrischen Doppelstern*. Die von einem Fotometer aufgenommene Lichtkurve zum Sternsystem der Abb. 5.30 kann das in Abb. 5.31 skizzierte Aussehen haben. Hier ist die Flächenhelligkeit des kleineren Sterns geringer als die des Hauptsterns.
Massenbestimmungen über spektroskopisch-fotometrische Doppelsterne sollten relativ verläßlich sein, da hierzu keine Entfernungsmessung des Systems nötig ist. Wenn also ein spektroskopischer Doppelstern auch ein Bedeckungsveränderlicher ist, kann man die Einzelmassen bestimmen. Aus dem Verlauf der

Helligkeitskurve kann zusätzlich eine Bestimmung der Sterndurchmesser erfolgen. Mit $v_{\text{Begleitstern}} = \frac{\Delta s}{\Delta t}$ erhält man:

$$\frac{D+d}{t_6 - t_3} = v$$

$$\frac{D-d}{t_5 - t_4} = v \ .$$

v wird aus der Dopplerverschiebung erhalten, so daß aus den beiden letzten Gleichungen die Sterndurchmesser berechnet werden können.

Aufgaben

5.39. Erklären Sie die Begriffe optische und physische, visuelle und fotometrische Doppelsterne! Was ist ein Bedeckungsveränderlicher?

5.40. Inwiefern können täglich vom selben Stern aufgenommene Spektren diesen als Doppelstern entlarven?

5.41. Was versteht man unter der wahren absoluten, was unter der wahren relativen Ellipsenbahn? Was ist die scheinbare relative Ellipse?

5.42. Langjährige Beobachtungen am Doppelsternsystem η Cas zeigen eine Umlaufdauer von ca. 480 Jahren sowie eine Parallaxe von 0,176″. Die große Halbachse der relativen Bahn von Stern B um A erscheint unter einem Winkel von 12″, die großen Halbachsen der absoluten Bahnellipsen verhalten sich etwa wie 1:2. Berechnen Sie die Massen der beiden Sterne!

5.43. Von einem spektroskopischen Doppelstern wird eine relative Wellenlängenverschiebung der A-Komponente von 10^{-4}, der B-Komponente von $2 \cdot 10^{-4}$ gemessen. In regelmäßigen Abständen aufgenommene Spektren lassen eine Periodizität erkennen, aus der die Umlaufdauer von 40 Tagen ablesbar ist. Da der Doppelstern auch als Bedeckungsveränderlicher in Erscheinung tritt, kann auf einen Inklinationswinkel von ca. 90° geschlossen werden.
Berechnen Sie die Massen beider Doppelsternkomponenten unter der Voraussetzung, daß sich diese auf Kreisbahnen bewegen!

5.10. Die empirische Masse-Leuchtkraft-Beziehung

Der Astrophysiker ist daran interessiert, Zusammenhänge zwischen den charakteristischen Größen der Sterne zu erkennen, um auf diesem Wege zu einem besseren Verständnis der Fixsterne und ihrer Erscheinungsformen zu kommen. Das Stefan-Boltzmann-Gesetz beschreibt beispielsweise den Zusammenhang zwischen Leuchtkraft, Radius und effektiver Temperatur (Spektralklasse), das HRD zeigt darüberhinaus, daß bei mehr als 90% aller Sterne eine direkte Beziehung zwischen Leuchtkraft und Temperatur besteht.
Die über Doppelsterne bestimmten Sterngrößen Radius und Masse können nun ihrerseits die Leuchtkraft beeinflussen. Während man mit den experimentell ermittelten Sternradien die Theorie (Stefan-Boltzmann, HRD) überprüfen und sichern kann, ist ein Zusammenhang zwischen Masse m und Leuchtkraft L durch die bisherigen Untersuchungen noch nicht erfaßt.
Bei der Auswertung der entsprechenden Messungen von L und m bei Doppelsternen wird man zunächst einen Zusammenhang $L \sim m^\alpha$ vermuten. Logarithmieren von $L = C \cdot m^\alpha$ führt auf

$$\log L = \log C + \alpha \cdot \log m \ .$$

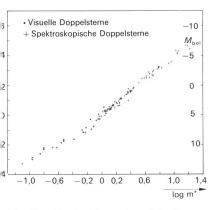

5.32 Empirische Masse-Leuchtkraft-Beziehung

Dies stellt in doppeltlogarithmischer Darstellung[12] die Gleichung einer Geraden mit Steigung α dar. Für Hauptreihensterne ergibt sich gemäß Abb. 5.32 α ≈ 3,5, bei den Riesen liegt α zwischen 2,5 und 3.

Im folgenden soll die Näherung $L \sim m^3$ für Hauptreihen- und Riesensterne verwendet werden. Dieser Zusammenhang stellt die *empirische Masse-Leuchtkraft-Beziehung* dar. Für die relative Leuchtkraft L^* ist leicht herzuleiten:

$$L^* = \frac{L}{L_\odot} = \frac{c \cdot m^3}{c \cdot m_\odot^3} = \left(\frac{m}{m_\odot}\right)^3 \quad \text{oder} \quad \boxed{L^* = m^{*3}}$$

Die Masse-Leuchtkraft-Beziehung zeigt nun aber, daß die Hauptreihensterne im HRD ihrer Masse nach geordnet sind!

Die Massenzuordnung für Hauptreihensterne nach Abb. 5.33 trägt der *m-L*-Beziehung Rechnung und schließt auch endgültig aus, daß die Hauptreihe der „Entwicklungspfad" der Sterne ist. Zu viele Einzeltatsachen sprechen dagegen, daß ein Stern sein Leben mit 50 bis 100 Sonnenmassen beginnt, sich auf der Hauptreihe nach unten bewegt und durch Strahlungsverluste auf eine Masse von weniger als 0,5 Sonnenmassen kommt, um schließlich zu erlöschen.

Wie verläuft dann aber die zeitliche Entwicklung von Fixsternen? Dieser Frage soll im folgenden in besonderem Maße nachgegangen werden.

Aufgaben

5.44. Inwiefern sind die Sterne auf der Hauptreihe ihrer Masse nach angeordnet?

5.45. Bestimmen Sie die Massen von Hauptreihensternen der Spektralklassen B0, A0 und M0, wobei zunächst unter Zuhilfenahme eines exakten Hertzsprung-Russell-Diagramms die Leuchtkräfte dieser Sterne ermittelt werden müssen!

5.11. Das Lebensalter der Sterne

Da die Sterne eines Sternhaufens etwa zum selben Zeitpunkt aus derselben Gaswolke entstanden sein dürften, bieten sich diese Objekte zur Untersuchung der zeitlichen Entwicklung der Fixsterne an. Die unterschiedlichen Entwicklungszustände der einzelnen Sternhaufen müssen auch in den HRDs oder FHDs erkennbar sein. Die entsprechenden Diagramme der bekanntesten offenen Sternhaufen können selbständig mit Hilfe der Tabelle 12 gezeichnet werden ($\Delta m = 1 \triangleq 0{,}5$ cm, Umfang einer Spektralklasse $\triangleq 2$ cm).

Während das HRD der Plejaden praktisch nur die Hauptreihe zeigt, sind bei Praesepe und Hyaden auch eine ganze Reihe Roter Riesen erkennbar. Dafür aber reicht die Hauptreihe bei den Plejaden weiter nach links oben; hier liegen also auch sehr massereiche Sterne auf der Hauptreihe. Wenn man nun noch die Beobachtung hinzuzieht, daß die äußerst hellen und massestarken Hauptreihensterne vom Spektraltyp O und B vornehmlich bei den in viel interstellare Materie eingebetteten sehr jungen Sternansammlungen (η-Carina-Gebiet,

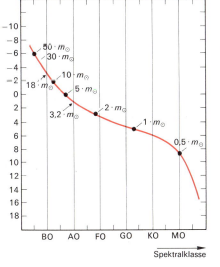

5.33 Die Massen der Hauptreihensterne

---
[12] Sowohl an der Abszisse (m) als auch an der Ordinate (L) werden die Werte in logarithmischem Maßstab angetragen.

Großer Orionnebel) vorkommen, wird klar, daß *das Haupreihenstadium für Sterne jeder Masse den Erstzustand des fertigen Sterns darstellt.*
Offensichtlich verlassen die massereicheren Sterne schneller den „Normalzustand" (Hauptreihe), um sich zu Überriesen oder Riesen zu entwickeln. Verstärkt wird dieser Eindruck bei der Betrachtung von Hertzsprung-Russell-Diagrammen weiterer Sternhaufen. Bei M67 ist die Hauptreihe schon sehr stark entvölkert, entsprechend groß ist die Zahl der Riesensterne.

Nach den bisherigen Überlegungen können sich die einzelnen Sternzustände eigentlich nur durch die Art der Energieerzeugung und -freisetzung voneinander unterscheiden. Nachdem wir von einem Hauptreihenstern – unserer Sonne – schon wissen, wie er seine Energie gewinnt, ist die Lösung naheliegend:
Die Hauptreihensterne können gedeutet werden als Sterne, die sich in derselben, lang andauernden Phase ihrer Entwicklung befinden, nämlich in der Phase des Wasserstoffbrennens: sie gewinnen Energie durch die Fusion von Wasserstoff- zu Heliumkernen. Dies dürfte so lange möglich sein, bis der Stern ca. 10% seines Wasserstoffvorrats zu Helium verbrannt hat, bis nämlich im Fusionsgebiet die Wasserstoffkonzentration zu gering wird. Eine Abschätzung für die Dauer t_H des Hauptreihenstadiums liefert die einfache Überlegung, daß t_H direkt proportional zum Energievorrat (Masse m) und umgekehrt proportional zum Energieverbrauch (Leuchtkraft L) ist:

$$t_H \sim \frac{m}{L}.$$

Mit der Masse-Leuchtkraft-Beziehung erhält man

$$t_H \sim \frac{1}{m^2}$$

oder im Vergleich zu unserer Sonne $\frac{t_H}{t_{H,\text{Sonne}}} \sim \left(\frac{m}{m_{\text{Sonne}}}\right)^{-2}$ und

$$t_H = t_{H,\text{Sonne}} \cdot m^{*-2}, \quad \text{wobei } m^* = \frac{m}{m_{\text{Sonne}}}.$$

Es wurde bereits abgeschätzt, daß die Sonne für ca. 7 Milliarden Jahre Energie aus dem Wasserstoffbrennen gewinnen kann; also ist

$$t_H \approx 7 \cdot 10^9 a \cdot (m^*)^{-2}$$

Massereiche Sterne verweilen demnach nicht so lange auf der Hauptreihe als massearme. Damit läßt sich auch erklären, warum O- und B-Sterne selten, K- und M-Sterne aber sehr häufig sind. Alle beobachteten O- und B-Sterne sind sehr jung!
Es ist also die Masse der für die Lebenserwartung eines Sterns entscheidende Parameter. Offenbar leben die Sterne mit großen Massen stark über ihre Verhältnisse. Die große Anzahl der Sterne auf der Hauptreihe (> 90%) kann nur so erklärt werden, daß dieses Hauptreihenstadium wesentlich länger dauert als die anderen Entwicklungsphasen des Sterns.
Eine Faustregel ist: $t_H \approx 0.8 \cdot t_{\text{gesamt}}$

Der Entwicklungszustand und damit das Alter von Sternhaufen läßt sich an HRD oder FHD ablesen. Abb. 5.34 zeigt ein Hertzsprung-Russell-Diagramm, in

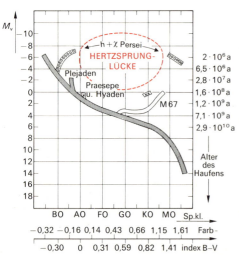

5.34 Schematische HRD verschiedener offener Sternhaufen

das verschiedene offene Sternhaufen schematisch eingetragen sind. Der untere Hauptreihenast erscheint jeweils gut besetzt, während der obere Teil der Hauptreihe teilweise fehlt und dafür ungewöhnlich viele Riesen- und Überriesensterne vorhanden sind. Wir können dies mittlerweile so interpretieren, daß die Sterne mit höheren Massen ihr Hauptreihenstadium hinter sich haben und – das Diagramm läßt keinen anderen Schluß zu – zu Riesen oder Überriesen geworden sind.

Dann ist aber von der Lage des oberen Hauptreihenendes das Alter des Sternhaufens abzulesen, denn von den aus der Hauptreihe abgewanderten Sternen kann die Masse und damit auch ihre Verweildauer auf der Hauptreihe ermittelt werden.

Für den offenen Sternhaufen der Hyaden zeigt sich, daß Sterne des Spektraltyps A1 noch auf der Hauptreihe stehen, A0-Sterne aber schon abgewandert sind. A0-Sterne der Hauptreihe besitzen eine Masse von ca. 3,2 Sonnenmassen und können damit ungefähr $7 \cdot 10^9 a \cdot 3{,}2^{-2} \approx 6{,}8 \cdot 10^8 a$ im Hauptreihenstadium verbleiben. Die Hyaden sind demnach ca. 680 Millionen Jahre alt[13].

Angesichts der Dauer der Entwicklung eines Sterns, die in Millionen von Jahren gemessen wird, erscheint nicht nur ein Menschenleben, sondern auch die ganze Geschichte der Menschheit oder ihrer wissenschaftlichen Tätigkeit als verschwindend kurze Zeitspanne. Wenn Rudolf Kippenhahn hierzu den Vergleich wählt: *„Der Astronom befindet sich in etwa derselben Situation wie eine Eintagsfliege"*, so spricht er damit vor allem die Schwierigkeiten an, die bei der Ermittlung der zeitlichen Entwicklung von Sternen auftreten, denn diese ist nicht – wie etwa bei Pflanzen und Tieren – durch langjährige Beobachtung eines einzelnen Objekts zu studieren. Vielmehr ist es Aufgabe des Astronomen, die beobachtbaren Zustände der Sterne in eine logische zeitliche Entwicklungsfolge einzuordnen.

Aufgaben

5.47. Welche einfache Überlegung führt auf die Abschätzung $t_H \sim \dfrac{m}{L}$ für die Verweildauer t_H auf der Hauptreihe?

5.48. Inwiefern kann bei einem Sternhaufen an der Lage des oberen Endes der Hauptreihe im HRD auf das Alter des Haufens geschlossen werden?

5.49. Berechnen Sie die Verweildauer auf der Hauptreihe für Sterne der Spektralklassen B0, A0 und M0 (siehe Aufgabe 5.45)!

5.12. Die Entwicklung der Fixsterne

5.12.1. Überblick über die verschiedenen Möglichkeiten der Energiegewinnung bei Fixsternen

Zweifellos wird die Entwicklung eines Fixsterns gesteuert durch die für ihn zum jeweiligen Zeitpunkt maßgebende Energiefreisetzung. Die wichtigsten Energiequellen eines Sterns – *Kernenergie* und *Gravitationsenergie* – wurden bereits

---

[13] Verwendet man $L^* = (m^*)^{3,5}$, woraus sich $t_H = 7 \cdot 10^9 a \cdot (m^*)^{-2,5}$ ergibt, so errechnet man: $t_H \approx 3{,}8 \cdot 10^8 a$. Die Hyaden sind nach dieser Abschätzung nur ca. 400 Millionen Jahre alt!

angesprochen. So liefert die bei der Kontraktion des entstehenden Sterns freiwerdende Gravitationsenergie erst die hohen Temperaturen, die dann eine Verschmelzung von Wasserstoffkernen zu Heliumkernen ermöglicht. Es gibt allerdings auch „Fehlgeburten": Wenn die Gravitationsenergie wegen zu geringer Gesamtmasse nicht ausreicht, den Protostern auf H-Fusionstemperatur aufzuheizen, so strahlt er nur schwach und erkaltet schließlich (schwarzer Zwerg).

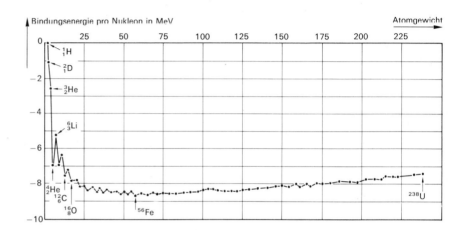

5.35 Bindungsenergie pro Nukleon

Wenn man aus leichteren Atomkernen schwerere aufbaut, so finden die einzelnen Kernteilchen, also Protonen und Neutronen, energiegünstigere Zustände vor, sog. *Bindungsenergie wird freigesetzt.* Das Diagramm der Abb. 5.35, in dem für die einzelnen stabilen Atomkerne die Bindungsenergie pro Nukleon aufgetragen ist, zeigt, daß durch Fusionsprozesse bis zum ^{56}Fe Energie gewonnen werden kann und daß diese Energiefreisetzung bei Fusion von Wasserstoff zu Helium (^{4}He) am größten ist.

Damit eine Kernverschmelzung stattfinden kann, müssen sich zwei Kerne zentral treffen und bis auf einen sehr geringen Abstand (wenige 10^{-15} m) nahekommen, wobei die elektrostatische Abstoßung der positiv geladenen Atomkerne zu überwinden ist. Dies ist nur möglich, wenn sich die Kerne mit großen Geschwindigkeiten aufeinander zu bewegen, was bei sehr hohen Temperaturen der Fall ist. So ist die Fusion von Wasserstoffkernen zu normalem Helium nur bei Temperaturen von mehr als 5 Millionen Kelvin möglich (pp-Kette ab 5 Millionen K, CNO-Zyklus ab 10 Millionen K; ab 20 Millionen K überwiegt der CNO-Zyklus), bei schwereren Kernen ist wegen der stärkeren elektrostatischen Abstoßung der Fusionspartner eine höhere Temperatur nötig.

Von den möglichen höheren Fusionsprozessen ist vor allem der sog. 3α-Prozeß (ab 100 Millionen K) von Bedeutung:

$$^4_2He + {}^4_2He \rightarrow {}^8_4Be + \gamma - 0{,}095 \text{ MeV}$$
$$^8_4Be + {}^4_2He \rightarrow {}^{12}_6C + \gamma + 7{,}4 \text{ MeV}$$

Das fusionierte Beryllium muß hierbei sofort nach seiner Bildung von einem α-Teilchen getroffen werden, da es normalerweise sehr schnell wieder zerfällt. Außerdem kann über die gebildeten ^{12}C-Kerne noch ^{16}O erschmolzen werden:

$$^{12}_{6}C + ^{4}_{2}He \rightarrow ^{16}_{8}O + 7,2 \text{ MeV}$$

Durch weitere Verschmelzungsprozesse kann bei Temperaturen von mehr als 500 Millionen K der Kohlenstoff fusioniert werden:

$$^{12}_{6}C + ^{12}_{6}C \rightarrow ^{24}_{12}Mg \begin{array}{l} \rightarrow ^{23}_{11}Na + ^{1}_{1}H + 2,2 \text{ MeV} \\ \rightarrow ^{20}_{10}Ne + ^{4}_{2}He + 4,6 \text{ MeV} \end{array}$$

Bei den noch weiter führenden Fusionsprozessen wird immer weniger Energie frei; diese Reaktionen erklären das Vorhandensein von höheren Elementen bis zum Eisen. Für die Existenz noch schwererer Elemente in den Sternen und auf der Erde können nur Vorgänge von Bedeutung sein, die unter Energieaufwand vor sich gehen!

5.12.2. Verlauf der zeitlichen Entwicklung von Fixsternen

Für die zeitliche Entwicklung von Fixsternen ist zusätzlich von Bedeutung, wie der Energietransport vor sich geht:
Während für Sterne mit Massen $m > 1,5 \cdot m_{Sonne}$ der Zentralbereich konvektiv ist (weiter außen geht der Energietransport vor allem durch Strahlung vor sich), erfolgt der Energietransport im Kern bei Sternen mit $m < 1,5 \cdot m_{Sonne}$ hauptsächlich durch Strahlung (außen durch Konvektion).
Der Gravitationsdruck der Sternmaterie bestimmt die Stärke der Energieerzeugung und damit die Lage des sich einstellenden *hydrostatischen Gleichgewichts von Gas- und Strahlungsdruck* auf der einen *und Gravitationsdruck* auf der anderen Seite, das den Radius des Sterns festlegt.
Wie nun die Entwicklungsgeschichte eines Sterns verläuft, kann durch *Computer-Modellrechnungen* simuliert werden. Dabei wird davon ausgegangen, daß der Stern bei seiner Bildung aus üblicher interstellarer Materie (ca. 70% Wasserstoff, Rest fast nur Helium) besteht. Es kann angenommen werden, daß bei allen Hauptreihensternen der Zentralbereich, in dem die Temperaturen zur H-He-Fusion ausreichen, ungefähr 10 – 30% der gesamten Sternmasse ausmacht.
Bei massereichen Sternen ($m > 1,5 \cdot m_{Sonne}$) wird zunächst wegen der konvektiven Durchmischung der ganze Brennkern gleichmäßig zu Helium verbrannt. Vermutlich geschieht dies ohne Materieaustausch mit der Hülle und bis zu einem Wasserstoffgehalt von ca. 1%.
In diesem Hauptreihenstadium ändern sich Leuchtkraft und Temperatur nur unwesentlich. Wenn die abgestrahlte Energie nicht mehr voll durch die Kernfusion gedeckt werden kann, beginnt der nun fast nur aus Helium bestehende Kern zu kontrahieren. Die freiwerdende Gravitationsenergie führt sehr schnell zu einer starken Erwärmung von Kern und Hülle, bis schließlich in den innersten Bereichen der Hülle Kernfusion von Wasserstoff zu Helium einsetzt. Diese Brennzone stellt eine Kugelschale dar, die sich langsam nach außen bewegt, und in der nun sogar deutlich mehr Energie pro Zeiteinheit gewonnen wird als vorher im Sternzentrum.

Die enorme Energiefreisetzung führt auch nach außen hin zu einer spektakulären Veränderung des Sterns: Neben einem Temperaturzuwachs im Sterninneren (Anwachsen der kinetischen Energie der Gasteilchen) dient die freiwerdende Energie zu einer Erhöhung der potentiellen Energie der Gashülle und damit zu einer starken Vergrößerung des Sterndurchmessers, allerdings bei Erniedrigung der Oberflächentemperatur. Der Stern verläßt die Hauptreihe und entwickelt sich zu einem Roten Riesen oder bei sehr hoher Masse sogar zu einem Überriesen. Für Sterne mit mehr als 2 Sonnenmassen bleibt dabei die Leuchtkraft ungefähr konstant. Da diese Entwicklung sehr rasch verläuft, sind kaum Sterne in dieser Übergangsphase zu finden. Der entsprechende Bereich des HRDs ist beinahe leer (Hertzsprung-Lücke).
Die Kontraktion des Heliumkerns heizt den Kern bald bis zu Temperaturen von mehr als 100 Millionen Kelvin auf und ermöglicht so die ruhig einsetzende Zündung der Fusion von Heliumkernen.

Bei Sternen mit geringen Massen ($m < 1,5 \cdot m_{Sonne}$) verläuft die Entwicklung wesentlich langsamer. Da der Kern nicht konvektiv ist, brennt der Wasserstoff im Zentrum der höheren Temperatur wegen schneller aus als sonst im Kern, bis schließlich (Ende des langen Hauptreihenstadiums) ein reines Schalenbrennen entsteht, die sich nach außen bewegende Brennschale einen immer größer werdenden Heliumkern entstehen läßt. Wenn etwa 10% der Sternmasse zu Helium fusioniert ist, beginnt die langsame Kontraktion des Heliumkerns. Die freiwerdende Gravitationsenergie führt zu einem Ansteigen der Temperatur im Kern und allmählich im gesamten Stern. Dabei sorgt die Temperaturerhöhung in der Wasserstoff-Brennschale für eine gesteigerte Freisetzung von Kernenergie, und dieser Energiegewinn führt zu einer Zunahme der Strahlungsleistung sowie zu einer Vergrößerung der potentiellen Energie der äußeren Sternmaterie, d.h. zu einer Vergrößerung des Sterndurchmessers. Der Stern wandert langsam – man beobachtet genügend Sterne in diesem Entwicklungsstadium – ins Gebiet der Riesen ab. Dabei ändert er trotz der enormen Helligkeitssteigerung von ca. 3 Größenklassen seine Oberflächentemperatur kaum. Während sich Sterne mit weniger als 0,5 Sonnenmassen nun durch Abkühlung direkt in Weiße Zwerge verwandeln, kommt es für Sterne mit größeren Massen noch zu so hohen Temperaturen im Zentralgebiet, daß das Heliumbrennen einsetzt. Dies geschieht – das sei ohne genauere Erklärung angefügt – auf sehr spektakuläre Art im sog. *Helium-Flash*.

Endlich geht auch die Heliumfusion zu Kohlenstoff und Sauerstoff in ein Schalenbrennen über, so daß einige Zeit zwei Schalenbrennzonen (H → He und He → C + O) existieren, die sich langsam nach außen bewegen und schließlich erlöschen.
Im Verlaufe und besonders gegen Ende des Rote-Riesen-Stadiums wirft der Stern sehr wahrscheinlich einen erheblichen Anteil seiner Hüllenmaterie ab, was später als *Planetarischer Nebel* beobachtet werden kann.

In der Phase des Heliumbrennens erhöht sich zunächst die Oberflächentemperatur des Sterns, er wandert im HRD langsam nach links und kehrt dann wieder zu tieferer Oberflächentemperatur zurück. Bei dieser Schleifenbewegung zeigt der Stern auch Instabilitäten. Allem Anschein nach können die raschen

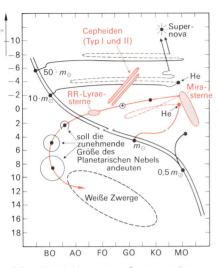

5.36 Entwicklung von Sternen mit verschiedenen Massen
He: Einsetzen des Heliumbrennens

Änderungen der Energiefreisetzung vom Stern nicht ohne Schwierigkeiten in passende Gleichgewichtszustände umgesetzt werden, denn es werden – stets an ganz bestimmten Stellen im HRD – *periodische* (!) *Helligkeitsschwankungen* beobachtet. Wie man am Sternspektrum durch auftretende Dopplerverschiebung von Spektrallinien erkennt, sind die Helligkeitsänderungen mit starken Veränderungen des Sterndurchmessers gekoppelt; man nennt diese Sterne deshalb *Pulsationsveränderliche*. Diese Pulsationsveränderlichen werden nach der Periodendauer ihrer Helligkeitsschwankungen in verschiedene Klassen unterteilt, die nach ihren Prototypen benannt sind. Als wichtigste Gruppen sind hierbei die *Mira-Sterne* (Periodendauer T von 80 – 1000 Tagen), die δ-Cephei-Sterne ($T \approx$ 3–50 d) und die *RR-Lyrae-Sterne* ($T \approx$ 1d) zu nennen. Ihre Lage im HRD (s. Abb. 5.35) weist die Cepheiden als Überriesen, RR-Lyrae- und Mira-Sterne als Riesen aus.

Daß die Entwicklung eines Sterns von seiner Masse bestimmt wird, zeigt sich auch nach dem Heliumbrennen: Während sich bei geringer Sternmasse das im Zentrum des planetarischen Nebels verbleibende, v.a. aus Kohlenstoff und Sauerstoff bestehende Sternrelikt vermutlich sehr schnell zu einem sog. Weißen Zwerg entwickelt, können Sterne mit genügend großer Masse durch weitere Kontraktion des Kerns so hohe Temperaturen erzeugen, daß noch schwerere Kerne (evtl. bis ^{56}Fe) erschmolzen werden; auch hier entsteht jeweils wieder ein Schalenbrennen.

Da der Energiegewinn bei diesen Kernumwandlungen sehr gering ist, kann hiermit der Energiebedarf des Sterns nur für kurze Zeit gedeckt werden. Diese Prozesse werden deshalb schnell durchlaufen, diese Phase kann in der Entwicklungsgeschichte des Sterns nur eine unbedeutende Rolle spielen.

Wenn Sterne mit kleineren Massen auf recht friedliche Weise zu Weißen Zwergen werden, so verläuft die weitere Entwicklung von massestarken Fixsternen sehr viel aufregender und führt zu anderen Endzuständen, nämlich zu Neutronensternen oder zu Schwarzen Löchern.

Aufgaben

5.50. Erklären Sie, inwiefern die Masse der entscheidende Parameter für die zeitliche und qualitative Entwicklung eines Sterns ist!

5.51. Was schließen Sie aus der Tatsache, daß der offene Haufen NGC 2264 im Sternbild Einhorn Sterne des Spektraltyps B enthält? Schätzen Sie das Alter des Haufens ab, wenn kein Hauptreihenstern eine frühere Spektralklasse als B2 besitzt!

5.52. Inwiefern müssen die O- und B-Sterne unserer Galaxis weniger häufig vorkommen als z.B. die F-Sterne? Warum sind die O- und B-Sterne aber viel auffälliger als die F-Sterne?

5.53. Inwiefern besitzen ein K-Stern und ein B-Stern derselben absoluten Helligkeit ungefähr dieselbe ursprüngliche Masse?

5.54. Zu betrachten sind ein Roter Riese und ein Überriese, beide von der Spektralklasse K. Kennzeichnen Sie die beiden Sterne im Vergleich zueinander, vor allem bezüglich Masse, Alter, Lebensweg, Leuchtkraft.

5.55. Zeigen Sie, daß Sterne mit $m = 0{,}5 \cdot m_{Sonne}$ die Hauptreihe noch nicht verlassen haben können (Alter unserer Galaxis: ca. $9 \cdot 10^9$a)!

5.56. In typischen Kugelsternhaufen findet man keine Sterne mit Massen von mehr als zwei Sonnenmassen auf der Hauptreihe. Was schließen Sie aus dieser Tatsache über den Entwicklungszustand der Kugelhaufen?

5.13. Endstadien der Sternentwicklung

Der beschriebene Lebenslauf eines Fixsterns bis zum Beginn des Verschmelzens der Heliumkerne darf insofern als ziemlich gesichert angesehen werden, als er durch Computer-Modellrechnungen nachvollziehbar ist und diese Rechnungen die tatsächlichen Beobachtungen gut wiedergeben.

Für die Endphase der Sternentwicklung existieren noch keine umfassenden und hinreichend exakten Computer-Simulationen; der weitere Lebensweg eines Sterns wird deshalb noch nicht so genau verstanden, wenn auch der grobe Ablauf bis zum Tod des Sterns geklärt sein dürfte.

Zunächst sollen Sterne mit geringeren Massen untersucht werden, die höchstens bis zum Verschmelzen von Helium-Kernen gelangen können. Um zu verstehen, was nach Erlöschen der Fusionsreaktionen im Kern weiter passiert, seien zwei Tatsachen aus dem Riesen-Stadium nochmals herausgestellt:

Zum einen läßt die Fusion in der sich stetig nach außen schiebenden Brennschale immer mehr verbrannte Materie zurück, die dem Kern zugeführt wird und zu einer starken Temperatur- und Dichteerhöhung im zentralen Teil des Sterns führt.

Andererseits tritt ein deutlicher Verlust von Hüllenmaterie (v.a. Wasserstoff) auf, wie das Auftreten der Planetarischen Nebel zeigt.

Offensichtlich muß die Hülle des Sterns immer masseärmer und dünner werden, da sie laufend Materie nach innen und außen verliert. Der Dichteunterschied zwischen Hülle und Kern wird extrem: einer Dichte von weniger als $10^{-4} \frac{g}{cm^3}$ im Außenbereich des Sterns stehen mehr als $10^5 \frac{g}{cm^3}$ (!) im Kern gegenüber (Dichte von Eisen auf der Erdoberfläche: $7{,}86 \frac{g}{cm^3}$).

Wenngleich Ursache und Ausmaß des enormen Massenverlusts der Hülle noch nicht ganz geklärt sind, zeigen die relativ geringen Geschwindigkeiten $\left(< 50 \frac{km}{s}\right)$ der sich ausbreitenden Teilchen des Planetarischen Nebels, daß es sich um eine recht friedlich ablaufende Reaktion handeln muß, die vor allem gegen Ende des Riesen-Stadiums auftritt.

Für die nachfolgend skizzierte Entwicklung darf eine nach dem Hüllenverlust noch vorhandene Sternmasse von 1,4 Sonnenmassen (*Chandrasekhar-Grenze*[14]) nicht übertroffen werden.

Nach dem Verlust eines Großteils der Hülle und dem Aussetzen der Nukleoreaktionen im Kern kann der Stern zunächst noch ein Schalenbrennen von Helium und – weiter außen – von Wasserstoff unterhalten. Die immer mehr abnehmende Hüllenmasse führt zu einer Verringerung des Sterndurchmessers; die Oberflächentemperatur steigt, während die Leuchtkraft ungefähr konstant bleibt. Im HRD wandert der Stern von rechts nach links. Da bei ansteigender Temperatur der UV-Anteil zunimmt, muß bei gleichbleibender Leuchtkraft die visuelle Helligkeit kleiner werden! Wenn nun auch das Hüllenbrennen endet, wird der

5.37 Massereicher Stern unmittelbar vor der Supernova-Explosion

---

[14] Subrahmanyan Chandrasekhar (geb. 1910), amerikanischer Astrophysiker indischer Abstammung, Nobelpreis für Physik 1983

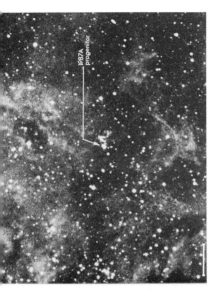

5.38 Die Supernova 1987A in der Großen Magellanschen Wolke war seit den Tagen Keplers die erste Supernova, die in relativ geringer Sonnenentfernung beobachtet werden konnte.

Stern langsam kühler, seine Leuchtkraft sinkt stetig. Der Umfang des vom Stern zum Leuchten angeregten Planetarischen Nebels nimmt immer mehr zu, der Stern selbst besteht hauptsächlich aus Kohlenstoff und Sauerstoff und entwickelt sich zu einem sog. *Weißen Zwerg*, dem er ohnehin schon ganz nahe steht. Charakteristisch für Weiße Zwerge ist eine Dichte von fast $1\,\frac{t}{cm^3}$ und ein Radius ähnlich dem der Erde. Die Materie ist also in einem Zustand, der alles Gewohnte weit übertrifft. Schon ein kleines Stück dieser kompakten Materie würde die Erdoberfläche problemlos durchdringen und bis zum Erdmittelpunkt fallen (genauso wie eine Metallkugel im Wasser nach unten sinkt)!

Wenn ein Hauptreihenstern mehr als fünf Sonnenmassen besitzt, dann entwickelt er sich sehr wahrscheinlich nicht zu einem Weißen Zwerg. Die höhere Masse ermöglicht es zunächst, daß durch weitere Kontraktion der Kern Temperaturen erreicht, bei denen noch schwerere Atomkerne erschmolzen werden können. Auch hier entsteht jeweils wieder ein Schalenbrennen.

Wie bereits in Kapitel 5.12 angesprochen, können diese höheren Fusionsreaktionen dem Stern nur für relativ kurze Zeit als Energiequelle dienen.

Nach Beendigung der Verschmelzungsprozesse im Brennkern besitzt der Stern selbst nach starkem Hüllenverlust noch eine so große Masse, daß eine interessante Entwicklung in Gang gesetzt werden kann. Das Hüllenbrennen der für den betreffenden Stern höchstmöglichen Fusionsreaktion führt dem ausgebrannten Zentrum immer mehr Masse zu. Wenn nun der Kern die Chandrasekhar-Grenze ($1,4 \cdot m_{Sonne}$) überschreitet, werden sogar die Elektronen in die Atomkerne gedrückt und sie verbinden sich dort mit den Protonen zu Neutronen:

$$p^+ + e^- \rightarrow n + \nu_e.$$

Bei dieser Reaktion werden auch Neutrinos (ν_e) frei, Teilchen, die kaum Wechselwirkung mit Materie zeigen und die den Stern sofort verlassen können, wobei innerhalb von Sekunden eine enorme Energie abgeführt wird.

Die „*Neutronisierung*" führt sehr schnell dazu, daß die Atomkerne nicht mehr in ihrer bisherigen Form existieren können und schließlich an ihre Stelle ein *freies Neutronengas* tritt. Wegen des geringeren Platzbedarfs des Neutronengases und der von den Neutrinos weggeschafften Energie erhöht sich nun das Tempo der Kontraktion ganz erheblich. Dieser Gravitationskollaps wird erst dann gestoppt, wenn das Neutronengas auf eine Dichte zusammengedrückt ist, die der üblichen Dichte in Atomkernen entspricht: ca. $10^{14}\,\frac{g}{cm^3}$. Dann nämlich ist der Druck des *entarteten Neutronengases* so groß, daß er dem Schweredruck widerstehen kann. Wenn nun die nachfallende Hüllenmaterie mit großer Geschwindigkeit auf den kompakten, nur mehrere Kilometer dicken Neutronenkern prallt, wird sie von diesem wieder zurückgeworfen, die aus dem Gravitationskollaps stammende riesige Energie wird nun innerhalb von Sekunden in einer Katastrophe ungeheuren Ausmaßes, einer sog. *Supernova-Explosion*, freigesetzt (Abb. 5.37, 5.38)!

Dabei wird die Hüllenmaterie mit Geschwindigkeiten von ca. 10% der Lichtgeschwindigkeit nach außen geschleudert, *höhere Elemente als Eisen (!) werden durch energieverschlingende Neutronen-Anlagerungsreaktionen mit anschließendem radioaktivem Zerfall erzeugt*, der Stern strahlt elektromagnetische

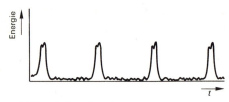

5.39 Pulsarsignal

Energie in allen Wellenbereichen ab. Die absolute visuelle Helligkeit von ca. $M = -18$ im Maximum übertrifft die Helligkeit einer ganzen Galaxie! So war die von den Chinesen im Jahre 1054 aufgezeichnete, berühmteste aller beobachteten Supernovae 23 Tage lang am Taghimmel sichtbar! Der Überrest dieser Supernova, der sog. Crab[15]- oder Krebsnebel im Sternbild Stier, zeigt ganz deutlich die sich turbulent nach außen bewegenden Gasmassen. Genau im Zentrum dieses Nebels steht ein sog. *Pulsar*, ein astronomisches Objekt, von dem man in verschiedenen Bereichen des elektromagnetischen Spektrums Energie in ganz ungewöhnlicher Form empfängt (s. Abb. 5.39): regelmäßig alle 33 ms wird ein Strahlungspuls registriert.

Könnte es sich dabei nicht um die Lebensäußerungen des bei der Supernova übriggebliebenen Neutronensterns handeln? Die gegenwärtig plausibelste Erklärung geht jedenfalls davon aus, daß hier ein Neutronenstern äußerst schnell um seine Achse rotiert (Abb. 5.40); der Krebs-Pulsar besitzt eine Rotationsdauer von 33 ms.

Erklärbar ist diese schnelle Rotation problemlos mit dem Drehimpulserhaltungssatz, wenn man an die durch den Gravitationskollaps verursachte starke Massenkonzentration zum Zentrum hin denkt. Der Radius des Neutronensterns dürfte nur 12 km betragen. Bei diesem geringen Sternradius ist die Zentrifugalkraft nicht imstande, den schnell rotierenden Neutronenstern auseinanderzureißen.

Ein *Neutronenstern* besitzt eine Dichte von $10^{15} \frac{g}{cm^3}$ (1 Milliarde Tonnen pro cm³ !!) und eine Temperatur von ca. 1 Milliarde Kelvin! Nach außen hin nimmt die Dichte bis auf $10^{11} \frac{g}{cm^3}$ ab; nur in einer ganz dünnen Schicht von wenigen Metern Mächtigkeit und Temperaturen von ca. 10^7 Kelvin liegt die Materie wie in Weißen Zwergen in Form von Elektronen, Protonen und Atomrümpfen vor. Da das magnetische Feld in der Materie „eingefroren" ist, muß der magnetische Fluß durch die Oberfläche nach dem Gravitationskollaps derselbe sein wie vorher. Wegen der viel kleiner gewordenen Oberfläche ist deshalb die Magnetfeldstärke an der Oberfläche des Neutronensterns unvorstellbar hoch: sie liegt in der Größenordnung von 100 Millionen Tesla (Sonnenoberfläche: bis 0,4 Tesla, Erdoberfläche: 0,003 Tesla). Das Magnetfeld des Neutronensterns dürfte wie das Erdmagnetfeld Dipolcharakter haben. Wenn nun die magnetische Achse nicht mit der Rotationsachse zusammenfällt (wie bei der Erde!), so muß das gesamte Magnetfeld mit dem Stern mitrotieren.

Andererseits induziert das rotierende Magnetfeld ein starkes elektrisches Feld, das imstande ist, der Oberfläche ständig elektrische Ladungen, vor allem Elektronen, zu entreißen und mit Fast-Lichtgeschwindigkeit dem Magnetfeld zuzuführen. Dort bewegen sie sich auf Spiralbahnen um die Feldlinienrichtung nach außen und müssen dabei wegen der ständigen Richtungsänderung wie jede beschleunigte Ladung elektromagnetische Energie abstrahlen. Diese sog. *Synchrotronstrahlung* wird in einem sehr engen Winkel zur Bewegungsrichtung ausgesandt. Die Abstrahlung erfolgt also in zwei engen Kegeln um die Magnetfeldsymmetrieachse. Da das Magnetfeld mit dem Stern mitrotiert, wird die Synchrotronstrahlung so ähnlich wie der Strahl eines Leuchtturms in den

5.40 Pulsar

---
[15] engl. *crab* – Krabbe

Raum geworfen. Wenn nun der „Leuchtturmscheinwerfer" auch die Erde überstreicht, kann vom Erdbeobachter bei jeder Drehung des Neutronensterns um seine Achse ein Pulsarblitz registriert werden.

Natürlich verliert der Neutronenstern durch die nach außen geschleuderten Elektronen immer mehr Energie, so daß seine Rotationsgeschwindigkeit allmählich abnimmt und die abgestrahlten Frequenzen immer langwelliger werden. Diese Abnahme der Rotationsgeschwindigkeit kann bei längerer Beobachtung an allen Pulsaren festgestellt werden. Auch strahlen fast alle Pulsare nur im Radiobereich; nur die jüngeren sind auch bei kurzwelligerer Strahlung nachweisbar. Daß gerade der Krebsnebelpulsar der Pulsar mit der kürzesten Periodendauer ist und er vom Röntgen- bis zum Radiobereich strahlt, liegt nur an seinem geringen Alter!

Ein Neutronenstern ist also das Überbleibsel einer gigantischen Supernova. Dennoch sind im Zentrum der wenigen als Supernova-Überreste erkannten Objekte nicht immer Pulsare gefunden worden; man suchte sowohl am Ort der von Tycho 1572 im Sternbild Cassiopeia entdeckten Supernova als auch an der Stelle von Keplers Supernova (1604 im Sternbild Ophiuchus aufleuchtend) vergeblich. Das könnte natürlich daran liegen, daß der „Leuchtturmscheinwerfer" des Pulsars die Erde nicht trifft, aber es sind auch andere Deutungen möglich. Es könnte durchaus sein, daß bei einem Stern nach dem Heliumbrennen eine Kohlenstoff-Fusion derart intensiv und schnell zündet, daß in einer (Supernova-) Explosion der gesamte Stern auseinandergerissen wird, ohne daß ein Rest verbleibt. Der Mechanismus dieses Vorgangs ist allerdings noch zu wenig gesichert.

Für *Sterne mit äußerst hohen Massen* ist es denkbar, daß bei dem nach der Supernova-Explosion übrigbleibenden Sternwrack so viel Masse verbleibt, daß der Druck des entarteten Neutronengases dem Schweredruck nicht mehr standhalten kann. Es ist kein Mechanismus bekannt, der bei mehr als 3facher Sonnenmasse den Gravitationskollaps noch aufhalten könnte! Auch wenn es kaum vorstellbar ist: Der Stern fällt – auch nach der Allgemeinen Relativitätstheorie – bis auf ein Abstraktum mit unendlicher Dichte zusammen!

Beim Kollaps steigt die Oberflächenbeschleunigung $b = G \cdot M/R^2$ immer mehr an, bis schließlich keinerlei elektromagnetische Strahlung mehr den Stern verlassen kann. Dies geschieht, wenn der Stern den sog. *Schwarzschild-Radius* R_s erreicht, wenn nämlich die Energie mc^2 des von der Sternoberfläche ausgehenden Strahlungsteilchens vollständig durch die Hubarbeit im Schwerefeld aufgebraucht ist:

$$mc^2 = G \cdot \frac{m \cdot M}{R_s} \qquad \text{oder} \qquad R_s = G \cdot \frac{M}{c^2} \; .$$

Allerdings vermag diese klassische Betrachtung die Realität nicht mehr hinreichend gut zu beschreiben, da der Einfluß der großen Masse auf die Struktur des Raums unberücksichtigt bleibt. Mit Hilfe der Allgemeinen Relativitätstheorie kann hergeleitet werden, daß der Schwarzschildradius noch um einen Faktor 2 größer ist:

$$R_s = 2 \cdot G \cdot \frac{M}{c^2} \; .$$

Falls ein Stern der Masse M diesen Radius unterschreitet, kann von einem Abstand $r < R_s$ aus weder Materie noch Licht den Stern verlassen.

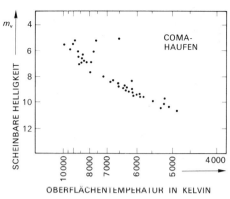

5.41 HRD des Coma-Haufens

Diese Eigenschaft gibt dem Stern seinen Namen *Schwarzes Loch*. Für ei Schwarzes Loch der Masse $M = 3 \cdot m_{Sonne}$ beträgt der Schwarzschild-Radiu $R_s = 8$ km, für unsere Sonne wäre er 3 km.
Die Allgemeine Relativitätstheorie kann beschreiben, wie sich der Gravitations kollaps für einen Beobachter außerhalb darstellt. In der Nähe der riesigen Mass erscheint die Zeit stark gedehnt; der Vorgang des Zusammenfallens, der sich fü einen mitfallenden Beobachter innerhalb von Sekunden abspielt, dauert für de Erdbeobachter Tausende, ja Millionen von Jahren. Allerdings kann von ihr keinerlei Strahlung mehr empfangen werden, der Stern ist „vom normale Raum abgeschlossen". Die russischen Astrophysiker bezeichnen ein Schwar zes Loch als „gefrorenen Stern". Ein Schwarzes Loch kann sich aber wege seiner großen Masse indirekt bemerkbar machen!

Aufgaben

5.57. Wie kommt es zur Bildung eines Neutronensterns? Was ist ein Pulsar?

5.58. Berechnen Sie den Schwarzschildradius für die Erde und für die Sonne!

5.59. Geben Sie in Form eines Schemas einen Überblick über die je nach ursprünglicher Masse verschiedenen Entwicklungsmöglichkeiten eines Sterns!

Wiederholungsaufgaben zu Kapitel 5

5.60. Ein bekannter offener Sternhaufen liegt im Sternbild Coma Berenices. Dieser Coma-Haufen besteht aus relativ wenigen Mitgliedern, die ziemlich verstreut liegen. Das HRD dieses Sternhaufens ist hier so angegeben (s. Abb. 5.41), daß die scheinbare Helligkeit gegen die effektive Oberflächentemperatur angetragen ist.
a Zunächst ist das HRD des Coma-Haufens in folgender Weise auf ein Blatt Papier zu übertragen: Zeichnen Sie die beiden Achsen und beschriften Sie diese präzise mit den angegebenen Einheiten und Maßzahlen. Verzichten Sie darauf, einzelne Sterne einzutragen und zeichnen Sie stattdessen die Lage der Hauptreihe so gut wie möglich ein. Bestimmen Sie nun die Entfernung des Coma-Haufens!
b Die Helligkeitsskala ist nun in Einheiten der relativen Leuchtkraft $L^* = \dfrac{L}{L_{Sonne}}$ umzueichen ($M_{vis} \approx M_{bol}$): Markieren Sie zunächst an der Ordinate die richtige Lage für $L^* = 1$, bringen Sie anschließend die Marken für $L^* = 10$, $L^* = 100$ und $L^* = 0{,}1$ an, und beschriften Sie die Ordinate in eindeutiger Weise mit diesen vier L^*-Maßzahlen. Erklären Sie Ihre Vorgangsweise genau!
c Berechnen Sie die ungefähren Radien der Coma-Haufen-Sterne X und Y, für die die scheinbare Helligkeit $m_v = 6$ und eine effektive Oberflächentemperatur von 8700 K (Stern X) bzw. $m_v = 10$ und $T_{eff} = 5500$ K (Stern Y) charakteristisch sind! Schätzen Sie die Spektralklassen der beiden Sterne ab!
d Berechnen Sie die Massen der Sterne X und Y!
e Erklären Sie kurz die weitere Entwicklung der beiden Sterne und Y und tragen Sie die Entwicklungswege ins HRD ein!
f Berechnen Sie für X und Y die Verweildauer auf der Hauptreihe!
g Suchen Sie den auffälligen Coma-Haufen-Stern Z mit de scheinbaren Helligkeit $m_v = 5$ und der Oberflächentemperatu $T_{eff} = 6500$ K im HRD auf und versuchen Sie, aus seiner Lage ir HRD auf den Zustand des Sterns zu schließen! In welcher Phas seiner Entwicklung befindet sich der Coma-Haufen?

5.61. Das Raumschiff Ulixes befindet sich (siehe Aufgabe 4.30 auf dem fremden Planeten Terra II, 2,3 AE vom Zentralgestirn entfernt, das eine 15mal größere Leuchtkraft als unsere Sonne und eine Oberflächentemperatur von 8500 K aufweist.
a Berechnen Sie die absolute Helligkeit des Zentralgestirns Unter welcher scheinbaren Helligkeit erscheint der Stern vo seinem Begleiter Terra II aus?
b Unsere Sonne besitzt, von Terra II aus betrachtet, die schein bare Helligkeit 5,4.
i) Berechnen Sie die Entfernung von unserer Sonne und geber Sie die jährliche trigonometrische Parallaxe des Zentralgestirn an!
ii) Geben Sie die trigonometrische Parallaxe unserer Sonne an wenn die große Halbachse der Terra-II-Bahn (!) als Basis de Parallaxenmessung verwendet wird!
c Schließen Sie durch Vergleich mit bekannten Sterndaten au die Spektralklasse des Zentralgestirns von Terra II!
d Warum weist der Stern stärkere Balmerlinien auf als unsere Sonne?
e Ein Spektrum vom Rand der Äquatorgegend zeigt die H_β-Linie bei $\lambda = 486{,}3127$ nm (unverschoben: $\lambda = 486{,}1327$ nm). Welche Rotationsdauer besitzt der Stern am Äquator, wenn der Radius 1,45mal größer als der Sonnenradius ist?
f Das Raumschiff fliegt von Terra II zur Erde zurück. Zur Ermitt lung der Geschwindigkeit wird ein Sonnenspektrum aufgenom men. Dieses zeigt die Balmerlinie H_β bei 453,7238 nm. Mi welcher Geschwindigkeit nähert sich das Raumschiff der Sonne

6. Ausblick auf größere Strukturen im Weltall

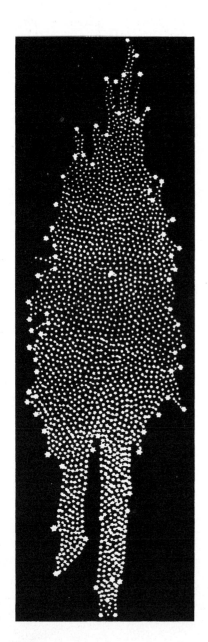

Die Abbildung auf der vorigen Seite zeigt den Spiralnebel NGC 2997 in seiner ganzen Schönheit. Daß es sich bei Gebilden dieser Art um eigenständige, fremde Sternsysteme handelt, konnte als erster William Herschel (1738–1822) mit einiger Berechtigung behaupten, da es ihm mit Hilfe seiner selbstgebauten, leistungsfähigen Spiegelteleskope in vielen Fällen gelang, derartige Nebel in Einzelsterne aufzulösen. Mit besonderer Energie widmete sich Herschel der Erforschung der Struktur unserer eigenen Milchstraße. Wenngleich das hier abgebildete Resultat seiner umfangreichen Beobachtungen und statistischen Auswertungen dem wahren Aufbau noch nicht sehr nahekommt, so sind Herschels Unternehmungen doch der erste ernstzunehmende Schritt zur Untersuchung des Aufbaus unserer Galaxis.

6.1. Die Struktur unserer Galaxis

6.1.1. Das Kugelsternhaufen-System

Noch zu Beginn des 20. Jahrhunderts sind sich die Astronomen sehr sicher, daß unsere Sonne in unmittelbarer Nähe des Zentrums der Gesamtheit aller Sterne liegt. Zwar hat man aus den Fehlern des sturen Festhaltens am geozentrischen Weltbild seine Lehren gezogen und ist keinesfalls mehr darauf aus, den Menschen als „Krone der Schöpfung" in den Mittelpunkt des Kosmos zu stellen, doch deuten alle Sterndichtemessungen auf die zentrale Lage der Sonne hin[1].

Entfernungsmessungen ergeben, daß die Sterndichte in der Umgebung der Sonne am größten ist und nach außen hin deutlich abfällt. Allerdings ist dieser Abfall in einer Ebene, in der auch das gut sichtbare Band der Milchstraße liegt, viel geringer als senkrecht dazu. Somit stellt sich die Sterngesamtheit als Scheibe von wenigen Tausend Parsec Durchmesser dar, mit der Sonne im Zentrum.

An dieser Anschauung ändert sich nichts, bis im Jahre 1914 das 1,5-m-Spiegelteleskop auf dem Mount Wilson in Kalifornien für astronomische Beobachtungen zur Verfügung steht. *Harlow Shapley*, ein ehrgeiziger und tatendurstiger junger Astronom[2], wählt für eine genauere Untersuchung nicht etwa Fixsterne, sondern eine bestimmte Sterngruppe, die Kugelsternhaufen, aus.

Während ein offener Sternhaufen nur aus einigen Hundert Sternen besteht, sind in einem Kugelsternhaufen Zehntausende, Hunderttausende oder Millionen von Sternen versammelt. Darunter befinden sich normalerweise auch relativ viele Pulsationsveränderliche vom Typ RR Lyrae. Shapley kann davon ausgehen, daß die mittleren absoluten Helligkeiten $\overline{M}_v = \frac{1}{2}(M_{v,max} + M_{v,min})$ dieser Sterne nur geringfügig vom Wert $\overline{M}_v = 0{,}6$ abweichen, so daß durch eine Messung der mittleren scheinbaren Helligkeit über den Entfernungsmodul die Entfernung des Sterns und damit des betreffenden Kugelsternhaufens ermittelt werden kann.[3]

Shapleys Messungen lassen überraschenderweise eine sphärische Anordnung der Kugelsternhaufen erkennen, wobei die Sonne sehr weit vom Zentrum entfernt erscheint. Das Zentrum selbst liegt in Richtung zum Sternbild Schütze.

---

[1] Diese bereits von William Herschel (1738–1822) entwickelte Vorstellung schien sich nach Untersuchungen des holländischen Astronomen Jacobus Kapteyn (1851–1922) zu bestätigen.

[2] H. Shapley (1885–1972) konnte sich durch richtungweisende Untersuchungsmethoden an Doppelsternen in Princeton einen Namen als Astronom machen, was ihm den Posten am damals größten Teleskop der Welt auf dem Mount Wilson einbrachte (Monatsgehalt 135 Dollar). Auf den (damals noch) abgelegenen Beobachtungsort in 1800 m Höhe mußte Shapley alle Ausrüstungsgegenstände über einen 14 km langen, schmalen Weg mit Maultieren schaffen lassen.

[3] Bei sehr weit entfernten Kugelhaufen wählte Shapley als Entfernungsindikatoren auch helle Riesen und Überriesen aus, deren absolute Helligkeit er an nahegelegenen Haufen mit festgestellter Entfernung genügend gut eichen konnte.

6.1 Die Struktur unserer Galaxis

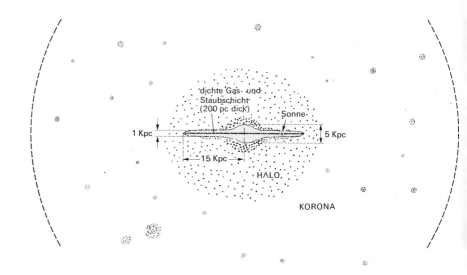

Daß die Schwerpunkte der Scheibengesamtheit und des Systems der Kugelsternhaufen als „Knochengerüst" des gesamten Sternsystems anzusehen sind und das tatsächliche Systemzentrum – also auch das Scheibenzentrum – mit dem Schwerpunkt des Kugelhaufensystems zusammenfällt, stellt sich im Jahre 1930 durch *Robert Trumplers* Entdeckung der *interstellaren Lichtabsorption* als richtig heraus.

Die zwischen den Sternen vorkommenden Gas- und Staubteilchen schwächen das Licht der Sterne umso mehr, je länger der Lichtweg ist. Somit können entferntere Sterne nicht mehr oder nur sehr schwach nachgewiesen werden, und es wird eine höhere Sterndichte in der Sonnenumgebung vorgetäuscht.

Die interstellare Materie ist in der Scheibe am dichtesten und auch hier noch zur Mittelebene hin konzentriert. So ist es verständlich, daß Shapley trotz der interstellaren Absorption ein qualitativ richtiges Ergebnis erhielt. Er beobachtete nämlich größtenteils „aus der Scheibe hinaus" durch weniger dichte Materie, weil die meisten Kugelsternhaufen außerhalb der Scheibe, im sog. *galaktischen Halo* liegen. Seine Messungen mußte er lediglich zu geringeren Entfernungen hin korrigieren, doch lassen sie die Randlage der Sonne klar erkennen.

Seit in den zwanziger Jahren auch endgültig geklärt ist, daß es sich beim Andromeda-Nebel um ein eigenständiges Sternsystem handelt und immer mehr solche Sternsysteme oder Galaxien (Milchstraßensysteme) gefunden werden, ist unser eigenes Sternsystem, die *Galaxis* (*Milchstraße*), als eine von vielen Millionen solcher Sterngesellschaften erkannt (Abb. 6.1).

6.1.2. Die interstellare Materie

Das helle Band der Milchstraße ist besonders deutlich in klaren, mondlosen Sommernächten zu sehen, vor allem im Bereich der Sternbilder Schütze, Adler und Schwan (s. Abb. 6.2). Bereits in einem Feldstecher oder kleinen Teleskop ist „die Milchstraße" in eine Unzahl schwach leuchtender Sterne auflösbar.

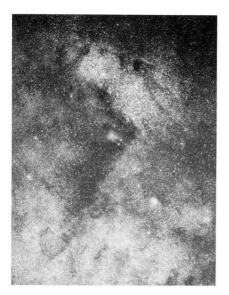

6.2 Die Milchstraße

6.3 Der Pferdekopfnebel im Orion ist ein besonders schönes Beispiel für eine Dunkelwolke.

6.4 a, b Spiralgalaxien, die wir von der Seite sehen
a) Die „Sombrerogalaxie" M 103 im Sternbild Großer Bär ist vom Typ Sa.
b) NGC 4665 weist alle Kennzeichen einer normalen Spiralgalaxie auf – einen elliptischen Zentralbereich und eine mit Gas und Staub angefüllte Scheibe.

a

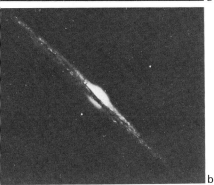
b

Dies ist nicht weiter verwunderlich, wenn man weiß, daß der Blick zum Milchstraßenband einer Beobachtung parallel zur galaktischen Ebene entspricht, daß also in Richtung großer Sterndichte beobachtet wird.

Bei genauerer Betrachtung stellt man nicht nur fest, daß das Band der Milchstraße recht uneinheitlich und unterschiedlich hell ist, sondern auch, daß es größere und kleinere, äußerst dunkel erscheinende Bereiche enthält. Natürlich kann es sich dabei nicht um materiefreie Zonen handeln – die dahinterliegenden Sterne müßten dann ja umso besser zu sehen sein –, diese sogenannten *Dunkelwolken* oder Dunkelnebel stellen sogar relativ dichte Ansammlungen von interstellarer Materie dar (Abb. 6.3).

Wenn beispielsweise das Band der Milchstraße im Bereich des Sternbilds Schwan in zwei Teile zerfällt, dann ist dafür eine im Vordergrund liegende Dunkelwolke verantwortlich, die das Licht der dahinterliegenden Sterne „verschluckt".

Die interstellare Materie besteht überwiegend aus Wasserstoff und Helium. Der Massenanteil dieser beiden Elemente beträgt 96 – 98 %, wobei der Wasserstoff allein ca. 70% der Masse oder 90% aller Teilchen ausmacht.

Für Absorption und Streuung des Sternenlichts sind weit mehr als die Gasmoleküle die Staubteilchen verantwortlich, die dem Gas der interstellaren Materie mit etwa ein Prozent Massenanteil beigemischt sind. Es dürfte sich dabei vor allem um Körner von 1/1000 bis 1/10000 Millimeter Durchmesser handeln. Sie besitzen meistens einen Graphit- oder Silikatkern, der bei ihrer Bildung als Kondensationskeim wirkt, und um den ein mehr oder weniger dicker Mantel von verschiedenen Verbindungen vor allem der Elemente Sauerstoff, Kohlenstoff, Stickstoff und Wasserstoff liegt. Bei der Bildung der Staubkörner spielt die UV-Strahlung heißer Sterne eine entscheidende Rolle.

Die Dunkelwolken verraten, daß der interstellare Staub bevorzugt in einer 200 pc dicken Schicht um die Mittelebene der Galaxis vorkommt. Daß dies auch in fremden Galaxien häufig so ist, zeigt sich an jenen Galaxien, die von der Kante her gesehen werden. Hier ist deutlich (s.Abb. 6.4)) ein dunkler Mittelstreifen erkennbar.

In den Dunkelwolken liegt der Wasserstoff überwiegend in molekularer Form vor, bei Temperaturen von nur etwa 10 K. Alle dichten interstellaren Wolken molekularen Wasserstoffs, die sich bei geeigneter Lage als Dunkelwolken bemerkbar machen, werden als *Molekülwolken* bezeichnet. Sie können Durchmesser bis mehrere hundert Parsec und die millionenfache Masse unserer Sonne erreichen und stellen damit die ausgedehntesten Objekte der Galaxis dar! 5000 dieser Riesenwolken sind in unserer Milchstraße aufgefunden worden. Andererseits existieren auch sehr kleine Molekülwolken. Diese sogenannten *Globulen* mit weniger als 1 pc Ausdehnung erkennt man leicht als kleine Dunkelnebel vor dem Hintergrund sehr heller Objekte.

Die Staubkomponente der interstellaren Materie kann sich auch als leuchtender Nebel bemerkbar machen. Die Staubteilchen streuen hierbei das Licht eines nahen hellen Sterns, weshalb sich das Spektrum eines solchen *Reflexionsnebel*s von dem des beleuchtenden Sterns kaum unterscheidet; lediglich der Blauanteil ist etwas größer.

6.5 Die Plejaden sind ein sehr junger Sternhaufen, der noch heute in große Mengen Gases eingebettet ist.

Besonders eindrucksvolle Reflexionsnebel stellen die Nebelgebilde um die hellsten Plejadensterne dar (Abb. 6.5); hier dürfte es sich um Staubhüllen handeln, die von der Strahlung des sich bildenden Sterns weggedrückt wurden.

Die Hauptkomponente der interstellaren Materie, der Wasserstoff, kommt im interstellaren Raum hauptsächlich in atomarer Form (HI) vor. Während die Dichte der interstellaren Materie in der Sonnenumgebung etwa ein Atom pro Kubikzentimeter beträgt, liegt sie in den zusammenhängenden dichteren Wolken neutralen Wasserstoffs bei 10–20 Atomen pro Kubikzentimeter, wobei nur ein Staubteilchen auf 100 Kubikmeter kommt. Diese Wolken werden *HI-Regionen* genannt und erfüllen einige Prozent des Raums um die galaktische Ebene.

Für die Aufheizung der Materie ist vor allem die Absorption von UV-Strahlen maßgebend, während als Kühlprozeß die nach inelastischen Stößen zwischen Atomen und Ionen erfolgende Abstrahlung der Anregungsenergie wirksam ist. Wegen der größeren Stoßhäufigkeit sind die dichteren Wolken auch die kühleren. So beträgt die Temperatur in den dichten Molekülwolken nur ca. 10 K, in den HI-Gebieten ca. 100 K und liegt im Zwischenwolkenmedium deutlich höher. Dementsprechend ist dort auch der Anteil an ionisiertem Wasserstoff höher.

Sehr auffällige Erscheinungen am Nachthimmel sind die hell leuchtenden, meist unregelmäßig geformten, nebelhaften Gebilde von der Art des Großen Orion-Nebels (Abb. 1.10). Auf langzeitbelichteten Farbfotografien heben sie sich durch prächtige Farben, vor allem rot, von der Umgebung ab.

Es handelt sich hier um interstellare Materie, bei der das Gas durch nahestehende, sehr helle Sterne zum größten Teil ionisiert ist und zum Leuchten angeregt wird. Von diesen sogenannten *HII-Regionen* (= H^+-Regionen) sind ca. 200 in unserer Galaxis bekannt, die auffallendsten HII-Regionen werden als *Emissionsnebel* bezeichnet.

Meistens sind die energieliefernden Sterne leicht aufzufinden. So stellen die vier äußerst hellen, ein Trapez bildenden Sterne im Zentrum des Orion-Nebels dessen Energiequelle dar. Sie sind zwar auf den üblichen Langzeitaufnahmen hoffnungslos überbelichtet und deshalb nicht mehr erkennbar, treten aber auf kürzer belichteten Fotos oder beim Blick durch ein Teleskop deutlich hervor.

Die Untersuchung des Spektrums eines solchen Emissionsnebels zeigt die Balmer-Linien des Wasserstoffs als intensivste Linien und läßt die Ursache des Leuchtens zutage treten: UV-Photonen mit Energien von mehr als 13,6 eV können ein Wasserstoffatom aus dem Grundzustand ionisieren, d.h. das im energiegünstigsten Zustand sich befindende Elektron aus dem Atomverband herauslösen. Nun ist die Ionisation des Gases in einem Emissionsnebel so vollständig, daß dort die Dichte der abgetrennten Fotoelektronen und die Wahrscheinlichkeit eines erneuten Zusammenfindens von Protonen und Elektronen sehr groß ist. Diese *Rekombination*, bei der die überschüssige Energie des eingefangenen Elektrons in Form von elektromagnetischer Strahlung abgestrahlt wird, erklärt das Leuchten des Nebels.

Während der Nachweis eines Emissionsnebels somit keinerlei Probleme aufwirft, ist eine direkte Beobachtung von HI-Regionen im *optischen* Bereich nicht möglich; allerdings tritt hier eine Strahlung im Radiobereich auf! Nach den Regeln der Quantenmechanik sind

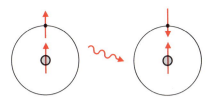

6.6 Zur Entstehung der 21-cm-Strahlung des atomaren Wasserstoffs

nämlich für das Elektron im Wasserstoffatom genau zwei Orientierungen[4] möglich, so daß selbst der Grundzustand in zwei geringfügig unterschiedliche Energieterme aufspaltet (Abb. 6.6). Es können nun Übergänge zwischen diesen beiden Zuständen stattfinden, wobei die (geringe) freiwerdende Energie in Form von elektromagnetischer Strahlung der Wellenlänge 21,1 cm, also im Radiobereich, ausgesandt wird. Aus diesem Grunde können die Wolken atomaren Wasserstoffs mit Hilfe geeigneter Radioteleskope aufgespürt werden. Radiowellen haben gegenüber Licht einen ganz wesentlichen Vorteil: sie werden von den interstellaren Gas- und Staubteilchen kaum gestreut, sondern wegen ihrer großen Wellenlänge gut „um diese kleinen Teilchen herumgebeugt".

Bis vor kurzem konnte man gerade entstehende oder neugeborene Sterne nicht nachweisen. Um den neuen Stern liegt nämlich zunächst noch eine dichte Schicht relativ grobkörnigen Staubs („Staubkokon"), der das Sternenlicht nicht durchläßt. Allerdings führt die Absorption der vom Stern ausgehenden Strahlung zu einer Aufheizung des Staubs, der dann selbst – im Infrarotbereich! – strahlt. Deshalb dienen Beobachtungen im Infrarotbereich des Spektrums vornehmlich dazu, junge Sterne zu entdecken.

Untersuchungen im Infrarotbereich enthüllen, daß die dominierenden vier Trapezsterne im Orionnebel einem größeren offenen Sternhaufen zuzurechnen sind. Unmittelbar vor den sehr hellen Trapezsternen liegt eine dunkle Bucht, die auf dichten Staub und kalten, molekularen Wasserstoff in diesem Bereich hindeutet.
HII-Gebiete hängen aber stets mit größeren Molekülwolken zusammen, und man hat auch erkannt, daß Sterne vornehmlich in diesen Molekülwolken entstehen. Die dort vorliegenden sehr tiefen Temperaturen sind gekoppelt mit einem nur geringen Gasdruck, der die Eigengravitation der Wolke zunächst wenig behindert.
Die Beobachtungen zeigen auch, daß Sterne vorwiegend in Gruppen (z.B. offenen Sternhaufen) entstehen, die gravitativ nicht stabil sind, immer wieder Mitglieder verlieren und sich später allmählich auflösen.
Die Tatsache, daß unsere Sonne allein um das galaktische Zentrum läuft, sagt nichts über die Umstände bei ihrer Entstehung aus. Auch sie könnte zusammen mit einer ganzen Reihe anderer Sterne entstanden und lange Zeit Mitglied eines offenen Sternhaufens gewesen sein. Dieser hätte sich in den 4,6 Milliarden Jahren seit der Geburt unserer Sonne längst aufgelöst.

Bei der Erforschung von Wolken *molekularen* Wasserstoffs muß man sich auf den Nachweis relativ seltener Moleküle stützen, da H_2-Moleküle nicht wie die H-Atome die 21-cm-Strahlung abgeben. Eine bedeutende Rolle spielt hierbei die 2,6-mm-Radiolinie, die auf den Strahlungsübergang von ersten angeregten Rotationsniveau zum Grundzustand des CO-Moleküls zurückgeht.
Die starke Konzentration der interstellaren Materie zur galaktischen Zentralebene erklärt hinreichend, warum man auch die O- und B-Sterne, die ja erst kürzlich aus interstellarer Materie entstanden sind, in derselben Gegend vorfindet. Da gravitative Wechselwirkungen der Sterne untereinander ein allmähliches Herauslaufen aus dem innersten Scheibenbereich bewirken können, ist der Aufenthaltsbereich der älteren Sterne – von den Sternen im galaktischen Halo ganz abgesehen – die gesamte galaktische Scheibe.

---

[4] Eigendrehimpuls gleichsinnig oder entgegengesetzt zum Drehimpuls des Protons im Kern

Aufgaben

6.1. Beschreiben Sie kurz die Methode, mit der H.J. Shapley die Struktur unserer Milchstraße erforscht hat!

6.2. Die Lücke im Horizontalast des Farben-Helligkeits-Diagramms von M3 (s. Abb. 6.7) kennzeichnet die Lage der Haufenveränderlichen des Typs RR Lyrae. Berechnen Sie mit deren Hilfe die Entfernung von M3!

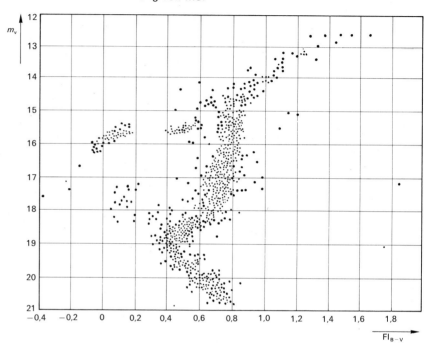

6.7 FHD des Kugelsternhaufens M 3

6.3. In dem ca. 7° von dem hellen Fixstern β Gemini (Castor) gelegenen Kugelsternhaufen NGC 2419 (Sternbild Luchs) wurden mit dem großen Mount-Wilson-Teleskop 31 RR-Lyrae-Veränderliche aufgespürt, deren mittlere scheinbare Helligkeiten um $m = 19{,}2$ liegen.
Zeigen Sie, daß NGC 2419 außerhalb des galaktischen Halos (40 kpc Durchmesser) gelegen ist! Die interstellare Lichtabsorption muß nicht berücksichtigt werden.

6.4. Geben Sie die prozentuale Zusammensetzung der interstellaren Materie an!

6.5. Inwiefern können Sterne der Spektralklassen O bis B5 Emissionsnebel erzeugen, andere helle Sterne allenfalls Ursache für Reflexionsnebel sein?

6.6. Inwiefern ist die Radioastronomie von großer Bedeutung für die Erforschung der interstellaren Materie?

6.7. Warum sind die dichtesten interstellaren Molekülwolken auch die kühlsten interstellaren Wolken?

6.8. Wozu eignet sich die Infrarotastronomie besonders gut?

6.9. Erläutern Sie kurz, warum jene Bereiche der Galaxis mit dichtester interstellarer Materie mit dem bevorzugten Aufenthaltsbereich von O- und B-Sternen zusammenfallen!

6.1.3. Die Bestimmung der Masse der Galaxis

Der Aufbau der Galaxis

Der Bestimmung der Gesamtmasse unserer Milchstraße kommt eine ganz entscheidende Bedeutung zu, da diese Masse Fragen zur Stabilität oder zur Bewegung des Systems entscheiden kann und sogar für kosmologische Probleme von Bedeutung ist, falls nämlich grundsätzliche Erkenntnisse zur Masse von Galaxien gewonnen werden können. Leider ist die Ermittlung der Milchstraßenmasse dadurch erschwert, daß ein bedeutender Anteil der Masse nicht direkt beobachtet werden kann. Wenn man aber weniger darauf sieht, daß die Masse die Bewegung der Milchstraße bestimmt, sondern daß umgekehrt von der Bewegung auf die sie verursachende Masse geschlossen werden kann, ist ein passender Lösungsweg erkannt.

Mit der vereinfachenden Darstellung, daß die Gestirne das Milchstraßenzentrum auf Kreisbahnen umlaufen, kann man über das dritte Keplersche Gesetz von den Bahnparametern eines Sterns – Radius r, Umlaufzeit T, Bahngeschwindigkeit v – auf die Masse der Galaxis schließen. Anders als beim System Sonne – Planeten kann der betrachtete Stern nicht ohne weiteres so behandelt werden, als ob er sich im Gravitationsfeld einer punktförmigen Zentralmasse befände; er bewegt sich im Feld der Gesamtheit aller Sterne und Materiewolken. Es ist aber nur die innerhalb der Sternkreisbahn sich befindende Masse $M(r)$ für die Gravitation von Bedeutung; sie besitzt dieselbe Wirkung wie eine im Milchstraßenzentrum stehende gleich große Masse (Abb. 6.8).

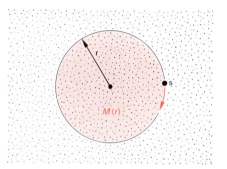

6.8 Gesamtmasse $m(r)$ aller Sterne innerhalb der Bahn eines Sterns S mit Zentrumsabstand r

Somit nimmt das dritte Keplersche Gesetz die übliche einfache Form an:

$$\frac{r^3}{T^2} = \frac{G}{4\pi^2} \cdot M(r)$$

und kann mit $v = \dfrac{2\pi r}{T}$ umgeformt werden auf

$$M(r) = \frac{rv^2}{G} \quad \text{oder} \quad v = \sqrt{\frac{G \cdot M(r)}{r}}.$$

Für Sterne, *innerhalb deren Bahnen* sich die Hauptmasse der Galaxisscheibe befindet, gilt die Näherung $M(r) \approx M_{\text{Scheibe}} = \text{const}$, und sie können deshalb vereinfacht so betrachtet werden, als würden sie sich im Gravitationsfeld der zentralen Punktmasse M_{Scheibe} bewegen (sogenannte Kepler-Bewegung). Aus der zuletzt angeführten Formel wird der Zusammenhang zwischen Bahngeschwindigkeit und Zentrumsabstand für diese Sterne ersichtlich:

$$v = \text{const} \cdot r^{-1/2}.$$

Bei unserer Sonne ergaben frühere Messungen eine Bahngeschwindigkeit von ca. 250 km/s bei einem Zentrumsabstand von etwa 10 kpc, woraus $M(r) \approx 150 \cdot 10^9 \cdot M_{\text{Sonne}}$ errechnet werden kann.

Wenn die Vermutung richtig ist, daß die außerhalb der Sonnenbahn sich befindende Masse gegenüber $M(r)$ gering ist, liegt somit die Masse der Milchstraßenscheibe in der Größenordnung von 200 Milliarden Sonnenmas-

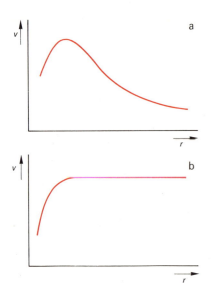

6.9 Schematische Rotationskurven

sen. Mit dem galaktischen Halo sollte unsere Milchstraße – so war die Vorstellung noch bis 1980 – allerhöchstens eine Masse von 300 Milliarden Sonnenmassen haben.

Nach den neuesten Messungen (1980 – 1985) wird immer deutlicher, daß die bisherigen Werte für den Zentrumsabstand und die Rotationsgeschwindigkeit unserer Sonne auf ca. 8kpc bzw. 185 km/s korrigiert werden müssen.

Lange Zeit waren sich die Astronomen ziemlich sicher, daß die Rotationskurve ein Aussehen wie in Abb. 6.9a haben müßte. Diese Kurve ergibt sich nämlich aus der Annahme eines sehr kompakten Zentralbereichs, in dem die Materie stark gravitativ gekoppelt ist und starr rotiert ($v \sim r$), sowie eines stetigen Dichteabfalls in der umgebenden galaktischen Scheibe, der in den äußeren Bereichen zu einer Keplerbewegung ($v \sim r^{-1/2}$) führt.

Die neuesten Messungen führen aber auf eine Rotationskurve, bei der wie in Abb. 6.9b die Geschwindigkeit der Materie auch bei wachsendem Zentrumsabstand konstant bleibt! Auch fremde Galaxien zeigen sehr häufig solche v-r-Abhängigkeiten. Diese überraschende Tatsache ist nur zu erklären, wenn man vom Bild der stetig nach außen abnehmenden Materiedichte abrückt und dieses durch die Annahme einer ziemlich großen, „dunklen" Masse jenseits des sichtbaren Bereichs der Galaxis ersetzt.

Nach dem heutigen Kenntnisstand (1986) ist die Gesamtmasse der klassischen Milchstraßenteile (Zentralbereich, Scheibe, Halo) etwa dreimal größer als bisher vermutet und von einer sogenannten *Korona* von gigantischer Masse umgeben:

Zentralbereich: bis 5 kpc
Scheibe   : bis 15 kpc $m = 0{,}9 \cdot 10^{12} \cdot M_{Sonne}$
Halo   : bis 20 kpc
Korona   : bis 100 kpc $m = 12 \cdot 10^{12} \cdot M_{Sonne}$

Im *Zentralbereich* (Abb. 6.1, 3000–5000pc Radius) befinden sich vor allem alte, eng beieinander liegende Sterne, aber auch viele Gas- und Staubwolken, in denen neue Sterne entstehen. Die Sterndichte wächst zum Zentrum hin dramatisch an: Millionen von Sternen befinden sich innerhalb von 3 Parsec (!) um das Zentrum. Und offensichtlich ist exakt im Mittelpunkt der Galaxis ein Riesenmonster verborgen, ein Objekt von ca. 50 Millionen Sonnenmassen! Man vermutet, daß es sich hier um ein Schwarzes Loch handelt.

Die diskusförmige *galaktische Scheibe* enthält viele junge Sterne und interstellare Materie und erstreckt sich bis 15000 pc Abstand vom Zentrum. In der Nähe der Sonne, also etwa 8500 pc vom Zentrum entfernt, beträgt die Dichte der interstellaren Materie etwa 1 Atom pro Kubikzentimeter; die Scheibe ist ca. 1 kpc dick. Der *galaktische Halo* stellt eine leicht abgeplattete Kugel von etwa 20000 pc Radius dar und enthält vornehmlich alte Sterne, die sehr große Abstände zueinander einnehmen. Die auffallendsten Objekte dieses Bereichs sind die Kugelsternhaufen; es dürfte sich gut die Hälfte aller ca. 300 Kugelsternhaufen unserer Milchstraße im Halo aufhalten.

Die Korona besteht vermutlich überwiegend aus ausgebrannten alten Sternwracks; außerdem dürften ihr alte Kugelsternhaufen angehören. Man rechnet ihr auch Zwerggalaxien wie die Große und Kleine Magellansche Wolke zu, Objekte also, die bisher als eigenständig angesehen wurden.

Aufgaben

6.10. Geben Sie das Prinzip der Massenbestimmung der Galaxis an!

6.11. Beschreiben Sie grob (mit Skizze) die Struktur der Galaxis!

6.12. Warum ist eine Beobachtung des galaktischen Zentrums mit dem Mt Palomar-Hale-Teleskop ein aussichtsloses Bemühen? Warum kann man hier mit Radioteleskopen wesentlich mehr erreichen?

Die Spiralstruktur*

Bereits Ende des 18. Jahrhunderts erkennt man Nebel mit deutlicher Spiralstruktur, doch erst 1925 sind diese eindeutig als eigenständige Sternsysteme außerhalb unserer Milchstraße identifiziert. W. Baade kann zeigen, daß die hellsten Sterne der Andromeda-Galaxie in den Spiralarmen vorkommen. Der Eindruck der Spiralstruktur ist hauptsächlich auf leuchtende HII-Gebiete zurückzuführen, die bekanntlich von O-Sternen zum Leuchten angeregt werden.

Natürlich versucht man auch der Frage nachzugehen, ob unsere Milchstraße ebenfalls eine Spiralstruktur aufweist.

In den frühen fünfziger Jahren untersuchen Morgan, Osterbrock und Sharpless die räumliche Verteilung der hellsten Fixsterne und der Emissionsnebel. Von den hellen Sternen eignen sich hierzu besonders jene, die in offenen Sternhaufen vorkommen, da deren Entfernungen durch Aufnahme des Farben-Helligkeits-Diagramms ihres Haufens gut bestimmbar sind. Es zeigt sich, daß diese Objekte in der Sonnenumgebung bevorzugt in drei Streifen vorkommen, deren Abstände etwa 2 kpc bei einer Breite von je 1 kpc betragen. Diese Streifen sind als Teile von Spiralarmen anzusehen. Man nennt sie nach den Sternbildern, in deren Richtung sie gesehen werden, *Perseus-Arm*, *Orion-Arm* und *Carina-Sagittarius-Arm* (Abb. 6.10). Unsere Sonne liegt am inneren Rand des Orion-Arms; der Perseus-Arm ist weiter vom Galaxiszentrum entfernt als unsere Sonne, der Carina-Sagittarius-Arm liegt weiter innen.

Natürlich liegen diese Spiralarme in der bereits erwähnten, ca. 200pc dicken Schicht um die Mittelebene der Galaxis, in der sowohl die interstellare Materie als auch die leuchtkräftigsten Sterne konzentriert sind.

Mehr kann die Suche nach Spiralarmen mit optischen Methoden auch heute nicht erbringen, da Entfernungsmessungen an O- und B-Sternen in der Scheibe nicht weit genug reichen. Bei Abständen von 8 Kiloparsec beträgt die Meßgenauigkeit lediglich 10%, und ein Spiralarm könnte somit nicht erkannt werden.

Die mit Hilfe der Radioastronomie (21 cm-, 2,6 mm-Linie) ermittelte Verteilung des neutralen Wasserstoffs bestätigt die obige Spiralstruktur. Leider können wegen verschiedener Besonderheiten der Bewegung interstellarer Wolken

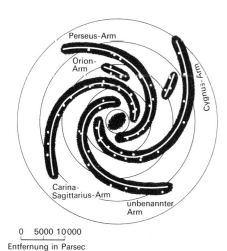

6.10 Lage der Spiralarme

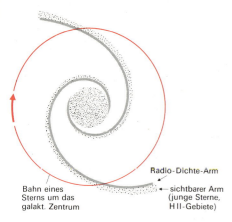

6.11 Schematische Darstellung von Spiralarmen und Sternbahnen in einer Galaxie

(Eigenbewegungen, Strömungen) auch aus den Beobachtungen im Radiobereich keine weiteren Erkenntnisse über Spiralarme erhalten werden, die genügend gesichert wären.

Beobachtungen an fremden Spiralgalaxien zeigen überdies, daß die optisch erkennbare Spiralstruktur und die durch Radiomessungen nachgewiesene Spiralstruktur der dichten neutralen Wasserstoffwolken nicht genau zusammenfallen. Stets liegt der Radioarm auf der Innenseite des sichtbaren Spiralarms (Abb. 6.11).

Bei vielen Spiralgalaxien tritt die Spiralstruktur sehr klar und symmetrisch hervor. Die Spiralstruktur unserer Milchstraße scheint aber weniger prägnant zu sein und viele Verzweigungen und Zwischenverbindungen zu besitzen. Das könnte daran liegen, daß unsere Milchstraße relativ viel interstellare Materie – insbesondere molekularen Wasserstoff – besitzt. Bei gasarmen Galaxien können Sterne nur an besonders geeigneten Stellen entstehen, eben in den sehr symmetrisch und geordnet erscheinenden Spiralarmen.

Wie es nun zur Ausbildung der Spiralstruktur kommt, ist nicht vollständig geklärt. Eine zentrale Frage ist außerdem, wie diese Struktur über größere Zeiträume beständig sein kann. Die Tatsache, daß weiter außen liegende Sterne länger für einen Umlauf brauchen, erklärt nur scheinbar die beobachtete Krümmung der Spiralarme. Bereits bei einem einzigen Umlauf der Sonne um das Galaxiszentrum entsteht wegen des Zurückbleibens weiter außen liegender Materie und des Voranlaufens zentrumsnäherer Materie ein deutlich gebogener Spiralarm aus einer zufälligen, nicht gekrümmten Materieanordnung in radialer Richtung. Dann müßte sich aber im Laufe der schon mehr als 10 Milliarden Jahre währenden Entwicklung der Milchstraße die galaktische Spirale mehrfach aufgewickelt haben! Folglich muß man sich von der Vorstellung lösen, daß in einem Spiralarm die Materie fest eingeschlossen ist; vielmehr wird der Spiralarm ständig von Materie durchflossen.

Man diskutiert vor allem zwei Erklärungsversuche:
Zum einen könnte eine sich radial nach außen bewegende Dichtestörung, hervorgerufen durch eine größere Explosion im Galaxienzentrum oder eine Folge von sich nach außen fortsetzenden Supernova-Explosionen, zu Sternentstehungen führen und wegen der nach außen zunehmenden Umlaufsdauer einen gebogenen Spiralarm sichtbar werden lassen. Die wichtige Frage, wie die Spiralstruktur lange Zeit aufrechterhalten werden kann, wird hier ebensowenig wie bei der zweiten, nachfolgend vorgestellten Erklärung beantwortet.

In jenem Fall geht man davon aus, daß die Spiralarme die Teile der Galaxis darstellen, in denen die Materiedichte größer ist als gewöhnlich, was eine höhere Sternentstehungsrate nach sich zieht. Dabei kann diese Dichteerhöhung zunächst ganz zufällig entstanden sein. Die einzelnen Sterne und Materiewolken sind gravitativ gekoppelt, und die mit der Zunahme der Dichte einhergehende Störung des Gravitationskraft-Zentrifugalkraft-Gleichgewichts jedes Sterns muß sich auch auf die Bewegung des Sterns auswirken. Nun ist es denkbar, daß bei einer systematischen Kopplung der benachbarten Sterne eine geregelte Fortpflanzung der Dichteerhöhung auftritt. Man kann dies in Analogie zur Ausbildung von Wellen auf einem Wellenträger infolge einer Störung (z.B. erzeugt ein Steinwurf ins Wasser wegen der gegenseitigen Kopplung der Wassermoleküle eine Wasserwelle) als eine *Dichtewelle* betrachten. Offensichtlich bewegen sich die Dichtewellen in Form von gebogenen Spiralen starr um das Milchstraßenzentrum. Die sich schneller bewegende Materie läuft dabei von hinten auf den Dichte-Spiralarm auf, wird dort abgebremst und zusammengedrückt, was in Molekülwolken die Bildung von Sternen in Gang setzt.

Schließlich verläßt die Materie unter Geschwindigkeitszunahme den Bereich erhöhter Dichte wieder. Allerdings hat sich inzwischen der Sternentstehungsprozeß so weit fortgesetzt, daß bald die ersten, besonders massereichen Sterne aufleuchten. Da die massestärksten Sterne auch die kurzlebigsten sind, findet man sie nur in unmittelbarer Nähe ihres Entstehungsorts, hier also des Dichte-Spiralarms. Diese superhellen O- und B-Sterne und die von ihnen erzeugten Emissionsnebel treten in ihrer Gesamtheit als sichtbare Spiralarme in Erscheinung.

6.2. Extragalaktische Objekte

6.2.1. Historischer Überblick über den Nachweis extragalaktischer Objekte. Die Cepheiden-Parallaxe.

Aufschluß über die Struktur des Kosmos kann nur gewinnen, wem es gelingt, die Entfernungen zu den verschiedenen extragalaktischen Objekten zu bestimmen. Leider sind fast alle Galaxien zu weit entfernt, als daß die bisher vorgestellten Meßmethoden noch brauchbar wären. Ohnehin ist man sich noch in den ersten Jahrzehnten dieses Jahrhunderts nicht darüber im klaren, daß die lichtschwachen Nebelfleckchen, die sich bei astronomischen Aufnahmen bestimmter Himmelsgegenden auf den fotografischen Platten zeigen, eigenständige Milchstraßensysteme darstellen. Diesbezüglich ändert sich einiges nach der Inbetriebnahme neuer, größerer Teleskope wie des 1,5-m-Spiegels (1914) und besonders des 2,5-m-Spiegels (1921) auf dem Mount Wilson. Deutlich kann man nun helle Einzelsterne oder ganze Sternhaufen in einigen dieser Nebel ausmachen.

Die treibende Kraft für den Großteleskopbau in den USA in der ersten Hälfte des 20. Jahrhunderts ist *George Ellery Hale*, dem es aufgrund seiner großen Überzeugungskraft gelingt, die nötigen Dollars von reichen Privatpersonen oder Stiftungen zu beschaffen. Schon 1897 kann er am neugegründeten Yerkes-Observatorium in Wisconsin den größten jemals gebauten Refraktor in Betrieb nehmen, bevor er das Observatorium auf dem Mt. Wilson in Kalifornien gründet und mit den genannten großen Spiegelteleskopen zur führenden Beobachtungsstation auf der Erde macht. Schließlich kann G. E. Hale sein Lebenswerk 1948 mit der Inbetriebnahme des 5-m-Spiegelteleskops auf dem Mt. Palomar, des sogenannten Hale-Teleskops, krönen.

Als *Henrietta Leavitt* die leuchtkräftigen Veränderlichen vom Typ Delta Cephei in der Kleinen Magellanschen Wolke untersucht, gelingt es ihr, von 25 Sternen dieses Typs die Periode ihrer Helligkeitsschwankungen zu ermitteln. Überraschenderweise zeigt sich, daß die Cepheiden mit längeren Perioden auch die

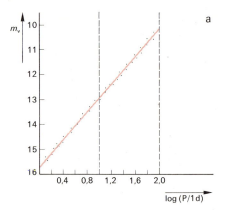
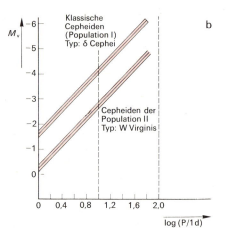

6.12 a, b Perioden-Helligkeits-Beziehung
a) Cepheiden der Kleinen Magellanschen Wolke
b) Cepheiden der Populationen I und II im Vergleich

leuchtkräftigeren sind. 1921 formuliert Miss Leavitt die *Perioden-Helligkeits-Beziehung*[5], in der sie die Erkenntnis zum Ausdruck bringt, daß die mittlere scheinbare Helligkeit eines Delta-Cephei-Sterns mit dem Logarithmus seiner Helligkeitsperiode P linear abnimmt (s. Abb. 6.12 a). Nun sind alle Sterne der Kleinen Magellanschen Wolke etwa gleich weit von uns entfernt, so daß die Differenz von absoluter und scheinbarer Helligkeit für die eben betrachteten Delta-Cephei-Sterne gleich groß ist. Dann muß aber die absolute Helligkeit M_v bis auf eine additive Konstante (= Differenz M_v-m_v) dieselbe Abhängigkeit von der Periode P der Helligkeitsschwankung wie die mittlere scheinbare Helligkeit m zeigen.

H. Leavitt ist sich der großen Bedeutung einer solchen P-M_v-Beziehung für die Entfernungsbestimmung weit entfernter Objekte sehr wohl bewußt: Wenn man aus der gemessenen Helligkeitsperiode von Cepheiden deren absolute Helligkeit gewinnen kann, so genügt die fotometrische Bestimmung der mittleren scheinbaren Helligkeit, um über den Entfernungsmodul die Entfernung dieses veränderlichen Sterns berechnen zu können!

Allerdings ist die Angabe einer exakten P-M_v-Beziehung wegen der fehlenden Kenntnis der erwähnten additiven Konstante nicht direkt möglich. H. Shapley konnte aber 1918 an Cepheiden unserer eigenen Galaxis eine P-M_v-Kurve für Delta-Cephei-Sterne gewinnen. Da keine so nahestehenden Cepheiden existieren, deren Entfernung man trigonometrisch messen könnte, suchte er Cepheiden in Kugelsternhaufen bekannter Entfernung aus und berechnete über den Entfernungsmodul deren mittlere absolute Helligkeit. Diese wurde dann über dem Logarithmus der Helligkeitsperiode aufgetragen (s. Abb. 6.12b).

Gerade zu jener Zeit, also um 1920, gab es große Auseinandersetzungen über die Frage, ob es sich bei den Spiralnebeln um Objekte unserer eigenen Milchstraße oder um extragalaktische Gebilde handelt. Shapley selbst machte sich stark für die erste Möglichkeit. Dabei hätte er es in der Hand gehabt, klarer zu sehen. Doch war er fälschlicherweise davon überzeugt, daß eine Auflösung des Andromeda-Nebels (M31) in Einzelsterne mit „seinem" 1,5-m-Spiegel nicht möglich ist und hielt Einzelsterne in M31 für kleine Gruppen von Sternen.

Nachdem Shapley den Mt. Wilson verlassen hatte – er übernahm die Leitung des Harvard-Observatoriums – rückte dort allmählich ein anderer Astronom in den Mittelpunkt: *Edwin P. Hubble*[6], dessen Interesse uneingeschränkt den Spiralnebeln galt und der schließlich im Jahre 1923 den Streit um die Spiralnebel entschied. Mit dem neuen 2,5-m-Spiegelteleskop konnte er ganz deutlich Einzelsterne, darunter auch Cepheiden, in M31 und M33 erkennen[7] und über die P-M_v-Beziehung deren Entfernung zu 250 kpc bestimmen. Nun

---

[5] auch als „Perioden-Leuchtkraft-Beziehung" bekannt

[6] Edwin Hubble (1889–1953) kam 1919 auf den Mt. Wilson. Er machte sich zunächst mit den Eigenschaften von Nebeln vertraut, die er ohnehin zur Galaxis gehörend betrachtete. Nachdem er u.a. die Ursache des Leuchtens von Reflexions- und Emissionsnebeln erkannt hatte (1922), wandte er sich der Untersuchung von Spiralnebeln zu. Hubble war ein sehr genau arbeitender, in seinen Aussagen äußerst vorsichtiger Wissenschaftler.

[7] durch wiederholte fotografische Aufnahmen können Cepheiden und ihre Helligkeitsperioden erkannt werden

war klar, daß es sich bei den Spiralnebeln um Gebilde außerhalb unserer Milchstraße handeln muß, um eigenständige Sternsysteme, Milchstraßensysteme oder „Welteninseln" im Kantschen Sinne. Der ganze Kosmos erschien plötzlich in völlig neuem Licht. Was bisher als reine Spekulation abgetan wurde, war über Nacht Wirklichkeit geworden. Die Tür zu einem neuen, sehr anziehenden Forschungsgebiet war aufgestoßen und E. Hubble hielt mit dem 100-Zöller vom Mt. Wilson das beste Werkzeug in der Hand, um weiterreichende Erkenntnisse über fremde Galaxien zu gewinnen (Abb. 6.13). Und die Möglichkeit, über die Periode der Helligkeitsschwankung eines Delta-Cephei-Sterns auf die absolute Helligkeit zu schließen, war dabei für die Entfernungsmessung von Galaxien von allergrößter Bedeutung.

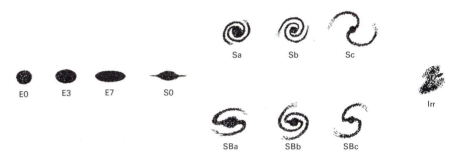

6.13 Die Hubble-Sequenz zur Klassifizierung von Galaxien

Allerdings wurde 1952 von *Walter Baade* noch eine wichtige Korrektur zur Cepheidenparallaxe vorgenommen. W. Baade, von dem die Zuteilung der Sterne zu sogenannten *Populationen* stammt (Abb. 6.14), griff die Tatsache auf, daß H. Leavitt in der Kleinen Magellanschen Wolke offensichtlich Cepheiden der Population I beobachtet hat, wogegen Shapleys P-M_v-Beziehung an Cepheiden aus Kugelsternhaufen (Population II) gewonnen wurde. Die alten Sterne der Population II besitzen eine andere chemische Zusammensetzung und strahlen bei gleicher Helligkeitsperiode weniger hell als Population-I-Objekte. Somit mußte die aus Shapleys Eichkurve ablesbare absolute Helligkeit für Population-I-Cepheiden um ca. 1,5 Größenklassen erhöht werden. Das bedeutete aber, daß die bisher nach der Cepheidenmethode ermittelten Entfernungen um den Faktor 2 zu vergrößern waren! Mit einem Schlag erschien das All doppelt so groß wie bisher angenommen, der Andromeda-Nebel wurde in 500 kpc Entfernung gesehen.

Für die mittlere absolute Helligkeit $\overline{M}_v$ von Cepheiden (des Typs I) ergibt die Perioden-Helligkeits-Beziehung in der heutigen Form:

$$\overline{M}_v = -1{,}67 - 2{,}54 \cdot \lg\frac{P}{1\,\mathrm{d}}$$

Für Cepheiden des Typs II ist die Helligkeit um 1,4 Größenklassen geringer zu nehmen (s. Abb. 6.12).

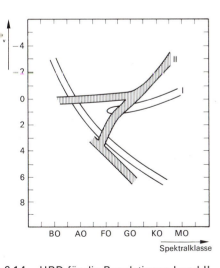

6.14 HRD für die Populationen I und II

Nach Berücksichtigung kleinerer Korrekturen werden die Entfernungen der Großen und Kleinen Magellanschen Wolken heute mit 48 bzw. 56 kpc angegeben, der Andromeda-Nebel sollte 680 kpc entfernt sein.

Cepheiden sind relativ häufig vorkommende, sehr helle Sterne. Mit mittlerer absoluten Helligkeiten bis zur –5. Größenklasse übertreffen sie die RR-Lyrae-Veränderlichen deutlich. Aufgrund ihrer unverwechselbar typischen Lichtkurven sind sie in fremden Galaxien gut zu identifizieren. Wenn man bedenkt, daß mit dem 5-m-Hale-Teleskop auf dem Mt. Palomar noch Sterne bis zur +23 Größenklasse nachgewiesen werden können, versteht man, daß die Cepheidenparallaxe bis knapp vier Megaparsec (!) reicht. Die Eichgenauigkeit ist so, daß die absolute Helligkeit mit einer Unsicherheit von ±0,2 Größenklassen bestimmt werden kann.

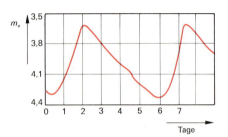

6.15 Die Lichtkurve von Delta Cephei

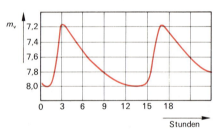

6.16 Die Lichtkurve von RR Lyrae

Aufgaben

6.13. a Beschreiben Sie, inwiefern man von der Lichtwechselperiode eines Pulsationsveränderlichen des Typs Delta Cephei auf die Entfernung dieses Sterns schließen kann!
b In welchem Bereich liegen diese Helligkeitsperioden und wie können sie in der Praxis bestimmt werden?

6.14. Abb. 6.15 zeigt die Lichtkurve des Pulsationsveränderlichen Delta Cephei. Berechnen Sie die Entfernung des Sterns!

6.15. In welcher Entfernung darf ein Cepheiden-Veränderlicher mit einer Lichtwechselperiode von 25 Tagen höchstens stehen, damit er bei guten Beobachtungsbedingungen stets mit freiem Auge gesehen werden kann? Die Helligkeitsdifferenz zwischen maximaler und minimaler Helligkeit beträgt ca. 1 Größenklasse.

6.16. Abb. 6.16 zeigt die Lichtkurve des Pulsationsveränderlichen RR Lyrae. Welche mittlere scheinbare Helligkeit müßte ein Vertreter des Typs Delta Cephei mit einer Helligkeitsperiode von 10 Tagen zeigen, wenn er in derselben Entfernung wie RR Lyrae stehen würde?

6.17. Welche Helligkeitsperiode ist für einen Cepheiden-Veränderlichen (des Typs I) charakteristisch, wenn dieser 1 kpc entfernt ist und die Messung seiner scheinbaren visuellen Helligkeit Werte zwischen 6,4 und 7,2 ergibt?

6.2.2. Das Hubble-Gesetz

Wenn man bedenkt, daß jedes von einer Galaxie aufgenommene Spektrum von den vielen Sternen des Systems mit deren individuell verschiedenen Eigenschaften herrührt, kann es nicht überraschen, daß ein Galaxienspektrum nur einige wenige das Kontinuum durchsetzende Absorptionslinien deutlich erkennen läßt. Vor allem die H- und K-Linien des Ca^+ erscheinen scharf genug, um über die Wellenlängenverschiebung die Radialgeschwindigkeit der betreffenden Galaxie bestimmen zu können.

In den Jahren 1924 bis 1929 konnte E. Hubble die Entfernungen von 24 Milchstraßensystemen bestimmen[8], wobei er neben Delta-Cephei-Sternen

---

[8] Ab 1928 trug Milton Humason die Hauptlast von Hubbles Beobachtungstätigkeit am 2,5-m-Spiegel. Humason, der seine astronomische Karriere als Maultiertreiber und Küchenhilfe auf dem Mt. Wilson begann, konnte sich dank seiner schnellen Auffassungsgabe und Geschicklichkeit als astronomischer Mitarbeiter etablieren.

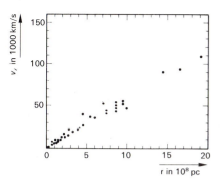

6.17 Das Hubble-Diagramm für 42 hellste Haufen-Galaxien

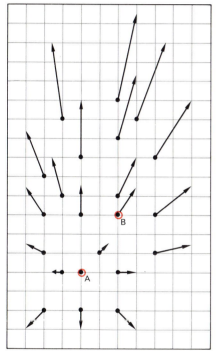

6.18 Alle Galaxien scheinen sich vom Beobachter A zu entfernen

auch andere Entfernungsindikatoren verwendete. Zusätzlich wurden dabei aus den Galaxienspektren die Radialgeschwindigkeiten bestimmt, vermutlich zunächst in der Absicht, die Geschwindigkeit der Sonne um das Galaxienzentrum bestimmen zu können. Dabei kristallisierte sich allmählich eine unerwartete und umwerfende Erkenntnis heraus: Die einzelnen Sternsysteme bewegen sich umso schneller von uns weg, je weiter entfernt sie sind[9]!! Die Radialgeschwindigkeit v_r ist direkt proportional zur Entfernung r (Abb. 6.17, 6.18):

$$v_r = H_o \cdot r$$

Dieser Zusammenhang – als *Hubble-Gesetz* bezeichnet – stellt ohne Zweifel eine der bedeutendsten astronomischen Erkenntnisse dar. Wenn man nach Hubbles Messungen, die nur bis 55 Millionen Lichtjahre reichten, noch an dieser kaum glaubhaften Gesetzmäßigkeit zweifeln konnte, so erscheint nach den späteren, genaueren und weiter in den Raum reichenden Messungen das Hubble-Gesetz heute als gesichert. Auch ist für die starken Rotverschiebungen in den Spektren weit entfernter Galaxien keine stichhaltige physikalische Erklärung gefunden worden, die auf weniger hohe und nicht mit der Entfernung gekoppelte Radialgeschwindigkeiten schließen ließe als der Doppler-Effekt.

Der Proportionalitätsfaktor H_o, die sogenannte *Hubble-Konstante*, ergab sich aus Hubbles Messungen zu etwa 500 km pro Sekunde und Megaparsec. Allerdings mußte dieser Wert später stark nach unten korrigiert werden. Zum einen war hierfür Walter Baades Entdeckung der unterschiedlichen Cepheidentypen maßgebend, was sich auf die Cepheidenparallaxe auswirkt. Andererseits gab es zu Hubbles Messungen an entfernteren Galaxien fehlerhafte Interpretationen, die geringere Entfernungen vortäuschten. So hielt Hubble zum Beispiel die hellen HII-Gebiete für die hellsten Einzelsterne der jeweiligen Galaxis.

Heute ist man sich zwar über die Größenordnung der Hubble-Konstante im klaren, doch ist der wahre Wert wegen der immer noch zu wenig genauen Entfernungsmessungen nur grob eingegrenzt:

$$40 \frac{km}{s \cdot Mpc} < H_o < 100 \frac{km}{s \cdot Mpc}.$$

Für Rechnungen wird sehr oft ein Wert von $60 \frac{km}{s \cdot Mpc}$ verwendet.

Es sei noch darauf hingewiesen, daß das Hubble-Gesetz auf die allernächsten Galaxien nicht paßt. Diese Sternsysteme sind offensichtlich gravitativ mit unserer Galaxis verbunden. So bewegt sich beispielsweise die Andromeda-Galaxie mit ca. $300 \frac{km}{s}$ auf uns zu. Auch rührt ein Teil der gemessenen Relativgeschwindigkeit von der Rotation unserer Galaxis her.

Bei den weiter entfernten Galaxien sind die Radialgeschwindigkeiten bereits so groß, daß die nichtrelativistische Näherung $\frac{\Delta\lambda}{\lambda} \approx \frac{v_r}{c}$ nicht mehr anwendbar ist.

---

[9] Dies wurde schon vorher von dem deutschen Astronomen Carl Wirtz vermutet, als er Galaxienspektren von Vesto Slipher, dem Pionier der Galaxienspektroskopie, einsehen konnte.

Für die Rotverschiebung $z = \frac{\Delta\lambda}{\lambda}$ muß deshalb der nach der speziellen Relativitätstheorie hergeleitete Term

$$z = \sqrt{\frac{c + v_r}{c - v_r}} - 1$$

Verwendung finden.

Bedeutet es nun, daß unsere Milchstraße im Zentrum des Kosmos steht, wenn sich bis auf wenige nahe Begleiter alle Galaxien von ihr entfernen? In früheren Zeiten war man stets darauf bedacht, den Menschen in die Mitte des Weltalls zu stellen. Nach den schlechten Erfahrungen mit dieser Anschauung erscheint es uns heute viel natürlicher, wenn Mensch, Erde, Sonne und auch unsere Galaxis keine bevorzugte Lage im Raum einnehmen. In der Tat ist es auch nach genauer Betrachtung des Hubble-Gesetzes keinesfalls nötig oder sinnvoll, von einer zentralen Lage unserer Galaxis auszugehen. Zwar kann die Beobachtung, daß die Rotverschiebung der Spektrallinien und damit die Fluchtgeschwindigkeit von unserer Galaxis mit der Entfernung wächst, nur durch die Annahme einer allgemeinen Ausdehnung des Universums erklärt werden. Doch im Falle einer gleichmäßigen Expansion bewegen sich alle Galaxien voneinander weg, wie man es sich modellmäßig an einem Luftballon vorstellen kann: Auf den Ballon gezeichnete, die Lage der einzelnen Galaxien repräsentierende Punkte oder Kreuze entfernen sich beim Aufblasen des Ballons voneinander. Von welchem Punkt aus man die anderen Marken auch betrachtet – stets bewegen sich die weiter entfernten schneller weg als die näherstehenden, ist die Fluchtgeschwindigkeit direkt proportional zur Entfernung! Natürlich handelt es sich hier lediglich um ein Modell mit einer nur zweidimensionalen Anordnung der Galaxien, doch zeigt es sehr einprägsam, wie sich im Falle einer Ausdehnung des Raums *von jedem Punkt* (= Galaxie) aus alle anderen Raumelemente nach denselben Gesetzmäßigkeiten fortbewegen können. Wir können folglich davon ausgehen, daß unsere Galaxis keine besondere Lage im Kosmos einnimmt.

6.19 Maarten Schmidt trug wesentlich zum Verständnis der bis heute geheimnisvollen Quasare bei.

6.2.3. Quasare

Anfang der sechziger Jahre war die Radioastronomie so weit, die Positionen der Radioquellen recht genau interferometrisch feststellen zu können. Als man optische Teleskope auf die entsprechenden Stellen am Himmel richtete, fand man dort in einigen Fällen Objekte, die sich in ihrem optischen Erscheinungsbild nicht von Sternen unterscheiden. Doch bereits bei grober Betrachtung ihrer Spektren wurde der Unterschied deutlich: ein schwaches Kontinuum ist von sehr breiten und starken Emissionslinien überlagert, auch Absorptionslinien sind zu erkennen. Die Aufeinanderfolge der Linien ließ zunächst keine Atomartenzuordnung zu. 1963 identifizierte *Maarten Schmidt* die Linien, wobei der Schlüssel zum Erfolg in der Aufdeckung von unerwartet starken Rotverschiebungen der Linien steckte.

Die Art der Spektren mit ihren ausgeprägten Emissionslinien und Rotverschiebungen in Verbindung mit dem sternähnlichen Aussehen auf Fotografien kennzeichnet diese quasistellaren Objekte oder *Quasare*. Die Radiostrahlung –

das ursprüngliche Erkennungsmerkmal – ist bei den meisten Quasaren nur sehr schwach ausgebildet und somit weniger charakteristisch.

Die starken Rotverschiebungen lassen sich wie üblich durch den Dopplereffekt dahingehend deuten, daß sich die Quasare mit großen Geschwindigkeiten von uns fortbewegen; das Hubble-Gesetz verknüpft diese hohen Radialgeschwindigkeiten mit großen Entfernungen. Die bei Quasaren bisher (1988) festgestellten Rotverschiebungen liegen zwischen $z = 0,06$ und $z = 4,43$ (Quasar 0051-279). Somit rutschen die UV-Quanten stark in den sichtbaren Bereich des elektromagnetischen Spektrums – bis ins Gelbgrüne – und machen dort einen erheblichen Teil der Spektrallinien des Quasars aus. Die Lyman-L_α-Linie des Wasserstoffs stellt meistens die stärkste Linie im Quasarspektrum dar; auch verschiedene UV-Linien der Elemente Sauerstoff, Stickstoff und Kohlenstoff sind dort anzutreffen. Die starke Verbreiterung der Emissionslinien deutet auf hohe Geschwindigkeiten der strahlenden Materie in der Größenordnung von 10 000 km/s hin, die Intensitätsverhältnisse der Linien lassen sich nur durch enorm hohe Temperaturen der strahlenden Atome erklären.

Quasare stellen die entferntesten Objekte dar, die wir kennen. Die Entfernungen reichen bis 15 Milliarden Lichtjahre, was bedeutet, *daß das Licht vom Quasar zu uns bereits 15 Milliarden Jahre unterwegs ist*! Wir erhalten damit die phantastische Möglichkeit, Strukturen beobachten und untersuchen zu können, wie sie sich in einem sehr frühen Entwicklungsstadium des Universums ausgebildet haben. Schon bald nach Entdeckung der Quasare erkannte man, daß die weit entfernten Quasare viel häufiger sind als näherstehende und somit vor mehr als 10 Milliarden Jahren weit mehr Quasare entstanden sind oder vorhanden waren als heute.

Beobachtete Helligkeitsänderungen innerhalb von Jahren und Monaten, ja sogar von Tagen und Stunden können als Hinweis darauf angesehen werden, daß Quasare Gebilde von recht geringer Ausdehnung sein müssen. Andererseits müssen diese Quasare um ein Vielfaches heller leuchten als ganze Galaxien, wenn sich derart entfernte Strukturen in großer Zahl mit unseren Teleskopen nachweisen lassen.

Die gängigen Deutungen sehen den Quasar im Kern einer ansonsten normalen, aber wohl sehr jungen Galaxie stehend. Es könnte sogar sein, daß in der Frühphase der Entwicklung einer Galaxie stets ein Quasar im Zentrum gebildet wird und die weitere Entwicklung der Galaxie maßgeblich mitbestimmt.

Auf welche Art und Weise der Quasar die riesige Energie gewinnt, die er abstrahlt, ist noch Gegenstand von Spekulationen, auf die hier nicht eingegangen werden kann.

Aufgaben

6.18. Erläutern Sie den Inhalt des Hubble-Gesetzes sowie die Möglichkeiten und Schwierigkeiten, es zur Entfernungsmessung einzusetzen!

6.19. Inwiefern muß aus dem Hubble-Gesetz nicht auf eine zentrale Lage unserer Galaxis im Weltall geschlossen werden?

6.20. Die Abb. 6.18 soll veranschaulichen, wie sich gemäß dem Hubble-Gesetz alle Galaxien von Galaxie A entfernen. Die Länge der Pfeile ist ein Maß für die Fluchtgeschwindigkeit.

Übertragen Sie A und B sowie 5 bis 6 weitere Galaxien mit ihren Radialgeschwindigkeitspfeilen auf ein Blatt Papier und konstruieren Sie die Radialgeschwindigkeitspfeile dieser Galaxien in bezug auf B! Überprüfen Sie, ob auch von B aus gesehen das Hubble-Gesetz gilt!

6.21. Das Spektrum einer Galaxie im Leo-Haufen zeigt die H_γ-Linie bei 460 nm. Im Labor tritt diese Linie bei 434,0 nm auf.
a Welche Radialgeschwindigkeit besitzt diese Galaxie?
b In welcher Entfernung dürfte die Galaxie stehen?

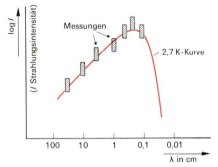

6.20 Spektrale Verteilung der Hintergrundstrahlung

6.3. Urknall und kosmische Zeitskala

Wenn sich gegenwärtig die Galaxien voneinander entfernen, dann müssen sie in der Vergangenheit näher beieinander gestanden haben, und zwar umso näher, je weiter man zeitlich zurückgeht. Vorausgesetzt ist bei dieser Überlegung allerdings, daß auch in der Vergangenheit eine Expansion des Universums stattfand.

Mit einer größeren Dichte des Kosmos ist jedoch nach den Gesetzen der Physik unweigerlich eine höhere Temperatur verbunden. Man kann nun zurückrechnen bis zu einem „Zeitpunkt Null", an dem sich die gesamte kosmische Materie in einem überdichten und überheißen Zustand in einem sehr begrenzten Raumgebiet befunden hat und in einer gigantischen Explosion, *Urknall* (englisch „Big Bang") genannt, begonnen hat, sich auszudehnen. Die in der Folge freigesetzte elektromagnetische Strahlung hat sich während der Expansion ebenso wie die Materie abgekühlt.

Gerade diese Strahlung ist die erste Stütze der gesamten Theorie vom Urknall, seit sie im Jahre 1965 von *Arno Penzias* und *Robert Wilson* entdeckt und als *kosmische Hintergrundstrahlung* bezeichnet wurde. Sie ist mittlerweile genauestens untersucht worden, wobei sich herausstellte, daß die Wellenlängenverteilung (s. Abb. 6.20) sehr gut mit der Strahlung eines schwarzen Körpers von 2,7 K übereinstimmt. Da sich alle Bereiche des Kosmos voneinander entfernen, zeigt natürlich auch die kosmische Hintergrundstrahlung eine starke Rotverschiebung, so daß aus ihrer Energieverteilung nicht die Temperatur bei der Aussendung der Strahlung abgelesen werden kann, sondern die der inzwischen erfolgten Abkühlung des Kosmos entsprechende tiefe Temperatur von 2,7 K angezeigt wird. Eine weitere sehr bedeutende Erkenntnis ist, daß die kosmische Hintergrundstrahlung aus allen Richtungen des Raums sehr gleichmäßig und mit derselben Energieverteilung einfällt.

Der Zeitpunkt des Urknalls kann grundsätzlich mit Hilfe der Hubble-Konstante berechnet werden. Allerdings ist heute nur eine Abschätzung des Weltalters möglich, zum einen wegen der zu ungenauen Kenntnis von H_0, zum anderen, weil die Zeitabhängigkeit der Hubble-Konstante nicht bekannt ist. Die Annahme einer seit Beginn der Expansion unverändert gebliebenen Hubble-Konstante liefert für die seither vergangene Zeit t:

$$t = \frac{r}{v} = \frac{r}{H_0 \cdot r} = \frac{1}{H_0} \approx \frac{1 \text{ s} \cdot \text{Mpc}}{60 \text{ km}} = 1{,}6 \cdot 10^{10} \text{a} \; .$$

Eine stetige Abbremsung der Expansion führt auf ein etwas geringeres Weltalter.

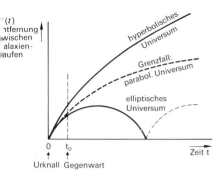

6.21 Entfernung zwischen Galaxienhaufen als Funktion der Zeit bei verschiedenen Weltmodellen

Für eine genauere Berechnung des Weltalters müßte erst die Hubble-Konstante exakter bestimmt werden. Dann könnte auch mit zufriedenstellender Genauigkeit aus der Rotverschiebung der Galaxien deren Entfernung ermittelt werden!

Andere Überlegungen und Untersuchungen (z.B. Theorie der Sternentwicklung, Alter der Kugelsternhaufen) führen auf dieselbe Größenordnung des Weltalters. Auch das über den Zerfall radioaktiver Kerne abgeschätzte Alter der Erde paßt zu diesen Werten: ^{238}U zerfällt mit einer Halbwertsteit von 4,51 Milliarden Jahren über eine ganze Reihe instabiler Zwischenprodukte bis zum stabilen Bleiisotop ^{206}Pb, so daß die Anzahl der ^{238}U-Kerne langsam ab-, die Anzahl der ^{206}Pb-Kerne entsprechend zunimmt. Aus dem Verhältnis der Anzahl der ^{238}U-Kerne zur Anzahl der ^{206}Pb-Kerne in einer Gesteinsprobe kann dann das Alter des Gesteins ermittelt werden. Demnach dürfte unsere Erde ca. 4 Milliarden Jahre alt sein.

Leider kann auch die zeitliche Änderung der Hubble-Konstanten und damit die Abbremsung der Expansion des Universums nicht gemessen werden. Natürlich ist die Abbremsung das Resultat der gravitativen Wirkung, die jede Galaxie von den anderen Galaxien verspürt, und damit von der Gesamtmasse des Universums oder der Materiedichte abhängig. Man hat hier für die weitere Entwicklung des Weltalls drei Fälle zu unterscheiden:

– Die Abbremsung ist so gering, daß sich das Universum auch in ferner Zukunft noch ausdehnt.

– Die Abbremsung kommt nach endlicher Zeit zum Stillstand; anschließend nähern sich die Galaxien einander, das Weltall kollabiert, bis vielleicht ein erneuter Urknall erfolgt.

– Grenzfall: Die Expansion kommt für $t \to \infty$ zum Stillstand.

Die bisherigen Massebestimmungen im All lassen auf eine mittlere Dichte von ca. $3 \cdot 10^{-28} \frac{\text{kg}}{\text{m}^3}$ schließen, was auf ein ewig expandierendes Weltall hindeutet.

Doch in letzter Zeit häufen sich die Hinweise darauf, daß die Gesamtmasse des Alls wesentlich höher ist als bisher angenommen wurde. Die Meinung, daß die Abweichung vom oben angeführten Grenzfall nicht allzu groß sein kann, wird deshalb von vielen Kosmologen favorisiert.

Aufgaben

6.22. Schätzen Sie den Zeitpunkt des Urknalls ab (Annahme einer konstanten Hubble-Konstante)!

6.23. Inwiefern ist die kosmische Hintergrundstrahlung die entscheidende Stütze der Urknall-Theorie?

Anhang

Ohne leistungsfähige Großteleskope wären die Fortschritte, die in der Astronomie seit dem vorigen Jahrhundert gemacht wurden, undenkbar gewesen. Auf der Vorderseite ist ein 2,2-m-Teleskop des Max-Planck-Instituts für Astronomie zu sehen, das seit 1974 auf dem 2168 m hohen Calar Alto steht. Das heute leistungsfähigste Teleskop ist das 1952 in Betrieb genommene Mount-Palomar-Spiegelteleskop mit einem Spiegeldurchmesser von 508 cm.

Im Vergleich mit modernen Geräten erscheint dem heutigen Betrachter das selbstgebaute Spiegelteleskop des Earl of Rosse, ein Monstrum von 72 Zoll (182 cm) Öffnung, wenig vertrauenserweckend. Dieses 1845 fertiggestellte voll funktionsfähige Instrument des irischen Adeligen übertraf allerdings noch deutlich die Größe der Teleskope William Herschels.

A.1. Das Teleskop

A.1.1. Historischer Überblick

Nichts anderes hat der Astronomie mit einem Schlag derart viele neue Erkenntnismöglichkeiten beschert als die Erfindung des Fernrohrs zu Beginn des 17. Jahrhunderts. Es ist nicht mehr klar feststellbar, auf wen die Erfindung zurückgeht, auch wenn sie meistens dem holländischen Linsenschleifer *Hans Lippershey* zugeschrieben wird, der im Oktober 1608 ein Patent auf das optische Teleskop beantragt. Jedenfalls tauchen im Herbst 1608 in Holland Fernrohre auf, die aus einer konvexen Frontlinse (Objektiv) und einer konkaven Augenlinse (Okular) bestehen und zunächst teuer gehandelt werden. Bis Mitte 1609 sind die neuen optischen Geräte in vielen größeren Städten Europas käuflich. So verwendet Thomas Harriot in England bereits im Sommer 1609 ein solches Fernrohr für astronomische Beobachtungen am Mond. Als Berichte vom „holländischen" Fernrohr auch *Galilei* erreichen, baut er sich nach den erhaltenen Angaben selbst ein Teleskop und führt es am 8.8.1609 dem Senat von Venedig auf dem Turm von San Marco vor (Abb. A1.1). Nie wieder erhält Galilei so viel öffentliche Anerkennung als an diesem Tag. Natürlich ist für diese Wertschätzung weniger der wissenschaftliche Wert der Erfindung als – wie so oft vorher und nachher – deren militärische Verwertbarkeit maßgebend. Der Senat erhöht daraufhin Galileis Gehalt als Professor in Padua von 500 auf 1000 Scudi jährlich und überträgt ihm diese Stelle auf Lebenszeit. Es muß wie eine Verhöhnung des Senats wirken, als kurze Zeit darauf Fernrohre für wenige Scudi in Venedig feilgeboten werden[1].

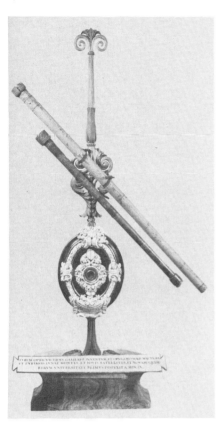

A1.1 Galileis Fernrohre

Zu jener Zeit, als Galilei seine ersten praktischen Erfahrungen mit dem Fernrohr macht, beschäftigt sich *Johannes Kepler* theoretisch mit verschiedenen Problemen der Optik und veröffentlicht 1611 sein Werk *Dioptrice* [2], in dem er neben bedeutenden Vorarbeiten zum Brechungsgesetz den Entwurf eines Fernrohrs veröffentlicht, das – anders als das holländisch-galileische – aus zwei Konvexlinsen besteht, einem langbrennweitigen Objektiv und einem Okular von geringer Brennweite. Mit großer Sicherheit hat Kepler niemals ein Teleskop gebaut, doch setzt sich dieses Keplersche oder astronomische Fernrohr des größeren Bildfelds wegen sehr bald gegenüber dem holländischen Fernrohr in der Astronomie durch.

A.1.2. Die Abbildung durch ein Linsenfernrohr

Im folgenden wird die optische Abbildung durch ein Keplersches Fernrohr mit Hilfe einer Zeichnung erläutert (Abb. A1.2). Dabei ist zu beachten, daß die in der Realität an der Vorder- und Rückseite der Linse auftretende Lichtbrechung

---

[1] Bereits 100 Jahre früher – im Jahre 1509 – konstruierte *Leonardo da Vinci* eine solche „optische Röhre", doch wurde dies nicht übermäßig bekannt und geriet bald in Vergessenheit. Da Leonardo auch klare praktische Hinweise gab – bei Beobachtung im Freien müsse das Rohr zusammengeschoben, bei der Betrachtung nahegelegener Gegenstände aber auseinandergezogen werden – ist davon auszugehen, daß er ein solches Teleskop nicht nur skizziert, sondern tatsächlich auch gebaut hat und somit als der eigentliche Erfinder des Fernrohrs gelten muß.

[2] Lichtbrechung

bei dünnen Linsen in guter Näherung so behandelt werden kann, als ob eine einzige Brechung an der im Innern gelegenen Hauptebene der Linse stattfände. Für die Konstruktion des Bilds gelten nach diesen Vereinfachungen der geometrischen Optik folgene Regeln für Konvexlinsen:

1. Ein Lichtstrahl durch das Linsenzentrum bleibt ungebrochen.
2. Parallel einfallende Strahlen vereinigen sich in einem Punkt der Brennebene.
3. Alle von einem Brennebenenpunkt ausgehenden Strahlen werden von der Linse zu parallelen Strahlen gebrochen (Umkehrung von 2).

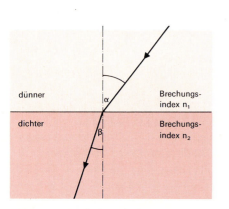

A1.2a Zum Brechungsgesetz. Es gilt: $\dfrac{\sin \alpha}{\sin \beta} = \dfrac{n_1}{n_2}$

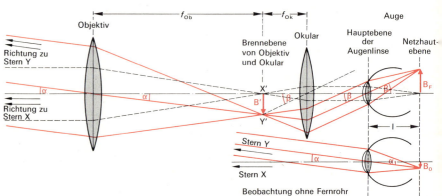

A1.2b Der prinzipielle Aufbau des astronomischen oder Keplerschen Fernrohrs

Fast alle Fixsterne sind so weit entfernt, daß sie auch in den stärksten Fernrohren nur punktförmig abgebildet werden sollten. Da aber das einfallende Licht an der Objektivöffnung gebeugt wird und außerdem die Luftunruhe zu einer Verbreiterung führt, erscheint ein Fixstern nicht als idealer Lichtpunkt, sondern als Scheibchen.

Die vom Objektiv entworfene Bildgröße B'(z.B. eines Nebels, s. Abb. A1.2) ist durch die Objektivbrennweite f_{Ob} bestimmt:

$$B' = f_{Ob} \cdot \tan \alpha .$$

Die *Vergrößerung* eines Teleskops gibt den Faktor an, um den die mit Hilfe des Fernrohrs im Auge erzielte Bildgröße B_F die mit dem bloßen Auge erreichbare Bildgröße B_O übertrifft:

$$\text{Vergrößerung } V = \frac{B_F}{B_O} = \frac{l \cdot \tan \beta}{l \cdot \tan \alpha} = \frac{\tan \beta}{\tan \alpha} = \frac{\frac{B'}{f_{ok}}}{\frac{B'}{f_{ob}}} = \frac{f_{ob}}{f_{ok}},$$

$$\text{also} \quad V = \frac{\tan \beta}{\tan \alpha} = \frac{f_{ob}}{f_{ok}} .$$

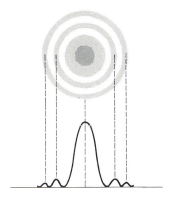

A 1.3 Durch Beugung an einer kreisförmigen Blende (Objektivöffnung) entstandene Beugungsfigur einer punktförmigen Lichtquelle.
Unten: Intensitätsverteilung.

Die astronomischen Fernrohre sind so gebaut, daß man das Okular wechseln und damit die Vergrößerung verändern kann. Doch ist dies nur bis zu einer bestimmten oberen Grenze sinnvoll. Erhöht man die Vergrößerung dennoch über diese Grenze hinaus, so sind nicht mehr Einzelheiten erkennbar als vorher; lediglich die Unschärfe-Scheibchen der verschiedenen Objekte erscheinen größer. Keinesfalls können etwa mehr Sterne eines Sternfelds getrennt wahrgenommen (aufgelöst) werden als bei einer geringeren Vergrößerung.

Ursache für die Begrenzung des theoretisch möglichen *Auflösungsvermögens* ist die Beugung des Lichts an der Öffnung des Fernrohrobjektivs. Zwei Punkte können nur dann noch getrennt wahrgenommen werden, wenn der Mittelpunkt des einen Beugungsscheibchens auf den Rand des anderen zu liegen kommt, genauer: wenn das Maximum nullter Ordnung des einen mit dem ersten Minimum des anderen zusammenfällt (Abb. A1.3, A1.4). Da für den Gangunterschied $\Delta s = D \cdot \sin\alpha$ im 1. Minimum gilt: $\Delta s = \lambda$, ergibt sich hieraus $\sin\alpha = \dfrac{\lambda}{D}$.

Verwendet man die für kleine Winkel hinreichend gute Näherung $\sin\alpha \approx \alpha$ (α im Bogenmaß) und berücksichtigt die Kreisform der Linse, so erhält man als kleinsten noch auflösbaren Winkelabstand (= Winkelauflösungsvermögen) zweier astronomischer Objekte:

$$\alpha = 1{,}22 \cdot \frac{\lambda}{D}$$

Wellenlänge λ und Objektivdurchmesser D bestimmen also das Auflösungsvermögen eines Teleskops.

Das theoretisch mögliche Auflösungsvermögen $\alpha = 1{,}22 \cdot \dfrac{\lambda}{D}$ wird in der Praxis nicht erreicht, da zum einen optische Abbildungsfehler, zum andern aber die Luftunruhe die Lage der Bildpunkte oder Beugungsscheibchen verändern. Im übrigen muß auch das Auflösungsvermögen des Registriergeräts – etwa die Korngröße der verwendeten Fotoemulsion – berücksichtigt werden.

Für den beobachtenden Astronomen wirkt sich die Atmosphäre in verschiedener Hinsicht ungünstig aus:

Einerseits sorgt die nach außen hin abnehmende Dichte der Atmosphäre für eine Brechung des von den Sternen ankommenden Lichts. Diese *Refraktion*[3] täuscht für den Stern eine größere Höhe (= Winkel zum Horizont) als die tatsächliche vor, da das Licht im optisch dichteren Medium zum Grenzflächenlot hin gebrochen wird (s. Kap. 5.1.). Andererseits wird das Sternenlicht an den Luftmolekülen und Staubteilchen gestreut und absorbiert, was auch bei klarer Atmosphäre zu einer durchaus bedeutenden Schwächung des Lichts führt. Diese *Extinktion*[4] ist natürlich sehr von der momentan Beschaffenheit der Luft am Beobachtungsort, aber auch – ebenso wie die Refraktion – von der Höhe des Gestirns abhängig, hat doch das Licht einen umso längeren Weg in den dichten unteren Atmosphäreschichten zurückzulegen, je kleiner der gegen den Horizont

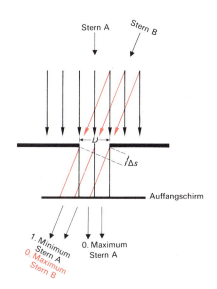

A 1.4 Zum Winkelauflösungsvermögen Wenn das Maximum 0. Ordnung eines Sternes mit dem Maximum 1. Ordnung des anderen Sterns zusammenfällt, sind die beiden Sterne noch getrennt wahrnehmbar.

[3] lat. *refringere* – brechen
[4] lat. *extinguere* – auslöschen

gemessene Einfallswinkel ist. Während das Licht von einem im Zenit (senkrecht über dem Beobachter) stehenden Stern den Beobachter ungebrochen erreicht und Refraktionswerte für die Höhen 45°, 10°, 5° und 0° bei 1', 5', 10' bzw. 30' (Vollmonddurchmesser) liegen, kommt von einem Stern, der unter den Winkeln 90°, 45°, 10°, 5° oder 0° zum Horizont erscheint, nur 80%, 70%, 30%, 15% bzw. 1% der auf die Atmosphäre treffenden Energie an.

Schließlich kann man im Fernrohr auch oft ein Flimmern und „Herumtanzen" der Fixsterne beobachten; für diese *Szintillationen*[5] sind Turbulenzen in der Atmosphäre verantwortlich. Sogar bei Windstille am Boden kann es in großer Höhe zu stärkerer turbulenter Luftunruhe kommen. Diese führt zu raschen Dichteschwankungen, so daß das Licht von einem Stern ein wenig in seiner Richtung und Stärke verändert wird, der Stern scheinbar hin und her schwankt und flimmert[6].

Die auf den Zustand der Atmosphäre (Extinktion und Szintillation betreffend) zurückzuführende Bildgüte wird als *Seeing* bezeichnet. Bei geringer Luftunruhe und großer Klarheit ist von „gutem Seeing" die Rede, bei starker Luftunruhe und größerem Staubgehalt von „schlechtem Seeing". Es liegt auf der Hand, daß die klare, dünne Luft einsamer Gebirgsgegenden einem guten Seeing förderlich ist und daß das Seeing von der Höhe des Beobachtungsorts abhängig ist.

Die atmosphärischen Turbulenzen lassen bestenfalls ein Auflösungsvermögen von 0,5" zu! Die Größe des Seeing-Scheibchens liegt im Bereich von 0,5" bis 10" und übertrifft bei großen Teleskopen deutlich die Größe des Beugungsscheibchens, legt hier also die Größe des Auflösungsvermögens fest. Das Riesenteleskop vom Mt. Palomar vermag also trotz seiner theoretischen Möglichkeiten kaum besser aufzulösen als ein 30-cm-Amateurteleskop von vergleichbarer optischer und mechanischer Qualität, sofern beide gleich gute atmosphärische Bedingungen vorfinden. Die Stärke des großen Teleskops – sein großes Lichtsammelvermögen – kommt aber beim Nachweis sehr schwach leuchtender astronomischer Objekte voll zum Tragen.

Eine Herabsetzung des theoretisch möglichen Auflösungsvermögens eines Teleskops bewirken auch optische Abbildungsfehler. Natürlich spielt hierbei die Güte der hergestellten optischen Teile eine entscheidende Rolle, sind doch die Verwendung eines homogenen Glaskörpers und ein gleichmäßiger Schliff der Linsen Grundvoraussetzung für eine scharfe, fehlerfreie Abbildung. Allerdings besitzt jede Einzellinse auch unvermeidliche physikalische Linsenfehler, wie die *sphärische Aberration* (s. Abb. A1.5) und die *chromatische Aberration* (s. Abb. A1.6).

Diese Fehler werden heute dadurch auf ein Minimum reduziert, daß man anstelle einer einzigen Linse eine geeignete Kombination von Konvex- und Konkav-Linsen aus verschiedenen Glassorten verwendet.

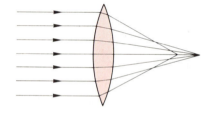

A1.5 Sphärische Aberration
Randnahe Strahlen werden von einer sphärisch geschliffenen Linse stärker gebrochen als achsennahe; sie besitzen also einen linsennäheren Brennpunkt.

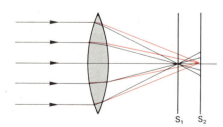

A1.6 Chromatische Aberration
Für rotes Licht besitzt die Sammellinse eine größere Brennweite als für blaues Licht. Wenn S_1 Bildebene ist, besitzt das Bild rote Ränder, bei Bildebene S_2 entstehen blaue Ränder.

---

[5] lat. *scintillare* – funkeln

[6] Bei einem ausgedehnten Objekt wie einem Planeten ist kein Flimmern beobachtbar, da die zu den verschiedenen Bildpunkten führenden Strahlen nicht in gleicher Weise verändert werden.

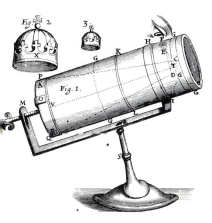

A1.7 Newtons Spiegelteleskop, gebaut im Jahre 1671

A.1.3. Das Spiegelteleskop

Der besonders unangenehme Farbfehler, die chromatische Aberration, ist auf die Tatsache zurückzuführen, daß die verschiedenen Anteile des Lichts unterschiedlich stark gebrochen werden. Diese als *Dispersion*[7] bezeichnete Eigenschaft des Lichts wurde 1666 von I. Newton entdeckt, dem es als erstem gelang, das Sonnenlicht mit Hilfe eines Glasprismas in seine Farbanteile (Regenbogenfarben) zu zerlegen[8].

Newton erkannte, daß die chromatische Aberration nur zu umgehen ist, wenn keine Brechung auftritt. Er verfolgte diesen Gedanken konsequent weiter, bis es ihm schließlich gelang, ein Teleskop zu bauen, bei dem die Lichtsammelwirkung nicht durch eine lichtbrechende Linse, sondern durch einen lichtreflektierenden Hohlspiegel zustandekommt: er erfand 1668 das *Spiegelteleskop* (s.Abb. A1.7).

Damit achsenparallele Strahlen vom Spiegel in einem Punkt, dem Brennpunkt (Fokus) vereinigt werden, muß der Spiegel die Form eines Rotationsparaboloids haben. Eine direkte Betrachtung des vom Spiegel entworfenen Bilds ist nicht ohne weiteres möglich, da es in Richtung zum Beobachtungsobjekt hin entsteht. Wenn man wie Newton einen kleinen ebenen Spiegel (Fangspiegel) noch vor der Bildebene unter einem 45°-Winkel zur optischen Achse anbringt, kann man das Bild seitlich vom Fernrohr mit einem Okular betrachten. Neben diesem *Newton-Reflektor* gibt es noch eine ganze Reihe anderer Spiegelteleskoptypen.

Beim *Cassegrain-Reflektor* ist der Hauptspiegel im Zentrum durchbohrt, so daß der Fangspiegel das Bild hinter den Hauptspiegel verlegen kann. Da der Fangspiegel leicht hyperbolisch-konvex geschliffen ist, weitet sich das konvergierende Lichtbündel etwas auf, was auf eine Vergrößerung der Brennweite des Teleskops hinausläuft. Beim *Coudé-Reflektor* muß die brennweitenverlängernde Wirkung des hyperbolischen Fangspiegels noch stärker ausgeprägt sein. Eine zusätzliche Anordnung von Planspiegeln dient hier dazu, den Strahlengang so durch eine hohle Teleskopachse zu legen, daß das Bild unabhängig von der jeweiligen Beobachtungsrichtung stets an derselben Stelle auftritt. Auf diese Weise kann man schwere Registrieranordnungen – z.B. Spektrometer – problemlos an das Teleskop anschließen (A1.8).

Daß die Fangspiegelhalterung die Bildqualität wegen der an ihr auftretenden Beugung verschlechtert, ist unbestritten. *William Herschel* (1738–1822) versuchte dies dadurch zu umgehen, daß er den Hauptspiegel nicht genau senkrecht zur Teleskopachse anordnete, so daß das Bild am Rand des vorderen Tubusendes direkt zu beobachten ist. Herschel hat sich seine Spiegel selbst geschliffen, wobei er nicht etwa Glas, sondern eine Kupfer-Zinn-Legierung verwendete. Er baute in England gegen Ende des 18. Jahrhunderts Spiegelteleskope von bis dahin nicht gekannter Größe. Sein leistungsfähigstes Teleskop, der 1783 fertiggestellte „große 20-Fuß-Reflektor" hatte einen Primärspiegel von 46 cm Durchmesser und 6,10 m Brennweite und war trotz seiner Größe voll

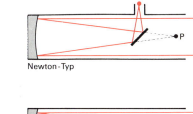

Newton-Typ

Cassegrain-Typ

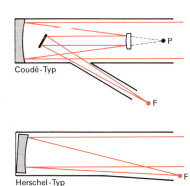

Coudé-Typ

Herschel-Typ

A1.8 Die gebräuchlichsten Spiegelteleskoptypen

---

[7] lat. *dispersus* – auseinandergestreut

[8] siehe Einleitung zu Kapitel 4, Seite 101

beweglich. Herschel fertigte ein noch größeres Teleskop mit einer Öffnung von 1,20 m an, das sich aber als zu schwerfällig in der Handhabung erwies.

Die größten Teleskope sind heute meist so gebaut, daß der Sekundärspiegel ausgewechselt werden kann, so daß verschiedene Spiegelsysteme verwendet werden können. Allerdings existiert bei diesen Riesen auch die Möglichkeit direkt am Hauptspiegel – im *Primärfokus* – zu beobachten oder dort einen geeigneten Empfänger anzubringen. Der beobachtende Astronom ist in diesem Fall in einem „Käfig" vor dem Spiegel untergebracht.

Von einem parabolisch geschliffenen Hauptspiegel werden Parallelstrahlen, die schief zur optischen Achse einfallen, nicht genau in einem Punkt vereinigt (Abb. A1.10). Deshalb erscheint ein Stern, der seitlich der Teleskopachse steht, mit einem Lichtschweif (Koma) abgebildet. Dieser *Komafehler* ist bei Großteleskopen, die nur einen sehr geringen Öffnungswinkel zulassen, unbedeutend, wirkt sich aber bei der Abbildung größerer Sternfelder äußerst störend aus. Eine geniale Erfindung des Hamburger Optikers Bernhard Schmidt ermöglicht komafreie Reflektoren mit großem Gesichtsfeld und großer Lichtstärke. Ein *Schmidt-Spiegel* (Abb. A1.11) besteht aus einem Kugelspiegel, dessen Abbildungsfehler durch eine Korrektionsplatte an der Teleskopöffnung beseitigt werden. Diese Platte wirkt in ihrem zentralen Teil wie eine leichte Sammellinse, im äußeren Teil wie eine Zerstreuungslinse.

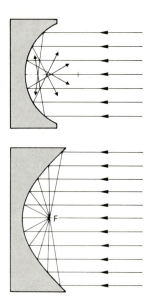

A 1.9   Vergleich zwischen Parabol- und Kugelspiegel

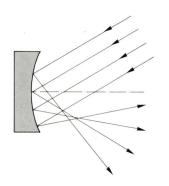

A 1.10   Der Koma-Fehler des Parabolspiegels

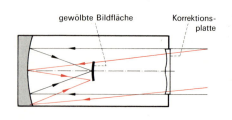

A 1.11   Der Schmidt-Spiegel

A.1.4. Das Öffnungsverhältnis. Der Großteleskopbau.

Die Lichtsammelleistung eines Teleskops ist proportional zur Auffangfläche, also zum Quadrat des Objektivdurchmessers (bzw. Hauptspiegeldurchmessers) D. Auch für die von einem bestimmten Objekt pro Zeiteinheit einfallende Energie gilt diese Proportionalität:

$$\Phi \sim D^2,$$

die damit auch die Bildhelligkeit eines (fast) punktförmig abgebildeten Fixsterns bestimmt. Für ausgedehnte Objekte, wie sie beispielsweise Emissionsnebel darstellen, ist die Flächenhelligkeit des Bilds für die Stärke der Registrierung maßgebend. Da die Bildfläche A direkt proportional zum Quadrat der Objektivbrennweite anwächst (s.Abb. A1.12), gilt für die Flächenhelligkeit:

$$\frac{\Phi}{A} \sim \left(\frac{D}{f_{Ob}}\right)^2$$

Das *Öffnungsverhältnis* $\frac{D}{f}$ (= Kehrwert der Blendenzahl beim Fotoapparat) spielt also für den Nachweis von schwachleuchtenden flächenhaften Objekten dieselbe Rolle wie der Objektivdurchmesser D für den Nachweis von Sternen geringer Helligkeit.

Mit dem verwendeten Fernrohrtyp wählt man auch das Öffnungsverhältnis grob vor. Während Refraktoren und Cassegrain-Spiegelteleskope ein übliches Öffnungsverhältnis zwischen 1:20 und 1:10 besitzen, ist für ein Newtonteleskop ein großes Öffnungsverhältnis um 1:3 bis 1:5 charakteristisch; beim Coudé-Typus nimmt $\frac{D}{f}$ Werte zwischen 1:30 bis 1:40 an.

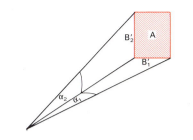

A 1.12 Zur Flächenhelligkeit des Bildes
$B'_1 = \tan\alpha \cdot f_{ob}$
$B'_2 = \tan\alpha \cdot f_{ob}$
$A = B'_1 \cdot B'_2 = \tan\alpha_1 \cdot \tan\alpha_2 \cdot f_{ob}^2$

Wenn die Spiegelteleskope oder Reflektoren heute die Linsenfernrohre oder Refraktoren beim *Großteleskopbau* total verdrängt haben, dann liegt dies vor allem daran, daß der Hauptspiegel an seiner gesamten Rückseite durch ein stabiles Haltesystem gestützt werden kann. So erleidet auch ein sehr schwerer Spiegel bei den nötigen starken Veränderungen der Fernrohrlage keine allzu großen, der Bildqualität schadenden Verformungen, weshalb viel leistungsfähigere Reflektoren im Vergleich zu Refraktoren gebaut werden können. Das größte jemals angefertigte Linsenfernrohr, der 1897 angefertigte *Yerkes-Refraktor* (Wisconsin, USA) nimmt sich mit 102 cm Objektivdurchmesser gegenüber dem *Hale-Teleskop vom Mt. Palomar* (Kalifornien, USA) mit 508 cm Spiegeldurchmesser oder dem *600-cm-Teleskop von Selentschukskaja* (Kaukasus, UdSSR) sehr bescheiden aus. Allerdings scheint mit der bisherigen Massivbauweise – der Hale-Spiegel besitzt eine Masse von 16,5 Tonnen – die obere Grenze des Teleskopbaus erreicht. Zum Beispiel führt die schon bei Amateurgeräten feststellbare Erscheinung, daß ein zur Beobachtung bereitgestelltes Teleskop erst nach einer gewissen Zeitspanne scharf abbildet – es muß nämlich die Umgebungstemperatur angenommen haben – bei Großspiegeln zu sehr langen Anpassungszeiten. Vermutlich besitzt das sowjetische 6 m-Teleskop diese Krankheit so sehr, daß bei den am Standort wenig konstanten Temperaturen der Spiegel kaum einmal die Gleichgewichtstemperatur erreichen und die gewünschte scharfe Abbildung liefern kann.

Natürlich wird bei der Wahl eines geeigneten *Standorts* für ein Teleskop vorrangig auf optimale Beobachtungsbedingungen gesehen. Zur Umgehung der stark absorbierenden und streuenden unteren Atmosphärschichten stellt man die bedeutendsten Teleskope in größerer Höhe auf. Das höchstgelegene Observatorium, das Mauna-Kea-Observatorium auf Hawaii, ist in 4300 m Höhe wegen der starken Winde und des die Denkleistung der Astronomen sehr beeinträchtigenden geringen Sauerstoffgehalts der Luft fast schon zu hoch gelegen. In der Regel sind die Teleskope in etwa 2000 m Höhe aufgestellt (Mount Palomar: 1700 m, Calar Alto: 2300 m).

Die NASA[9] möchte den störenden Einfluß der Atmosphäre völlig umgehen und beabsichtigt, mit Hilfe des Space-Shuttles ein 2,4-m-Spiegelteleskop in eine Umlaufbahn um die Erde zu bringen.

Seit 1949 ist das Mt.Palomar-Spiegelteleskop das leistungsstärkste Fernrohr. Zwischenzeitlich hat man der hohen Kosten und grundsätzlicher bautechnischer Schwierigkeiten wegen vom Bau noch größerer Teleskope Abstand genommen, hat aber starke Verbesserungen bei den Empfangsgeräten erreicht.

Ohnehin ist das „Durchschauen" durch ein Teleskop – wie es der Amateur praktiziert – nicht die übliche Beobachtungsart an einem Großteleskop. Vielmehr fertigt man Fotografien in verschiedenen Spektralbereichen an, oder man benützt spezielle fotoelektrische Detektoren zur Abbildung der jeweiligen Objekte. Die modernsten fotoelektrischen Lichtdetektoren (CCD = charged coupled device) sind den Fotoplatten bezüglich der Empfindlichkeit weit überlegen.

---

[9] NASA = *National Aeronautics and Space Administration*, Raumfahrtbehörde der USA

Gegenwärtig sind aber *grundsätzlich neue Bauprinzipien für Großspiegel* so weit entwickelt, daß der Bau einer ganzen Reihe von Superteleskopen für das letzte Jahrzehnt dieses Jahrhunderts schon fest geplant ist. Wenn man bisher versucht hat, die für ein scharfes Bild nötige Oberflächengenauigkeit durch einen möglichst massiven Spiegel und ein stabiles Trägersystem zu erreichen, soll nun der Spiegel ziemlich dünn und leicht gebaut oder aus mehreren leichten Teilspiegeln nach dem Bienenwabenprinzip zusammengesetzt sein. Die bei Bewegungen des Teleskops unvermeidbaren Verformungen des Spiegels müssen durch Nachjustierungen, die von Computern automatisch gesteuert werden, wieder ausgeglichen werden. Trotz des Mehraufwands an Elektronik ist diese neue Generation von Teleskopen durch die Einsparung massiver Präzisionsoptik ganz entscheidend preisgünstiger (!) herzustellen als die herkömmlichen Riesenteleskope. Zu den ehrgeizigsten Projekten gehören ein System von vier zusammenschließbaren 8-m-Spiegeln (Lichtsammelleistung eines 16-m-Teleskops!) der ESO[10] und ein einzelnes 10-m-Teleskop für die deutsche Astronomie.

A.1.5. Die Radioastronomie

Der Ingenieur *Karl Jansky* untersuchte 1931 mit einer 30 m langen, aus acht Stahlrohrbögen bestehenden Radioantenne die Ursache des Rauschens bei Telefon-Überlandleitungen und entdeckte dabei als eine der Störursachen eine Radiostrahlung, die aus der Richtung des Sternbilds Schütze, also aus dem Zentrum der Milchstraße, kommt. Erst allmählich wurde die Bedeutung dieser Entdeckung für die Astronomie erkannt.

In der Gegenwart stellt die *Radioastronomie* eine sehr wichtige Disziplin der Astronomie dar. Kosmische Radiowellen werden heute weniger durch Dipolzeilen, als vielmehr ebenso wie Licht durch Parabolspiegel aufgefangen; als Empfänger dient zumeist ein Dipol. Radiostrahlung besitzt dieselbe elektromagnetische Natur wie Licht, von dem es sich nur durch die wesentlich größere Wellenlänge unterscheidet. Somit gelten auch alle bei optischen Teleskopen angestellten Überlegungen.

A1.13 Die Radioantenne, mit der Karl Jansky seine ersten Untersuchungen vornahm.

Es ist zu beachten, daß die große Wellenlänge einem guten Auflösungsvermögen hinderlich ist. Nur mit einem großen Spiegeldurchmesser gelingt eine einigermaßen respektable Winkelauflösung. Der Bau großer Radioteleskope ist möglich, weil Unebenheiten des Spiegels bis zu $\frac{1}{20}$ der Wellenlänge die Abbildung nicht merklich verschlechtern; sogar Löcher in dieser Größenordnung bleiben ohne Auswirkung. Normalerweise besteht der Radiospiegel aus Metall, doch kann bei größeren Wellenlängen auch ein Drahtgeflecht Verwendung finden.

Beim größten voll drehbaren Radioteleskop, dem von Effelsberg/Eifel, das einen Durchmesser von 100 m, besitzt, ist die tragende Stahlkonstruktion im inneren Teil mit dünnem Aluminium ausgekleidet, die äußeren 15 m nimmt ein Drahtgeflecht ein. Der größte Radiospiegel ist in Arecibo/Puerto Rico in einen natürlichen Talkessel gebaut, hat 270 m Durchmesser und ist nicht beweglich.

---

[10] ESO = *European Southern Observatory*

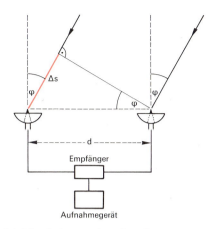

A 1.14 Schema einer Interferometeranordnung

Große Radioteleskope können auch Radiowellen aussenden und z.B. nach Reflexion an einem Planeten wieder auffangen. Aus der Laufzeit des Signals kann die Entfernung des Objekts sehr genau bestimmt werden.

Stets ist bei einem Radiospiegel die Empfangsfläche kleiner als das Beugungsscheibchen der Radioquellen, so daß kein Bild im Sinne einer optischen Abbildung entstehen kann. Man mißt nur die aus *einer* bestimmten Richtung einfallende Radiostrahlung. Das relativ geringe Auflösungsvermögen auch größerer Teleskope verhindert eine gute Lokalisierung der Quelle. Hier kann eine aus zwei oder mehr Teleskopen bestehende Interferometeranordnung Abhilfe schaffen.

Die in die beiden Spiegel fallende Strahlung der Radioquelle besitzt einen Gangunterschied $\Delta s = d \cdot \sin\varphi$. Im Empfänger interferieren die beiden Anteile miteinander, so daß je nach der Phasendifferenz Verstärkung oder Auslöschung auftreten kann. Maxima treten auf bei einem ganzzahligen Vielfachen der Wellenlänge als Phasendifferenz: $\Delta s = n \cdot \lambda$.

Wenn nun die beiden Radioteleskope gleich ausgerichtet sind, bewegt sich infolge der Erdrotation die Radioquelle über die beiden Teleskope hinweg, wobei sich der Winkel φ zwischen der Teleskopachse und der Richtung zur Quelle und damit die Phasendifferenz stetig ändert. Das Registriergerät nimmt die Interferenzmaxima und -minima auf. Da die Maxima ($\alpha \approx \sin\alpha = n \cdot \frac{\lambda}{d}$) die Winkelabstände $\frac{\lambda}{d}$ besitzen, ist die Richtwirkung von der Genauigkeit $\frac{\lambda}{d}$.

Mit der Basislänge d steigt die Ortungsgenauigkeit der Anordnung. Mit dieser *VLBI* (*very long baseline interferometry*) genannten Methode können sogar Radioteleskope auf verschiedenen Kontinenten miteinander gekoppelt werden, was zu hervorragenden Winkelauflösungen führt.

Da interstellarer Staub zwar Licht stark absorbiert, aber für Radiowellen gut durchlässig ist, kann man mit Hilfe der Radioastronomie Auskunft über Objekte erhalten, die hinter kosmischen Staubschichten verborgen sind.

Radiowellen durchdringen die Erdatmosphäre auch bei Bewölkung ohne größere Verluste. Somit können Radioteleskope unabhängig von der Witterung bei Tag und Nacht eingesetzt werden.

A.1.6. Für die Beobachtung wichtige physiologische Besonderheiten des Auges

Von großer Bedeutung für den Beobachter am Fernrohr ist die Kenntnis einiger physiologischer Besonderheiten des Auges (Abb. A1.15). Schon bei der Beobachtung mit freiem Auge erscheint das Licht bestimmter heller Sterne deutlich gefärbt; bei Aldebaran ergibt sich ein rötlicher, bei Capella ein gelblicher Farbeindruck, Sirius strahlt in hellstem Weiß. Dieses *Farbensehen* ist mit Hilfe eines Teleskops durch dessen lichtsammelnde Wirkung noch viel ausgeprägter und differenzierter möglich, ganz besonders bei etwas unscharfer Einstellung

A 1.15 Schnitt durch das menschliche Auge

der Optik. Dennoch gelingt es auch mit einem größeren Fernrohr nicht, die von Fotografien her bekannte Farbigkeit von lichtschwachen Nebeln wahrzunehmen, selbst wenn noch Details der Nebelstruktur gesehen werden können. Dies kann nur verstanden werden, wenn man den Lichtregistriermechanismus im Auge genügend gut kennt.

Das von der Augenlinse entworfene optische Bild entsteht auf der *Augennetzhaut*, der *Retina*. Es sind dort zwei Arten von Rezeptoren für die Aufnahme des Lichtreizes verantwortlich: die *Zäpfchen* und die *Stäbchen*. Zwar sind die Stäbchen viel lichtempfindlicher als die Zäpfchen, doch taugen sie nicht zum Farbensehen. Die Flächenhelligkeit eines astronomischen Nebels ist aber auch im Fernrohr so gering, daß nur die Stäbchen diese Helligkeit registrieren können und deshalb keine Farben erkennbar sind.

Die farbtauglichen Zäpfchen überwiegen deutlich im zentralen Netzhautbereich, wo sie so dicht stehen, daß hier auch die höchste Sehschärfe erreicht wird. Nach außen hin nimmt die Flächendichte der Zäpfchen ab, die Dichte der Stäbchen aber zu. Dies erklärt auch jene von erfahrenen Teleskopbeobachtern oft genutzte *Technik des „indirekten Sehens"*, nach der man nicht direkt auf die zu untersuchende Stelle, sondern etwas daneben blickt und dabei den Blick etwas wandern läßt. Das interessierende lichtschwache Detail wird dann an einer Netzhautstelle mit dichter stehenden Stäbchen abgebildet.

Bei der Beobachtung lichtschwacher Objekte ist außerdem von Bedeutung, daß sich das Auge genügend lange an die Dunkelheit anpassen konnte. Diese *Adaptation* des Auges, bei der das Umschalten vom Zäpfchen- zum Stäbchensehen und eine allmähliche Empfindlichkeitssteigerung erfolgt, erfordert eine längere Anpassungszeit als allgemein angenommen wird. Für eine gute Dunkeladaptation sind reichlich 30 Minuten nötig.

Nun kann das Auge zwar durch Veränderung der Pupillenöffnung die einfallende Lichtmenge steuern, doch ist hinsichtlich der Registrierung lichtschwacher Details der durch die Pupillenvergrößerung erzielbare knapp zehnfache Lichtgewinn wenig bedeutsam gegenüber dem Adaptationseffekt!

Wenn man die helleren Sterne „sternförmig" sieht – so, als ob von ihnen Strahlen in verschiedene Richtungen ausgingen –, dann ist dafür die Befestigung der Augenlinse verantwortlich, die zu Verspannungen am Linsenrand führt. Ein Zusammenkneifen des Auges verstärkt diese Spannungen und die Sichtbarkeit der „Sternstrahlen".

Aufgaben

A.1. Ein Newton-Spiegelteleskop mit dem Öffnungsverhältnis 1:3 besitzt einen Hauptspiegel des Durchmessers 40 cm. Wie kann bei visueller Beobachtung eine 300fache Vergrößerung erreicht werden?

A.2. a Zeigen Sie, daß bei einem optischen Teleskop von mehr als 1 m Durchmesser das Auflösungsvermögen nicht durch die Beugung, sondern durch das Seeing begrenzt ist, daß also das Beugungsscheibchen deutlich kleiner als das Seeing-Scheibchen ist!

b Bei welchem Objektivdurchmesser eines Amateurteleskops wird das Auflösungsvermögen von Beugung und Seeing etwa gleich stark begrenzt ($\alpha_{seeing} \approx 2''$)?

A.3. Mit verschiedenen Geräten sollen fotografische Abbildungen unter Verwendung desselben Fotomaterials angefertigt werden:
- mit dem 80-cm-Refraktor von Potsdam (Öffnungsverhältnis 1:15),
- mit einem 20-cm-Cassegrain-Spiegelteleskop (1:10),
- mit dem 3,5-m-Calar-Alto-Spiegel im Primärfokus (1:3,5),
- mit einem Fotoobjektiv von 90 mm Brennweite bei geöffneter Blende 2.

a Welches der obigen Instrumente kommt bei der Abbildung von Fixsternen mit der kleinsten Belichtungszeit aus?

b Welches der obigen Instrumente kommt bei der Abbildung des Großen Orion-Nebels (Winkelausdehnung $\approx 0,5°$) mit der kleinsten Belichtungszeit aus? Welche lineare Ausdehnung haben die Bilder des Nebels bei den verschiedenen Abbildungsgeräten?

A.4. a Welches maximale Auflösungsvermögen besitzt das 100-m-Radioteleskop auf dem Effelsberg bei Bonn für 21-cm-Radiowellen?

b Welchen Spiegeldurchmesser benötigt ein Radioteleskop mit demselben Auflösungsvermögen wie bei a), wenn es im 1-m-Bereich arbeitet?

c Welchen Spiegeldurchmesser benötigt ein Radioteleskop für 1-cm- Wellen, wenn es ein Auflösungsvermögen von $1''$ erreichen sollte?

A.5. Nach dem VLBI-Prinzip werden zwei Radioteleskope in Green Bank (USA) und Parkes (Australien) gekoppelt. Welches Auflösungsvermögen kann mit dieser Anordnung erreicht werden, wenn die beiden Orte 12 000 km voneinander entfernt sind ($\lambda = 1$ cm)?

A.6. Um den hellen Fixstern Wega (Entfernung $2,5 \cdot 10^{14}$ km) wird ein Planetensystem vermutet. Untersuchen Sie, ob das 2,4-m-Space-Teleskop einen Planeten, der von Wega ungefähr so weit entfernt ist wie Jupiter von der Sonne, noch erkennen kann ($r_{Jup-Sonne} = 7,78 \cdot 10^8$ km)!

A.2. Die astronomische Zeitrechnung

Die Basiseinheiten der astronomischen Zeitrechnung sind 1 Jahr und 1 Tag und entsprechen der Dauer eines Erdumlaufs um die Sonne bzw. der Dauer einer Rotation der Erde um die eigene Achse.

Die Einheit *1 Tag* wird von uns sofort mit der scheinbaren Bewegung der Sonne um die Erde in Verbindung gebracht, läßt sich doch am Sonnenstand die jeweilige Tageszeit ablesen. Doch schon die scheinbar triviale Aussage, daß Mittag stets auf 12.00 Uhr fällt, hält keiner genaueren Untersuchung stand. Und jeder Laie wird auch darüber erstaunt sein, daß die Tageslänge nicht gleichbleibend 24 Stunden beträgt, *sondern sich im Laufe des Jahres etwas verändert.* Für eine genaue Festlegung der Länge eines Tages muß von einem festen Beobachtungspunkt aus die Sonne in einer geeigneten Lage (Meridiandurchgang) an der Sphäre beobachtet und die Zeitspanne bis zur Wiederkehr dieser Stellung gemessen werden:

1 wahrer Sonnentag = Zeit zwischen zwei aufeinanderfolgenden unteren Kulminationen des Sonnenmittelpunkts.

Der wahre Sonnentag liegt der Zeitrechnung der wahren Ortszeit (WOZ) zugrunde und beginnt stets mit der unteren Kulmination der Sonne (mitternachts).

Leider erweist sich die Verwendung des wahren Sonnentags nicht sonderlich geeignet als Grundeinheit der Zeitrechnung. Die Länge des wahren Sonnentags ändert sich nämlich im Laufe des Jahres, wofür die ungleichmäßige Geschwindigkeit der Erde auf ihrer Bahn um die Sonne mitverantwortlich gemacht

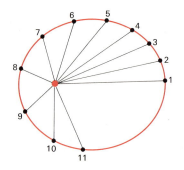

werden muß (Abb2.1). Nach den Keplerschen Gesetzen bewegt sich die Erde auf ihrer Bahnellipse umso langsamer, je weiter entfernt sie von der Sonne ist. Außerdem erfolgt die scheinbare Bewegung der Sonne nicht auf dem Himmelsäquator, sondern in der Ekliptik, was sich ebenfalls in ungleich langen Zeitintervallen von einem Meridiandurchgang zum anderen bemerkbar macht.

Die unterschiedliche Länge der wahren Sonnentage macht die Einführung des mittleren Sonnentags erforderlich:

1 mittlerer Sonnentag = Mittelwert aller wahren Sonnentage des Jahres.

Bekanntlich wird der mittlere Sonnentag in 24 Stunden zu je 60 Minuten oder 3600 Sekunden unterteilt. Kein Unterschied zwischen wahrem und mittlerem Sonnentag wäre feststellbar, wenn sich die Erde auf einer idealen Kreisbahn in der Äquatorebene um die Sonne bewegte! Die Differenz von wahrer Sonnenzeit und mittlerer Sonnenzeit heißt *Zeitgleichung* und wird üblicherweise graphisch dargestellt (s. Abb. A2.2).

A 2.1 Der ungleichmäßige Lauf der Erde auf ihrer Bahn um die Sonne gemäß dem 2. Keplerschen Gesetz. Die markierten Bahnpunkte werden in jeweils gleich langen Zeiträumen erreicht.
Die schnellere Bewegung der Erde in Sonnennähe führt wegen der gleichbleibenden Drehung der Erde um ihre Achse zu einem längeren wahren Sonnentag.

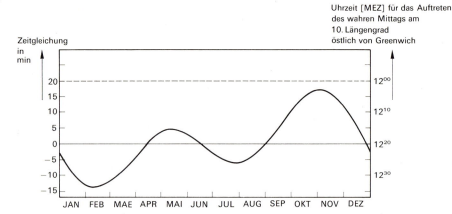

A 2.2 Die Zeitgleichung = Wahre Sonnenzeit − Mittlere Sonnenzeit

Während der Zeit des schnelleren Sonnenlaufs summiert sich diese Differenz immer mehr auf, um anschließend wieder abgebaut zu werden.

Für Orte auf demselben Meridian kulminiert die Sonne zum selben Zeitpunkt, so daß die auf dem mittleren Sonnentag basierende Zeitrechnung der mittleren Ortszeit (MOZ) für Orte auf demselben Längengrad gleich ist. Zwei Orte unterschiedlicher geographischer Länge haben bezüglich der MOZ verschiedenen Tagesbeginn. Einem geographischen Längenunterschied $\Delta\lambda$ von 1° entspricht ein Unterschied in der MOZ von

$$\Delta T = \frac{1}{360} \cdot 1 \text{ Tag} = \frac{24 \cdot 60 \text{ min}}{360} = 4 \text{ min}.$$

Somit gilt allgemein:

$$\Delta T = \Delta\lambda \cdot \frac{4 \text{ min}}{\text{grad}}$$

Der weiter östlich gelegene Ort (dort kulminiert die Sonne früher) hat die um ΔT größere MOZ.

Um die Umrechnung der einzelnen Ortszeiten weitgehend zu vermeiden, beschränkt man sich in der bürgerlichen Zeitrechnung auf 24 *Einheits-* oder *Zonenzeiten*, die sich jeweils um ganze Stunden voneinander unterscheiden. Die MOZ des durch die alte Sternwarte von Greenwich bei London verlaufenden Nullmeridians spielt hierbei die Rolle der *Bezugs-Zonenzeit* oder *Weltzeit* (WZ oder UT = *universal time*). Unsere Zeitzone richtet sich nach der MOZ des 15. Längengrads östlich von Greenwich, der *Mitteleuropäischen Zeit* = MEZ.

WEZ = Westeuropäische Zeit = MOZ des Nullmeridians = MZ = UT
MEZ = Mitteleuropäische Zeit = MOZ des Meridians 15° östl. v. Gr.
OEZ = Osteuropäische Zeit = MOZ des Meridians 30° östl. v. Gr.

0 Uhr WEZ = 1 UHR MEZ = 2 UHR OEZ

Die Frage *Wann ist heute Mittag?* ist keineswegs einfach zu beantworten, wenn man den astronomischen *wahren Mittag* meint, den Zeitpunkt, zu dem die Sonne ihren höchsten Stand erreicht. Exakt um 12.00 Uhr MEZ ist dies für einen Beobachter an einem Ort 15° östlicher Länge nur an vier Tagen im Jahr der Fall[11]: am 16.04., 15.06., 02.09. und 26.12., wie die Zeitgleichung verrät.

Für einen westlich des 15. Längengrads gelegenen Ort ist außerdem noch die für die MOZ maßgebende Korrektur gegenüber der MEZ zu berücksichtigen (s. Abb. A2.2). Für Hamburg, Göttingen, Würzburg, Ulm (diese Orte liegen ziemlich genau auf dem 10. LÄngengrad) und alle noch westlicher gelegenen Orte der Bundesrepublik Deutschland tritt der astronomische wahre Mittag stets nach 12.00 Uhr ein!

Die auf dem Deckblatt einer drehbaren Sternkarte angebrachte Skala gibt die MOZ (Mittlere Ortszeit) des Meridians 15° östlicher Länge an, die MEZ. Um die MOZ in München ($\lambda \approx 11{,}5°$ östl. Länge) zu bestimmen, ist folgende Korrektur nötig:

$$\Delta T = \Delta\lambda \cdot \frac{4 \text{ min}}{\text{grad}} = 3{,}5 \cdot 4 \text{ min} = 14 \text{ min}.$$

Da die Sonnenzeit umso eher beginnt, je weiter östlich der Beobachtungsort liegt, gilt:

MOZ in München = MEZ − 14 min.
Auf- und Untergang oder Kulmination eines Sterns treten in München um 14 Minuten später ein (da westlicher gelegen) als am 15. Längengrad!

Ebenso bedeutend wie der Sonnentag ist aus astronomischer Sicht der *Sterntag*, der die Rotationsdauer der Erde in bezug auf den Fixsternhimmel angibt:

1 Sterntag = Zeit zwischen zwei aufeinanderfolgenden oberen Kulminationen des Frühlingspunkts.

---

[11] Die Sommerzeit ist hier nicht berücksichtigt; sie stellt aus astronomischer Sicht eine willkürliche Festlegung dar.

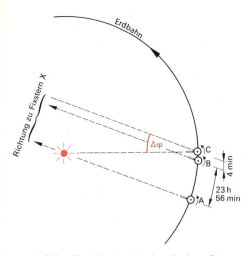

A 2.3 Der Unterschied zwischen Stern- und Sonnentag

Wegen des Weiterlaufens der Erde auf ihrer Bahn um die Sonne (s. Abb. A2.3) ist der Sterntag um ca. 4 Minuten kürzer als der Sonnentag:

1 Sterntag = 23h 56m 4,091s = 23,9345 mittlere Sonnenstunden.

Die Wahl des Frühlingspunkts als „Marke" bei der Definition des Sterntags trägt bestimmten Veränderungen der räumlichen Lage der Erdachse Rechnung; vom Meßtechnischen her wäre natürlich ein weit entfernter Fixstern als Marke geeigneter. Im Verlaufe eines Sterntags, also in 23h 56 m 4,091s führt jeder Stern genau eine (scheinbare) Drehung um den Himmelspol aus. Für den Großen Wagen ist dies in Abb. 2.24 dargestellt. Es ist leicht verständlich, daß die Römer in den sieben hellen Wagensternen Dreschochsen – die Septentriones – sahen, die sich gleichmäßig um den Polarstern als Göpel bewegen. Arctur im Bootes wurde als Ochsentreiber angesehen.

Der Sterntag beginnt mit der oberen Kulmination des Frühlingspunkts, so daß der Stundenwinkel des Frühlingspunkts die Sternzeit θ angibt. Damit ist der Beginn des Sterntags direkt abhängig von der geographischen Länge des Orts und aus Abb. 2.17 ist sofort ersichtlich, daß für einen beliebigen Stern mit Rektaszension α und Stundenwinkel t gilt:

$$\theta = t + \alpha$$

Für einen gerade kulminierenden Stern vereinfacht sich diese Beziehung noch:

$$\theta = \alpha_{\text{kulm. Stern}}$$

Mit Hilfe einer drehbaren Sternkarte kann deshalb die Sternzeit bestimmt werden durch Ablesen der Rektaszension eines gerade oben kulminierenden Sterns!

Für zwei Orte mit einem geographischen Längenunterschied Δλ und den Ortssternzeiten θ_1 und θ_2 ($\theta_2 = \theta_1 + \Delta\theta$) gilt analog zur Sonnenzeit:

$$\Delta\theta = \Delta\lambda \cdot \frac{4 \text{ min}}{\text{grad.}}$$

Der weiter östlich gelegene der beiden Orte hat die um Δθ größere Ortssternzeit.

Ein Beobachter des Sternenhimmels kann seine Ortssternzeit natürlich am jeweiligen Stundenwinkel des Frühlingspunkts erkennen. Auf fast demselben Stundenkreis wie der Frühlingspunkt befinden sich auch die hellen Sterne Sirrah (α And) und β Cas, wobei sich natürlich der Stern Beta in der Cassiopeia als Zirkumpolarstern besonders gut zur Ablesung der Ortssternzeit eignet. Dabei kann β Cas – das rechte obere Ende des Himmels-W's. – als die Zeigerspitze der Himmelsuhr angesehen werden; Drehpunkt ist der Polarstern (s. Abb. A2.4).

Über eine Messung des Zeitpunkts für den Meridiandurchgang eines Sterns kann dessen Rektaszension bestimmt werden ($\theta = \alpha_{\text{kulm. Stern}}$). Eine sehr genaue Bestimmung des Meridiandurchgangs ist mit einem sogenannten *Meridiankreis* möglich (Abb. A2.5). Bei diesem wichtigen astronomischen Instrument ist auf einer exakt in Ost-West-Richtung orientierten waagrechten Achse ein Visierfernrohr drehbar angebracht, so daß dieses an der Sphäre auf den Himmelsmeridian ausgerichtet ist. Es können somit die Gestirne bei ihrer

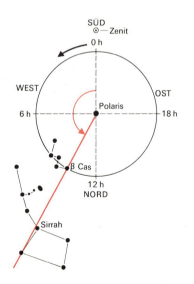

A 2.4 Die „Sternzeituhr"
Der leicht auffindbare Stern β Cassiopeiae besitzt recht genau die Rektaszension α = 0 Uhr und kulminiert daher gleichzeitig mit dem Frühlingspunkt. Sein Stundenwinkel ist also gleich der Sternzeit.

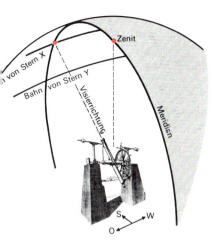

A 2.5   Meridiankreis

oberen Kulmination beobachtet werden. Die zum Zeitpunkt des Meridiandurchgangs abzulesende Sternuhr gibt die Rektaszension des Gestirns an, eine gleichzeitige Ablesung der Kulminationshöhe ermöglicht auch die problemlose Messung der Deklination. Der Erfinder des Meridiankreises ist der Däne Ole Rømer, der 1690 in seinem Haus in Kopenhagen den ersten Meridiankreis – seine *Machina domestica* – aufbaute.

Der Meridiankreis eignet sich genauso auch dazu, bei bekannter Rektaszension eines Sterns die Ortssternzeit zu ermitteln. Zwar bedient man sich mittlerweile extrem genauer Methoden, Zeitintervalle zu messen – eine Atomuhr verdankt beispielsweise ihre Genauigkeit den unbestechlich periodischen Eigenschwingungen des Atoms –, doch letztlich fußt unsere Zeitrechnung auf der Dauer der Erdrotation. Schon die systematische Abbremsung der Eigendrehung der Erde durch die Gezeitenreibung unterstreicht die Bedeutung der astronomischen Zeitmessung mit Hilfe des Meridiankreises.

Bei der Jahresrechnung ist ebenfalls zwischen verschiedenen Definitionen des Jahres zu unterscheiden. Jene Zeitspanne, die vergeht, bis die Sonne wieder dieselbe Stelle an der Himmelssphäre erreicht, wird als *siderisches Jahr* bezeichnet und ist 365,2564 mittlere Sonnentage lang. Ein *tropisches Jahr* von 365,2422 mittleren Sonnentagen entspricht dem Zeitintervall zwischen zwei aufeinanderfolgenden Durchgängen der Sonne durch den Frühlingspunkt und ist somit dem jahreszeitlichen Ablauf am besten angepaßt, so daß es auch für die Kalenderrechung das entscheidende Maß sein muß. Der 1582 eingeführte *Gregorianische Kalender* teilt das Jahr in 365 Tage ein, denen alle vier Jahre ein Schalttag hinzugefügt wird, der aber bei allen durch 100 und nicht durch 400 teilbaren Jahren weggelassen wird. Auf diese Weise kommt das gregorianische Jahr mit einer Länge von 365,2425 mittleren Sonnentagen dem tropischen Jahr sehr nahe.

Aufgaben

A.7. Der Fixstern Arctur besitzt die Rektaszension 14 h 14 min und die Deklination +19°21'. In Regensburg herrscht gerade Sternzeit 16.00 Uhr.
a Welchen Stundenwinkel hat Arctur zu diesem Zeitpunkt?
b Zu welcher Sternzeit kulminiert Arctur?
c Welche Zeitspanne vergeht zwischen der Kulmination in Regensburg und in Ulm?

A.8. Vor der Kalenderreform durch Papst Gregor XIII. im Jahre 1582 war der von C.J.Caesar 46 v. Chr. eingeführte Julianische Kalender maßgebend, der neben das „normale" 365-Tage-Jahr lediglich alle vier Jahre ein Schaltjahr von 366 Tagen stellte. Berechnen Sie den jährlichen Unterschied von julianischem Jahr und tropischem Jahr (in Minuten) sowie den sich bis 1582 aufsummierenden Differenzbetrag (in Tagen)!

A.9. Welche der folgenden Jahre sind (oder waren) Schaltjahre: 1800, 1850, 1900, 1980, 1996, 2000, 2200, 2400, 2440?

A.3. Die Entstehung der Sonne und des Sonnensystems

Zu allen Zeiten war es für den Wissenschaftler – soweit er sich nicht mit der Erklärung eines Schöpfungsaktes begnügte – eine Herausforderung, zu ergründen, wie unser Sonnensystem entstanden ist. *Immanuel Kant* kommt das Verdienst zu, richtungweisende Überlegungen hierzu geführt zu haben. Kant

A 3.1 Immanuel Kant (1724–1804) beschäftigte sich intensiv mit Fragen der Naturwissenschaft und insbesondere der Astronomie. In seiner *Allgemeinen Naturgeschichte und Theorie des Himmels* versuchte er, die Entstehung des Sonnensystems und des ganzen Universums zu entmythologisieren und *den vollständig mechanischen Ursprung des ganzen Weltalls nachzuweisen.*

geht 1755 in seiner berühmten *Allgemeinen Naturgeschichte und Theorie des Himmels* von einer über den gesamten Raum verteilten Materiewolke aus, in der sich die einzelnen Teilchen schon zu Beginn gegenseitig anziehen und zu immer größeren Klumpen zusammenballen. Diese Klumpen prallen aufgrund einer sogenannten „Zurückstoßungskraft" nicht zentral zusammen, sondern werden zu schrägen Bahnen abgelenkt, so daß eine Drehbewegung in Gang gesetzt (!) wird. Die Zusammenballungen führen schließlich zur Bildung von Sonne und Planeten.

Als *Pierre Simon de Laplace* 1796 in seiner *Abhandlung über die Himmelsmechanik* auch noch den Drehimpulserhaltungssatz berücksichtigt, ist der mögliche Ablauf der Planetenbildung auch physikalisch richtig dargestellt: Eine bereits rotierende (!) Gaswolke zieht sich allmählich zusammen, wobei sich sowohl eine Vergrößerung der Rotationsgeschwindigkeit als auch eine starke Abplattung der Gasverteilung ergibt. Schließlich wird die Fliehkraft am Äquator größer als die Anziehungskraft, so daß sich ein Gasring ablöst. Dieser Vorgang wiederholt sich mehrmals; die einzelnen Gasringe verdichten sich später zu den einzelnen Planeten. Im Zentrum entsteht die Sonne.

Während die Kant-Laplacesche, von *Carl-Friedrich Weizsäcker* 1943 verbesserte Theorie von einem „Urnebel" ausgeht, aus dem sich Sonne und Planeten Schritt für Schritt bilden, sehen andere Hypothesen eine kosmische Katastrophe als auslösendes Moment der Planetenbildung. Die meisten dieser *Katastrophenhypothesen* sehen in einer Kollision oder zumindest einem nahen Vorbeilaufen eines anderen Fixsterns an unserer Sonne die Ursache für ein Herausreißen von Materie, aus der sich dann die Planeten bilden können. Alle diese Katastrophenhypothesen können aber den großen Drehimpuls der Planeten nicht erklären. Die Sonne besitzt nämlich nur ca. 2% des Gesamtdrehimpulses des Systems, obwohl der Drehimpuls der Sonne durchaus typisch für einen Stern dieser Masse ist!

Eine akzeptable Theorie muß aber die charakteristischen Eigenschaften unseres Sonnensystems erklären können, insbesondere die folgenden Punkte:

1. Fast alle Planetenbahnen sind in guter Näherung Kreisbahnen und liegen beinahe in derselben Ebene.
2. Alle Planeten bewegen sich im Drehsinn der Sonne um diese.
3. Fast alle Planeten drehen sich im Drehsinn der Sonne um ihre Rotationsachse.
4. Die Sonne besitzt zwar 99,9% der Masse des Systems, aber nur 2% des Gesamtdrehimpulses.

Jede moderne Theorie der Planetenentstehung sieht dieselbe als Teil der Bildung eines Sterns. Astronomische Beobachtungen – z.B. am Orionnebel – zeigen, daß Sterne vornehmlich in größeren Gruppen entstehen, und zwar in Wolken von Staub und Gas.

Verantwortlich für die Kontraktion einer interstellaren Wolke kann nur die Gravitationskraft zwischen den Teilchen sein. Es dürfte aber Vorgängen, die diese Gravitationskontraktion in Gang setzen, eine entscheidende Rolle zukommen. So kann die Stoßwellenfront des von einer Supernova ausgeschleuderten

Materials eine Gaswolke umhüllen und verdichten und so die Kontraktion der Wolke einleiten. In der Tat spricht einiges dafür, daß eine Supernovaexplosion die Bildung unseres Sonnensystems ausgelöst hat[12].

Allerdings gibt es einige physikalische Mechanismen, die einem gravitativen Zusammenfallen der Wolke entgegenwirken. Hier ist zunächst die mit der Volumenverminderung einhergehende Temperatur- und Druckerhöhung in der Gaswolke zu nennen, aber auch die wegen der Erhaltung des Drehimpulses auftretende Vergrößerung der Zentrifugalkraft. Schließlich bremst auch noch das interstellare Magnetfeld die Kontraktion, wenn es sich um ionisierte Materie handelt. Der Einfluß des Magnetfelds wird im folgenden nicht diskutiert; ohnehin kann es einen einmal in Gang gebrachten Kontraktionsprozeß nicht stoppen, da seine Wirkung relativ zu Gravitation nicht zunehmen kann, bei sinkender Temperatur und abnehmendem Ionisationsgrad sogar geringer wird. In der Anfangsphase der Kontraktion kann auch die Wirkung von Zentrifugalkräften unberücksichtigt bleiben.

Wenn man also zunächst nur die *thermodynamische Bremse* berücksichtigt – man betrachtet eine typische, aus 99% Gas und 1% Staub bestehende, ca. 100 Lichtjahre ausgedehnte, leicht rotierende, etwa kugelsymmetrische Materiewolke der Dichte 10 Atome/cm³ –, so ist eine Kontraktion der Wolke nur möglich[13], wenn für die am weitesten außen gelegenen Materieteilchen der Masse m der Betrag der potentiellen Energie größer ist als die mittlere kinetische Energie $E_{kin} = \frac{3}{2} k \cdot T$; nur dann ist ja das Teilchen im Wolkenensemble der Gesamtmasse M „gebunden".

Mit $M = \varrho \cdot V = n \cdot m \cdot V$ (wobei n = Teilchenzahl pro Volumeneinheit, V = Wolkenvolumen) erhält man aus $E_{pot} > E_{kin}$ oder $G \cdot \dfrac{M \cdot m}{R} > \frac{3}{2} kT$:

$$R > \sqrt{\frac{3^2}{2^3 \cdot \pi} \cdot \frac{k \cdot T}{G \cdot m^2 \cdot n}}$$

Hieraus läßt sich die für die Kontraktion kritische Masse, die *Jeanssche Masse* berechnen:

$$M_J = n \cdot m \cdot \tfrac{4}{3} \pi \cdot R^3 = \sqrt{\frac{81 k^3}{32 \pi G^3} \cdot \frac{1}{m^2}} \cdot \sqrt{\frac{T^3}{n}}$$

$$\text{oder} \quad M_J = \text{const} \cdot \sqrt{\frac{T^3}{n}}.$$

Diese Jeanssche Masse M_J ist also die zur Kontraktion nötige Mindestmasse. Da sich aus interstellaren Wolken kein einzelner Stern bildet, sondern ein Haufen von Einzelsternen, muß die Wolke noch in viele einzelne Teile zerfallen.

---

[12] Die Untersuchung des am 8.2.1969 in Pueblito de Allende in Mexiko niedergegangenen Meteoriten vom Typ „kohliger Chondrit" deutet auf eine Supernovaexplosion vor mehr als 5 Milliarden Jahren (also vor der Entstehung des Sonnensystems) hin.

[13] nach Überlegungen, die bereits 1926 von James Jeans geführt wurden

Einerseits steigt bei der Kontraktion die Dichte n der Teilchen, andererseits verlieren die Teilchen potentielle Energie, und diese freiwerdende Gravitationsenergie kann zu einer Erwärmung der Materie führen. Da bei der noch recht geringen Dichte Wärmestrahlung leicht die kontrahierende Wolke verlassen kann, steigt die Temperatur zunächst so wenig an, daß T^3/n und damit die Jeanssche Masse geringer wird. Ein Zerfall der Wolke in Teilstücke, die sich selbst weiter zusammenziehen, wird somit möglich.

Erst wenn die Dichte so weit angewachsen ist ($n \approx 1000$ Atome/cm^3), daß die Wärme nicht mehr in genügendem Maße entweichen kann, stoppt die Fragmentierung, und die Temperatur wächst bei der weiteren Kontraktion schneller an. Der Wolkenradius ist nun in der Größenordnung von 1 pc.

Nach dem Drehimpulserhaltungssatz führt die Kontraktion dieser präsolaren Gaswolke zu einer schnelleren Rotation, außerdem resultiert aus der Zentrifugal- und der Gravitationskraft eine Abplattung der Gaswolke zur Scheibe. Eine einfache Kontraktion kann nicht so ohne weiteres zur Bildung der Sonne im Zentrum führen, da wegen der Drehimpulserhaltung die Rotationsgeschwindigkeit am Äquator so anstiege, daß die Fliehkraft die Gravitationskraft überträfe und somit der ganze Körper nicht stabil wäre.

Modellrechnungen mit Computern zeigen, daß

– *Doppel- oder Mehrfachsternsysteme entstehen, wenn der Drehimpuls im Zentralsystem verbleibt,*
– *ein einziger Stern entsteht, wenn* die präsolare Wolke relativ langsam rotiert und *Drehimpuls nach außen geschafft wird.* Der Drehimpuls steckt dann teilweise in sich bildenden Planeten und Kleinkörpern.

Ein Drehimpulstransport vom inneren Bereich des Sonnensystems nach außen ist beim Bildungsprozeß durchaus möglich. Magnetfelder können dabei ebenso eine Rolle spielen wie die bei Turbulenzen im Innern der rotierenden Wolke auftretende Reibung.

Wenn nun die Temperatur im zentralen Bereich der zusammenfallenden Wolke über 5 Millionen Kelvin gestiegen ist, setzen Kernreaktionen ein: zentral stoßende Wasserstoffkerne fusionieren zu Helium. Die hierbei entstehenden riesigen Energiemengen führen zu einem weiteren Ansteigen von Temperatur und Gasdruck. Bald stellt sich ein *Gleichgewicht* ein *zwischen dem Gravitationsdruck* auf der einen und *Gasdruck, Strahlungsdruck sowie der Wirkung der Zentrifugalkraft* auf der anderen Seite. Ein Stern (oder eine Sonne) konstanter Größe ist entstanden!

Seit ihrer Bildung vor ca. 4,7 Milliarden Jahren dürfte sich unsere Sonne bezüglich Größe und Strahlungsleistung nicht stark verändert haben.

Eine gesicherte Theorie über das „Wie" der Planetenbildung existiert nicht; die im folgenden skizzierte Theorie erscheint vielen Astrophysikern als die plausibelste.

Die *Planeten* bilden sich erst, als die Sonne bereits existiert. Die relativ kalte, aus neutralen Atomen und Molekülen bestehende Restmaterie ist scheibensymmetrisch um die Sonne angeordnet; die Bahnen der einzelnen Teilchen sind zunächst recht unterschiedlich, kreuzen sich oft. Es kommt bei den Zusammenstößen der Teilchen zunächst mehr zu Zertrümmerungen als zu Zusammenballungen, da die Aufprallgeschwindigkeiten meist recht hoch sind. Doch sind die Bahnen nach der Kollision einander viel ähnlicher, und im Laufe von Millionen von Jahren bilden sich Ströme von ziemlich gleichlaufenden Teilchen auf wenig exzentrischen Ellipsenbahnen aus. Bei den Zusammenstößen passiert es der geringen Relativgeschwindigkeit wegen immer mehr, daß sich die Stoßpartner zusammenballen und größere Brocken entstehen, welche als „Kondensationskeime" immer mehr Material „aufsammeln". Das Wachsen der Materieklumpen geschieht also zunächst nicht durch Gravitation. Erst wenn die Klumpen sehr groß werden (ca. 100 km Durchmesser), spielt die Gravitationskraft die entscheidende Rolle bei der weiteren Zusammenballung und beschleunigt den Bildungsprozeß stark.

Die freiwerdende Gravitationsenergie in der kurzen Endphase der Bildung eines Planeten führt zur Aufheizung des Planeten, so daß sich die ursprünglichen chemischen Verbindungen verändern. Bei der anschließenden Abkühlung ist der Planetenkörper starken Spannungen unterworfen; es treten Beben, Gebirgsaufwerfungen und Vulkanausbrüche auf. Die vulkanischen Gase bilden die „Uratmosphäre", in der Gase wie H_2, CO_2, CH_4, H_2O und NH_3 sowie feinster Staub anzutreffen sind.

Auch wenn die vorgestellten Überlegungen kaum in allen Einzelheiten den Ablauf der Planetenbildung richtig wiedergeben, so erklären sie zumindest die wichtigsten charakteristischen Eigenschaften unseres Sonnensystems sehr gut.

A.4. Swing-by

Betrachtet man die in Abb. A4.1 dargestellte Bahn der am 20.8.1977 gestarteten Sonde Voyager 2 genauer, so erkennt man an den jeweils für den 1.1. des angegebenen Jahres geltenden Zeitmarken, daß Voyager seine Geschwindigkeit nach Passieren der Planeten Jupiter und Saturn jeweils deutlich erhöhen konnte – und das, ohne daß Brennstoff gezündet worden wäre. Es handelt sich hier um eine mittlerweile stark genutzte Möglichkeit, durch Vorbeiflug an einem Planeten – *Swing by* genannt – Energie zu gewinnen. Das Prinzip dieser Technik soll nun kurz erläutert werden (Abb. A4.2).

Um die momentane Bewegung eines interplanetaren Raumkörpers S zu kennzeichnen, ist es sicher sinnvoll, seine Geschwindigkeit $\vec{v}_{S,Sonne}$ in bezug auf die Sonne anzugeben. Wenn sich der Körper aber einem Planeten (Planetengeschwindigkeit $\vec{v}_{P,Sonne}$) genügend stark nähert, so ist der gravitative Einfluß des Planeten maßgebend und die Bewegung der Sonde S im Feld des Planeten zu untersuchen. Hierzu ist die Geschwindigkeit $\vec{v}_{S,P} = \vec{v}_{S,Sonne} - \vec{v}_{P,Sonne}$, die S relativ zum Planeten besitzt, heranzuziehen.

Die Sonde soll im betrachteten Fall eine Hyperbelbahn um den Planeten herum beschreiben; dabei tritt sie mit demselben Geschwindigkeitsbetrag aus dem

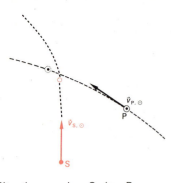

a) Situation vor dem Swing-By

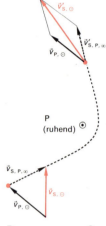

b) Relative Bewegung von Sonde S und Planet P

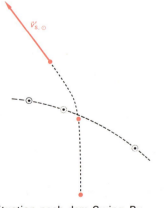

c) Situation nach dem Swing-By

A 4.2 Swing-By-Manöver einer Raumsonde an einem Planeten P. Die Verhältnisse sind ähnlich der Situation bei Voyager und Jupiter

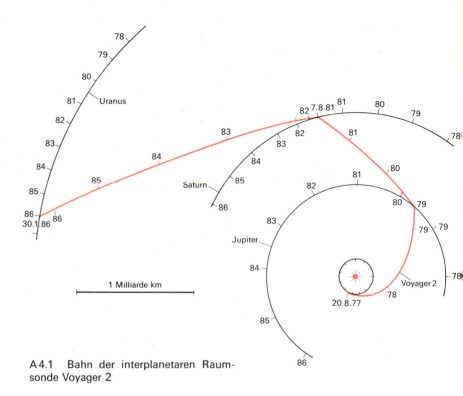

A 4.1 Bahn der interplanetaren Raumsonde Voyager 2

Wirkungsbereich des Planeten aus, mit dem sie eingetreten ist ($v_{S,P,\infty} = v'_{S,P,\infty}$), da sie bei der Annäherung zunächst zwar Bewegungsenergie gewinnt, aber bei der Entfernung genau diesen Zuwachs an Bewegungsenergie wieder abgeben muß. Allerdings hat sich inzwischen die Richtung geändert! Wenn man nun die auf die Sonne bezogene Geschwindigkeit des Raumkörpers ermittelt ($\vec{v}'_{S,Sonne} = \vec{v}_{P,Sonne} + \vec{v}'_{S,P,\infty}$), so stellt man nach Ausführen der entsprechenden Vektoraddition fest, daß die heliozentrische Geschwindigkeit der Sonde angewachsen ist! Die Energie hierzu kann nur aus dem Gravitationsfeld des Planeten stammen.

Für diese Art des Energiegewinns von Raumfahrzeugen ist eine extreme Zielgenauigkeit nötig, wenn die gewünschte Geschwindigkeits- und Richtungsänderung erreicht werden soll. Die große Präzision, mit der die Swing-by-Technik beherrscht wird, kennzeichnet am besten das erreichte hohe Niveau der Raumfahrtnavigation.

Aufgabe

A.10. Zeigen Sie (gute Skizze!), daß eine Rakete beim Vorbeischuß *vor* einem Planeten Energie verliert!

A.5. Die Sternstromparallaxe

Der offene Sternhaufen der *Hyaden* besteht aus einigen Hunderten von Sternen, die sich in lockerer Anordnung um den sehr hellen Fixstern Aldebaran (α Tau) gruppieren. Die Hyaden sind ca. 40 parsec enfernt und stellen eines der meistuntersuchten Objekte am Sternenhimmel dar.

Als *Lewis Boss 1908* 39 Mitglieder der Hyaden mit ihren Eigengeschwindigkeiten in ein bewegliches Äquatorsystem einzeichnet (s. Abb. A5.1), zeigt sich, daß alle diese Sterne scheinbar auf einen bestimmten Punkt an der Sphäre zustreben. Dieser Konvergenzpunkt liegt sehr nahe am Stern Betelgeuze (α Ori).

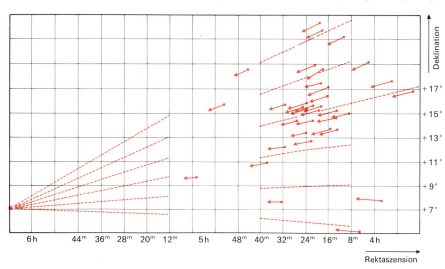

A 5.1 Die Eigenbewegung der Hyaden nach L. Boss (1908). Die Pfeillänge entspricht der Bewegung innerhalb von 50 000 Jahren.

Bei zusätzlicher Betrachtung der Radialgeschwindigkeiten kann erkannt werden, daß die Raumgeschwindigkeiten der Haufenmitglieder nach Betrag und Richtung gleich sind, diese Sterne sich also parallel zueinander im Raum bewegen. Die Konvergenz der Eigenbewegungen kann als Erscheinung der Perspektive gedeutet werden. Genauso wie zwei Eisenbahnschienen im Unendlichen auf einen Punkt zuzulaufen scheinen, stellen sich die parallel liegenden Raumgeschwindigkeiten als konvergierende Eigenbewegungen an der Sphäre dar. Abb. A5.2 versucht, diesen Perspektiveffekt zu erklären:

Zwei Flächen F_1 (auf F_1 liegen die Sterne S_1, S_2 und S_3 des Haufens) und F_2 (Teil der Sphäre) werden von zwei Ebenen E_1 und E_2 geschnitten, die durch die Sonne S gelegt sind und in der Abb. vor allem durch ihre Schnittlinien mit F_1 und F_2 gekennzeichnet sind. Die Ebene E_1 ist so gewählt, daß der Stern S_1 und der gesamte von S_1 ausgehende Raumgeschwindigkeitsvektor $\vec{v}_1$ auf ihr liegen. Auch S_2 und $\vec{v}_2$ liegen (zufällig) auf dieser Ebene. Das bedeutet, daß S_1 und S_2 bei ihrer geradlinigen räumlichen Bewegung nicht aus der Ebene E_1 herauskommen.

Die Ebene E_2 enthält den Stern S_3. Da E_1 und E_2 nicht parallel zueinander sind, kann der Raumgeschwindigkeitsvektor $\vec{v}_3$ nicht vollständig in der Ebene E_2 liegen!

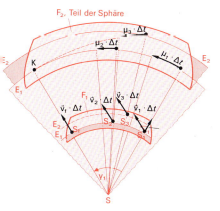

A 5.2 Erklärung der Konvergenz der Eigenbewegungen als Perspektiveffekt

217

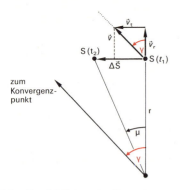

A 5.3 Zur Erklärung der Sternstromparallaxe

Die Abb. A5.2 zeigt, wie die in der Zeit Δt im Raum zurückgelegten Wege $\vec{v}_i \cdot \Delta t$ als $\mu_i \cdot \Delta t$ auf die Sphäre projiziert werden ($\vec{v}_i$ Raumgeschwindigkeiten, μ Eigenbewegungen); am Weg $\mu_3 \cdot \Delta t$ wird deutlich, daß sich S_3 von E_2 wegbewegt.

Wenn ein fiktiver Stern S_f auf E_1 mit derselben Raumgeschwindigkeit $\vec{v}$ wie S_1, S_2 und S_3 keine Transversalgeschwindigkeit besitzt, dann bewegt sich dieser radial nach außen auf den Konvergenzpunkt K zu. Somit wird verständlich, daß vom Beobachter aus der Winkel γ zwischen der Richtung zu einem Stern des Haufens und dem Konvergenzpunkt gleich ist dem Winkel zwischen Raum- und Radialgeschwindigkeit dieses Sterns (s. Abb. A5.3).

$$\left.\begin{array}{r} \tan\gamma = \dfrac{v_t}{v_r} \\ v_t = 4{,}74 \cdot \mu \cdot r \end{array}\right\} \Rightarrow r = \frac{1}{4{,}74} \cdot v_r \cdot \frac{\tan\gamma}{\mu}$$

Somit läßt sich für jeden Stern des Haufens mit bekannter Eigenbewegung und Radialgeschwindigkeit die individuelle Entfernung von der Sonne bestimmen, falls der Konvergenzpunkt und damit der Winkel γ bekannt ist. Für sehr lichtschwache Strommitglieder, die kein auswertbares Spektrum mehr zeigen, kann man aus der Eigenbewegung allein die Entfernung bestimmen, wenn man nämlich die mittlere Raumgeschwindigkeit $\vec{v}$ des Haufens zugrundelegt ($v_{r,i} = |\vec{v}| \cdot \cos\gamma_i$).

Gerade für den sehr nahen Sternstrom (= Bewegungshaufen) der Hyaden kann man Konvergenzpunkt und Eigenbewegungen sehr gut ermitteln, so daß die berechneten Entfernungen als sehr genau angesehen werden dürfen. Sicher übertrifft die Genauigkeit der Hyadenparallaxe diejenige der trigonometrischen Parallaxen. Die Sternstromparallaxe der Hyaden dient deshalb als Eichwert für die meisten weiter in den Raum hinausreichenden Methoden der Entfernungsmessung.

Die Messungen ergeben für die Hyadensterne eine Raumgeschwindigkeit von 44 km/s und Entfernungen zwischen 37 pc und 47 pc; die Zentrumssterne ($\mu \approx 0{,}11''/a$) sind ca. 43 pc entfernt. Zum Sternstrom der Hyaden gehören noch viele weitere Sterne außerhalb dieses Sternhaufens, z.B. γ Sgr und α Aur (Capella).

Daß bei einem Bewegungshaufen eine räumliche Sternkonzentration nicht unbedingt nötig ist, zeigt sich sehr deutlich am Ursa-Maior-Strom, dem die Sterne β, γ, δ, ε, ζ aus UMa, aber auch α CMa (Sirius) angehören; hier ist kein Sternhaufen im üblichen Sinn erkennbar.

Unter der Voraussetzung eines gut erkennbaren Fluchtpunkts lassen sich nach der Methode der Sternstromparallaxe die Entfernungen zu vielen Sternhaufen bestimmen. Die maximale Reichweite liegt bei einigen Kiloparsec; nachteilig ist natürlich die Beschränkung auf Bewegungshaufen.

A.6. Sternentwicklung in engen Doppelsternsystemen

Beim bekannten Doppelsternsystem Sirius befindet sich der A-Stern mit einer Masse von 2,3 · m_{Sonne} im Hauptreihenstadium, während die B-Komponente als Weißer Zwerg mit 0,98 Sonnenmassen bereits das Endstadium erreicht hat. Wenn sich der masseschwächere B-Stern nun im Gegensatz zu Sirius A schon voll entwickelt hat, so steht dies im klaren Gegensatz zu den Grunderkenntnissen der zeitlichen Entwicklung von Fixsternen! Diese scheinbare Unvereinbarkeit von Theorie und Beobachtung kann allerdings beseitigt werden, wenn man die in engen Doppelsternsystemen mögliche gegenseitige Einflußnahme der beiden Sterne berücksichtigt.

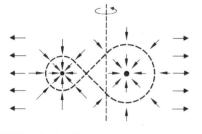

A6.1 Roche-Volumina zweier Sterne. Die Pfeile geben die Richtung der Kraftwirkung auf Materie an, die an der Rotation um die gemeinsame Achse teilnimmt.

Jedes Materieteilchen im Sternsystem verspürt die Gravitationskräfte der beiden Sterne, aber auch die von der Rotation verursachte Fliehkraft. Für das vorliegende Problem sehr dienlich ist die Angabe der sog. *Roche-Volumina* der beiden Sterne (s. Abb. A6.1). Normalerweise befindet sich der Stern vollständig innerhalb seiner Roche-Grenze. Dann dominiert für alle seine Atome die Anziehungskraft der eigenen Sternmasse. Wenn sich der Stern aber so weit ausdehnt, daß er sein Roche-Volumen übertrifft, so ist ein Teil der Hülle im überwiegenden Anziehungsbereich des zweiten Sterns und es fließt Materie zu diesem ab.

Dieser Materieabfluß beeinflußt die Entwicklung enger Doppelsterne sehr stark, wie das in Abb. A6.2 vorgestellte Beispiel eines Systems mit Sternen von einer und zwei Sonnenmassen zeigt (Computer-Simulation nach R. Kippenhahn und A. Weigert):

Der massestärkere Stern entwickelt sich relativ schnell zum Roten Riesen. Dabei bläht er sich so weit auf, daß er sein Roche-Volumen übertrifft und so lange Masse an den Begleiter abgibt, bis er selbst nur noch ein Viertel der Sonnenmasse besitzt. Der ausgebrannte Kern besteht fast vollständig aus Helium und ist im Zustand eines Weißen Zwergs. Wenn nun der ganze Stern erkaltet und sich die extrem dünne Hülle mit dem Sternzentrum vereinigt, ist der Weiße Zwerg auch von außen sichtbar. Die zweite Komponente hat inzwischen durch den Masseabfluß von Stern 1 seine Masse auf 2,75 Sonnenmassen erhöhen können, befindet sich aber noch im Hauptreihenstadium. Das Doppelsternsystem wird jetzt wie bei Sirius oder Procyon von einem Hauptreihenstern und einem Weißen Zwerg gebildet!

Im folgenden ist kurz skizziert, wie die weitere Entwicklung aussehen könnte. Sobald der massereiche Hauptreihenstern ins Riesenstadium abwandert und seine Roche-Grenze überschreitet, transferiert er Masse – hauptsächlich Wasserstoff – auf den Weißen Zwerg. Wegen dessen geringem Radius und aufgrund des mitgeführten Drehimpulses kann diese Masse nicht direkt auf den Weißen Zwerg fallen, sondern muß ihn umkreisen, genauso wie dies eine von der Erde zur Sonne geschickte Rakete tut. Die Materie sammelt sich in einer sog. *Akkretionsscheibe* um den Stern an, und erst eine Abbremsung durch gegenseitige Reibung (Energieabstrahlung) führt zu einem allmählichen „Herabregnen" der Materie auf den Zwerg. Wo der vom Riesen kommende und im Gravitationsfeld des Weißen Zwergs beschleunigte Materiestrom auf die Akkretionsscheibe

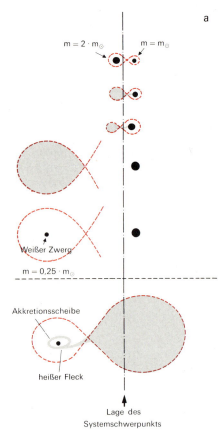

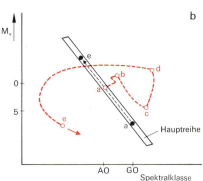

A 6.2 Die Entwicklung eines Doppelsternsystems mit Sternen der Masse $m_1 = 2 \cdot m_{Sonne}$ und $m_2 = m_{Sonne}$ nach Computersimulationen von R. Kippenhahn und A. Weigert.

trifft, wird er stark abgebremst und heizt an dieser Stelle die Scheibenmaterie auf. Dieser heiße Fleck kann in entsprechenden Doppelsternsystemen gu nachgewiesen werden.

Die beim Herabfallen von Wasserstoff auf den Zwerg freiwerdende Gravitationsenergie erwärmt die sich um die Oberfläche legende, allmählich dicke werdende Wasserstoffschicht immer mehr. Schließlich werden Temperaturen bis 10 Millionen K erreicht, die Wasserstoff-Fusion setzt – ebenso wie bei einer Wasserstoffbombe – explosiv ein und schleudert dabei die gesamte H-Schicht ins All ($v \approx 1000$ km/s), wobei auch in großem Ausmaß elektromagnetische Strahlung aller Wellenbereiche abgestrahlt wird. Vom Erdbeobachter wird dies als Aufleuchten einer *Nova* registriert. Daß es sich bei dem beschriebenen Verlauf tatsächlich um das Nova-Phänomen handelt, wird auch gestützt durch die Tatsache, daß viele Nova-Ausbrüche sich nach bestimmten Zeiten wiederholen. Es fließt ja weiterhin Wasserstoff vom Riesen auf den Weißen Zwerg, und das Geschehen kann erneut ablaufen.

Trotz dieser dramatischen Vorgänge sind Novae Erscheinungen, die jene be Supernovae auftretenden Energiefreisetzungen nicht annähernd erreichen. Im Maximum ihrer Helligkeit erreichen Novae absolute Helligkeiten bis zur -8 Größenklasse.

A.7. Die Sternpopulationen

Der Tatsache, daß die hellsten Sterne eines Kugelsternhaufens rot sind, schenk als erster *Walter Baade* besondere Aufmerksamkeit. Während bekanntlich blaue Sterne die leuchtkräftigsten Objekte in der Sonnenumgebung darstellen bemerkt Baade 1944, daß im Zentralbereich des Andromedanebels und desser elliptischen Begleitern M32 und NGC 205 die hellsten Sterne Rote Riesen sind und diese mehr den roten Riesen von Kugelsternhaufen als denen von offener Sternhaufen gleichen, wie ein Vergleich der Farben-Helligkeits-Diagramme zeigt. Er teilt alle Sterne zwei Klassen zu: der *Population I*, die aus Sternen wie in der Sonnenumgebung oder sonst in der galaktischen Scheibe besteht (*Scheibenpopulation*), und der *Population II* (*Halo-Population*).

Um den ursächlichen Unterschied zwischen den beiden Sternpopulationen erkennen zu können, wird als Prototyp eines Population-II-Objekts der Kugelsternhaufen M3 (s. Abb. 6.7) betrachtet und anschließend mit typischer Population-I-Objekten (offene Sternhaufen) verglichen (s. Abb. 5.34):

1. Der deutlich tiefer liegende Abknickpunkt von der Hauptreihe weist die *Kugelsternhaufen* als *sehr alte Objekte* aus. Kugelhaufen sind mehr als 10 Milliarden Jahre alt und damit die ältesten Objekte unserer Milchstraße.

2. Kennzeichnend für Kugelhaufen ist der bei offenen Sternhaufen nicht vorkommende *Horizontalast* des Farben-Helligkeits-Diagramms. Die Lücke im Horizontalast ist nur eine scheinbare. Hier stehen die *RR-Lyrae-Veränderlichen*, die wegen ihrer sich ändernden Helligkeit nicht ins Diagramm eingetragen sind. Der Horizontalast besteht aus massearmen, gerade vom

A 7.1 Walter Baade (1893–1960) entdeckte 1944 die Sternpopulationen

Riesenstadium abwandernden Sternen. Das viel geringere Alter der offenen Sternhaufen erklärt, daß dort gerade sehr massestarke Sterne das Riesen- (oder Überriesen-) Stadium verlassen. Diese aber entwickeln sich so rasch, daß in dieser kurzen Lebensphase von den einigen hundert Sternen eines offenen Sternhaufens nur wenige anzutreffen sind und somit kein Horizontalast sichtbar ist.

3. Daß die Riesen der Kugelsternhaufen in der absoluten Helligkeit die Riesen offener Sternhaufen um ca. drei Größenklassen übertreffen, kann nur durch eine *unterschiedliche chemische Zusammensetzung* erklärt werden. Je geringer der Gehalt an höheren, die Fusion behindernden Elementen („Metallen") ist, desto größer ist nämlich die Energiefreisetzung. Offensichtlich sind also die Kugelhaufen „metallarm". M3 besitzt einen zweihundertmal geringeren Anteil an höheren Elementen als unsere Sonne!

Wenn man sich daran erinnert, daß Supernova-Explosionen, Novae etc. die interstellare Materie im Laufe der Zeit immer mehr mit höheren Elementen anreichern, wird klar, daß jüngere Sterne einen höheren Metallanteil haben und daß das *hohe Alter und die Metallarmut*[14] *der Kugelhaufen elementar miteinander verknüpft* sind.

Die Kugelsternhaufen füllen den nahezu sphärischen Halo aus und müssen deshalb bereits so früh entstanden sein, daß sich Gas und Staub der Urwolke noch nicht in Scheibenform angeordnet haben. Sie bewegen sich auf exzentrischen Ellipsenbahnen in mehr als 10^8 Jahren um das Milchstraßenzentrum, wobei sie ziemlich steil die Scheibenebene durchqueren. Auf solchen Bahnen bewegen sich Einzelsterne der Population II, von denen eine ganze Reihe in der Sonnenumgebung, also in der Scheibenebene, bekannt sind. Sie können wegen ihrer großen Relativgeschwindigkeit bezüglich der Sonne leicht identifiziert werden und werden deshalb als *Schnelläufer* bezeichnet. Der bekannteste Schnelläufer ist der Barnardsche Pfeilstern.

Sämtliche Sterne der Population I sind jünger und können in der galaktischen Scheibe oder zumindest in deren unmittelbarer Nachbarschaft angetroffen werden. Gerade die sehr jungen O- und B-Sterne befinden sich sehr nahe an der galaktischen Mittelebene. Diese jüngsten Objekte werden als extreme Population I von der älteren Population I, zu der auch unsere Sonne gehört, unterschieden.

Nach dem bisher Gesagten muß sich die Bildung unserer Galaxis in groben Zügen folgendermaßen abgespielt haben:
Vor mehr als zehn Milliarden Jahren hat eine einigermaßen kugelförmige Urwolke von Wasserstoff- und Heliumgas mit turbulenten Teilströmungen und nichtverschwindendem Gesamtdrehimpuls begonnen, sich unter dem Einfluß der eigenen Schwerkraft zusammenzuziehen. Dabei muß für die Gesamtmasse M das Jeanssche Kriterium $M > M_{Jeans}$ (s. Kapitel A.3.) erfüllt sein. Diese Kontraktion führt wegen des Drehimpulserhaltungssatzes letztlich hin auf eine Anordnung der interstellaren Materie in einer flachen Scheibe. Während der gesamten Entwicklung der Galaxis, also auch bereits in der Frühzeit, kommt es

---

[14] In der Astronomie bezeichnet man alle höheren Atome als Wasserstoff und Helium als Metalle.

zu so starken lokalen Dichteerhöhungen, daß sich Sterne oder ganze Sternhaufen bilden können. Der entstandene Stern oder Sternhaufen bewegt sich um den Massenschwerpunkt der Galaxis auf einer Bahn, die vom Ort und vom Bewegungszustand bei seiner Bildung abhängt, während sich die Restmaterie weiter auf die Scheibengestalt zu entwickelt.

Wegen der fortschreitenden Anreicherung der interstellaren Materie mit höheren Elementen ist über die Metallhäufigkeit der Sternoberfläche der Entstehungszeitpunkt und damit das Alter eines Sterns (Population) feststellbar, trotz lokaler Unterschiede in der chemischen Zusammensetzung der Materie.
Aus der räumlichen Anordnung und Bewegung der verschiedenen Populationen ist die zeitliche Entwicklung der Galaxis in groben Zügen rekonstruierbar.

Übersicht über die wichtigsten Sternpopulationen:

	Typische Objekte	Zunahme des Alters	Zunahme des Metallanteils	Zunahme der Konzentration zur galaktischen Ebene
Population II	Kugelhaufen, RR-Lyrae-Sterne, Schnelläufer	↑		
Ältere Population I	normale Riesen, A-Sterne			
Extreme Population I	O-, B-Sterne, Überriesen, δ-Cephei-Sterne, junge offene Sternhaufen		↓	↓

A.8. Typen von Galaxien

Der bedeutende amerikanische Astronom *Edwin Hubble* erforschte in den zwanziger und dreißiger Jahren dieses Jahrhunderts mit Hilfe des 2,5-m-Teleskops auf dem Mt. Wilson vorwiegend extragalaktische Objekte. Der große Formenreichtum der Sternsysteme forderte ein Ordnungsschema geradezu heraus, und das von E. Hubble geschaffene Klassifizierungssystem erweist sich auch heute noch als sehr geeignet. Etwa 95% aller Galaxien können den von Hubble erkannten Haupttypen *E (Elliptische Systeme)*, *S (Spiralsysteme)* und *Irr (Irreguläre Systeme)* zugeordnet werden. Abb. 6.13 zeigt die Hubble-Typen mit ihren üblichen Untergruppierungen.

Alle *E-Systeme* dürften abgeplattete Rotationsellipsoide darstellen; die Helligkeit nimmt gleichmäßig vom Zentrum nach außen ab. Die genauere Unterteilung der E-Galaxien in E0, E1, ... E7 bezieht sich auf den Grad der Exzentrizität der elliptisch erscheinenden Galaxien. Allerdings dürfte diese Exzentrizität wegen der räumlichen Perspektive im allgemeinen geringer sein als die tatsächliche Exzentrizität des Rotationsellipsoids.

Ein markanteres Aussehen weisen die Spiralgalaxien auf. Zur Unterscheidung von den *normalen Spiralgalaxien* (S) bezeichnet man jene mit einer durch den Kern verlaufenden balkenförmigen Struktur, an deren Enden die Spiralen senkrecht ansetzen, als *Balkenspiralen* (SB). Grundlegende weitere Unterschiede zwischen S- und SB-Galaxien scheinen kaum zu existieren.

Die Differenzierung der Spiralsysteme in a-, b-, c- und d-Typ bezieht sich auf die Stärke der Spiralarmöffnung und die relative Größe des zentralen Kerns. Sa-Galaxien besitzen einen mächtigen Kern und wenig geöffnete Spiralen, bei Sd-Galaxien ist der Kern recht klein im Vergleich zu den Ausmaßen der Galaxie und die Spiralarme sind weit geöffnet.

Unserer Milchstraße wird die Typenbezeichnung Sbc zugeschrieben, was bedeuten soll, daß man sie als Spiralgalaxie zwischen den Typen Sb und Sc ansiedelt.

Die linsenförmigen *SO-Galaxien* stehen zwischen den E- und den S-Galaxien.

Irreguläre Systeme sind Galaxien, die weder den E- noch den S-Galaxien zuzuordnen sind, einen unregelmäßigen Aufbau besitzen und sehr stark im Blauen strahlen.

Während sich Spiralgalaxien in ihrer Größe nicht allzusehr voneinander unterscheiden und meist große und helle Sternsysteme darstellen, zeigen die E-Systeme sehr unterschiedliche Ausmaße. Von Zwergsystemen, die den größten Kugelhaufen gleichen, bis zu den absolut mächtigsten und hellsten Riesengalaxien treten die elliptischen Systeme in allen Größenkategorien auf. Die irregulären Systeme sind im allgemeinen kleiner als die Spiralsysteme.

Wie ihre Spektren verraten, unterscheiden sich die verschiedenen Galaxientypen auch in ihrem Gehalt an Sternen und interstellarer Materie. Elliptische Systeme besitzen keine O- und B-Sterne und keine oder sehr wenig interstellare Materie. Alte, rote Sterne herrschen hier vor.

Die Spiralgalaxien enthalten stets sowohl alte als auch junge Sterne und einen hohen Anteil an interstellarer Materie, der aber von dem der irregulären Galaxien noch übertroffen wird. In der Kleinen Magellanschen Wolke zum Beispiel beträgt der Massenanteil der interstellaren Materie 30%.

Längs der *Hubble-Sequenz* Irr-Sd-Sc-Sb-Sa-SO-E ändert sich die Hauptspektralfarbe von blau bis rot. Dies führte zur Vermutung, daß diese Sequenz die zeitliche Aufeinanderfolge von verschiedenen Entwicklungsformen einer Galaxie darstellt. Diese Anschauung stellte sich als ebensowenig haltbar heraus wie jene Vermutung der Fixsternlehre, daß ein Stern im Laufe seines Lebens die Hauptreihe des HRD von oben nach unten „durchläuft". Dem Verständnis näher kommt man sicherlich, wenn man bedenkt, daß in dem markanten, diskusförmigen Bereich der Spiralgalaxien zwar die jungen Sterne und die interstellare Materie aufzufinden sind, daß aber die alten Population-II-Sterne einen etwas abgeplatteten sphärischen Bereich – den Halo – bevölkern, der von der Form her den E-Galaxien nahekommt. Wenn nun die Sternentwicklung in E-Galaxien so schnell abläuft, daß die interstellare Materie „aufgebraucht" ist, bevor sie sich in einer Scheibe anordnen kann, so erklärt dies schon die unterschiedlichen Erscheinungsformen von E- und S-Galaxien.

Die Größe des Drehimpulses und die Gasdichte zum Entstehungszeitpunkt dürften in erster Linie für die Entwicklung der Galaxie zu einem bestimmten Typ maßgebend sein.

A.9. Weitere Methoden der Entfernungsbestimmung

Trotz der großen Reichweite der Cepheidenparallaxe kann die überwiegende Anzahl der Galaxien nicht nach dieser Methode „vermessen" werden. Diese Sternsysteme sind bereits zu weit entfernt, als daß noch Einzelsterne erkennbar wären. In diesen Fällen sind verschiedene Möglichkeiten der Entfernungsbestimmung anwendbar, die wegen ihrer geringeren Genauigkeit eher den Terminus „Entfernungsschätzmethode" verdienen. Auch hier handelt es sich im Prinzip um fotometrische Methoden, bei denen zunächst aufgrund von Beobachtungen an geeigneten *Indikatoren* [15] auf die absolute Helligkeit der Galaxie geschlossen wird. Nach Messung der scheinbaren Helligkeit kann über den Entfernungsmodul auf die Entfernung geschlossen werden.

Da die *hellsten Kugelhaufen* von Galaxien mit gut bestimmter Entfernung ziemlich genau dieselben absoluten Helligkeiten besitzen, sind sie als Entfernungsindikatoren geeignet, ebenso wie die *Durchmesser der größten HII-Gebiete einer Galaxie*, von denen ein direkter Zusammenhang mit der absoluten Helligkeit ihrer Galaxie nachweisbar ist.
Ein Erkennen solcher Korrelationen mit der absoluten Helligkeit und damit eine Eichung der Entfernungsindikatoren ist nur möglich, wenn die Entfernung der Vergleichsgalaxien schon auf anderem Wege bestimmt ist. Diese anderen, im allgemeinen weniger weit reichenden Methoden stellen somit die Basis der für größere Entfernungen brauchbaren Meßmethoden dar. Die meisten Entfernungsmeßmethoden fußen deshalb letztlich auf der *Sternstromparallaxe der Hyaden*, die somit das *Eichmaß der extragalaktischen Entfernungsmessung* darstellt.

Als man im Jahre 1936 erkennt, daß die *hellste Galaxie eines Galaxienhaufens* – es handelt sich hier normalerweise um eine E-Galaxie – in jedem bekannten, größeren Haufen von etwa gleicher Leuchtkraft ist, ist ein guter Indikator für sehr ferne Systeme gefunden. Auch *Supernova-Explosionen*, für die Maximalhelligkeiten um die –18.Größenklasse typisch sein dürften, sind sehr weit sichtbare Ereignisse. Da es sich aber um sehr selten beobachtete Vorgänge handelt und eine Supernova in unserer Milchstraße noch nie messend verfolgt werden konnte, ist eine gute Eichung noch nicht erfolgt[16].

---

[15] Indikator = Anzeiger, lat. *indicare* – anzeigen

[16] Dies erklärt die Bedeutung der Messungen an der 1987 entdeckten Supernova in der Großen Magellanschen Wolke.

Es sei nochmals erwähnt, daß der genauen Bestimmung der Hubble-Konstante für die Entfernungsmessung von Galaxien eine äußerst große Bedeutung zukommt, da das Hubble-Gesetz grundsätzlich die Meßmethode mit der größten Reichweite darstellt.

Übersicht: Entfernungsmeßmethoden und ihre Reichweiten (logarithmische Entfernungsskala)

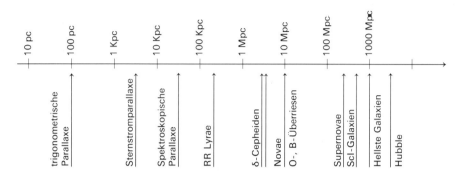

A.10. Galaxienhaufen

Alle Untersuchungen zeigen deutlich, daß Galaxien selten einzeln vorkommen, sondern sich zu kleineren oder größeren *Haufen* zusammenschließen, in denen sie – zumindest in den größeren Haufen – gravitativ gebunden sind. Dabei kann es sich um Gruppen mit nur wenigen Mitgliedern handeln, es kommen aber auch mächtige Haufen mit Hunderten oder Tausenden von Galaxien vor. Meistens ordnen sich die Galaxien eines Haufens ziemlich kugelsymmetrisch um das Zentrum an.

Unsere Milchstraße ist Mitglied der sogenannten *Lokalen Gruppe*, von der 17 Galaxien nachgewiesen sind. Dabei stellen der Andromeda-Nebel und unsere Milchstraße die beiden dominierenden Systeme dar, die sich umeinander bewegen und an die die anderen, kleineren Galaxien gebunden sind. Es wurde schon darauf hingewiesen, daß man einige nahe Systeme, darunter auch die Große und Kleine Magellansche Wolke, mittlerweile zur Korona unserer Milchstraße zählt. Der nächstgelegene Riesenhaufen ist der *Virgo-Haufen* im Sternbild Jungfrau (Virgo), der etwa 20 Mpc von uns entfernt ist und mehrere tausend Milchstraßensysteme enthält.

Die Beobachtungen der letzten Jahre lassen immer deutlicher werden, daß auch die riesigen Galaxienhaufen noch eine Überstruktur zeigen und ausgedehnte *Superhaufen* bilden, bei denen die einzelnen Galaxienhaufen wie die Perlen einer Kette aneinandergereiht erscheinen. Zwischen den verschiedenen Superhaufen treten riesige Leeräume auf.

Die gravitativen Wechselwirkungen zwischen den Partnern in größeren Haufen oder Superhaufen könnten sich in Abweichungen vom Hubble-Gesetz niederschlagen.

Tabelle 1: Griechisches Alphabet (kleine Buchstaben)

α	Alpha	ε	Epsilon	ι	Jota	ν	Nü	ϱ	Rho	φ	Phi
β	Beta	ζ	Zeta	κ	Kappa	ξ	Xi	σ	Sigma	χ	Chi
γ	Gamma	η	Eta	λ	Lambda	o	Omikron	τ	Tau	ψ	Psi
δ	Delta	ϑ	Theta	μ	Mü	π	Pi	υ	Ypsilon	ω	Omega

Tabelle 2: Die 88 Sternbilder

Die von Mitteleuropa aus sichtbaren Sternbilder (mit lateinischer Genitivform):

And	Andromeda, -ae	Andromeda	CrB	Corona Borealis, Coronae Borealis	Krone	Oph	Ophiuchus, -i	Schlangenträger
Aqr	Aquarius, -i	Wassermann						
Aql	Aquila, -ae	Adler	Crv	Corvus, -i	Rabe	Ori	Orion, -onis	Orion
Ari	Aries, -etis	Widder	Crt	Crater, -is	Becher	Peg	Pegasus, -i	Pegasus
Aur	Auriga, -ae	Fuhrmann	Cyg	Cygnus, -i	Schwan	Per	Perseus, -i	Perseus
						Psc	Pisces, -ium	Fische
Boo	Bootes, -is	Bootes	Del	Delphinus, -i	Delphin	PsA	Piscis Austrinus, Piscis Austrini	Südlicher Fisch
Cam	Camelopardalis	Giraffe	Dra	Draco, -onis	Drache			
Cnc	Cancer, -cri	Krebs	Equ	Equuleus, -i	Füllen	Sge	Sagitta, -ae	Pfeil
CVn	Canes Venatici, Canum Venaticorum	Jagdhunde	Eri	Eridanus, -i	Eridanus	Sgr	Sagittarius, -i	Schütze
			Gem	Gemini, -orum	Zwillinge	Sco	Scorpius, -i	Skorpion
			Her	Hercules, -is	Herkules	Sct	Scutum, -i	Schild
CMa	Canis Maior, Canis Maioris	Großer Hund	Hya	Hydra, -ae	Wasserschlange			
			Lac	Lacterta, -ae	Eidechse	Ser	Serpens, -entis	Schlange
			Leo	Leo, -onis	Löwe	Sex	Sextans, -antis	Sextant
CMi	Canis Minor, Canis Minoris	Kleiner Hund	LMi	Leo Minor, Leonis Minoris	Kleiner Löwe	Tau	Taurus, -i	Stier
						Tri	Triangulum, -i	Dreieck
Cap	Capricornus, -i	Steinbock				UMa	Ursa Maior, Ursae Maioris	Großer Bär
Cas	Cassiopeia, -ae	Kassiopeia	Lep	Lepus, -oris	Hase			
Cep	Cepheus, -i	Kepheus	Lib	Libra, -ae	Waage	UMi	Ursa Minor, Ursae Minoris	Kleiner Bär
Cet	Cetus, -i	Walfisch	Lyn	Lynx, -cis	Luchs			
Com	Coma Berenices, Comae Berenices	Haar der Berenike	Lyr	Lyra, -ae	Leier	Vir	Virgo, -inis	Jungfrau
			Mon	Monoceros, -otis	Einhorn	Vul	Vulpecula, -ae	Fuchs

Die restlichen Sternbilder

Ant	Antlia, -ae	Luftpumpe	Gru	Grus, -uis	Kranich	Phe	Phoenix, -icis	Phönix
Aps	Apus, -odis	Paradiesvogel	Hor	Horologium, -i	Pendeluhr	Pic	Pictor, -oris	Maler
Ara	Ara, -ae	Altar				Pup	Puppis	Achterdeck
Cae	Caelum, -i	Grabstichel	Hyi	Hydrus, -i	Südliche Wasserschlange	Pyx	Pyxis, -idis	Kompaß
Car	Carina, -ae	Kiel des Schiffes				Ret	Reticulum, -i	Fadennetz
			Ind	Indus, -i	Indianer	Scl	Sculptor, -is	Bildhauer
Cen	Centaurus, -i	Zentaur	Lup	Lupus, -i	Wolf			
Cha	Chamaeleon, -ontis	Chamäleon				Tel	Telescopium, -i	Fernrohr
Cir	Circinus, -i	Zirkel	Men	Mensa, -ae	Tafelberg	TrA	Triangulum Australe, Trianguli Australis	Südliches Dreieck
Col	Columba, -ae	Taube	Mic	Microscopium, -i	Mikroskop			
CrA	Corona Australis, Coronae Australis	Südliche Krone						
			Mus	Musca, -ae	Fliege	Tuc	Tucana, -ae	Tukan
Cru	Crux, -ucis	Kreuz des Südens	Nor	Norma, -ae	Winkelmaß	Vel	Vela, -orum	Segel
Dor	Dorado, -us	Schwertfisch	Oct	Octans, -antis	Oktant	Vol	Volans, -antis	Fliegender Fisch
For	Fornax, -acis	Chemischer Ofen	Pav	Pavo, -onis	Pfau			

Tabelle 3: Geographische Koordinaten ausgewählter Orte auf der Erdoberfläche.
Die geographische Länge λ ist ebenso wie die geographische Breite φ im Gradmaß angegeben.
w bedeutet *westliche* Länge; die *südliche* Breite wird durch ein Minuszeichen angezeigt.

	λ	φ		λ	φ		λ	φ
Deutschland			**Europa**			**Asien**		
Aachen	6,1	50,8	Wien	16,3	48,2	Wladiwostok	131,6	43,1
Augsburg	10,9	48,4	Graz	15,4	47,1	Seoul	127,0	37,3
Baden-Baden	8,2	48,8	Innsbruck	11,4	47,3	Sapporo	141,2	43,0
Bamberg	10,9	49,9	Salzburg	13,0	47,5	Tokio	139,5	35,4
Bayreuth	11,6	50,0	Zürich	8,6	47,4	Shanghai	121,3	31,1
Berlin	13,4	52,5	Bern	7,4	47,4	Peking	116,3	39,6
Bonn	7,1	50,7	Basel	7,6	47,6	Kanton	113,2	23,1
Braunschweig	10,5	52,3	Stockholm	18,0	59,2	Manila	120,6	14,4
Bremen	8,8	53,1	Göteborg	11,6	57,4	Bangkok	100,3	13,5
Coburg	11,0	50,3	Oslo	10,5	59,5	Singapur	103,5	1,2
Dresden	13,7	51,1	Hammerfest	23,4	70,4	Djakarta	106,5	− 6,1
Düsseldorf	6,8	51,4	Helsinki	24,6	60,1	Delhi	77,1	28,4
Erlangen	11,0	49,6	Kopenhagen	12,4	55,4	Bombay	72,5	18,6
Essen	7,0	51,5	London	0,1w	51,3	Colombo	79,5	6,6
Frankfurt/M.	8,7	50,1	Glasgow	4,2w	55,5	Karatschi	67,0	24,5
Frankfurt/O.	14,6	52,3	Dublin	6,2w	53,2	Kabul	69,1	34,3
Freiburg i. Br.	7,9	48,0	Amsterdam	4,5	52,2	Teheran	51,3	35,4
Fulda	9,7	50,6	Brüssel	4,2	50,5	Ankara	32,5	39,6
Göttingen	9,9	51,5	Paris	2,2	48,2	Mekka	39,5	21,3
Halle	12,0	51,5	Marseille	5,2	43,2	Ulan Bator	106,5	47,6
Hamburg	10,0	53,6	Lyon	4,5	45,5	**Afrika**		
Hannover	9,7	52,4	Barcelona	2,1	41,2	Algier	3,1	36,4
Heidelberg	8,7	49,4	Madrid	3,4w	40,2	Kairo	31,2	30,0
Ingolstadt	11,4	48,8	Sevilla	5,6w	37,2	Addis Abeba	38,5	9,0
Karlsruhe	8,4	49,0	Lissabon	9,1w	38,4	Nairobi	36,5	− 1,2
Kassel	9,5	51,3	Rom	12,3	41,5	Brazzaville	15,2	− 4,2
Kiel	10,1	54,3	Mailand	9,1	45,3	Tananarivo	47,3	−18,6
Köln	7,0	50,9	Neapel	14,2	40,5	Kapstadt	18,2	−33,6
Landshut	12,1	48,3	Palermo	13,2	38,1	**Amerika**		
Leipzig	12,4	51,3	Athen	23,4	37,6	Montreal	73,3w	45,3
Lübeck	10,7	53,9	Istanbul	28,6	41,0	Vancouver	123,0w	49,2
Magdeburg	11,6	52,1	Sofia	23,2	42,4	New York	74,0w	40,4
München	11,5	48,1	Bukarest	26,1	44,3	Washington	77,0w	38,5
Münster	7,6	52,0	Belgrad	20,3	44,5	Chicago	87,4w	41,5
Nürnberg	11,1	49,5	Budapest	19,0	47,5	New Orleans	90,1w	29,6
Oldenburg	8,2	53,1	Prag	14,4	50,1	Los Angeles	118,2w	34,0
Passau	13,5	48,6	Warschau	21,0	52,2	Miami	80,1w	25,5
Potsdam	13,1	52,4	Moskau	37,4	55,5	Mexico	102,0w	23,0
Regensburg	12,1	49,0	Leningrad	30,2	59,6	Panama	79,3w	8,6
Rostock	12,1	54,1	Wolgograd	44,3	48,4	Bogota	74,1w	4,36
Stuttgart	9,2	48,8	**Australien**			Rio de Janeiro	43,2w	−22,5
Tübingen	9,1	48,5	Melbourne	144,6	−37,5	Lima	77,0w	−12,0
Ulm	10,0	48,4	Sydney	151,1	−33,5	Santiago	70,4w	−33,3
Wiesbaden	8,2	50,1	Perth	115,5	−31,6	Buenos Aires	58,3w	−34,4
Würzburg	9,9	49,8						

Tabelle 4: Planeten, Sonne, Erdmond

		a große Halb- achse in AE	T siderische Umlaufs- dauer	ε numerische Exzentrizität	m Masse in kg	ρ mittlere Dichte in g cm^{-3}	∅ Äquator- durch- messer in km	T_{rot} siderische Rotations- dauer	T_{TN} Dauer des Tag- Nacht- Zyklus	i Inklinationswinkel in Grad	v_{Peri} Perihel- geschwindigkeit in km/s	A Albedo	mittl. Oberflächentemperatur (Tagseite) in K
☿	Merkur	0,387	87,97 d	0,206	3,30 · 10^{23}	5,44	4878	58,65 d	176 d	7,00	59	0,06	623
♀	Venus	0,723	224,7 d	0,0068	4,87 · 10^{24}	5,27	12100	*243,1 d	116,75 d	3,39	35,3	0,77	730
⊕	Erde	1,000	365,26 d	0,0167	5,977 · 10^{24}	5,52	12757	1 d	23 h 56 m	0	30,29	0,30	290
♂	Mars	1,524	687 d	0,093	6,409 · 10^{23}	3,937	6786	24 h 37 m 23 s	24 h 39 m	1,85	26,5	0,15	250
♃	Jupiter	5,203	11,86 a	0,0485	1,90 · 10^{27}	1,33	142806	9 h 55 m 30 s	9 h 55 m 33 s	1,305	13,71	0,45	125
♄	Saturn	9,55	29,46 a	0,0556	5,69 · 10^{26}	0,70	120000	10 h 14 m	10 h 14 m	2,49	10,2	0,36	94
♅	Uranus	19,21	84,02 a	0,046	8,73 · 10^{25}	1,27	51200	17 h 14 m	17 h 14 m	0,77	7,13	0,37	59
♆	Neptun	30,06	164,79 a	0,0090	1,03 · 10^{26}	1,65	49500	16 h 07 m	16 h 07 m	1,77	5,48	0,33	59
♇	Pluto	39,70	247,7 a	0,2522	~1 · 10^{22}	~2,1	~2200	6,4 d	6,4 d	17,14	6,12	0,63	45
☉	Sonne	–	–	–	1,989 · 10^{30}	1,41	1392000	~25 d (Äquator)	–	–	–	–	5780
☾	Erdmond (Bahn um Erde)	384403 km	27,32 d	0,0549	7,350 · 10^{22}	3,341	3476	27,32 d	–	5,15	1,05	0,07	300

* rückläufig

Tabelle 5: Planetenmonde

	a große Halbachse in 10^3 km	T siderische Umlaufs- dauer in Tagen	∅ Durch- messer in km
Erde			
Erdmond	384,4	27,32	3476
Mars			
Phobos	9,38	0,319	~23
Deimos	23,48	1,262	~12
Jupiter			
Amalthea	185,7	0,498	~200
Io	431	1,763	3636
Europa	686	3,551	3066
Ganymed	1094	7,155	5216
Callisto	1922	16,689	4890
Himalia	11470	251	~150
Lysithea	11750	261	~25
Ananke	21200	625	~20
Pasiphae	23500	737	~40
Sinope	23700	758	~30
Saturn			
Mimas	185,8	0,942	450
Enceladus	238,3	1,37	550
Tethys	294,9	1,888	1200
Dione	377,9	2,737	1150
Rhea	527,6	4,517	1450
Titan	1222,6	15,945	5800
Hyperion	1484,1	21,276	400
Japetus	3562,9	79,33	1600
Phoebe	12960,0	550,5	200
Ringsystem-Ausdehnung: 66500–280000 km			
Uranus			
Miranda	129,9	1,413	500
Ariel	190,9	2,520	1160
Umbriel	266,0	4,144	1190
Titania	436,3	8,71	1600
Oberon	583,4	13,46	1600
Neptun			
Triton	354	5,88	3760
Nereide	5560	359,42	500
Pluto			
Charon	17,5	6,39	1300

Tabelle 6: Kleinkörper des Sonnensystems

Planetoiden

	a große Halb- achse in AE	T sider. Umlaufs- dauer in d	ε numer. Exzentri- zität	i Inklina- tion in °	⌀ Durch- messer in km
Ceres	2,767	1681	0,079	10,6	~800
Pallas	2,770	1684	0,235	34,8	~500
Juno	2,670	1594	0,256	13,0	~200
Vesta	2,361	1325	0,088	7,1	~400
Astraea	2,577	1511	0,190	5,3	~100
Hebe	2,426	1380	0,203	14,8	~150
Iris	2,385	1345	0,230	5,5	~150
Flora	2,201	1193	0,157	5,9	~100
Hygiea	3,148	2040	0,099	3,8	~150
Psyche	2,924	1826	0,135	3,1	~100
Kalliope	2,910	1813	0,101	13,7	~100
Hilda	3,968	2887	0,152	7,8	
Ariadne	2,203	1194	0,168	3,5	
Eros	1,458	643	0,223	10,8	~ 25
Herculina	2,769	1683	0,180	16,3	
Hidalgo	5,794	5089	0,655	42,6	
Piazzia	3,185	2076	0,252	20,5	
Amor	1,922	974	0,437	11,9	~ 3
Icarus	1,078	408	0,827	23,0	~ 0,7
Geographos	1,244	507	0,335	13,3	~ 1,6
Apollo	1,486	662	0,566	6,4	~ 0,5
Adonis	1,969	1008	0,779	1,5	~ 0,15
Hermes	1,290	535	0,475	4,7	~ 0,3

Kurzperiodische Kometen

	a große Halb- achse in AE	T sider. Umlaufs- dauer in a	ε numer. Exzentri- zität	i Inkli- nation in °	r_P Perihel- distanz in AE
Encke	2,215	3,30	0,847	12,35	0,339
Grigg-Skjellerup	2,869	4,90	0,707	17,61	0,857
Tempel 2	3,022	5,25	0,549	12,48	1,364
Tempel-Swift	3,182	5,68	0,638	5,44	1,153
Giacobini-Zinner	3,453	6,41	0,729	30,90	0,936
Biela	3,525	6,62	0,756	12,55	0,860
Brooks 2	3,562	6,71	0,505	5,57	1,763
Faye	3,779	7,38	0,576	9,09	1,608
Arend	3,931	7,79	0,534	21,65	1,831
Wolf 1	4,143	8,42	0,395	27,29	2,506
Tuttle	5,701	13,61	0,821	54,65	1,022
Schwassmann-Wachmann 1	6,374	16,10	0,132	9,48	5,537
Tempel-Tuttle	10,323	33,17	0,905	162,69	0,976
Olbers	16,914	65,56	0,930	44,60	1,178
Halley	17,949	76,02	0,967	162,21	0,587
Herschel-Rigollet	28,984	156,04	0,974	64,20	0,748
Rigg-Mellish	30,002	164,31	0,969	109,83	0,923

Tabelle 7: Ionisationsenergien verschiedener Elemente

	1.	2.	3.
	Ionisationsenergie (eV)		
H	13,57	–	–
He	24,58	54,40	–
Mg	7,64	15,03	80,12
Ca	6,11	11,87	51,21

Tabelle 8: Wellenlängen (in nm) einiger charakteristischer Spektrallinien

H_α:	656,3	H_β:	486,1	H_γ: 434,0	H_δ:	410,2	H_ϵ:	397,0
HeI:	447,2	402,6	382,0		HeII:	468,6	NaI:	589,1
MgI:	518,4	517,3	516,7		MgII:	448,1		
CaI:	430,8 (G-Linie)		422,7		CaII:	396,8 (H)		393,4 (K)
TiO:	615,9							

Tabelle 9: Bolometrische Korrektur, Farbindices und effektive Temperatur für Hauptreihensterne verschiedener Spektralklassen

	O5	B0	B5	A0	A5	F0	F5	G0	G5	K0	K5	M0	M5
B.C.	+3,16	+2,69	+1,12	+0,10	+0,03	−0,07	−0,07	−0,01	+0,02	+0,12	+0,55	+1,10	+2,48
U−V	−1,46	−1,38	−0,72	0,00	+0,25	+0,37	+0,43	+0,70	+0,86	+1,29	+2,18	+2,67	+2,80
B−V	−0,32	−0,30	−0,16	0,00	+0,14	+0,31	+0,43	+0,59	+0,66	+0,82	+1,15	+1,41	+1,61
T_{eff} [K]	40000	28000	15500	9900	8500	7400	6580	6030	5520	4900	4130	3480	2800

Tabelle 10: Die nächstgelegenen Fixsterne

	p jährl. trigon. Parallaxe in ″	μ Eigenbewegung in ″/a	v_r Radialgeschwindigkeit in km/s	m_v scheinbare visuelle Helligkeit	M_v absolute visuelle Helligkeit	Sp Spektralklasse	Lkk Leuchtkraftklasse
Sonne				−26,73	4,84	G2	V
Proxima	0,762	3,85		10,68	15,1	M5	
α Cen A	0,751	3,68	−25	0,02	4,40	G0	V
α Cen B			−21	1,35	5,73	K5	V
Barnards Stern	0,545	10,34	−108	9,54	13,22	M5	V
Wolf 359	0,427	4,71	+13	13,66	16,82	M6	V
+36°2147	0,396	4,78	−86	7,47	10,46	M2	V
Sirius A	0,375	1,32	− 8	−1,43	1,44	A1	V
Sirius B			− 8	8,67	11,5	A	VII
L 726-8 A	0,371	3,36	+29	12,45	15,3	M6	V
L 726-8 B				12,95	15,8	M6	V
Ross 154	0,340	0,72	− 4	10,6	13,3	M4	V
Ross 248	0,316	1,60	−81	12,24	14,74	M6	V
ε Eri	0,303	0,98	+15	3,73	6,14	K2	V
Ross 128	0,298	1,40	−13	11,13	13,50	M5	V
L 789-6	0,298	3,25	−60	12,58	14,9	M6	V

	p jährl. trigon. Parallaxe in "	μ Eigenbewegung in "/a	v_r Radialgeschwindigkeit in km/s	m_v scheinbare visuelle Helligkeit	M_v absolute visuelle Helligkeit	Sp Spektralklasse	Lkk Leuchtkraftklasse
61 Cyg A	0,292	5,22	−64	5,19	7,52	K5	V
61 Cyg B			−64	6,02	8,35	K7	V
Procyon A	0,288	1,25	− 3	0,37	2,66	F5	V
Procyon B				10,7	13,0	F	VII
ε Ind	0,285	4,69	−40	4,73	7,00	K5	V
+43° 44 A	0,278	2,90	+14	8,07	10,29	M1	V
+43° 44 B			+21	11,04	13,26	M6	V
+59° 1915 A	0,278	2,29	+ 1	8,90	11,12	M4	V
+59° 1915 B			+14	9,69	11,91	M5	V
τ Cet	0,275	1,92	−16	3,50	5,70	G8	V
−36° 15693	0,273	6,90	+10	7,39	9,57	M2	V
+ 5° 1668	0,266	3,73	+26	9,82	11,95	M4	V
L 725-32	0,261	1,36		11,6	13,4	M2	V
−39° 14192	0,255	3,47	+21	6,72	8,75	M0	V
−45° 1841	0,251	8,72	+242	8,8	10,8	M0	V
Krüger 60 A	0,249	0,87	−24	9,82	11,80	M4	V
Krüger 60 B			−28	11,4	13,4	M6	V
Ross 614 A	0,248	1,00	+24	11,2	13,2	M4	V
Ross 614 B				14,8	16,8	(M)	
−12° 4523	0,244	1,18	−13	10,13	12,07	M4	V
Van Maanens Stern	0,236	2,98		12,36	14,23	G	VII
Wolf 424 A	0,228	1,78	− 5	12,7	14,5	M7	V
Wolf 424 B				12,7	14,5	M7	V
+50° 1725	0,222	1,45	−27	6,59	8,32	M0	V
−37° 15492	0,219	6,11	+24	8,59	10,3	M3	V
+20° 2465	0,213	0,49	+10	9,43	11,07	M4,5	V
−46° 11540	0,213	1,06		9,34	10,98	M4	
−44° 11909	0,209	1,15		11,2	12,8	M5	
−40° 13515	0,200	0,81	+18	8,9	10,5	M3	
−15° 6290	0,206	1,12	+ 9	10,17	11,47	M5	V
+68° 946	0,205	1,31	−17	9,15	10,71	M3,5	V
L 145-141	0,203	2,68		11,47	13,01		VII
o^2 Eri A	0,202	4,08	−42	4,48	6,01	K1	V
B			−42	9,50	11,03	A	VII
C			−45	11,1	12,6	M4	V
−15° 2620	0,202	2,30	+15	8,47	10,00	M4	V
Atair	0,198	0,66	−27	0,80	2,28	A5	V
+43° 4305	0,197	0,83	− 2	10,05	11,52	M5	V
AC +79° 3888	0,196	0,87	−119	10,9	12,4	M4	V

Tabelle 11: Die hellsten Fixsterne

			p jährl. trigonom. Parallaxe in "	μ Eigenbewegung in "/a	v_r Radialgeschwindigkeit in km/s	m_v scheinbare visuelle Helligkeit	M_v absolute visuelle Helligkeit	Sp Spektralklasse	Lkk Leuchtkraftklasse	r Entfernung in pc
1	α CMa	Sirius	0,375	1,32	− 8	−1,43	1,44	A1	V	
2	α Car	Canopus	0,018	0,02	+20	−0,86	−4,6	F0	Ib-II	
3	α CenA	α Centauri A	0,751	3,68	−21	0,02	4,40	G0	V	
	α Cen B	α Centauri B	0,751	3,68	−21	1,35	5,73	K5	V	
4	α Boo	Arctur	0,090	2,28	− 4	−0,06	−0,3	K0	III	
5	α Lyr	Wega	0,123	0,34	−14	0,04	0,5	A0	V	
6	α Aur	Capella	0,073	0,44	+30	0,09	−0,6	G8	III	
7	β Ori	Rigel	−	0,001	+24	0,15	−7,1	B8	Ia	∼275
8	α CMi	Procyon	0,288	1,25	− 3	0,37	2,7	F5	IV-V	
9	α Ori	Betelgeuze	0,005	0,028	+21	*0,4	−6,4	M2	I ab	
10	α Eri	Achernar	0,023	0,032	+19	0,5	−2,6	B5	V	
11	β Cen		0,016	0,03	−12	0,6	−4,4	B1	III	
12	α Aql	Atair	0,198	0,66	−27	0,80	2,28	A5	V	
13	α Tau	Aldebaran	0,048	0,20	+54	0,85	−0,7	K5	III	
14	α Sco	Antares	0,019	0,03	− 3	0,98	−4,8	M1	Ib	
15	α Vir	Spica	0,021	0,054	+ 2	1,00	−2,4	B2	V	
16	α Cru A		−	0,03	−10	1,58	−4,2	B1	IV	∼130
	α Cru B		−	0,03	− 1	2,09	−3,7	B3	V	∼130
17	α PsA	Fomalhaut	0,144	0,37	+ 6	1,16	2,0	A3	V	
18	β Gem	Pollux	0,093	0,625	+ 4	1,16	1,1	K0	III	
19	α Cyg	Deneb	0,005	0,003	(var)	1,26	−7,1	A2	Ia	
20	β Cru		−	0,003	+20	1,3	−4,6	B1	III	∼150
21	α Leo	Regulus	0,039	0,248	+ 2	1,36	−0,7	B8	V	
22	α Gem A	Castor A	0,072	0,198	+ 3	2,0	1,3	A3	V	
	α Gem B	Castor B	0,072	0,198	+ 3	2,9	2,3	A8		
23	γ Cru		−	0,27	+21	1,61	−0,7	M4	III	∼ 30
24	λ Sco		−	0,03	(var)	1,62	−3,6	B2	V	∼110
25	γ Ori	Bellatrix	0,026	0,015	+18	1,64	−1,3	B2	III	
26	β Tau		0,018	0,18	+ 8	1,65	−2,1	B8	III	
27	ε CMa		−	0,004	+27	1,78	−4,8	B1	II	∼180

* Mittelwert

Tabelle 12: Offene Sternhaufen
Auswahl von (helleren) Sternen

Hyaden				Plejaden (M45)				Praesepe (M44)			
m_v	Sp	m_v	Sp	m_v	Sp	m_v	Sp	m_v	Sp	m_v	Sp
5,97	F4	4,27	F0	7,51	A9	8,58	A9	10,02	K0	7,70	F2
6,37	F5	4,29	A8	7,90	A7	10,12	F9	8,14	F0	10,02	G5
6,01	F3	8,12	G6	8,23	F5	10,13	F7	9,00	F4	6,58	F8
6,62	F6	5,66	F0	9,54	F6	7,16	A1	8,99	F2	6,58	G0
5,73	F4	9,60	K3	10,49	K5,5	9,56	G0	9,31	F7	7,83	F7
8,09	G3	8,63	G9	14,00	K7	9,45	F4	9,29	F5	6,80	B9,5
7,06	F5	8,46	G8	11,19	K7	3,86	B7	8,31	A9	15,32	K5
8,46	G5	3,61	G9	15,34	A5	3,88	B8	7,45	A9	13,97	K5
9,11	K1	3,65	K0	8,06	F6	3,87	B8,5	7,45	F0	10,36	G5
4,80	A6	3,66	G8	9,47	F5	8,16	A8	10,45	F7	7,26	A2
4,80	A5	3,65	K2	13,59	G8	13,46	K6	10,28	F8	2,86	B7
4,80	A7,5	7,47	G0	14,89	K0	5,45	B7	9,09	K2	3,62	B8
7,14	F7	6,15	F7	13,76	G5	5,46	B8	7,73	A5	5,08	B8
7,13	F8	5,72	A3	14,32	K5,5	3,69	B6	7,67	A7	14,16	K5
8,24	G0	3,76	K1	14,60	K7	3,71	B5	6,59	G8	14,31	K3
7,62	G1	3,55	K0	8,95	F3	6,85	A0	10,11	F4	14,50	K6
6,97	F6	3,85	K0	10,37	G0	7,84	A2	8,89	F0	7,96	A3
4,22	A5	3,84	G7	13,76	K7	5,75	B8	6,78	A6	15,15	K1
4,22	A7	3,42	F0	8,95	F2	6,41	B9	8,71	A2	8,10	A7
4,21	A7	3,41	A7	5,64	B8	14,80	M0	6,04	F5	10,95	F9,5
4,30	A3	3,41	A9	5,65	B7	13,29	K2	6,73	A0	15,52	M2,5
4,28	A1	6,02	F2	14,09	K5	8,66	G0	8,50	K0	13,45	G0
6,46	F7	9,40	K2	4,29	B6	4,16	B7	9,32	F2	5,45	B9
9,01	K2	10,4	K5	15,42	M2	7,34	A2	6,90	K0	13,92	K4
12,55	M1,5			8,02	A3	10,20	G6	8,53	F2	6,07	B8
11,88	M0,5			15,46	K5			6,39	G9		
10,51	M0			9,06	F2						
11,13	K5										

m_v scheinbare Helligkeit
Sp Spektralklasse

Literaturverzeichnis

(Ergänzende und weiterführende Literatur, darunter auch jene, die zur Verfassung dieses Buchs herangezogen wurde)

Astronomische Gedankengänge zu verschiedenen Epochen, Kurzbiographien

[1] *Koestler, Arthur:* Die Nachtwandler. Wiesbaden: Emil Vollmer Verlag 1959
Doebel, Günter: Das Weltall und seine Entdeckung. Köln: Du Mont-Verlag 1968
Ferris, Timothy: Die rote Grenze. Basel: Birkhäuser Verlag 1986
Teichmann, Jürgen: Wandel des Weltbildes. München: Deutsches Museum 1983

Populärwissenschaftliche Werke

Weinberg, Steven: Die ersten drei Minuten. München: Deutscher Taschenbuch Verlag 1980
Kippenhahn, Rudolf: 100 Milliarden Sonnen. München: Piper Verlag 1980
v. Ditfurth, Hoimar: Kinder des Weltalls. Hamburg: Hoffmann und Campe Verlag 1970
Komarow, V. N.: Neue unterhaltsame Astronomie. Thun/Frankfurt: Harri Deutsch Verlag 1975
Hawking, Stephen W.: Eine kurze Geschichte der Zeit. Reinbeck: Rowohlt 1988

Handbücher, Nachschlagewerke mit umfangreichem Datenmaterial

Burnham, Robert jr.: Burnham's Celestial Handbook (3 Bände). New York: Dover Publications Inc. 1978
Cambridge Enzyklopädie der Astronomie. Gütersloh: Bertelsmann Verlag 1978
Schaifers, Karl, Traving, Gerhard: Meyers Handbuch über das Weltall. Mannheim: Bibliographisches Institut 1972
Herrmann, Joachim: dtv-Atlas zur Astronomie. München: Deutscher Taschenbuch Verlag 1983
Ahnert, Paul: Kleine praktische Astronomie. Leipzig: Johann Ambrosius Barth-Verlag 1983

Anleitungen zu praktischer astronomischer Tätigkeit

[3] *Knapp W., H. M. Hahn:* Astrofotografie als Hobby. Herrsching: Verlag Gerhard Knülle 1980
Schlosser, W., Th. Schmidt-Kaler: Astronomische Musterversuche. Frankfurt/M.: Hirschgraben-Verlag 1981
[2] *Otter, Martin:* Astronomisches Praktikum (Materialien zur Lehrerfortbildung). Stuttgart: Landestelle für Erziehung und Unterricht 1983
Brandt/Müller/Splittgerber: Himmelsbeobachtungen mit dem Feldstecher. Frankfurt/Leipzig: Harri Deutsch-Verlag/J. Ambrosius Barth-Verlag 1984
Zimmermann, Otto: Astronomisches Praktikum I und II (Sterne und Weltraum-Taschenbücher 8 und 9)
Zenkert, Arnold: Faszination Sonnenuhr. Frankfurt/M./Thun: Verlag Harri Deutsch 1985
Voit, Fritz: Astronomie, Praxis-Schriftenreihe. Köln: Aulis Verlag 1969

Gesamtdarstellungen

Weigert, A., H.J. Wendker: Astronomie und Astrophysik – ein Grundkurs. Weinheim: Physik-Verlag 1982
Giese, Richard-Heinrich: Einführung in die Astronomie. Darmstadt: Wissenschaftliche Buchgesellschaft 1981
Gondolatsch, F., G. Groschopf, O. Zimmermann: Astronomie I und II. Stuttgart: Klett-Verlag 1978 bzw. 1979
Meurers, Joseph: Allgemeine Astronomie (Rombach Hochschul Paperback). Freiburg: Verlag Rombach 1972
Kolde, Karl: Astronomie. Frankfurt/M.: Diesterweg/Salle-Verlag 1973

Darstellungen einzelner Gebiete der Astronomie

Scheffler, H., Elsässer, H.: Physik der Sterne und der Sonne. Zürich: Bibliographisches Institut 1974
Kaplan, S.A.: Physik der Sterne. Thun: Harri Deutsch-Verlag 1980
Heintz, W.D.: Doppelsterne. München: W. Goldmann-Verlag 1971
Stanek: Planetenlexikon. Bern: Hallweg-Verlag 1980
Hahn, Herrmann Michael: Erde, Sonne und Planeten. Köln: Verlag Kiepenheuer & Witsch 1978
Keppler, Erhard: Sonne, Monde und Planeten. München: Piper & Co. Verlag 1982
Smoluchowski, Roman: Das Sonnensystem. Heidelberg: Spektrum der Wissenschaft – Verlagsgesellschaft 1985
Friedmann, Herbert: Die Sonne. Heidelberg: Spektrum der Wissenschaft – Verlagsgesellschaft 1987
Layzer, David: Das Universum. Heidelberg: Spektrum der Wissenschaft – Verlagsgesellschaft 1986
Tayler, Roger, J.: Sterne, Aufbau und Entwicklung. Braunschweig: Vieweg-Verlag 1978
Tayler, Roger, J.: Galaxien. Aufbau und Entwicklung. Braunschweig: Vieweg-Verlag 1986
Gaitzsch, R. u.a.: Handreichungen für den Physikunterricht im Gymnasium: 9. Astronomie. Donauwörth: Verlag L. Auer 1981
Calder, Nigel: Einsteins Universum. Frankfurt/M.: Umschau-Verlag 1980

Bildbände

Vehrenberg: Atlas der schönsten Himmelsobjekte. Düsseldorf: Treugesell-Verlag 1985
Ferris, Timothy: Galaxien. Basel: Birkhäuser Verlag 1984

Monatszeitschriften

Spektrum der Wissenschaft. Heidelberg: Spektrum der Wissenschaft – Verlagsgesellschaft
Sterne und Weltraum. München: Verlag Sterne und Weltraum Dr. Vehrenberg GmbH
Sky and Telescope. Cambridge, Mass., USA: Sky Publishing Corp.

Stichwortverzeichnis

Aberration, chromatische 200
–, jährliche 134
–, sphärische 200
Aberrationskonstante 134
Absorption 105
Absorptionslinien 107
Absorptionsmechanismus 102
Absorptionsvermögen 108
Achilles-Gruppe 93
Achondrite 97
Adaptation des Auges 206
Ägypten 16, 17
Akkretionsscheibe 219
Aktivitätserscheinungen der Sonne 125 ff.
al-Haytham 22
al-Mamun 22
Albedo 84
Alchemie 22
Alcyone 14
Aldebaran 13, 14, 22
Allgemeine Relativitätstheorie 24, 171
Almagest 21, 32, 51
Amalthea 89
Anaximander 18
Anaximenes 18
Andromeda-Nebel 15, 135, 176, 183, 187
anima mundi 20
Aphel 56
Apogäum 75, 77
Apollo-Asteroiden 92
Apollonius von Perge 21
Äquant 52
Äquatorhöhe 32
Äquatorsystem, bewegliches 35
–, festes 34
Äquinoktium 40, 47
Arctur 10 f.
Arecibo-Radioteleskop 86
Argelander, F. W. 133
Ariel 90
Aristarch von Samos 20, 24, 29, 53
Aristoteles 19 f., 52
Armillarsphäre 35

Asteroiden 92
Asteroidengürtel 92
Astrologie 17, 22
Astronomia Nova 51, 55 f.
Astronomische Einheit 57, 61
Atmosphäre 73
Aufgang 36
Auflösungsvermögen 199 f.
Averroës 22
Azimut 33
Azimutalwinkel 33

Baade, W. 183, 187, 220
Babylonier 17, 75
Bahnellipse, scheinbare relative 158
–, wahre absolute 157
–, wahre relative 158
Balmer-Serie 104
Balmerlinien 149
Band der Milchstraße 15
Bänder 87, 89
Barnards Pfeilstern 141
Barringer-Krater 97
Bayer, J. 133
Bedeckungsveränderlicher 159
Bessel, F. W. 24, 137 f., 141
Betelgeuze 13, 22
Bindungsenergie 164
Bohrsches Atommodell 102
Boliden 96
Bonner Durchmusterung 133
Bootes 10
Boss, L. 217
Brackett-Serie 104
Bradley 134
Brahe, Tycho 23, 54, 93
Brennpunkt 56
Bruno, G. 54
Bunsen, R. W. 24, 107

Callisto 88
Cannon, A. 148
Carina-Sagittarius-Arm 183
Cassegrain-Reflektor 201
Cassini 88
Cassinische Teilung 90
Cavendish 65

Cepheiden 188
Cepheidenparallaxe 187
Ceres 92 f.
Chandrasekhar-Grenze 168 f.
Charon 91
Cheops-Pyramide 47
China 16 f.
Chondrite 97
Chromosphäre 122
CNO-Zyklus 117, 164
Coma-Haufen 172
Computermodellrechnung 165, 168
Computersimulation 68
Cordoba-Durchmusterung 133
Corioliskräfte 87
Coudé-Reflektor 201
Crab-Nebel 14, 170
Cusanus 22 f., 53

Dämmerung, astronomische 44
–, bürgerliche 44
Deferent 21, 52 f.
Deimos 87
Deklination 34 f.
Delta-Cephei-Sterne 167, 185 f.
Dichtewelle 185
Dispersion 201
Doppelsterne 13, 157, 219
–, fotometrische 159
–, optische 157
–, physische 157
–, spektroskopische 159
–, visuelle 157
Dopplereffekt 138 f.
Dopplerverbreiterung 154
Drehimpuls 57, 214
Drehimpulserhaltungssatz 57 ff.
Drehmoment 46
Druckverbreiterung von Spektrallinien 154
Dunkelwolken 177

Eigenbewegung 141
Einelektronensysteme 104

Einstein, A. 24
Eisenmeteorite 97
Ekliptik 39, 42
Ellipse 56, 72
Ellipsenbahn 68, 71, 157
Elongation 62
Emissionslinien 107
Emissionsnebel 14, 185
Enckesche Teilung 90
Energieerzeugung auf der Sonne 115
–, bei Fixsternen 163 ff.
Energieniveaus, diskrete 102
Energietransport 119
Entfernungsbestimmung 224 f.
Entfernungsmodul 146
Entwicklung der Fixsterne 163 ff.
Epizykel 21, 52 f.
Epizykeltheorie 22
Eratosthenes 25, 38
Eros 62
Erster Beweger 20, 52
Eudoxos 19
Europa 88
Exosphäre 74
Extinktion 199
Exzentrizität, lineare 56
–, numerische 56

f-Fleck 127
Farben-Helligkeits-Diagramm 156, 220
Farbensehen 205
Farbindex 156
Farbtemperatur 110
Fechner, G. Th. 143
Fenster für Strahlung 105
Fernrohr 23, 197
Feuerkugeln 96
Filamente 128
Fixsterne 9, 131 ff.
Fixsternparallaxe 137
Flächensatz 57 f.
Flares 128
Flash-Spektrum 122
Fleckenzyklus 126
Fotografie 24

Fotometrie 24
Foucault, J. B. L. 30
Fraunhofer, J. 24, 102, 106, 137
Fraunhofer-Linien 107
Frei-frei-Strahlung 124
Frei-gebunden-Strahlung 124
Frequenz 138
Frühlingsanfang 40
Frühlingsdreieck 11
Frühlingspunkt 35, 40, 210
Fusion von Wasserstoffkernen 116

Galaxien 14, 185 ff.
–, Typen von 222
Galaxienhaufen 225
Galaxis 15, 176
–, Aufbau 181
–, Halo 182
–, Korona 182 f.
–, Masse 181
–, Scheibe 182
–, Spiralarme 183 ff.
–, Spiralstruktur 183 f.
–, Zentralbereich 182
Galilei, G. 23, 54, 75, 125, 197
Galileische Monde 88
Galle, J. G. 90
Gammaquanten 118
Ganymed 88
Gärtnerkonstruktion 56
Gasgleichung, allgemeine 113
Gasschweif 94
Gebiete, aktive 127
Gegenerde 20
geozentrisch 29
Gezeiten 78
Gezeitenreibung 80
Globulen 177
Gnomon 31 f.
Granulation 121
Gravitationsgesetz 55
Gravitationskontraktion 116
Größenklassen 143
Größenklassensystem 21
Großer Orionnebel 14
Großer Roter Fleck 88
Großteleskopbau 203

Halbachse 56
Hale, G. E. 185
Hale-Teleskop 144, 203
Halley, E. 61, 94
Halleyscher Komet 94
Halo, galaktischer 176, 182
Hamal 13
Harmonice mundi 55 f.
Hauptquantenzahl 103
Hauptreihe 151
Hauptreihenstadium 162
Heliometer 137
Helium-Flash 166
Helligkeit, absolute 145
–, bolometrische 145, 152
–, scheinbare 143
–, scheinbare visuelle 144
Helligkeitsschwankung, periodische 167
Henry Draper Catalogue 148
Herakleides von Pontos 20, 29
Herbstanfang 40
Herbstpunkt 40
Herbstviereck 12
Herschel, W. 90, 92, 101, 201
Hertzsprung-Lücke 166
Hertzsprung-Russell-Diagramm (HRD) 151 f.
Heterosphäre 73
Hevel, J. 31
HI-Regionen 178
HII-Regionen 178, 183, 224
Himmelsäquator 29
Himmelskugel 29
Himmelsmeridian 33
Himmelsnordpol 29
Himmelssüdpol 29
Hintergrundstrahlung, kosmische 192
Hipparch von Nicaea 21, 47, 143
Höhe 30, 33
Hohlraumstrahler 109
Hohmann-Bahn 72
Homosphäre 73
Horizont 29
Horizontalkreis 33
Horizontsystem 33
Horoskop 48
Hubble, E. 24, 186, 188, 222

Hubble-Gesetz 189, 225
Hubble-Konstante 189
Hubble-Sequenz 223
Hyaden 14, 156, 161, 163, 217
Hyperbel 72
Hyperbelbahn 68

Ibn Ruschd 22
interplanetare Bahnen 72
interplanetare Materie 97
interplanetarer Staub 98
Io 88 f.
Ionentriebwerk 73
Ionisationsenergie 150
Isis 17

Jahr, gregorianisches 211
–, platonisches 47
–, siderisches 211
–, tropisches 211
Jansky, K. 204
Jeanssches Kriterium 221
Jeanssche Masse 213 f.
Juno 92 f.
Jupiter 87

Kalender 16, 22
–, Gregorianischer 211
Kalippos 19
Kant, I. 9, 211
Katastrophenhypothese 212
Kepler, J. 23, 29, 51, 54, 125, 197
Kepler-Bewegung 181 f.
Keplersche Gesetze 55 ff., 157
Kernverschmelzung 164
Kippenhahn, R. 163
Kirchhoff, G. R. 24, 107
Klassifikationskriterien 148
Kleinplaneten 92
Koma 94
Koma-Fehler 202
Kometen 16, 54, 93
Kometenkern 93 f.
Kometenkopf 94
Konjunktion 63
Kontinuum der Sonnenstrahlung 124
Konvektion 108, 120, 127
Konvektionszone 121
Koordinatensysteme 33

kopernikanische Wende 51
Kopernikus, N. 23, 29, 52 ff.
Korona der Sonne 122
Korrektur, bolometrische 152
Kosmologie 24
Kosmos 18 f., 55
Krater 81, 84
Krebsnebel 170
Kreisel 45
Kugelsternhaufen 13 f., 175, 187, 220, 224
Kulmination 33 ff., 36 ff.
Kulminationshöhe 34, 37 f.
Kulminationspunkt 36
Kulminationszeitpunkt 37

Lagrange, J. L. 92
Laplace, P. S. 212
Leavitt, H. 185
Lebensalter der Sterne 161
Leuchtkraft 154
Leuchtkraftklassen 154
Leverrier 90
Lichtabsorption, interstellare 176
Lichtjahr 136
Linienbreite, natürliche 153
Linienverbreiterung 153
Linsenfehler 200
Lippershey, H. 197
Lokale Gruppe 15, 225
Lyman-Serie 104

Magellansche Wolken 183, 187
Magnetosphäre 88, 122 f.
Maria 81, 84
Mariner-Sonden 83
Mars 24, 86
Marskanäle 86
Masse-Leuchtkraft-Beziehung 160 f.
Massenbestimmung von Sternen 159
Materie, interstellare 176
Maya 18
Mehrfachsternsysteme 13
Meton von Athen 31
Meridiankreis 134, 210 f.
Merkur 84
Mesopotamien 16, 40
Mesosphäre 73
Messier, Ch. 134

Metalle 221
Meteore 96
Meteorite 81, 96
Meteorstrom 96
MEZ 209
Milchstraße 12, 176f.
Milchstraßensysteme 14, 185ff.
Mira 34
Mira-Sterne 167
Miranda 90
Mittag 209
Mitternachtssonne 43
Molekül-Bandenspektren 105
Molekülwolken 177ff.
Monat, drakonitischer 77
–, siderischer 76
–, synodischer 76
Mond 75
Mondentstehung 82
Mondfinsternis 76
Mondphasen 76
Montierung, azimutale 33
–, parallaktische 34
Morgan 154, 183
Mount Palomar 24, 144
Mount-Palomar-Teleskop 203
Mount Wilson 24
Müller, J. 23
Mysterium Cosmographicum 55

Nadir 29
Nebel, diffuse 14
–, kosmische 14
–, planetarische 14, 166, 168
Neptun 90
Nereide 91
Neutrinos 118
Neutronenanlagerungsreaktion 169
Neutronenstern 167, 170f.
Neutronisierung 169
New General Catalogue (NGC) 134
Newton, I. 23, 29, 65, 101, 201
Newton-Reflektor 201
Nilüberschwemmung 16f.
Nördlinger Ries 97
Nordpunkt 33
Nova 220

Oberflächentemperatur 110, 112
Oberon 90
Objektivprismenmethode 148
Öffnungsverhältnis 202
Oort, J. 95
Opposition 63
Optik, geometrische 198
Orion-Arm 183
Orion-Nebel 178
Ortsmeridian 33
Ortssternzeit 210
Osterbrock 183
Ozonschicht 74

p-Fleck 126f.
Pallas 92f.
Parabel 68, 72
Parabelbahn 66, 68
Parallaxe 135
–, jährliche trigonometrische 136
–, spektroskopische 155
Parallelkreis 34
Parsec 136
Paschen-Serie 104
Patroklos-Gruppe 92
Penzias, A. 192
Perigäum 75
Perihel 56
Periheldrehung 85
Perioden-Helligkeits-Beziehung 186f.
Permafrost 87
Perseiden 96f.
Perseus-Arm 183
Peuerbach, G. 31, 53
Philolaos von Kroton 20
Phobos 87
Phoebe 90
Photonen 101
Photonentriebwerk 73
Photosphäre 121
Piazzi, G. 92
Pickering, W. 148
Pioneer-Sonden 88
Planck, M. 24
Plancksches Wirkungsquantum 103
Planetarische Nebel 166, 168
Planetarium 40

Planeten 9, 214
–, äußere 62
–, innere 62
–, obere 62
–, untere 62
Planetenatmosphäre, Stabilität einer 84
Planetenbildung 212, 215
Planetoiden 92
Planetoiden-Gürtel 93
Plasma 113
Platon 19f.
Pleione 14
Plejaden 13f., 156, 161, 178
Pluto 91
Pogson, N. R. 143
Polarkoordinaten 33
Polarkreis 43
Polarnacht 43
Polarstern 10
Polarwinkel 33
Polhöhe 32
Pollux 13
Polsequenz, internationale 144
Poseidonios 32, 38
Positronen 118
pp-Kette 164
Praesepe 161
Präzession 45f.
Primärfokus 202
Procyon 13, 34
Protuberanzen 127f.
Psychophysisches Grundgesetz 143
ptolemäisches Weltbild 22, 51
Ptolemäus 21, 51
Pulsare 24, 171
Pulsationsveränderliche 167
Pyramiden 18
Pythagoras 18f.
Pythagoreer 18ff., 75

Quadrant 31
Quadratum Geometricum 31
Quanten 101
Quantenmechanik 102, 117
Quasare 15, 24, 190f.

Radialgeschwindigkeit 140, 159
Radioastronomie 24, 183, 204

Radioteleskope 24, 106, 179
Rakete 66f.
Randverdunklung 121
Raumgeschwindigkeit 140
Reflexionsnebel 14, 177
Refraktion, atmosphärische 134, 199
Regiomontanus 23, 53
Regolith 82
Regulus 11
Rekombination 178
Rektaszension 35
Riesen 152
Ring 89
Roche, E. 90
Roche-Grenze 219
Roche-Radius 80, 90
Roche-Volumen 219
Rotation 75
–, differentielle 123
–, gebundene 80, 85
Rotationskurve 182
Rote Riesen 166
Rotverschiebung 190, 192
RR-Lyrae-Sterne 167, 175, 180, 220
Rückläufigkeit 20, 63
Russell, H. N. 151
Rydberg-Konstante 103
Rømer, O. 211

Saros-Zyklus 17, 78
Saturn 89
Saturn-V-Rakete 66
Schalenbrennen 166f.
Scheiner, Chr. 121, 125
Schiaparelli 83
Schildvulkane 87
Schleifenbahnen 63, 83
Schmidt, B. 202
Schmidt, M. 190
Schmidt-Spiegel 202
Schnelläufer 220
Schwarzer Körper 109
Schwarzes Loch 167, 172
Schwarzschild-Radius 171
Schwerpunktgleichung 59
Schwerpunktsatz 158
Schwingung 75, 105
Seeing 200
Sehen, indirektes 206
Septentriones 40, 210
Shapley, H. J. 175, 180, 186

Siebengestirn s. Plejaden
Sirius 13, 17, 219
Sirrah 12
Slipher, V. 189
Solarkonstante 110f.
Solstitium 40
Sommeranfang 39
Sommerdreieck 11, 13
Sonne, scheinbare Bewegung der 38
Sonneneruptionen 128
Sonnenfackeln 128
Sonnenfinsternis 16, 18
–, partielle 77
–, totale 77, 122
Sonnenflecke 123, 127
Sonneninneres 113
Sonnenjahr 17
Sonnenkern 120
Sonnenrotation 123
Sonnentag, mittlerer 208
–, wahrer 207
Sonnenwende 40
Sonnenwind 88, 94, 122
Sothis 17
Spektralanalyse 107
Spektralklassen 148
Spektralsequenz 149
Spektralserie 104
Spektroskop 102
Spektroskopie 24, 106
Sphäre 18ff., 29, 52
Sphärenmusik 19
Spica 11, 34
Spiegelteleskop 201
Spiralgalaxien 223
Stäbchen 206
Staub, interstellarer 177
Staubschweif 94
Stefan-Boltzmann-Gesetz 109, 147, 151
Steinmeteorite 97
Stern von Bethlehem 63
Sternbilder 10, 133

Sterne geringer Masse 166
Sterne, massereiche 165
Sternentwicklung, Endstadien 168
Sternhaufen, offener 13, 179
Sternenhimmel, nördlicher 29
–, südlicher 29
Sternkarte, drehbare 41, 43f., 210
Sternmasse 157
Sternpopulationen 187, 220, 222
Sternradien 157
Sternschnuppen 96
Sternstrom 218
Sternstromparallaxe 217f., 224
Sterntag 209f.
Strahlenkrater 81
Strahlung, elektromagnetische 101
Strahlungsgesetz 24, 108
Strahlungsgürtel 88
Strahlungsmechanismus 102
Strahlungszone 120
Stratosphäre 73
Struve, F. 138
Stundenkreis 34
Stundenwinkel 34
Südpunkt 33
Superhaufen 225
Supernovaexplosion 14, 54, 169f., 184, 213, 224
Swing-by 95, 215f.
Synchrotronstrahlung 170
Szintillation 200

Tagundnachtgleiche 40
Tag-Nacht-Zyklus 85
Tangentialgeschwindigkeit 140f.
Teleskop 197ff.
Temperatur, effektive 110
Terrae 81

Thales von Milet 18, 77
Thermosphäre 73, 75
Tidenhub 80
Tierkreis 39f.
Tierkreissternbilder 39, 47
Tierkreiszeichen 47
Titan 90
Titania 90
Titius-Bode-Regel 92, 96
Tombaugh, C. 91
topozentrisch 29
Treibhauseffekt 86, 112
Trigonometrische Entfernungsbestimmung 135
Triquetrum 31
Triton 91
Trojaner 92
Troposphäre 73
Trumpler, R. 176
Tunneleffekt 117

Überriesen 152
Umbriel 90
Umlaufzeit, siderische 64
–, synodische 18, 64
Untergang 36
Uranometria 133
Uranus 90
Uratmosphäre 215
Urknall 192
Ursa-Maior-Strom 218

Venera-Sonden 86
Venus 85
Venusdurchgang 61
Vergrößerung eines Teleskops 198
Verne, J. 65
Verschmelzung von Wasserstoffkernen 116
Vertikalkreis 33
Vesta 92
Viking-Sonden 24, 83

Virgo-Haufen 225
VLBI 205
Voyager-Sonden 24, 83, 90f., 215

Wandelsterne s. Planeten
Wärmeleitung 108, 119
Wärmestrahlung 108, 119
Wasserstoffatom 102
Weber 143
Weiße Zwerge 152, 169
Weizsäcker, C.F. 212
Wellenlänge 138
Weltbild, heliozentrisches 52
–, ptolemäisches 52
Weltraumfahrt 24
Weltzeit 209
Wendekreis, nördlicher 43
–, südlicher 43
Wiederkehrperiode 18
Wien, W. 109
Wiensches Verschiebungsgesetz 109ff., 147
Wilson, R. 192
Winteranfang 39
Wirtz, C. 189
Wollaston, W. 102

Zäpfchen 206
Zeitgleichung 208
Zeitrechnung, astronomische 207ff.
Zeitskala, kosmische 192
Zenit 29
Zenitdistanz 30
Zentralfeuertheorie 20
zirkumpolar 36
Zirkumpolarsterne 36
Zodiakallicht 98
Zodiakus 39
Zonen 87, 89
Zonenzeiten 209

Bildnachweis

Peter Aniol, Döpshofen 1.11, 4.30, 6.2 – Archiv für Kunst und Geschichte, Berlin 1.23 – Dr. W. Bahnmüller, Geretsried 2.2 – Basic Books, Inc., New York 5.12 – Bibliographisches Institut & F. A. Brockhaus AG, Mannheim 5.13 aus: H. Scheffler „Physik der Sterne und der Sonne" – Birkhäuser Verlag, Basel 1.26, 6.19, Seite 190, A 1.13, A 6.3, aus: Timothy Ferris „Die rote Grenze" – Auf der Suche nach dem Rand des Universums –, 6.4 aus: Timothy Ferris „Galaxien" – British Museum, London 1.13 – Deutsches Museum, München, Seite 7, 1.9, 1.22, 1.25, 2.3, 2.18, 2.23, 3.4, 3.5, Seite 100, Seite 132, Seite 196, 5.8, 5.9, a+b, A 1.7 – Discover Magazin, New York 3.56 (Foto: Groskinsky) – DuMont Verlag, Köln 1.15 aus: Michael Koulen „Die Mutter des Himmels", 1.14, 1.17, Seite 174 aus: Günter Doebel „Das Weltall und seine Entdeckung" Stefan Funk, Augsburg 4.26 – Historia-Photo, Hamburg A 2.6 – Reinhardt Lermer, Binabiburg 2.28 – Museo di Storia della Scienza, Florenz A 1.1 – Nationalmuseum, Kopenhagen 4.1 – NASA Ames Research Center, California/USA 3.37 b, 3.42, 3.43 – Osservatorio Astronomica e Istituto di Astronomia dell Universitá, Padova-Asiago 7, Seite 131 – Bildarchiv Preußischer Kulturbesitz, Berlin 1.21, 1.24 – Repsold, I. A.: Zur Geschichte der astronomischen Meßwerkzeuge, Bd. 1, Leipzig 1908: Seite 28, 2.8, 2.9, Seite 50 – Rijkmuseum voor Volkenkunde, Leiden 1.16 – Schott Glaswerke, Mainz Seite 195 aus: Zeiss Information 84, April 1976 – Bildarchiv Schuster, Oberursel, Seite 99 (Weißer) – Springer Verlag, Heidelberg 3.44, 3.51, 4.18, 4.20 a, aus: A. Unsöld, B. Baschek „Der neue Kosmos" – Verlag Sterne und Weltraum, München 2.5 aus: 1/85 (Lutz Brandt), 3.54 aus: 10/85 (Foto: Wolfgang Ransburg), 3.55 aus: 10/85 (Dr. Rhea Lüst), Seite 27 aus: 3/85, (Dr. K. P. Schröder), 4.3 aus: 3/87, (Günter D. Roth), 4.25 aus: 12/85 (Dr. Horst Balthasar, Dr. Hubertus Wöhl), 5.31 aus: 10/83 (Prof. Dr. Helmut Scheffler), 5.37 a+b aus: 4/87 (European Southern Observatory, Garching) – Treugesell-Verlag, Dr. Vehrenberg KG, Düsseldorf 1.6, 1.7, 1.8, 1.10, 1.12, Seite 49, 3.26, 3.37a, 3.39, 3.45, 3.47, 3.48, 3.49, 3.57, 4.21, 4.28, Seite 173, 6.3, Umschlag – U.S.I.S., Bonn-Bad Godesberg 3.36 –